国家出版基金项目
NATIONAL PUBLICATION FOUNDATION

"十三五"
国家重点出版物出版规划项目
重大出版工程

—— 原子能科学与技术出版工程 ——
名誉主编 王乃彦 王方定

快堆热工水力学

杨红义 等◎编著

THERMAL HYDRAULICS OF FAST REACTOR

北京理工大学出版社
BEIJING INSTITUTE OF TECHNOLOGY PRESS | 中国原子能科学研究院
CHINA INSTITUTE OF ATOMIC ENERGY

内 容 简 介

本书从快堆热工水力学的基础理论讲起,并且结合国内外快堆的发展概况,尤其是中国实验快堆的运行经验,全面系统地介绍了快堆热工水力学领域的理论和研究发展。

本书的主要内容包括快堆堆芯材料与冷却剂、快堆内热源及其分布、快堆堆内主要传热形式及分析方法、堆芯稳态热工水力分析、一回路稳态热工水力设计、一回路自然循环分析、钠冷快堆相关热工水力试验、主热传输系统热工水力设计与分析、快堆热工水力数值分析及软件开发等。在编写过程中,把快堆热工水力设计领域最新的一些试验研究成果以及数字化发展趋势也做了比较详细的阐述,以加强这本书在快堆未来发展道路中的指导性和前瞻性。

本书既可供核工业系统内从事快堆工程领域的技术人员和管理干部参考,也可作为快堆科研和运行人员的参考和培训教材,以及高等院校相关专业的师生阅读和参考。

图书在版编目（CIP）数据

快堆热工水力学 / 杨红义等编著. －－北京：北京理工大学出版社,2022.1

ISBN 978 - 7 - 5763 - 0956 - 0

Ⅰ. ①快… Ⅱ. ①杨… Ⅲ. ①快堆 - 热工水力学 - 研究 Ⅳ. ①TL43

中国版本图书馆 CIP 数据核字（2022）第 029890 号

出版发行 / 北京理工大学出版社有限责任公司
社　　址 / 北京市海淀区中关村南大街 5 号
邮　　编 / 100081
电　　话 / (010)68914775（总编室）
　　　　　 (010)82562903（教材售后服务热线）
　　　　　 (010)68944723（其他图书服务热线）
网　　址 / http://www.bitpress.com.cn
经　　销 / 全国各地新华书店
印　　刷 / 三河市华骏印务包装有限公司
开　　本 / 710 毫米 × 1000 毫米　1/16
印　　张 / 29.5
彩　插 / 1　　　　　　　　　　　　　　责任编辑 / 陈莉华
字　　数 / 513 千字　　　　　　　　　　文案编辑 / 陈莉华
版　　次 / 2022 年 1 月第 1 版　2022 年 1 月第 1 次印刷　　责任校对 / 刘亚男
定　　价 / 142.00 元　　　　　　　　　　责任印制 / 王美丽

自 序

　　在我刚进大学时，我们需要自己选择专业。那时中国核能发展的规模还不大，所以报核反应堆工程专业的人不多。当时我的想法很简单，觉得搞核技术是给国家干事的，是能做一番大事的，所以我选择了这个"冷门"专业。从读研究生和参加工作开始，我接触了快堆，知道了快堆的优点，自然就有个"快堆梦"，梦想着中国快堆能够尽早达到其应有的发展规模，为国家核能事业的可持续发展做出贡献。随后，我有幸能与中国实验快堆一同成长。如今三十多年过去，我国已经建成实验快堆，正在建造示范快堆，在"实验堆、示范堆、商用堆"三步走的战略中走到了第二步，而我仍在为梦想的早日实现而努力奋斗着。

　　在从事中国实验快堆设计过程中，我主要从事钠冷快堆热工水力相关研究和设计工作，我的硕士生导师杨福昌老师一开始就告诉我，热工水力是一门很重要的学科，尤其对工程来说。中国实验快堆是我国第一座钠冷快中子反应堆，可以借鉴的经验非常有限。相对于传统压水堆来说，池式钠冷快堆具有高温低压特点，其热工水力问题由于具有较强的三维效应而更加复杂。加上当时我们的分析设计手段不足，使用的核心软件都是美国解禁十多年的，又面临工程进度压力，不能出任何差错，工作的艰辛程度可想而知。

　　1996 年我有幸被派往法国原子能委员会的卡达拉奇研究中心学习并接手了一个设计瞬态工况和安全分析软件。回国后，便直接参与了中国实验快堆初步安全分析报告的编写工作，主要负责几个系统瞬态事故分析部分。这些事故工况的分析对于论证中国实验快堆的安全性具有十分重要的意义，也是核安全局多次召集有关专家反复讨论的焦点问题。由于没有经验，我们快堆人只能加班加点、共同钻研、群策群力来解决这些问题。终于凭借着扎实的理论基础和努力的工作，在广泛的调研以及审慎的计算后，我们全面地分析了关键的典型事故，论证了中国实验快堆的安全性，最终得到了核安全局和专家的认可。

在实验快堆的安全分析任务告一段落后，我们很快承担了另一项重要任务——快堆系统工况分析。这是一个全新的任务。工程要求在给正式确认设备制造图纸前，必须完成热工水力的工况分析和结构力学分析。单位安排由我来组织完成堆容器堆内构件的工况分析工作，我从调研开始，建立方法，一边理解一边计算，由于工作量大并且进度很急，大家牺牲了大量休息时间，连春节都没放假，一直奋战在工作岗位上，终于按时完成了"中国实验快堆设计瞬态的确定和分析大纲"，并在此基础上计算出了各类工况结果，为工程进度赢得了宝贵的时间。

中国实验快堆在 2010 年 7 月 21 日首次临界，并于 2014 年 12 月 31 日完成了满功率运行 72 小时的设计目标，大家都十分激动、欣慰。这一目标的实现，标志着我国拥有了首座快堆，我们也终于与梦想接近了一步！

如今，中国实验快堆已建成近十年，示范快堆正在如火如荼的建设中。因有着实验快堆的设计、建设、运行经验，对示范快堆的建设我们有了更多的方法，也更自信。虽然也遇到很多困难，但快堆队伍秉承勇于钻研、敢于担当重任、迎难而上的工作作风，定能按时按质地完成国家交给我们的任务，完成示范快堆的建设，在迈向梦想的道路上再迈进一大步。

目前，快堆事业迎来了春天，需要培养大量的快堆技术人员。然而，用于指导快堆设计研究的专门的书籍却少之又少。我在快堆工作的近三十年中，有二十多年均在技术岗位上，积累了一些快堆热工水力的专业知识和工程经验，同时也深知热工水力设计对快堆的重要性。因此，为了给快堆设计人员提供合适的教材和参考书，我萌发了编写一本针对性较强的关于快堆热工水力设计的专业教材的想法。但由于公务繁忙，我只能抽出业余时间来编写、整理书稿。这样断断续续持续了将近一年时间，才有了这本教材。希望它能成为快堆工作者们的参考用书，同时也希望能为热爱快堆事业的人们提供一定帮助。

本教材编写过程中，周志伟、薛秀丽、林超、吕玉凤、殷通、叶尚尚、王予烨、高鑫钊、刘光耀、朱丽娜、陈启董等快堆热工水力研究设计团队参与了大量工作，在此对于他们的勤奋、敬业的精神和辛勤劳动表示感谢。

最后，相信在热爱快堆事业的人们的共同努力下，不久的将来，我们的"快堆梦"一定会梦想成真！

杨红义
2021 年 11 月于北京

《快堆热工水力学》序言

　　快中子增殖反应堆（简称快堆）是主要以平均中子能量比压水堆热中子能量高百万倍的 0.08 ~ 0.1 MeV 快中子引起裂变链式反应的反应堆，是国家确定的核能发展三步走战略（压水堆 – 快堆 – 聚变堆）的关键一环。为了裂变核能的可持续应用，我国的基本战略是压水堆 – 快堆的匹配发展。快堆是第四代先进核能系统的主力堆型，可使天然铀资源利用率从 1% 提高至 60% 以上，同时还能让核废物充分燃烧，减少污染物质的排放，实现放射性废物最小化，优势十分明显。发展和推广快堆，将能从根本上解决能源的可持续发展和绿色发展问题，有利于实现党中央提出的"双碳"目标。

　　快堆本质上也是一种能量转换系统，而且转换效率非常高，可以将核能释放并最终转换为电能（或动能）。能量的转换需要通过如钠、水、铅铋等介质为载体来实现，这些载体介质就如同人身上的血液一样，血液携带能量运达全身维持生命，介质承载能量实现能量的形式转换。热工水力技术就是研究如何认识并利用这些介质的物理特性和流动特性，从而进行介质/能量的传输和转换的一门专业技术。掌握这门技术，能量将更高效、更安全地被驯服、转换和利用。对于反应堆工程来说，这是一门核心技术，需要对全系统有全面的、深刻的理解，将物理、结构、回路、仪控、电气等专业都串联起来，并且站在系统性、全局性的高度来综合统筹考虑问题。

　　中国实验快堆是国家"863"高技术计划重点项目，在 2010 年成功临界。建成这个装置，使我国成为世界上少数掌握快堆技术的国家，培养造就了一批人才。本书主编杨红义同志和他的热工水力设计团队，很好地掌握了快堆热工水力设计这门技术，继承和吸收了前辈们的基础和经验，面向工程需要和时代发展，又做出了大量的引领性、开创性工作，为实验快堆的建成做出了突出的贡献，他本人也是实验快堆的总设计师。

进入新的十年，他们这个团队又积极投身到完成快堆持续发展的新的历史伟业中，在示范快堆、铅铋快堆等国家重大型号工程里，不断锤炼和提升技术，又形成了很多新的很好的研究成果和工程经验。虽然热工水力学的基本规律没有发生大的变化，但是，大型热工水力研究手段和工程应用领域的扩大进一步丰富了热工水力学的内涵。依托国家重大项目，他领导建设了一批国际先进的热工水力试验台架，设计、开展了多项试验并取得了丰富的、珍贵的试验数据。同时，他主持开发了多套面向工程实际的热工水力分析计算模型、算法和软件，这些软件已经在工程实践中得到了很好的应用和验证。

为了传承和发展快堆热工水力学这门技术，吸引更多的人才来共同发展快堆事业，他们利用工作之余，提炼理论，总结经验，精心编撰了这本《快堆热工水力学》，我非常欣喜和赞同。

我认真研读了本书，这是一本关于快堆热工水力技术的专业性著作。全书共分十章，包括了基本理论、公式算例、工程实例等。这本书解决了培养快堆设计人员过程中没有合适的教材和参考书的问题，适合于有志于钻研和掌握这门技术的同志认真研究学习。

"新故相推，日生不滞"，我很盼望有更多的年轻读者能够读到这本书，进而对快堆热工水力这门技术产生兴趣并且去钻研和掌握。我们一代人接着一代人地努力，把快堆事业发展好，能够为国家、为人民再多做一点贡献。

2021 年 9 月 27 日

目　录

第 1 章

绪　论

|1.1 快堆的理论基础和技术特点|

快中子反应堆是由快中子（平均能量达 0.1 MeV 左右）引发可控裂变链式反应的一种反应堆，简称快堆。快堆相比热堆，有更硬的中子能谱和更高的中子通量，在以下三个方面具有明显优势：①增殖核燃料，可以解决大规模发展压水堆核电站带来的核燃料短缺问题；②嬗变长寿命放射性废物，可以解决长寿命核废物的处置问题；③快堆具有诸多的固有安全特性，对公众和环境不会造成危害。

1.1.1 增殖核燃料

同位素^{233}U、^{235}U 和^{239}Pu，其原子核在遭受任何能量的中子轰击时都能够发生核裂变反应，称为易裂变同位素。同位素^{232}Th 和^{238}U，其原子核只有在遭受高能中子的轰击时才能够发生核裂变反应，称为可裂变同位素。易裂变同位素对维持中子链式裂变反应是必不可少的。遗憾的是，自然界唯一存在的易裂变同位素^{235}U 在天然铀中仅占约 0.7%。为了利用其余 99.3% 的铀资源（主要是^{238}U，还有少量^{234}U），需要寻求另外的一条途径。

人们已经发现，同位素^{238}U 和^{232}Th 在俘获一个中子后，经过几次衰变，可以转换成相应的易裂变同位素^{239}Pu 和^{233}U。因此，也把^{238}U 和^{232}Th 称为可转换同位素。如果从可转换同位素里可以产生比链式反应中消耗的还要多的易裂变同位素，人们就有可能利用丰富的可转换同位素去生产更多的易裂变材料。先期的研究已经证明，这个过程是可能的，并把这个过程命名为"增殖"。

快堆中易裂变同位素吸收中子发生裂变反应，裂变产生大量的裂变中子，这些中子除了维持堆芯的链式裂变反应外还有剩余。剩余的中子可以用来将可转换同位素转换成易裂变材料。剩余中子的多少直接影响到增殖的效果，快堆之所以有比较好的增殖能力，主要得益于易裂变核素的有效裂变中子数 η 随入射中子能量的增加而增加。在增殖快堆中，随着反应堆的运行，由可转换同位素生产出来的易裂变材料会比消耗掉的易裂变材料还要多。通常，使用增殖比的概念来衡量快堆增殖能力的大小。增殖比指反应堆在两次换料之间，产生的易裂变材料质量与消耗的易裂变材料质量的比。也可以定义成易裂变材料的产生率与消耗率的比值。

以百万千瓦快中子反应堆为例，额定热功率约 2 500 MW，循环长度为 160 天，增殖比约 1.2，一个循环净生产的易裂变材料为 111.0 kg。当然，堆芯规模再增大、增殖比再提高情况下，燃料增殖能力还可加大，MOX（MOX 为铀、环混合氧化物，即 $UO_2 - PO_2$）燃料大型增殖快堆设计的增殖比是 1.39，其热功率为 3 300 MW，循环周期 1 年。则此情况下，一个循环净生产易裂变材料绝对量大大增加，达到 400 kg。增殖快堆如果使用金属燃料，能够实现比氧化物燃料更高的增殖比，达到更好的增殖效果。

快堆在运行时，新产生的易裂变核燃料钚，能多于消耗掉的易裂变核燃料钚或铀 - 235，即增殖比大于 1，易裂变核燃料得到增殖，因此又称为快中子增殖反应堆（FBR）。运行中真正消耗的是天然铀中不易裂变且丰度占 99.2% 以上的铀 - 238。压水堆乏燃料经后处理，取出的钚与加浓厂的贫铀被制造成快堆的初装料，钚料在快堆内增殖。快堆的乏燃料经后处理，所得钚返回堆内再烧，增殖的钚则用于装载新的快堆。通过这样的多次循环，对铀资源的利用率可从单单发展压水堆及其多次循环的 1% 左右，提高到 60% ~ 70%。核工业的发展堆积了大量的贫铀，而快堆消耗的正是贫铀，在发电的同时增殖燃料，因此，快堆核电厂是压水堆核电厂最好的技术继续。正是因为快堆此突出优点，它被公认为一种可支持核能可持续发展的先进的第四代堆型。

1.1.2 嬗变放射性废物

从广义上来说，所谓的"嬗变"（Transmutation）就是指核素通过核反应转换成别的核素的过程。多种粒子都可以引起原子核的嬗变，但中子作为嬗变粒子是最为可行的，具体原因为：①中子是中性粒子，它不像带电粒子那样由于电离损失而局限在局部空间中迁移，因此可以和大量的长寿命核素的原子核作用；②中子核反应截面比较大（相对于其他粒子核反应），特别在热能和超热区；③在现有的反应堆及将来可提供中子场的装置（加速器驱动系统及聚变裂变混合堆）中，可以达到高中子通量密度（$10^{13} \sim 10^{15} \ \mathrm{cm}^{-2} \cdot \mathrm{s}^{-1}$），这对嬗变是有利的。

具体到核废物的处理，所谓的嬗变就是指将一些长寿命的核素（包括次锕系核素 MA 和长寿命裂变产物 LLFP）通过核反应转化成稳定的或短寿命的核素。

另外，对于锕系核素，常规意义上的嬗变既包括了辐射俘获反应的消失，也包括了裂变反应的消失。但是，俘获反应的产物（包括其衰变后的产物）通常仍旧是锕系核素，只有裂变或焚毁（Incineration）才能使之转换成短寿命或者稳定的核素。对于 LLFP，俘获反应是唯一的嬗变方式。

核能的发展除了应考虑核燃料是否能支撑大规模核电装机容量发展的问题，还应考虑乏燃料中的长寿命核废物的问题。核废物的核素包括长寿命次锕系核素 MA 和长寿命裂变产物 LLFP 的核素。表 1.1 列出了压水堆核电站运行时产生的长寿命核废物。

表 1.1　压水堆长寿命核废物产量

类别	核素	半衰期	产额/($\mathrm{kg} \cdot \mathrm{GWe}^{-1} \cdot \mathrm{a}^{-1}$)	
			A	B
MA	Np-237	$2.1 \times 10^{6}\mathrm{a}$	14.1	4.2
	Am-241	$4.3 \times 10^{3}\mathrm{a}$	2.2	22.9
	Am-243	$7.3 \times 10^{3}\mathrm{a}$	2.8	54.1
	Cm-242	162.8d	0.2	2.0
	Cm-244	18.1a	0.8	28.5
	Cm-245	$8.5 \times 10^{3}\mathrm{a}$	0.03	—
LLFP	Tc-99	$2.1 \times 10^{5}\mathrm{a}$	26	26
	I-129	$1.6 \times 10^{7}\mathrm{a}$	6.3	6.3
注 A:PWR UO$_2$装料,燃耗为 33 MWd/kg;B:PWR MOX 装料,燃耗为 33 MWd/kg。				

这些含次锕系核素（MA）和钚的长寿命废物要衰变三四百万年才能降到与天然铀相当的放射性毒性水平，单单 MA 也需要衰变三四十万年。随着核电装机容量的增长，次锕系核素 MA 和长寿命裂变产物 LLFP 的积累是对环境的潜在威胁，必须妥善处置。最好的办法是将它们裂变和嬗变掉。

快堆是以快中子运行的堆，这些 MA 在快堆中可以当裂变燃料烧掉，这样它们在快中子区就能裂变。当这些 MA 在反应堆中再循环，裂变掉或变成易裂变核再裂变掉，变成一般的裂变产物时，则其放射性毒性在三四百年就可达到天然铀的水平，便于处理和处置。

国外研究指出，一座 1 000 ~ 1 500 MWe 大型快堆，可以嬗变掉 5 ~ 10 座同等功率的压水堆所产生的 MA。

热中子堆、快中子堆、加速器驱动次临界堆和聚变裂变混合堆都可用于嬗变。但基于热堆和快堆的嬗变装置在工程可行性上更现实。快堆作为嬗变装置主要的优点有三点：①快中子能量高，大部分 MA 在快堆中能够直接裂变，转换成短寿命的裂变产物；②快中子引起裂变的剩余中子数多，能够提供更多剩余中子用于增殖和嬗变（LLFP 俘获）；③快谱下 MA 裂变概率增加，发生辐射俘获反应的概率下降，因此嬗变过程中产生的更高序数锕系核素相对较少，高序数锕系核素产物会导致燃料的衰变热、γ 射线和中子出射率都大大增加，尤其是中子出射源强。

2001 年 7 月，为解决核能发展所面临的"铀资源短缺"和"核废料处理"两大关键难题，美国等 9 个国家成立了第四代核能系统国际论坛（Generation Ⅳ International Forum，GIF），以确保核能的长期可持续发展，并减少环境忧虑，促进核能成为真正的清洁能源。截至目前，包括中国在内的 14 个国家签署了 GIF《宪章》（Charter of the Generation Ⅳ International Forum），表示正式加入 GIF 国际组织。2002 年 12 月，GIF 正式发布了《第四代核能系统技术路线图》，并于 2014 年进行了更新，提出包括钠冷快堆、铅冷快堆、气冷快堆、超高温气冷堆、超临界水冷堆和熔盐堆在内的 6 种最有希望的第四代核能系统。其中，钠冷快堆作为第四代核能系统代表堆型，已积累了较多的工程和运行经验，是 6 种堆型中研发进展最快、最接近满足商业核电厂需要的堆型。

1.1.3　快堆的固有安全性

快中子反应堆内的中子应保持高速度，因为一旦中子被慢化，不但每次裂变反应产生的中子数目会减少，而且低速中子容易被堆内各种材料俘获，从而降低增殖能力，所以快堆内没有慢化剂。正由于快堆堆芯中没有慢化剂，故其堆芯结构紧、体积小，功率密度比一般轻水堆高 4 ~ 8 倍。由于快堆体积小，功率密度大，故传热问题显得特别突出。因此，快堆的冷却剂必须是导热性能好而又不会慢化和俘获中子的介质。常用的较为理想的快堆冷却剂是液态金属，如液态金属钠或钠钾合金，以及铅或铅铋合金等。因此，目前发展的快中子增殖堆主要是液态金属冷却快中子增殖堆（LMFBR），也有国家正在研发气体冷却快中子增殖堆（GCFBR）。

液态金属冷却快中子增殖反应堆通常以钠作冷却剂。钠是一种碱金属，相对原子质量为22.997，熔点较低（为97.9 ℃），对中子的吸收和慢化作用较小。钠的沸点在大气压下是883 ℃，一般一回路钠工作温度在550 ℃以下，过冷度达300 ℃以上，因此一回路不需要为获得更高出口温度而加压。由于工作压力低，钠管道和设备的泄漏问题易于解决。相比高压系统万一出现的管道或容器破裂，钠冷快堆无喷射使堆芯裸露的风险。

液态金属钠有较大的热导率，在快堆堆芯平均温度（约450 ℃）时的热导率是压水堆运行工况下水热导率的百倍以上，堆芯导热良好，不易过热。钠冷快堆采用池式结构时，主容器内大量的冷却剂钠，具有相当大的热容，提供了快堆初始的热阱。在一回路冷却系统失电时，堆芯衰变热很快传导至液钠中，一回路钠成为最初热阱，对导出事故余热有利。

钠在快堆工作温度下运动黏度小，流动性较好，温度升高时，液态体积膨胀，利于在一定温差下建立自然循环冷却条件。在设计中可采用非能动事故余热排出系统，靠自然对流和自然循环将堆芯释热从一回路通过余热排出系统传递至中间钠回路，并利用空冷器排向大气。也就是说，钠冷快堆的固有安全特征，有助于实现非能动事故余热排放，提高快堆安全性。

用钠作冷却剂也是考虑到钠容易与其他元素结合或有吸附其他元素的能力。当核燃料受辐照时生成许多裂变产物的放射性同位素，其中对人类潜在危害最大的是碘（^{131}I）、铯（^{137}Cs）和铌（^{95}Nb）。当燃料包壳破损时，它们会释放到钠液中。然而钠能与之结合或将它们吸附，例如，^{131}I与钠化合成碘化钠，^{137}Cs、^{95}Nb和其他固体裂变产物可保留在钠流中，甚至燃料微粒也可沉积在系统的直管段中。由于上述原因，在钠事故溢出或由于容器破坏而钠在空气中燃烧时，一般不会大量释放放射性裂变产物。

同时，钠泄漏可能导致的钠火事故和钠水反应事故是典型的工业事故类型。为避免与处在一回路压力边界内的放射性钠发生钠水反应，增加了以钠为热传输介质的二回路，形成了钠冷快堆特有的钠-钠-水的三回路主热传输系统。同时，在蒸汽发生器传热管二回路钠和三回路水的界面，在其设计和制造中特殊考虑，并分别在水侧的三回路和钠侧的二回路设置了安全系统，以预防、监测和缓解事故后果，确保即使发生事故反应堆也能够稳定在安全状态，确保实现安全目标。在钠冷快堆中也设计了专门的安全设施和系统，以预防、监测和缓解事故后果，确保即使发生事故反应堆也能够稳定在安全状态，确保实现安全目标。

|1.2 快堆发展概况|

快堆的早期研究始于 20 世纪四五十年代，多数为钠冷快堆，包括实验快堆、原型快堆和商业示范堆，总共积累了超过 350 快堆·年的运行经验。总的来说，快堆的运行特性良好，核燃料增殖和快堆燃料循环的可行性得到了验证，热效率高达 43%~45%（是所有反应堆堆型中最高的），并且有些快堆已经积累了必不可少的退役经验。实践证明，快堆是一种安全、可靠，并有好的经济前景的堆型。

目前世界上已经有美国、俄罗斯、法国、中国、英国、德国、日本、印度等国家具备研究发展快堆的计划，并积累了相当丰富的经验。各国已建快堆和设计的部分快堆见表 1.2。

在快堆发展初期，世界各国建造和运行了一批实验快堆，用于验证快中子堆的概念，反应堆部件系统及技术的可行性，燃料和材料辐照等。目前，各国已建成的原型快堆有 5 座，分别为法国建成的 Phenix、苏联建成的 BN-350 和 BN-600、英国建成的 PFR、日本建成的 MONJU 等。俄罗斯的 600 MWe 原型快堆 BN-600 成功连续运行超过 30 年，平均负荷因子达到 74%。印度的原型快堆 PFBR（1 250 MWth）正在建造中。俄罗斯的商用示范快堆 BN-800 已经于 2016 年年底投入商业运行。

由表 1.2 可以看出，各国快堆工程发展的共同经验是，分步建造实验快堆、原型快堆和商用快堆。商用快堆的首座，一般经济性尚不能与已有核发电装置竞争，称为经济验证性电站，亦称示范电站，推广后方称商用堆。

表 1.2 国内外快堆发展概况

国家和快堆	热功率/电功率/MW	堆型	运行时间	类别			
				实验堆	原型堆	经济验证堆	商用堆
美国							
Clementine	0.025/0	回路式	1946—1952	√			
EBR-I	1.2/0.2	回路式	1951—1963	√			
LAMPRE	1.0/0	回路式	1961—1965	√			

续表

国家和快堆	热功率/电功率/MW	堆型	运行时间	类别			
				实验堆	原型堆	经济验证堆	商用堆
FERMI	200/66	回路式	1963—1975	√			
EBR - Ⅱ	62.5/20	池式	1963—1998	√			
SEFOR	20/0	回路式	1969—1972	√			
FFTF	400/0	回路式	1980—1996	√			
CRBRP	975/380	回路式	停止建造		√		
法国							
Rapsodie	(20~40)/0	回路式	1967—1983	√			
Phenix	653/254	池式	1973—2010		√		
ASTRID	1 500/600	池式				√	
SPX - 1	3 000/1 242	池式	1985—1998			√	
EFR	3 600/1 500	池式					√
德国							
KNK - Ⅱ	60/21.4	回路式	1977—1991	√			
SNR - 300	770/327	回路式	(1994)[①]		√		
SNR - 2	3 420/1 497	回路式				√	
印度							
FBTR	42/(12.5~15)	回路式	1985—	√			
PFBR	1 250/500	池式	(在建)		√		
日本							
JOYO	(100~140)/0	回路式	1977—	√			
MONJU	714/318	回路式	1994—2011		√		
DFBR	1 600/660	双池式	终止			√	
JSFR	3 530/1 500	回路式					√
英国							
DFR	60/15	回路式	1959—1977	√			
PFR	600/270	池式	1974—1994		√		
CDFR	3 800/1 500	池式				√	
意大利							
PEC	123/0	回路式		√			

续表

国家 和快堆	热功率/电功率 /MW	堆型	运行 时间	类别			
				实验堆	原型堆	经济 验证堆	商用 堆
苏联/俄罗斯							
BR-2	0.1/0	回路式	1956—1957	√			
BR-5/10	(5~10)/0	回路式	1958—2003	√			
BOR-60	60/12	回路式	1969—	√			
BN-350	700/130	回路式	1972—1999				
BN-600	1 470/600	池式	1980—				
BN-800	2 100/800	池式	2016—			√	√
BN-1200	2 800/1 200	回路式					√
韩国							
KALIMER	392/162	池式					
中国							
CEFR	65/23.4	池式	2010—	√			
CFR600	1 500/643	池式	在建			√	

注:①SNR-300 已经建成,因地方政府反核而未装料,已拆除。

1.2.1　美国

美国 Los Alamos（LASL）科学实验室于 1946 年建造了 Clementine 快中子反应堆,以验证用钚作燃料生产动力的可能性。该堆在 1946 年 11 月首次达到临界,并与 1949 年 3 月达到满功率 25 kWth。1949 年,Argonne 国立实验室（ANL）在 Idaho 瀑布地区设计建造了一座实验增殖反应堆（EBR-Ⅰ）。建造该堆的主要目的是验证增殖概念的正确性,评价液态金属冷却剂的可行性,验证快中子系统的控制特性等。EBR-Ⅰ于 1949 年开始建造,1951 年 8 月达到临界。这一年的 12 月 20 日,是具有伟大意义的历史性时刻,这一天,用裂变能生产的电力第一次被引到了世界上,也是人类第一次取得独立于太阳能之外的电能。其产生的电力为 200 kW,这足够满足建筑物本身的需要。尽管今天我们所使用的核电,绝大部分是来自热中子反应堆,但人类第一次获得的核能发电,却是来自技术和工艺都要比热堆复杂得多的快堆。

1955 年,在 EBR-Ⅰ的 MARK-Ⅱ堆芯发生了部分燃料熔化之后,研究人员提出一些有关快中子反应堆的稳定性问题。虽然,反应堆是在特定的极其严酷的条件下进行试验的（在这种情况下，有些燃料熔化是意料之中的），但由于操作人员的过失，使熔化的燃料比预料的要多。接着研究人员又建造了另一个堆芯，并在 EBR - I 上试验，这些试验证明，金属燃料堆芯的稳定性可以由机械设计来校正。

1954 年，美国着手设计了 EBR - II 反应堆装置，这个系统除了反应堆外，还包括一个完整的燃料后处理厂、燃料元件制造厂和发电厂。该反应堆于1961 年达到干式临界（没有冷却剂），在 1963 年 11 月达到湿式临界（有冷却剂）。EBR - II 是世界上第一个用池式概念设计的快中子反应堆，把所有的一次钠部件和反应堆都安装在共用的钠池内。该堆是用作燃料和材料的试验装置，并兼作发电。它的钠系统运行良好，双管壁蒸汽发生器自从启动后一直在运行，没有进行过大的检修。

1960 年左右，快中子反应堆的设计中，从早期的强调燃料增殖，开始转到强调快中子反应堆的经济效益方面，研究人员增加了把铀钚氧化物燃料作为快中子增殖反应堆燃料的兴趣。20 世纪 60 年代早期的试验，证明氧化物燃料可以辐照到 100 MWd/kg 的比能量值，这个值比金属燃料可能的值高得多，使用氧化物燃料还可降低燃料成本，当然，这是以减少中子平均能量为代价的。因此，相对于金属燃料反应堆，增殖比也降低了。不过，氧化物燃料的经验已从运行轻水堆中得到了，而当时的苏联也已运行了他们的氧化钚燃料快中子反应堆 BR - 5。

与此同时，人们已认识到氧化物燃料在安全上的有利因素。一个固有的、瞬时的负反应性停堆机制，对任何反应堆都是需要的。在金属燃料的快中子反应堆中，主要瞬发的负反应性是轴向膨胀系数，这种瞬发的效应对已辐照过的金属燃料可能是不适用的。另外，计算表明，氧化物燃料堆芯也可得到瞬发的负 Doppler（多普勒）效应，只不过它的效应远小于金属燃料堆芯。为了得到相关的试验证据，在 K. P. Cohen、B. Wolfe 和 W. Hafele 领导下的国际合作小组联合美国原子能委员会、通用电气公司、联邦德国的 Karlsruhe 核实验室、欧洲原子能联营等众多公司，共同建了西南试验氧化物快堆（SEFOR）。其主要目的是验证快堆的固有安全特性。该反应堆在验证混合氧化物（$UO_2 - PO_2$）燃料快中子反应堆的 Doppler 效应的效能方面，取得了巨大的成功。整个堆芯瞬态的试验结果与设计计算值之间符合良好。

之后，西屋电力公司开发了快中子通量密度试验装置（FFTF）。在 20 世纪 60 年代后期，美国自然科学界普遍的看法是，在建设原型堆电站前，应有牢固的工业技术阵地，并开展广泛的试验计划，因此，决定建造一座 400 MWth 的反应堆——FFTF，以提供开放和封闭试验回路，为燃料和材料提供中心动力堆电站的典型辐照环境。该堆在 1980 年年初达到临界[11]。目前，FFTF 反应堆有可能重启以开展一些国际合作框架研究。

FFTF 无论是在美国还是在世界上，都是先进燃料和材料很有价值的试验装置，最大的燃耗达到 105 000 MWd/t，共辐照了 31 888 根燃料棒、28 861 根标准棒，有 3 689 根燃料棒燃耗达 80 000 MWd/t，868 根燃料棒燃耗为 100 000 MWd/t，除此以外，还得到了钠冷快堆设计、建造、运行方面的宝贵经验。但是该堆不能为大的部件提供合适的试验环境，也不能提供申请执照的完整的试验。为了达到这个目的，美国政府和美国公司联合投资，设计了电功率为 350 MW 电功率的原型核电站 CRBRP。该项目于 1972 年启动，预定于 20 世纪 80 年代早期运行。该堆的设计早已完成，但是由于政治原因，美国政府于 1983 年决定停建 CRBRP。

1.2.2　俄罗斯

俄罗斯（苏联）是快堆技术最先进的国家。苏联的快堆工作开始于 20 世纪 50 年代早期，当时 BR－1 和 BR－2 工程已经开始。BR－1 是一座零功率临界装置，用钚金属作燃料，堆芯体积为 1.7 L。在 1956 年，该反应堆经过改建和加强，重新命名为 BR－2，运行热功率为 100 kW，冷却剂为水银。之后建造了 BR－3，进行快－热耦合堆的研究。

通过以上各项试验，苏联决定快堆研究要沿着钠冷、陶瓷体燃料进行。根据这一基本方针，不久便建造了利用氧化钚为燃料的 BR－5。它的一次冷却系统以钠为冷却剂，二次冷却系统以钠钾合金为冷却剂，1958 年 7 月开始零功率运行，1959 年 7 月达到满功率，热功率为 5 MW。BR－5 用于开展控制棒校正、反应性系数测量等堆物理试验和燃料的辐照试验。BR－5 是世界上第一个用钚氧化物作燃料并进行运行的反应堆。1971 年该堆再次改建扩大，将功率提到 10 MWth。

1965 年 5 月，苏联开始建造热功率为 60 MWth 的 BOR－60，1969 年达到了湿临界。建造它的主要目的是提供一个材料辐照试验床，热量最初是由空气热交换器排出。1970 年安装第一台蒸汽发生器，1973 年安装第二台蒸汽发生器，反应堆因此可以发电，额定功率为 12 MWe。

1970 年，苏联建成了世界上最大的临界装置 BFS－2。

苏联是进入原型快堆电站阶段的第一个国家，设计和建造了 BN－350，该反应堆以 UO_2 为燃料，其电功率为 350 MWe（100 MWth）。BN－350 在 1972 年 11 月达到临界，1973 年进入功率运行[7]。1973 年至 1975 年期间，工作人员对其五个蒸汽发生器进行修理，1976 年开始，以 650 MWh 的功率运行。设计和建造该装置的目的有两个，一是发电（150 MWe），二是淡化海水（每天生产12 000 m³的新鲜淡水）。BN－350 是回路型设计，通过六条独立的冷却环路输送液态钠进出堆芯。

在 BN－350 达到满功率之前，苏联就已开始建造另一个电厂 BN－600，与 BN－350 不同，BN－600 是一座池式反应堆，位于俄罗斯叶卡捷琳堡州的别洛雅尔斯克，其热功率为 1 470 MW，电功率为 600 MW，1980 年 2 月首次启动，1980 年 4 月并网发电，1981 年 12 月达到满功率。

BN－600 快堆核电厂从 1980 年开始运行起直到 1997 年，平均负荷因子达到 70%，是俄罗斯核电厂中最高的。BN－600 电厂的发电成本比当地化石燃料电厂的还要低。BN－600 快堆运行 18 年（截至 1998 年）中共发生过 27 次钠泄漏，但没有一次是严重事故。5 次发生在含有放射性的钠系统中，14 次泄漏导致放射性钠燃烧，5 次是在维修或从供钠系统中输送或排出钠时错误操作引起的。总共 12 次水钠间的泄漏只损失 0.3% 的功率。俄罗斯已积累了处理这类事故的大量宝贵经验，并且已对 BN－600 快堆做了一些改进，包括衰变热的排出方法、在不停堆条件下环路连接和蒸汽发生器单元重新连接等。

BN－600 反应堆从 1980—2010 年的 30 年运行结果证明其具有高度的可靠性、安全性和经济效率。2010 年，BN－600 的设计寿命（30 年）到期，在对反应堆进行了全面调查以后，决定将其使用期限延长 10 年。

俄罗斯数十年的快堆设计、建造以及上百年的累积运行经验使他们在完成第一座大型商业示范快堆电站（BN－600）设计和建造数十年后终于决定建设别洛雅尔斯克核电站 4 号机组（BN－800 快堆电站），与 BN－600 相比，BN－800 采用了更多具有竞争性的设计方案，如在没有对反应堆容器进行实质性改变的基础上提高了功率（热功率从 BN－600 的 1 470 MW 提高到 BN－800 的 2 100 MW），采用蒸汽再热循环技术，精简反应堆辅助系统等。这些改进使得整个电站工程的金属使用比例从 BN－600 的 4.3 t/MWth 大幅度减少到 BN－800 的 2.7 t/MWth。BN－800 采用了与原型快堆一样的三回路设计，其中主回路和二回路系统流体是钠冷却剂，三回路是水汽流体，示意图如图 1.1 所示。反应堆电厂由快中子堆芯、3 个主环路、3 个二回路环路和 3 个模块组合式的蒸汽发生器组成。BN－800 于 2016 年 8 月 17 日首次实现满功率运行，同年 12 月投入商业运行。

继 BN－600 和 BN－800 成功设计和运行之后，俄罗斯设计了电功率为 1 200 MW 的新型钠冷快堆 BN－1200。BN－1200 的设计包括 3 个目标：一是为商用快堆的发电机组开发出一套可靠的新型反应堆，以促进闭式燃料循环这一优先目标的实现；二是改善 BN 系列反应堆（包括 BN－350、BN－600 和

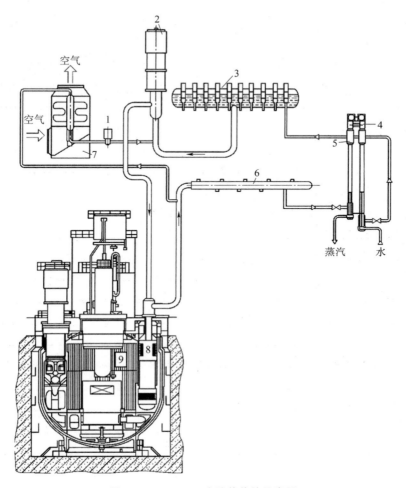

图 1.1 BN-800 主流体传输示意图

1—应急余热排出电磁泵；2—二回路冷却剂泵；3—二回路冷却剂膨胀罐；

4—蒸发段模块；5—过热段模块；6—连接蒸汽发生器的二回路钠分配联箱；

7—应急余热排出系统空冷器；8—中间热交换器；9—反应堆

BN-800）发电机组的技术指标与经济指标，使这些指标达到俄罗斯同功率 VVER 反应堆的水平（主要参数见表 1.3）；三是提高 BN 系列反应堆的安全水平，使之能够达到第四代反应堆发电机组（RP）的安全要求。

BN-1200 反应堆设计的基本方案是最大限度地利用 BN-600 和 BN-800 设计实践中所获得的工程方案，设计要点包括四个方面：第一，一回路循环系统实施集成布置的方式，保护容器和主容器在较低位置处实现支撑作用；第二，堆芯内换料系统的栓塞采用锡铋合金材料制成的液压密封锁（Sealing

Hydraulic Lock）；第三，一回路循环泵上配备有独立的抽气室（Suction Cavity），泵体排出位置处设有检查阀门，以确保在反应堆未能停堆且设备失效的情况下，42 套 RP 热量排出系统其中之一能够断开；第四，反应堆内部设置了可储存乏燃料组件（FA）的设备。BN-1200 反应堆设备的制造流程与 BN-800 基本一致，其中包括反应堆容器组件在现场的安装。BN-1200 较新颖的一点是，如果大型栓塞的尺寸超过了铁路运输的能力，那么大型旋转栓塞可在现场完成组装。

表 1.3　BN 系列反应堆发电机组的主要参数

反应堆参数		BN-600	BN-800	BN-1200
额定热功率/MW		1 470	2 100	2 800
合计电功率/MW		600	880	1 220
产生热量的回路数量		3	3	4
一回路热交换器(IHX)入口/出口温度/℃		535/368	547/354	550/410
二回路蒸汽发生器(SG)入口/出口温度/℃		510/318	505/309	527/355
三回路参数	蒸汽温度/℃	505	490	510
	蒸汽压力/MPa	14	14	14(170)
	给水温度/℃	240	210	240(275)
效率(总/净)/%		42.5/40	41.9/38.8	43.5/40.7

俄罗斯目前正在开发两种可用于 BN-1200 反应堆堆芯的燃料，即 MOX 燃料和氮化物燃料。MOX 燃料开发的主要目的是实现俄罗斯"Proryv"项目固有安全性方面的目标，并作为一种替代燃料，防止氮化物燃料在审批方面可能遇到的困难或延迟。BN-1200 反应堆堆芯的主要特点包括两个方面：一是设置顶端钠腔室（Top Sodium Cavity），以降低钠空泡反应效应；二是采用均匀富集的核燃料。

BN-1200 反应堆设计的新型方案主要是提高反应堆的安全、成本和燃料等方面的性能，其中包括：①将应急排热系统设备和一回路钠净化系统布置在反应堆容器内部，以防止放射性钠向外泄漏，并降低辅助系统的数量；②扩展蒸汽发生器（SG）的设计，以降低 RP 特殊材料的消耗；③采用新型结构材料钢，以提高 SG 的寿命；④降低中子对反应堆内部结构的辐射，以确保反应堆能够运行 60 年；⑤简化换料系统的设计，并通过将乏燃料组件在反应堆内部储存 2 年，从而降低乏燃料剩余能量的释放，同时将不再需要用于乏燃料中间储存的钠储存罐；⑥采用波纹管（Bellow）热膨胀补偿器，从而降低二回路钠管道的长度，并减小建筑体积和发电机组对材料的消耗；⑦优化了 RP 参数，提高了给水温度和蒸汽压力，从而使反应堆的总效率提高了 1.5%。

目前 BN-1200 的技术设计已经完成，俄罗斯曾计划在 2030 年前开始建造 3 座 BN-1200 反应堆，但出于经济原因和防止电价上涨超过通胀水平，能源部最终决定减少反应堆建设。在 2019 年俄罗斯能源部公布的 2035 年能源战略草案中，并未囊括 BN-1200 钠冷快堆建设项目。

1.2.3 法国

法国是个能源资源相对短缺的国家，因此高度重视发展核动力。截至 1989 年年底，核能发电在全部电能中占 70%，达到 51 388 MWe，是世界上核能发电所占比例最高的国家。不过至 20 世纪末，法国核计划中累计铀的消耗量将与法国的铀资源拥有量相当。由此可见发展快堆电厂的重要性。

法国的快中子反应堆计划开始于 1953 年，研究工作集中在钠系统。直至 1967 年，法国的第一个快中子反应堆仍没有投入运行。不过，从那以后，在 G. Vendryes 的直接领导下，很快采取行动并取得进展。"狂想曲"（Rapsodie）反应堆，从 1967 年 8 月投入正常运行开始，到 1970 年 2 月，整个期间运行得十分顺利，平均负荷因子达 81% 以上，共完成了 13 次辐照试验，无事故地辐照了各种类型的燃料棒一万多根，燃耗深度最高达 74 000 MWd/t。

建造"狂想曲"的目的在于验证钠冷快增殖堆是否可以安全地、高度可靠地运行，以及燃料是否可达到较高的燃耗深度。"狂想曲"的燃料和部件的制造经验在以后的"凤凰"原型堆上得到了充分的应用。

在"狂想曲"之后，是"凤凰"（Phenix）原型堆。它是一座 250 MWe 原型堆电厂，建造在 Rhone 河边。建造它的主要目的，是取得原型堆电厂的运行经验，于 1973 年 8 月 31 日达到临界，1974 年 3 月满功率运行，1976 年，中间热交换器出现故障需要停堆检修。1977 年反应堆重新投入满功率运行，开始时反应堆堆芯燃料一半是混合氧化物，一半是 UO_2。1977 年以后，整个堆芯都是混合氧化物燃料。

截至 1984 年 2 月 1 日，"凤凰"堆主要完成的指标如表 1.4 所示。

表 1.4 "凤凰"堆主要完成的指标

参数	参数值
等效满功率天	2 100
发出的粗电能/GWh	12 400
负载因子/%	58
辐照的燃料棒数	117 200
最大燃耗/（MWd · t^{-1}）	100 084

2009 年年底，"凤凰"堆服役期满而关闭，"凤凰"堆共运行了 35 年，在此期间，该反应堆充分发挥了其原型堆的作用，为"超凤凰"堆的设计和建造积累了经验。

（1）在部件方面，换热器、泵、蒸汽发生器方面的设计缺陷在"超凤凰"堆的设计中得到考虑，因此，曾在该堆发生的所有问题均未在"超凤凰"堆上再次发生。

（2）在材料方面，"凤凰"堆上使用的材料（尤其是 316L）鉴定合格，在"超凤凰"堆上继续使用，但 321 钢除外，这种材料出现张弛裂纹，因此在"超凤凰"堆上被弃用。

在"狂想曲"和"凤凰"计划成功的基础上，在 Rhone 河边的 Creys - Malvill，于 1977 年开始建造 1 200 MWe 的"超凤凰"（Super Phenix）示范电厂。该堆原计划于 1983 年临界，后来实际上推迟至 1985 年 9 月才达到临界。建造该堆的目的是取得接近于商用规模快堆电厂的运行经验，该反应堆得到五个国家的财政支持——法国（51%）、意大利（33%）、德国（11%）、比利时及荷兰（各 2.5%）。设计领导者是法国的 Novatome 公司，法国国家电力公司运营。

法国的快中子增殖反应堆发展计划，也包括了大量的研究和试验装置的建造和运行。例如，快中子零功率反应堆 Masurca、热中子研究堆 Cobri（带钠回路）等。其主要的目的是用于发展和验证理论计算模型、热工水力试验、故障机理和安全概念，以及燃料的回收计划。

法国原子能与替代能源委员会（CEA）自 2010 年开始启动先进钠技术工业示范反应堆（ASTRID）的概念设计工作。ASTRID 是一座 600 MWe 的快中子钠冷原型发电反应堆。

ASTRID 堆芯采用非均相 $UPUO_2$ 为燃料，在堆芯顶端设置钠腔室，在反应堆发生无保护失流事故时，可以保证钠膨胀引起的反应堆系数为负。ASTRID 反应堆为池式结构，内部容器为锥形结构，可进行在役检查和维修。反应堆模块采用 3 台主泵，4 台中间热交换器。中间热交换器的二次侧、模块化蒸汽发生器、钠-气体系统和化学容积控制系统等构成中间钠回路。

为了提供发生严重事故比如熔堆的纵深防御，ASTRID 底部布置堆芯捕集器。堆芯捕集器在设计上可以收集堆芯熔渣，使之保持次临界状态，并提供长期冷却。安全壳的设计可阻止假想的堆芯事故和大型钠火反应的能量释放。

至 2017 年年底，ASTRID 项目投资近 7.38 亿欧元（8.11 亿美元）。由于资金预算问题，2019 年春，法国 CEA 暂停 ASTRID 项目的设计工作。目前没有在短期或中期内重启 ASTRID 建设的计划，该堆建设已被推迟至 21 世纪下半叶。

1.2.4 日本

日本所利用的能源几乎有 90% 是依靠进口，这一事实促使日本政府十分支持增殖堆计划。在 1967 年，日本成立了动力堆核燃料开发事业团（PNC），以执行快中子反应堆的发展计划，参加 LMFBR 发展的主要公司包括富士（Fuji）、日立（Hitachi）、三菱（Mitsubishi）和东芝（Toshiba）。

常阳（JOYO）堆是日本的第一座实验快堆，其设计功率为 100 MWth，它主要是一个先进的燃料和材料试验装置。该堆于 1967 年开始建造，1977 年达到临界，起初运行功率为 75 MWth。1982 年 1 月开始将堆芯改造成辐照堆芯 MK－Ⅰ，以作为燃料和材料的辐照试验装置。此后，该堆一直在低电功率下进行各种反应堆性能试验，1983 年 3 月达到它的最大设计输出热功率 100 MWt，并且在 100 MWt 额定功率运行了 32 个循环周期直至 1998 年 3 月末。在此期间，进行了许多燃料和材料开发的辐照试验。2000 年 10 月开始进行一系列改造工程，包括将热功率从 100 MW 提升到 140 MW，扩大照射区域以及进行 MK－Ⅲ 堆芯（高性能辐照用堆芯）改造等。2004 年 5 月 24 日，日本核燃料开发机构宣布，常阳实验堆在完成改造后开始运行，目的是进行自动停堆系统（SASS）照射试验以及中子数与能量分布的详细测定。2007 年 6 月，当工作人员在常阳堆提取试验设备时，位于堆芯上部的机械部件发生损坏。此后，该堆一直处于停堆状态。

文殊堆（MONJU）是 300 MWe 的原型快堆电厂用堆，位于日本海沿岸福井县敦贺市，由日本原子能研究开发机构（JAEA）于 1986 年 5 月开始建造，1994 年 4 月 5 日首次实现临界，1995 年 8 月 29 日并网发电。如同常阳堆情况一样，它采用回路型冷却系统和 $UO_2 - PuO_2$ 燃料。二次安全壳是用钢制成的，其直径为 49.5 m，高为 79.4 m。1995 年 12 月，在性能试验中因其冷却剂系统液态钠泄漏引发火灾事故，此后一直处于停运状态。2005 年 3 月，日本核燃料循环开发机构（JNC）开始对文殊堆进行改造，主要改造工作包括更换发生钠泄漏的管道内的温度计，并安装探测钠泄漏的系统，还安装了大直径的管道以便钠能够被迅速排出。在 2010 年 2 月经过日本政府的评估和批准后，文殊堆在 2010 年 5 月 6 日以低功率重新启动，但在 2010 年 8 月 26 日，文殊反应堆的 IVTM（In Vessel Transfer Machine）在抽离堆芯的过程中突然松脱，掉回反应堆内。IVTM 是一个机械手，用于堆芯置换燃料棒。JAEA 在 2011 年 7 月发布公告称，已经取出并完成了对机械手的检修，脱落原因是导管连接处发生变形，防治措施和设备的完整性评价还在调研之中。

2016 年 12 月 21 日，日本政府决定将文殊堆退役，预计于 2022 年将燃料

快堆热工水力学

取出，2047年完毕拆除发电厂。

除了文殊堆以外，日本已宣布了一个雄心勃勃的LMFBR计划。研究人员正在着手设计一个1 000～1 500 MWe的示范电厂。2007年4月18日，根据JAEA的提议，日本政府选择三菱重工（MH）作为日本开发下一代快中子增殖堆（FBR）的核心公司。2008年，日本政府决定为下一代反应堆的研发工作投入130亿日元。日本快堆开发计划要求在2025年以前建成一座示范堆，在2050年前建成第一个商业反应堆。

日本钠冷快堆（JSFR）的设计目标是：可持续利用能源，减少放射性废物，安全性达到未来轻水反应堆水平，与其他能源相比具有经济竞争性。JSFR采用以下先进关键技术以期达到第四代反应堆目标：

（1）堆芯采用增强型氧化物弥散钢包壳材料以达到高燃耗；

（2）采用自动触发停堆系统（SASS），不会重返临界堆芯以增强安全性；

（3）紧凑型反应堆系统，内置先进燃料操作系统；

（4）一体化的中间热交换器–主泵部件；

（5）可靠的双壁直管式蒸汽发生器；

（6）自然循环余热排出系统（DHRS）；

（7）简化的燃料操作系统；

（8）安全壳采用紧凑及简单的双层钢板加固混凝土结构；

（9）先进的地震隔离系统。

日本第四代SFR设计中安全保障的基本安全原则是纵深防御（DiD）。DiD除了传统的三条防线——预防异常发生、预防异常扩大和控制设计基准内的事故，而且还增加了控制严重事故工况。JSFR全面的安全设计方法是指用能动的工程安全系统与自然行为（固有或非能动特性）来终止严重事故和事故管理。JSFR技术基于现有的SFR（包括文殊快堆）的经验；采用非能动反应堆停堆和堆芯冷却两种方式来预防严重事故下堆芯损坏；采用压力容器外冷却使堆芯熔融物滞留在反应堆压力容器内的方式缓解反应堆堆芯损坏；引入文殊快堆建立的事故管理措施；采用设计和运行措施来"实际消除事故工况"（这些事故工况由于陡边效应，可能会引起大量放射性物质的意外释放）。

1.2.5 印度

印度的快中子增殖实验堆（FBTR）设计热功率为40 MW，电功率为13 MW。自1985年10月投入运行，产生了超过330 GWh的热功率和10 GWh电功率。FBTR是基于法国回路式钠冷快堆"狂想曲"设计的，不同之处在于引入了蒸汽–水回路替代了"狂想曲"堆上的钠–空气换热器。

　　反应堆释热由两条一次侧钠环路带出，在中间热交换器内传递给中间钠回路。每条中间回路与两台蒸汽发生器模块相连。4 台蒸汽发生器内的给水被加热产生蒸汽，排放至蒸汽 – 水回路中的汽轮机和冷凝器。

　　反应堆初始设计时堆芯采用 65 根 MOX 燃料（30% PuO_2 和 70% UO_2），热功率为 40 MW。但是由于难以制造高富集度的铀，改用含 23 根碳化物燃料组件（成分为 70% PuC 和 30% UC），即 Mark – Ⅰ 燃料，堆芯的热功率为 10.6 MW。1995 年，决定将堆芯 Mark – Ⅰ 组件替换为 78 根 55% PuC 和 45% UC 燃料组件，即 Mark – Ⅱ 燃料，堆芯热功率提升至 40 MW。1996 年，将 Mark – Ⅱ 燃料组件布置在 Mark – Ⅰ 燃料组件外围。但是，由于堆芯功率增大，Mark – Ⅰ 燃料的允许燃耗值由原来的 25 GWd/t 增大至 155 GWd/t。因此，只布置了 13 根 Mark – Ⅱ 型燃料组件。2003 年，模拟印度原型快堆 PFBR 用的 MOX 燃料试验组件装入 PFBR 反应堆堆芯。2007 年，为了验证 PFBR 的 MOX 燃料制造工艺，8 盒具有高 Pu 含量（44% PuO_2）的 MOX 燃料组件入堆考验。

　　FBTR 主要用于印度压水堆（PHWRs）和原型快堆（PFBR）测试燃料的辐照，同时开展了物理和工程试验用于验证程序和系统。目前，在 FBTR 堆上开展了原型快堆（PFBR）屏蔽试验，机械手在空气环境中测试，硼富集度，以及 FBTR 燃料在 125 GWd/t 燃耗下的辐照后检验、结构完整性检验等重要试验。Mark – Ⅰ 燃料组件的峰值燃耗达到了 165 GWd/t，没有发生破损。

　　FBTR 的建造和运行经验证实了燃料、钠回路系统，蒸汽发生器和测量系统的良好运行特性，也为印度原型快堆（PFBR）工程提供了充分的反馈和支持。基于从实验快堆 FBPR 积累的经验以及联合各研究机构开展的广泛研究，印度开始设计电功率为 500 MW 的原型钠冷快堆 PFBR。

　　PFBR 的主要目标是验证工业级快中子堆的经济性和技术可行性。反应堆功率的确定综合考虑了以下因素：采用火电厂标准汽轮机，反应堆部件采用标准设计以降低资金成本和缩短建造时间，与地区电网兼容。

　　PFBR 为钠冷池式快堆，其热功率为 1 250 MW，冷却剂装量为 1 750 t。在 75% 载荷因子条件下，其设计寿期为 40 年。包括两条一回路，两条二回路，每个回路有 4 台蒸汽发生器。主容器内包括热钠池和冷钠池，由一个内部容器隔开。热钠池和冷钠池顶部钠自由液面上覆盖氩气。冷池的钠温为 670 K，热池的钠温为 820 K。4 台中间热交换器将热钠池的热量传递至冷池，钠从冷池到热池的循环是通过 2 台主钠泵实现的。之后，中间热交换器内的热量通过中间钠回路传递至 8 台蒸汽发生器。蒸汽发生器产生的蒸汽接至汽轮机和发电机。

　　PFBR 堆芯包括 1 758 盒堆芯组件，其中包括 181 盒燃料组件。堆芯采用

快堆热工水力学

$PuO_2 - UO_2$作为燃料，每盒燃料组件含有 217 根燃料棒。燃料棒外径为 6.6 mm，堆芯高度为 1 m。一回路钠的进口温度为 397 ℃，出口温度为 547 ℃。

PFBR 厂址为印度泰米尔纳德邦，于 2004 年开始建造，原计划于 2010 年 9 月开始试运行。2016 年 10 月，原子能委员会宣布该堆将于 2017 年开始试运行。但是，由于试运行过程中出现技术问题，目前仍在调试过程中，而且工期和成本均严重超支。目前预计在 2022—2023 年建成，预估总成本高达 960 亿卢比。

|1.3   中国实验快堆|

中国实验快堆（CEFR）是我国第一座快堆，其建造目的是：积累快堆电站的设计、建造和运行经验；运行后作为快中子辐照装置，辐照考验燃料和材料，也作为钠冷快堆全参数试验平台考验钠设备和仪表，为快堆工程的进一步发展服务。其具体任务是：

（1）建成一座安全可靠的实验快堆；

（2）收集、编制一套快堆设计规范、标准；

（3）开发、编制一套快堆核数据、堆芯中子学、屏蔽、热工流体、元件回路、力学、安全等专业的程序包；

（4）培养一支快堆设计、研究和管理的专业队伍。

CEFR 是我国"863"高技术计划能源领域的最大工程项目。1997 年完成初步设计，2005 年完成施工设计，2009 年实现首次临界，2010 年实现并网发电，2014 年实现满功率运行 72 h。

CEFR 是一座钠冷池式快堆，热功率为 65 MW。CEFR 的设计原则是保持其与未来发展的商业示范快堆的相似性。尤其在主要技术方案、温度参数、燃料参数选择等方面与商用快堆相似。另外，利用了钠冷快堆的固有安全特性和非能动安全措施以最大限度地缓解事故后果。

CEFR 首炉堆芯采用 UO_2 为燃料，Cr - Ni 奥氏体不锈钢作为包壳和反应堆结构材料。反应堆容器从底部进行支承，设有两台主泵和 4 台中间热交换器。系统包括 2 条一回路和 2 条二回路。蒸汽 - 水回路同样为 2 条，但是过热蒸汽汇总到一条蒸汽管线连接至汽轮机。

（一）主要设计参数

CEFR 主要设计参数列于表 1.5。

表 1.5　CEFR 主要设计参数

项　目	单　位	参　数
热功率	MW	65
电功率	MW	20
反应堆堆芯		
高度	cm	45
当量直径	cm	60
燃料		$PuO_2 - UO_2$
钚	kg	150.3
^{239}Pu	kg	97.7
^{235}U(富集度)	kg	436(19.6%)
首炉		UO_2
^{235}U(富集度)	kg	236.6(64.4%)
线功率(最大)	W/cm	430
中子注量率(最大)	$n/(cm^2 \cdot s)$	3.7×10^{15}
目标燃耗	MWd/kg	100
首炉燃耗	MWd/kg	60
堆芯入/出口温度	℃	360/530
主容器外径	mm	8 010
一回路		
钠量	t	260
一回路钠泵	台数	2
总流量	t/h	1 328.4
中间热交换器	台数	4
二回路		
环路数		2
总钠量	t	48.2
总流量	t/h	986.4
三回路		
蒸汽压力	MPa	14
蒸汽流量	t/h	96.2
设计寿命	a	30

(二)　堆芯和堆芯组件

CEFR 堆芯,如图 1.2 所示,包括 81 盒燃料组件,8 盒控制棒组件,300 多盒不锈钢组件和 200 多盒 B_4C 屏蔽组件。燃料段长度为 450 mm,等效堆芯直径为 600 mm。

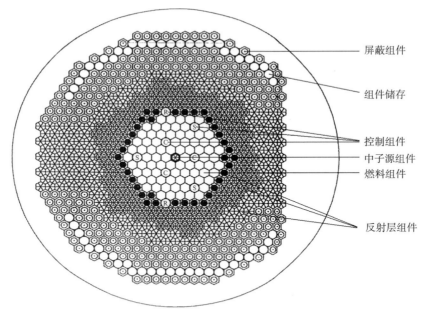

图 1.2　CEFR 堆芯布置

屏蔽组件

组件储存

控制组件
中子源组件
燃料组件

反射层组件

燃料组件由 61 根外径为 6 mm 的元件棒组成，每根元件棒绕有直径为 0.95 mm 的绕丝（径向定位），包壳壁厚为 0.3 mm。燃料组件全长 2.592 m，如图 1.3 所示。

（三）堆本体和燃料操作系统

CEFR 一回路系统采用了池式结构，堆本体由一个直径为 8.01 m、高为 12 m、下部支承的大钠池即主容器、保护容器、双旋塞、两台主钠泵、栅板联箱及堆芯、四台中间热交换器、事故余热导出系统的两台独立热交换器，堆内燃料操作系统及堆内构件等组成（见图 1.4），内装由氩气作为覆盖气体的 260 t 液态钠，堆本体总重约 1 200 t。

正常运行时覆盖气体的压力为 0.05 MPa（表压）。两台主泵将冷池中 360 ℃的钠泵入栅板联箱，钠向上流经堆芯，出口时平均温度达 530 ℃，与热池钠搅混后降为 516 ℃进入中间热交换器。

燃料操作系统的大旋塞上偏心地装有小旋塞，小旋塞上偏心地装有直拉式燃料操作机，大小旋塞的组合运动可使该操作机抓取堆芯的任何一个组件，并将组件装入倾斜式提升机上的转运桶中，对于新组件则用这套系统进行反向操作。

CEFR 采用双旋塞直拉式选料操作系统进行堆内燃料操作，通过堆容器上

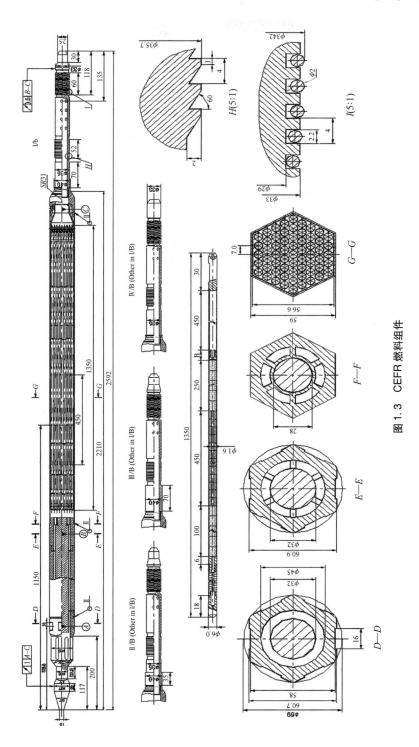

图 1.3 CEFR 燃料组件

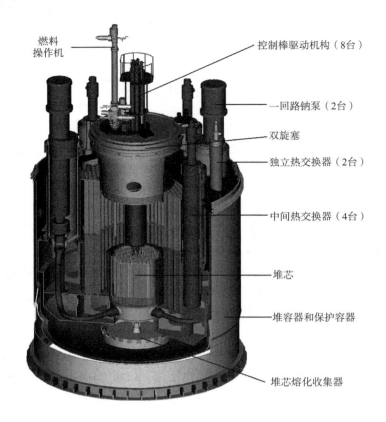

燃料操作机

控制棒驱动机构（8台）

一回路钠泵（2台）

双旋塞

独立热交换器（2台）

中间热交换器（4台）

堆芯

堆容器和保护容器

堆芯熔化收集器

图 1.4　中国实验快堆堆本体

的固定出入口运输新、乏燃料组件。在堆芯外围的屏蔽层中进行乏燃料组件的初级储存。乏燃料组件经过两个运行周期的衰变后才从一次钠中取出，清洗后放入保存水池中储存。

（四）主热传输系统

快堆的主热传输系统由钠－钠－水/蒸汽三个回路组成（见图 1.5），CEFR 选择了池式结构，所以一回路全浸在钠池中，一回路钠向二回路传热的 4 台中间热交换器全在钠池中。CEFR 的二回路有互相独立的两条环路，每条环路有一台钠泵、两台中间热交换器、一台过热器、一台蒸发器和一台缓冲罐。正常运行时二回路钠进入中间热交换器的钠温是 310 ℃，出口温度是 495 ℃，进入过热器将 370.3 ℃ 的饱和蒸汽加热成 480 ℃/14 MPa 的过热蒸汽，进入汽轮发电机发电，钠温降到 463.3 ℃ 进入蒸发器将 190 ℃/14 MPa 的给水加热成饱和蒸汽，这时钠温下降到了 310 ℃，再进入中间热交换器循环。

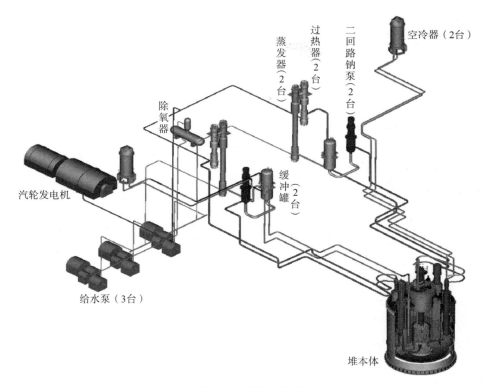

空冷器（2台）

二回路钠泵（2台）

过热器（2台）

蒸发器（2台）

除氧器

缓冲罐（2台）

汽轮发电机

给水泵（3台）

堆本体

图 1.5 中国实验快堆主热传输系统

CEFR 采用一台凝汽式汽轮发电机。两条环路的过热蒸汽合并后进入汽轮机的主汽门，发电功率为 20 MW（最大电功率为 22.4 MW）。

（五）主要辅助系统

由于钠中含氧量较高时会对不锈钢材料造成腐蚀，因此一回路钠和二回路钠都需要净化，一般氧的含量控制在 10 μg/g 以内。中国实验快堆运行时准备控制在 5 μg/g 左右。氧化钠（Na_2O）在钠中的溶解度是温度的函数，如其浓度较高，在低温时 Na_2O 易于沉淀，中国实验快堆的一回路和二回路都配备了冷阱回路，在冷阱中降低温度，再将氧化钠过滤掉，如此保持氧含量处于较低水平（约 5 μg/g）。

相应地，建有钠的分析监测系统，在线的主要监督氧和氢，离线的则取样分析，分析杂质包括氧、碳、氢、氯、氮、钙、锂、铁、镉、钾等。另外还有钠的储存、充排系统，涉钠设备和燃料组件的清洗系统。钠遇空气会氧化和燃烧，因此 CEFR 一、二回路都采用了氩气分配系统。

为应对钠火这种工业事故，CEFR 配置了钠泄漏探测、钠火探测，非能动钠接收系统，氮气淹没和石墨膨胀灭钠火系统。与钠相关的另一类工业事故是钠水反应。为此 CEFR 配置了蒸汽发生器泄漏探测和保护系统，对其微漏、小漏、大漏分别有氢、气泡、压力、流量等测量和达到限值的保护，保证其他二回路管道和设备不致损坏。

（六）安全特征

CEFR 堆芯平均温度系数为 -4.21 pcm/℃，平均功率系数为 -5.96 pcm/MWt，堆芯总钠空泡效应为 -4.93 \$。全为负值，所以 CEFR 堆芯有中子学自稳性。

CEFR 最重要的专用安全设施是非能动的事故余热排出系统，如图 1.6 所示。该系统由相互独立的两条环路组成，每条环路主要由一台设置在主容器内热钠池中的钠-钠热交换器（事故热交换器）、一台设置在堆外高处的钠-空气热交换器（空冷器），以及相关钠管道组成。在发生两台蒸汽发生器给水中断、反应堆失去外部电源、地震等始发事件时，单靠主容器内及事故余热排出系统堆外回路的自然循环即可将堆芯热量导出至最终热阱——大气，保证堆芯安全。相比于在主容器外的主热传输系统上设置空冷器的余热排出方案，在堆容器内设置事故热交换器的方式，避免了二回路管道、中间热交换器的共因故障，更为可靠，安全更有保障。

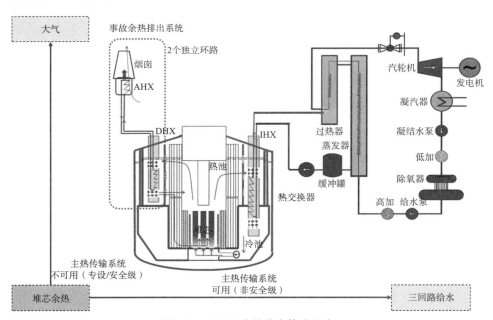

图 1.6 CEFR 余热排出策略设计

中国实验快堆（见图 1.7）已于 2010 年 7 月首次临界，2011 年 7 月 40%
功率并网发电，2014 年 12 月达到满功率。

图 1.7　中国实验快堆

|1.4　快堆热工水力学分析的目的和任务|

反应堆热工水力设计的目的不仅要保证在正常运行期间安全可靠地产生额
定功率，在停堆后把衰变热安全排出；而且要尽可能地提高堆芯功率密度，提
高整个装置总效率和降低成本。

总的来说，快堆热工水力设计的主要任务有：

（1）根据快堆核电厂需要发生产电功率和核电厂总体设计要求，与一、
二、三回路装置协调，提出快堆所应发出的总热功率。

（2）与一、二、三回路装置设计协调平衡，确定反应堆的总体热工参数，
如压力、温度和流量等。

冷却剂的运行压力、反应堆进出口温度、质量流量等参数直接关系到反应
堆的安全和核电站的经济性，因此，合理选择反应堆的总体参数是反应堆热工
水力设计的重要内容。根据热力学原理，电站热效率是由系统产生蒸汽的最高
温度和冷凝器进口的最小温度决定的。由于冷凝器进口的温度就是海水或其他
冷源的温度，它是由环境温度决定的，相对来说比较固定，因此要提高电站的

热效率，就需要提高产生的蒸汽的温度，它又与反应堆出口冷却剂的温度是密切相关的。对于钠冷快堆，冷却剂出口温度一般在 550 ℃ 左右。由于较高的堆芯出口温度，钠冷快堆的热效率较水堆要高，约为 40%。

除了一回路温度和压力之外，还有其他一些因素，例如一回路装量、系统布置等因素也是热工设计所必须要关心的。

（3）与堆物理、结构和燃料元件设计协调平衡，确定快堆堆芯燃料成分、各类组件分区、燃料元件尺寸和元件布置形式等。

（4）根据确定的堆芯组件结构尺寸，主要的热工参数，堆物理设计提供的堆芯整个寿期内的功率分布，进行堆芯和各系统稳态热工水力分析。

通过反应堆稳态热工水力学分析了解冷却剂的流动和传热特性，确定堆芯流量分配，获得燃料元件和各子通道内的温度分布规律以及堆芯和各系统部件的压降等。

（5）对已确定了的反应堆和一回路在运行中出现的运行瞬态和事故工况进行分析，并提出反应堆安全保护系统各种动作的整定值，确定主要的安全设计指标和限值。

通过瞬态热工流体计算分析，给出各种运行工况下反应堆的热力参数，分析各种瞬态工况下温度、压力、流量等热力参数随时间的变化过程，预测事故工况下温度、压力、流量等热力参数随时间的变化，进而支持确定论安全分析和概率论安全分析等。

值得指出的是，在整个反应堆设计过程中，其他的相关设计都要以保证和改善堆芯的输热特性为前提。不论是选择反应堆燃料、冷却剂、慢化剂和结构材料，还是确定燃料元件的形状、栅格排列形式、控制棒的布置、堆芯结构及反应堆回路系统方案和运行方式等，都要以热工水力设计为前提。而且热工水力设计还要对反应堆控制系统、安全保护系统和工程安全设施的设计提出要求，例如提出相关安全设施的安全整定值。当各方面的设计出现矛盾时，也要通过反应堆热工水力设计来进行协调。因此，反应堆热工水力设计在整个反应堆的设计中起着至关重要的作用。

|1.5 本书总体架构|

本书共包括 10 个章节，其主要内容如下：第 1 章绪论，主要介绍快堆的基础理论和技术特点、国际上快堆发展概况以及快堆热工水力学分析的目的和任务；第 2 章堆芯材料与冷却剂，主要介绍辐照和燃耗对热物性的影响；第 3 章快堆内热源及其分布，主要介绍反应堆内的热源及其分布，停堆后的释热及其冷却；第 4 章快堆堆内主要传热形式及分析方法，主要介绍冷却剂、燃料元件、堆本体以及堆坑内传热及温度分布，简述两相流传热分析等；第 5 章堆芯稳态热工水力设计，主要介绍堆芯热工水力设计准则和流程、堆芯流量分配、子通道分析方法、热管和热点因子等；第 6 章一回路稳态热工水力设计，主要介绍一回路强迫循环热工水力设计，一回路热平衡计算分析，一回路流体力学计算以及堆本体内钠热池和辅助冷却系统数值计算分析；第 7 章一回路自然循环分析，主要介绍一回路自然循环基本概念，常见的快堆长期自然循环排出余热方法和池式快堆自然循环瞬态计算方法等；第 8 章钠冷快堆相关热工水力试验，主要介绍单体组件、一回路节流件和堆芯出口区域热工水力特性试验等单体热工水力特性试验，以及全堆芯流量分配试验、快堆一回路水力特性验证试验、一回路自然循环能力验证试验以及中间热交换器气体夹带试验等整体性验证试验；第 9 章主热传输系统热工水力设计与分析，主要介绍主热传输一回路和二回路系统概述，主热传输系统相关的分析软件及计算实例；第 10 章快堆热工水力数值分析及软件开发，包括堆芯及一回路设计软件开发，一回路自然循环设计软件开发以及主热传输系统热工水力分析软件开发。

快堆热工流体力学主要研究如何将快堆堆芯释热安全地输出堆外，热量输出过程涉及反应堆各个运行工况下燃料元件传热特性及其回路系统内冷却剂流动特性和热传输特性。为了计算得到堆芯内燃料、包壳和冷却剂的温度场，首先需要了解燃料、包壳材料以及冷却剂的热物性，这就引出了第 2 章的内容；其次需要了解堆内热源的由来及其分布，这就引出了第 3 章的内容；最后，堆内释热传输到堆外的过程包括：燃料棒的传热、包壳外表面与冷却剂之间的传热以及冷却剂通过堆本体以及蒸汽发生器的输热，这将是第 4 章阐述的内容。

热工流体力学分析通常可以分为稳态分析和瞬态分析。稳态分析主要用于快堆的热工设计，通过各种设计方案的比较，协调各种矛盾，以最终确定快堆的结构参数和运行参数。这部分内容将在第 5、6 章进行介绍。瞬态分析主要用于快堆瞬态过程和事故分析以及安全审查，可以确定快堆在各种事故工况下的安全性，提出所需要的各种安全保护系统和工程安全措施及动作的整定值，制定出合理的运行规程。瞬态工况下需要考察一回路自然循环设计的有效性和可靠性，第 7 章给出了详细的自然循环设计思想及计算分析方法。

快堆热工流体力学分析与热工流体力学试验是密切相关的。在分析中的许多原始数据和关系式要靠试验来确定，物理模型要靠试验来发展，计算分析的结果要靠试验来验证。特别是一些复杂的工况，由于影响因素非常多，单靠理论分析是无法弄清楚的，这时必须建造专门的试验台架来进行研究。第 8 章罗列了钠冷快堆开展的单体热工水力特性验证试验和整体性验证试验。

快堆尤其是池式快堆内的热工流体力学过程是极其复杂的，为了分析这些过程，往往需要对它的物理过程建立一系列的计算分析模型，编制计算程序进行求解。第 9 章和第 10 章介绍了中国原子能科学研究院自主开发的计算堆芯及一回路设计软件、一回路自然循环设计软件和主热传输系统热工水力分析软件。

参考文献

［1］ 徐銤. 快堆和我国核能的可持续发展［J］. 中国核电，2009（2）：106 - 110.

［2］ International Atomic Energy Agency. Use of Fast Reactors for Actinide Transmutation （Proceedings of a Specialists Meeting，Obninsk，Russian Federation）［R］. IAEA - TECDOC - 693，IAEA，Vienna，1992.

［3］ Office of Nuclear Energy. GIF R&D Outlook for Generation IV Nuclear Energy Systems［R］. The Generation IV International Forum，2009.

［4］ 徐銤，杨红义. 钠冷快堆及其安全性［J］. 物理，2016，9（45）：561 - 568.

［5］［俄］П. Л. 基里洛夫. 核工程用材料的热物理性质［M］. 2 版. 吴兴曼，郑颖，张玲，等，译. 北京：中国原子能出版传媒有限公司，2011.

［6］ International Atomic Energy Agency. Fast Reactor Database 2006 Update［R］. IAEA - TECDOC - 1531，IAEA，Vienna，2006.

［7］ International Atomic Energy Agency. Status of Liquid Metal Fast Breeder Reactor Development［R］. IAEA - TECDOC - 1691，IAEA，Vienna，2012.

［8］ Yanagisawa T，Tanabe H. Fast Breeder Reactor：the Past，the Present and the Future - the Birth of the Fast Breeder Reactor［J］. Journal - Atomic Energy Society of Japan，2007，49（7）：499 - 504.

［9］ Stevenson C E. The EBR - II Fuel Cycle Story［M］. La Grange Park：American Nuclear Society，1987.

［10］ Meyer R A，Reynolds A B，Stewart S L，et al. Design and Analysis of SEFOR Core［R］. GEAP - 13598，Springfield，Virginia：U. S Atomic Energy Commission，1970.

［11］ Swaim D J，Waldo J B，Farabee O A. Ten Years Operating Experience at the Fast Flux Test Facility［C］//International Conference on Fast Reactors and

Related Fuel Cycles. 1991: 2. 3/1 – 2. 3/11.

[12] Project Management Corporation. Preliminary Safety Analysis Report [R]. Montreal QC, H3E 1A1 Canada: Project Management Corporation, 1975.

[13] Nikulin M P, Mamajev L I, Ashurko Y M, Bagdasarov Y E. Experience Gained During BR – 10 Reactor Operation [C]. Paper Presented in the IAEA Technical Meeting on the Coordinated Research Project on Analyses of and Lessons Learned from the Operational Experience with Fast Reactor Equipment and Systems, Obninsk, Russian Federation, 2005.

[14] Korolkov A S, Gadzhiev G I, Efimov V N, Marashev V N. Operating Experience of the Reactor BOR – 60 [J]. Atomnaya Energia, 2001, 91 (5): 363 – 369.

[15] International Atomic Energy Agency. Operating Experience with Beloyarsk Fast Reactor BN – 600 [R]. IAEA – TECDOC – 1180, IAEA, Vienna, 2000.

[16] Kiryushin A I, Vasiliev B A, Kuzavkov N G, et al. BN – 800: Next Generation of Russian Sodium Fast Reactors [R]. Three Park Avenue, New York, NY 10016 – 5990 (United States): The ASME Foundation, Inc. , 2002.

[17] Ashirmetov M, Vasil'ev B, Poplavskij V, Shepelev S. BN – 1200 Design Development [C]. Proceedings of Int. Conf. FR – 13, Paris, 2013.

[18] International Atomic Energy Agency. Limited Scope Sustainability Assessment of Planned Nuclear Energy Systems Based on BN – 1200 Fast Reactors [R]. IAEA – TECDOC – 1959, Vienna: IAEA, 2021.

[19] Lacroix A, Michoux H, Marcon J P. Experience Gained from the 1200 MWe SUPERPHENIX FBR Operation [C]//International Conference on Fast Reactors and Related Fuel Cycles. 1991: 2. 2/1 – 2. 2/9.

[20] Jadot F , Baque F , Jeannot J P , et al. ASTRID Sodium Cooled Fast Reactor: Program for Improving in Service Inspection and Repair [C]. 2011 2nd International Conference on Advancements in Nuclear Instrumentation, Measurement Methods and their Applications, IEEE, 2012.

[21] Miyakawa A, Meada H, Kani Y, et al. Sodium Leakage Experience at the Prototype FBR Monju Unusual Occurrences during LMFR Operations [R]. IAEA – TECDOC – 1180, Vienna: IAEA, 2000.

[22] Japan Atomic Energy Agency and the Japan Atomic Power Company. Feasibility Study on Commercialized Fast Reactor Cycle Systems [R]. Ibaraki: JAEA, 2006.

[23] Roychowdhury D G, Vinayagam P P, Ravichandar S C, et al. Thermal Hydraulic

Design of PFBR Core, LMFR Core Thermal Hydraulics: Status and Prospects [R]. IAEA – TECDOC – 1157, Vienna: IAEA, 2000.

[24] 快堆工程部. 中国实验快堆安全分析报告 [R]. 中国原子能科学研究院, 2001.

[25] Xu M. The Status of Fast Reactor Technology Development in China [C]. Paper Presented in IAEA Technical Meeting Review of National Programmes on Fast Reactors and Accelerator Driven Systems (ADS), Karlsruhe, Germany, 2002.

第 2 章

堆芯材料与冷却剂

|2.1　概述|

　　燃料组件是快堆的核心部件，燃料组件的基本功能是与控制棒组件一起维持快堆链式反应，产生裂变热能，并为冷却剂提供恰当的流道，将热量带出燃料组件。燃料组件内所装的燃料是快堆最为主要的热量来源，是堆内热量最集中的部件。如何将燃料中产生的热量通过燃料组件带出堆芯，就涉及燃料组件热工水力分析。可以说，燃料组件的热工水力分析是所有热工水力分析的核心，而堆芯材料（包括核燃料与燃料组件结构材料）的热物性直接影响燃料组件的热工水力性能，因此，有必要首先了解快堆核燃料及组件结构材料热物性相关的理论知识。

　　典型的快堆堆芯燃料组件主要由燃料棒组成的燃料棒束和一个六角形外套管组成，此外还有组件的两端结构件，它们为组件提供冷却剂出、入口，以及组件在堆芯的定位和操作。组件内的燃料棒采用正三角形矩阵排列，螺旋形金属绕丝或格架将燃料棒相互隔开，形成冷却剂流道。燃料棒组成的棒束置于六角形套管内。燃料芯块形成堆芯区域，在堆芯区上、下有转换区芯块。在设计中有的将燃料棒内的裂变气体储存腔置于上转换区之上，有的置于下转换区之下。在燃料棒束的上方依次有上屏蔽件和组件操作头，操作头上有冷却剂出口孔。在燃料棒束的下方依次有下屏蔽件、组件在堆芯的定位管脚，管脚上有冷却剂的入口孔和控制漏流量的结构。此外，在组件上部的外表面上有垫块，以维持组件间的距离。

　　图2.1是法国"超凤凰"（SUPERPHENIX）快堆堆芯组件结构示意图。

"超凤凰"快堆燃料组件的总长和各部件的长度如表 2.1 所示。

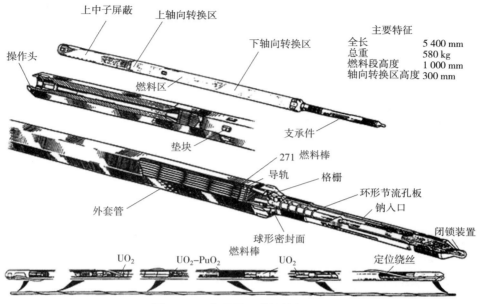

主要特征

全长	5 400 mm
总重	580 kg
燃料段高度	1 000 mm
轴向转换区高度	300 mm

图 2.1　"超凤凰"快堆燃料组件

表 2.1　"超凤凰"快堆主要完成的指标　　　　　　mm

燃料组件总长	5 400
燃料棒长度	~2 700
燃料段	~1 000
上轴向转换区	~300
下轴向转换区	~300
气腔	~1 000
上屏蔽件(包括操作头)	~1 450
组件管脚	~1 200

|2.2　核燃料|

　　快堆除了追求较高增殖比之外,还追求高的燃耗和高冷却剂出口温度,基于这些考虑,快堆燃料选择标准包括:

（1）在运行温度范围内，具有足够的稳定性，不发生相变；

（2）能承受高燃耗，辐照肿胀小；

（3）具有较好的热性能，具有高熔点、高热导率；

（4）具有高的易裂变原子密度，以降低燃料投料量；

（5）燃料与包壳和冷却剂相容性好；

（6）燃料与燃料循环各个阶段的接触容器相容；

（7）具有较为成熟的制造工艺。

根据燃料选择的标准，适用于钠冷快堆的燃料包括金属燃料、氧化物燃料、碳化物燃料和氮化物燃料等。从快堆燃料发展来看，早期的快堆都采用金属燃料，但是由于对金属燃料元件的认识不足，早期研制的金属燃料只能辐照到很低的燃耗，包壳就发生破损，而氧化物燃料在轻水堆应用广泛，具有较为成熟的经验，因此，从 20 世纪 60 年代开始快堆燃料发展转向了氧化物燃料，包括 UO_2 燃料和 MOX 燃料。到了 20 世纪 90 年代以后，国际上开始关注碳化物和氮化物燃料，但是由于这两种燃料制造工艺不成熟等原因，目前仍然处于研究阶段，没有在快堆规模化使用经验，而氧化物燃料已在快堆中得到实际应用，从燃料组件设计到制造工艺，都具有较高的成熟度。本书分别对各种燃料的热物性进行说明，热物性主要包括热导率、比热和热膨胀系数。

2.2.1　二氧化铀燃料的热物性

目前几乎所有的商用核电厂、核动力装置都使用了氧化物燃料，因为它有高的燃耗特性（超过 100 MWd/kg）。在水堆中所取得的大量制造和使用经验，也是促使在快堆中主要选择氧化物燃料的重要原因。氧化物燃料具有很高的熔点（约 2 750 ℃），这一优良的特性，大大地补偿了其导热性差所造成的麻烦。

（一）二氧化铀燃料的热导率

燃料热导率在计算燃料中心温度中起到重要作用，是燃料传热方程的重要参数。针对燃料的热导率各国都开展了许多研究工作，Martin 回顾了 500 ℃ 熔点的燃料热导率的研究成果，并给出了推荐公式，该公式考虑了辐照、孔隙率、裂纹、O/M 比的综合影响。所有氧化物燃料的热导率都从 500 ℃ 开始降低，在 1 500 ℃ 附近达到最小值，然后又会上升。

1. 辐照效应对热导率的影响

比较辐照和未辐照燃料的热导率会发现辐照导致的结构变化：原子迁移产

生的缺陷、固体裂变产物、裂纹和孔隙融合及空泡生成现象引起的热导率变化，氧和钚重布的影响等。缺陷和裂变产物因素对钚的影响不大，但对 UO_2 的影响比较大。原子迁移产生的缺陷的影响比裂变产物的影响要大，特别是在低温和低燃耗的情况下。

Runfor 做了一个试验，发现 500～1 000 ℃时 UO_2 因为裂变产物的产生而使热导率下降了 18%。但相对于其他因素，裂变产物对热导率的影响是很小的，因此目前其影响是被忽略的。

2. 正化学比 UO_2

本书给出了不同的正化学比 UO_2 的热导率模型：

$$\text{Washington:} k = (0.035 + 2.25 \times 10^{-4}T)^{-1} + 83.0 \times 10^{-12}T^3 \tag{2.1}$$

$$\text{Brandt:} k = (0.043\,9 + 2.16 \times 10^{-4}T)^{-1} + 11.2 \times 10^{-2}T\exp\left(-\frac{1.18}{k_B T}\right) -$$
$$4.18 \times 10^5 \exp\left(-\frac{3.29}{k_B T}\right) \tag{2.2}$$

$$\text{Ainscough:} \ k = 9.851 - 8.803 \times 10^{-3}T + 3.301 \times 10^{-6}T^2 - 3.727 \times 10^{-10}T^3 \tag{2.3}$$

$$\text{Killeen:} k = (0.035 + 2.25 \times 10^{-4}T)^{-1} + 3.861 \times$$
$$10^{-3}T\exp\left(-\frac{1.07}{k_B T}\right)\left[1 + 0.368\,83\left(\frac{1.07}{k_B T} + 2\right)^2\right] \tag{2.4}$$

式中，k 为 UO_2 热导率；k_B 为玻尔兹曼常数；T 为温度（K）。

这些模型在 1 000 ℃以下，这四个公式都是相近的，超过 1 000 ℃就开始不同了，Washington 的公式都是来自试验数据采集拟合得出的，在热导率最低点处，Washington 的公式计算值比实测值大了约 8%。在高温区域，Washington 的公式着重考虑辐射传递热能，而不是电子激励。Brandt 的公式只采用了一组数据，O/M 比为 2.002～2.007 的 UO_2 芯块，这个公式假设熔融边界只发生在晶界处，实际上熔融边界也发生在晶粒内部，因此 Brandt 的公式计算出的熔化时热导积分偏小，对于 95%TD 的 UO_2 正常的热导积分应该是（7.2±0.4）kW/m；Ainscough 的数据也采用了一组 Gyllander 数值，相对于 Brandt 公式，该公式计算出的熔化时热导积分更小。

这四个公式都考虑了未辐照和辐照因素，但是都没有考虑芯块裂纹的影响。由于热导率的不确定因素，这四个公式计算出来的中心熔点温度的偏差在±60 ℃左右。其中，Killeen 的公式更加贴合实测值，但是其他公式在不同的情况也可以使用，不会出现大的偏离。

3. 孔隙率的影响

UO_2 的热导率随着孔隙率的干扰而降低，两个基本公式为：

$$\text{Loeb}: k = k_0(1 - \alpha P) \tag{2.5}$$

$$\text{Maxwell} - \text{Eucken}: k = k_0 \frac{1 - P}{1 + \beta P} \tag{2.6}$$

式中，k_0 为相对密度为 100% 的二氧化铀热导率；P 为二氧化铀芯块孔隙率；α，β 为孔隙率修正系数，α 为 1 ~ 4，β 为 0.5；本书给出了推荐值，当 $P < 0.1$ 时，$\alpha = 2.5$，采用式（2.5）；当 $0.1 < P < 0.2$ 时，$\beta = 0.5$，采用式（2.6）。

4. 裂纹的影响

通过有限元理论和金相观察，证明裂纹形成时的形状包括 8 条径向裂纹，1 条横向裂纹。高温（超过 1 400 ℃）时，芯块的裂纹可以愈合；低温时，芯块裂纹可以通过外在应力限制而愈合。

本书给出了推荐值：Washington 推荐 500 ℃ 时，一个没有限制的芯块（即存在芯包间隙的芯块）的热导率等于无裂纹芯块的热导率乘以一个系数（0.8），随后热导率会线性增加，直到 1 400 ℃ 达到无裂纹芯块的热导率。

Washington 说明当芯包接触之后，则芯块的热导率就会变为无裂纹芯块的热导率，因为芯包之间的作用力会使芯块裂纹愈合。

当芯块与包壳之间既有接触的地方，又有间隙存在时，Washington 假设这时裂纹会时而闭合，时而打开。但是一般认为裂纹产生是瞬态发生的，而裂纹愈合持续的时间更长，所以这时认为热导率应按照裂纹愈合的芯块热导率进行计算。

当芯包间隙开始闭合时，热导率就会线性上升，直到间隙全部闭合而稳定到一个常数。

5. 超化学比的影响

Goldsmit 和 Douglas 观测到 O/M 比超过 2.0 时，UO_2 的热导率会下降。试验范围为：500 ~ 1 000 ℃ 时，O/M 比为 2.00 ~ 2.10。

在 1 500 ℃ 以下，$UO_{2+\xi}$ 热导率公式为：

$$k = (0.035 + 3.47\xi - 7.26\xi^2 + 2.25 \times 10^{-4}T)^{-1} +$$
$$(83.0 - 537\xi + 7610\xi^2) \times 10^{-12}T^3 \tag{2.7}$$

在 1 500 ℃ ~ 熔点区间，$UO_{2+\xi}$ 热导率公式为：

$$k = (0.035 + 3.47\xi\phi - 7.26\xi^2\phi + 2.25 \times 10^{-4}T)^{-1} +$$
$$(83.0 - 537\xi\phi + 7\,610\xi^2\phi) \times 10^{-12}T^3 \tag{2.8}$$

式中，$\phi = (3\,120 - T)/1\,347$；$T$ 为温度（K）。

图2.2给出了过化学比UO_2的热导率随温度变化的示意图。

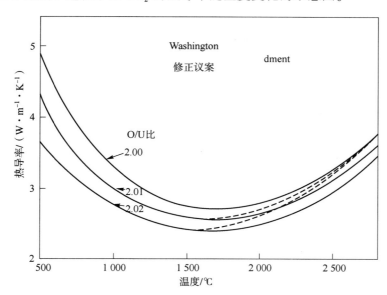

图2.2　过化学比UO_2热导率的变化示意图

6. 欠化学比的影响

在大范围的温度域内，UO_2的热导率会随着欠化学比的增大而有小幅度的增加。在1 500 ℃以下，大概为每0.01的偏离会有1%的增量；在高温区域内，也有相似的结果，但是没有经过试验验证。因此，$UO_{2-\xi}$在$0 < \xi < 0.05$时，其热导率为$(1+\xi)$乘以UO_2的热导率。

（二）二氧化铀燃料的熔点

燃料芯块需保证在运行周期内不熔化，因此，考虑裕度的燃料中心温度不能超过熔点。燃料熔点主要跟燃耗有一定关系。这里给出未辐照$UO_{2.00}$和$PuO_{2.00}$的推荐值：

$$T_m(UO_{2.00}) = (3\ 120 \pm 30)\,K;$$
$$T_m(PuO_{2.00}) = (2\ 701 \pm 35)\,K;$$

UO_2熔点随燃耗增长而线性下降，其下降比例系数为$0.5\ K \cdot MWd^{-1} \cdot kgU$（5 K/at%[①]）。

───────────

① at%表示原子百分数。

（三）二氧化铀燃料的比热

在计算瞬态工况时，比热是传热方程的重要参数。燃料的比热主要和温度、氧金属比等参数有关，其表达式如下：

$$c_P = \frac{K_1 \theta^2 \exp\left(\dfrac{\theta}{T}\right)}{T^2 \left[\exp\left(\dfrac{\theta}{T}\right) - 1\right]^2} + K_2 T + \left(\frac{O}{M}{2}\right)\frac{K_3 E_D}{RT^2}\exp\left(-\frac{E_D}{RT}\right) \tag{2.9}$$

式中 c_P——比热[J/(kg·K)]；

　　　T——温度（K）；

　　　O/M——O/M 比；

　　　$R = 8.3143(J/mol·K)$；

其他常数取值见表 2.2。

表 2.2　二氧化铀比热公式中的常数取值

常数	UO_2	PuO_2	单位
K_1	296.7	347.4	J/(kg·K)
K_2	2.43×10^{-2}	3.95×10^{-4}	J/(kg·K^2)
K_3	8.745×10^7	3.860×10^7	J/kg
θ	535.285	571.000	K
E_D	1.577×10^5	1.967×10^5	J/mol

（四）二氧化铀燃料的热膨胀系数

热膨胀系数和密度是一对密不可分的参数，燃料芯块主要由于热膨胀使得芯块密度减小。密度是一个与燃料组分、温度、孔隙率、O/M 比和燃耗相关的函数。其中燃料组分和温度是最重要的因素，O/M 比和燃耗的影响比较小，一般可以忽略。其中 O/M 比会减小密度，燃耗的影响有两种情况，低燃耗时会引起密度致密化，高燃耗时由于燃料肿胀，其密度会逐步下降。本书给出了 UO_2 随温度变化的堆外密度公式，本公式采用 Martin 的 100% 理论密度，具体如下。

（1）温度为 273~923 K 时，线性膨胀率为：

$$\frac{\Delta L}{L(273)} = -2.66 \times 10^{-3} + 9.802 \times 10^{-6} T - 2.705 \times 10^{-10} T^2 + 4.391 \times 10^{-13} T^3 \tag{2.10}$$

（2）温度 >923 K 时，线性膨胀率为：

$$\frac{\Delta L}{L(273)} = -3.28 \times 10^{-3} + 1.179 \times 10^{-5} T - 2.429 \times 10^{-12} T^2 + 1.219 \times 10^{-12} T^3 \tag{2.11}$$

2.2.2　MOX 燃料的热物性

（一）MOX 燃料的热导率

MOX 燃料的热导率一般是基于 UO$_2$ 燃料热导率进行修正的，Masaki Inoue 介绍了以往关于燃料热导率的研究成果。

未辐照状态的密实氧化物燃料热导率的一般表达式为

$$k_0 = k_{Phonon} + k_{Electron} \tag{2.12}$$

其中声子热导项的表达式为

$$k_{Phonon} = \frac{1}{A + BT} \tag{2.13}$$

式中，A 表示晶格缺陷引起的声子散射；B 表示声子间的散射过程。

电子热导项的表达式为

$$k_{Electron} = \frac{C}{T^2} \exp\left(-\frac{D}{T}\right) \tag{2.14}$$

电子空洞对（小极子）的迁移行为决定 C 和 D 值。

温度在 2 000 K 以下时，声子热导起主要作用，高温时则以电子热导为主。Philipponneau 发现 A 随化学计量的偏差呈抛物线形增长，Bonnerot 发现 B 值与 Pu 含量相关。但 Martin 和 Philipponneau 均得出结论：对 FR – MOX 燃料而言，Pu 含量对热导率的影响可以忽略。

于是得到密实 FR – MOX 燃料热导率公式的基本形式为：

$$k_0 = \frac{1}{A_1 + A_2\sqrt{(2 - O/M) + A_3} + BT} + \frac{C}{T^2} \exp\left(-\frac{D}{T}\right) \tag{2.15}$$

非密实燃料的热导率采用孔隙率修正因子 $F = 1 - \alpha P$（Loeb 公式）进行修正，其中 α 为孔隙率修正系数，P 为孔隙率。

Masaki Inoue 采用与 Martin 类似的方法研究了 FR – MOX 燃料在辐照初期的热导率。在不确定度最小化的前提下，采用了 Vancraeynest、Weilbacher、Fukushima、Laskiewicz、Hetzler 等（O/M = 2.00）和 Hetzler、Elbel、Schmidt 等的试验数据（O/M = 1.98），Pu 含量范围为 20% ~ 30%，燃料相对密度范围为 94.3% ~ 96.4%，温度范围为 337 ~ 2 552 K。由于高温段数据很少，所以电子热导项直接采用了 Harding 和 Martin 在 1989 年提出的 UO$_2$ 燃料公式。拟合出密实 MOX 燃料的热导率公式为：

$$k_0 = \frac{1}{0.060\,59 + 0.275\,4\sqrt{2 - \dfrac{O}{M} + 2.011\times10^{-4}T}} + \frac{4.715\times10^9}{T^2}\exp\left(-\frac{16\,361}{T}\right)$$

$$(2.16)$$

式中　k_0——热导率[W/(m·K)]；

　　　T——温度（K）；

　　　O/M——氧金属比。

公式计算值与数据组的标准差为 0.20 W/(m·K)（6.2%）。采用 JOYO 堆 INTA-2 辐照试验数据（O/M = 1.95 和 1.96，$T \leqslant 1\,850$ K）对公式进行验证，积分法（Integral Method）计算出的燃料中心温度与实测值吻合得很好，表明该公式同样适用于低 O/M 值（1.95 和 1.96）、1 850 K 以下的 FR-MOX 燃料。

Masaki Inoue 等人将 Lucata 等提出的针对 UO_2 燃料热导率的修正方法应用于 MOX 燃料，提出了辐照后期燃料的热导率公式

$$k = F_1 F_2 F_3 F_4 k_0 \tag{2.17}$$

式中　k——燃料的有效热导率[W/(m·K)]；

　　　k_0——完全密实燃料的热导率[W/(m·K)]；

　　　F_1——溶解的固态裂变产物修正因子；

　　　F_2——析出的固态裂变产物修正因子；

　　　F_3——辐照损伤修正因子；

　　　F_4——孔隙率修正因子（$F_4 = 1 - \alpha P$）。

（二）MOX 燃料的熔点

MOX 燃料的熔点在 UO_2 燃料的熔点基础上考虑 Pu 含量、O/M 比和燃耗的影响。IAEA 技术推荐了 Adamson 提出的 UO_2 和 PuO_2 的熔点：

$$T_m(UO_2) = (3\,120 \pm 30)\,K$$
$$T_m(PuO_2) = (2\,701 \pm 35)\,K$$

误差约为 1%。Manara 等最新测量的数值为 $T_m(UO_2) = (3\,147 \pm 20)\,K$，与压力的关系式为 $T_m(UO_2) = 3\,147 + 9.29\times10^{-2}P$（压力范围为 10~250 MPa）。

接着详细分析了 Pu 含量、O/M 比和燃耗的影响，其中 O/M 比和燃耗的影响关系式中均包含 Pu 含量项。

1. Pu 含量的影响

1985 年 Adamson 提出了未辐照化学计量 MOX 燃料的固相线温度 T_S 和液相线温度 T_L 的公式：

$$T_S(K) = 3\,120.0 - 655.3y + 336.4y^2 - 99.9y^3 \tag{2.18}$$

$$T_L(K) = 3\,120.0 - 388.1y - 30.4y^2 \qquad (2.19)$$

式中，y 表示 PuO_2 的摩尔百分比含量。$y = 0 \sim 0.6$ 时，误差分别为 ± 30 K 和 ± 55 K；$y > 0.6$ 时，误差分别为 ± 50 K 和 ± 75 K。

2002 年 Konno 等提出了新的熔点公式，其中包括 Pu 含量的影响因子，并给出了 Am（镅）对 FR - MOX 燃料的影响关系式。

2. O/M 比的影响

2002 年 Konno 等提出的熔点公式中，O/M 比的影响关系式为

$$\Delta T_S = -(1\,000 - 2\,850y) \cdot \left(2.00 - \frac{O}{M}\right) \qquad (2.20)$$

$$\Delta T_L = -(280 - 5\,000y^3) \cdot \left(2.00 - \frac{O}{M}\right) \qquad (2.21)$$

有效范围为 $O/M = 1.94 \sim 2.00$。

3. 燃耗的影响

Carbajo 等推荐的燃耗使熔点降低的数值为 0.5K · MWd^{-1} · kgU 燃料。2002 年 Konno 等提出的熔点公式中，燃耗的影响关系式为：

$$\Delta T_S = -(1.06 - 1.43y) \cdot Bu + 0.000\,8\left[\frac{1.06 - 1.43y}{0.66}\right]^{1.5} \cdot Bu^2 \qquad (2.22)$$

$$\Delta T_L = -(0.50 - 0.38y) \cdot Bu \qquad (2.23)$$

式中，Bu 为燃耗（MWd/kgU）。对于 $y < 0.4$ 的 MOX 燃料，该公式的误差仅为 ± 16.8 K。

（三）MOX 燃料的比热

$$FCP = \frac{K_1 \theta^2 e^{(\frac{\theta}{T})}}{T^2\left[e^{(\frac{\theta}{T})} - 1\right]^2} + K_2 T + \frac{YK_3 E_D}{2RT^2}e^{(-\frac{E_D}{RT})} \qquad (2.24)$$

式中 Y 表示 O/M 比值，各常数的数值见表 2.3。

表 2.3　MATPRO 比热公式中的常数取值

常数	UO_2	PuO_2	单位
K_1	296.7	347.4	J/(kg · K)
K_2	2.43×10^{-2}	3.95×10^{-4}	J/(kg · K^2)
K_3	8.745×10^7	3.860×10^7	J/kg
θ	535.285	571.000	K
E_D	1.577×10^5	1.967×10^5	J/mol

（四）MOX 燃料的热膨胀系数

与二氧化铀热膨胀系数类似，燃料芯块主要由于热膨胀使得芯块密度减小。MOX 燃料热膨胀系数与温度和 Pu 质量分数有关。

$$\frac{\Delta L}{L} = \frac{\Delta L}{L}\bigg|_{UO_2}(1-f) + \frac{\Delta L}{L}\bigg|_{PuO_2}f$$

$$\frac{\Delta L}{L}\bigg|_{UO_2} = -4.972 \times 10^{-4} + 7.107 \times 10^{-6}T + 2.581 \times 10^{-9}T^2 + 1.140 \times 10^{-13}T^3$$

$$\frac{\Delta L}{L}\bigg|_{PuO_2} = -3.9735 \times 10^{-4} + 8.4955 \times 10^{-6}T +$$
$$2.1513 \times 10^{-9}T^2 + 3.7143 \times 10^{-16}T^3 \qquad (2.25)$$

式中　T——温度（℃）；

　　　f——Pu 质量分数。

2.2.3　金属燃料的热物性

（一）金属燃料的热导率

金属燃料热导率与氧化物燃料热导率略有不同，主要与温度及锆和钚的重量分数有关。Billone 等给出了 U – Zr 和 U – Pu – Zr 合金的热导率关系，如下所示：

$$k = A + BT + CT^2 \qquad (2.26)$$

$$A = 17.5\left(\frac{1 - 2.23\,W_Z}{1 + 1.61\,W_Z} - 2.62\,W_P\right)$$

$$B = 1.54 \times 10^{-2}\left(\frac{1 + 0.061\,W_Z}{1 + 1.61\,W_Z} - 0.90\,W_P\right)$$

$$C = 9.38 \times 10^{-6}(1 - 2.70\,W_P)$$

式中，k 是热导率[W/(m·K)]；T 是温度（K）；W_Z 和 W_P 分别是锆和钚的质量分数。

（二）金属燃料的相变温度

三元合金中锆和铀的相图，Zr 扩散系数和有效传输热是计算 Zr 元素迁移模型所需的基本数据。

用于组分迁移的热化学驱动力由运行温度下燃料中存在的各个相决定，对相图的准确计算对于开发燃料元素重分布模型至关重要。假设固定的 Pu 浓度为 19 wt%[①]，则针对 U – Pu – Zr 合金开发了简化的伪二元相图，该图是基于温

---

① wt% 表示质量百分数。

度的可用三元相图。U – Zr 相图在参考资料中给出。

图 2.3 显示了 U – Pu – Zr 合金的伪二元相图。相线 1 ~ 相线 6 在 U – Zr 和
U – 19Pu – Zr 燃料之间线性插值，并在表 2.4 中作为温度的函数给出。采用这
种方法来计算 Pu 含量（0 ~ 26 wt%）范围变化的燃料。

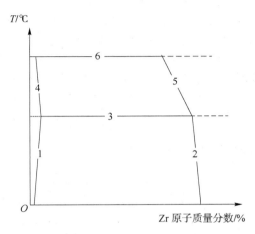

图 2.3　固定 Pu 含量的 U – Pu – Zr 燃料的伪二维相图

表 2.4　相线描述

相线	U – Zr	U – 19Pu – Zr
1	$x_{Zr} = 0.01$	$x_{Zr} = 0.001 + (T - 773.15)/2\,968.8$
2	$x_{Zr} = \dfrac{T - 813.15}{935.15 - 813.15} \times (0.588 - 0.676) + 0.676$	$x_{Zr} = 0.539 - \dfrac{T - 733.15}{9\,500.0}$
3	$T = 935.15$	$T = 868.15$
4	$x_{Zr} = 0.01$	$x_{Zr} = 0.032 - \dfrac{T - 868.15}{6\,111.1}$
5	$x_{Zr} = \dfrac{T - 935.15}{965.5 - 935.5}(0.444 - 0.588) + 0.588$	$x_{Zr} = 0.529 - \dfrac{T - 868.15}{440.5},\ T < 905$ $x_{Zr} = 0.445 - \dfrac{T - 905.15}{200},\ T \geqslant 905$
6	$T = 965.15$	$T = 923.15$

注：x_{Zr} 为 Zr 的摩尔分数；T 为温度（K）。

（三）金属燃料的比热

金属燃料不同相的热物性区别很大，不同于氧化物燃料，U – Pu – Zr 燃料的

比热是温度和相的函数。

对 $\alpha + \delta$ 相：

$$c_{P1} = 26.58 + \frac{0.027}{M_A}T \tag{2.27}$$

对 γ 相：

$$c_{P2} = 15.84 + \frac{0.026}{M_A}T \tag{2.28}$$

对 $\beta + \gamma$ 相，采用内插：

$$c_{P1} = 26.58 + \frac{0.027}{M_A}T_1 \tag{2.29}$$

$$c_{P2} = 15.84 + \frac{0.026}{M_A}T_2 \tag{2.30}$$

$$c_{P3} = \frac{c_{P2} - c_{P1}}{T_2 - T_1}(T - T_1) + c_{P1} \tag{2.31}$$

式中　c_{P1}——$\alpha + \delta$ 相比热 $[J/(kg \cdot K)]$；

　　　c_{P2}——γ 相比热 $[J/(kg \cdot K)]$；

　　　c_{P3}—— $\beta + \gamma$ 相比热 $[J/(kg \cdot K)]$；

　　　T——燃料温度（℃）；

　　　T_1——$\alpha + \delta \rightarrow \beta + \gamma$ 相变温度（℃）；

　　　T_2——$\beta + \gamma \rightarrow \gamma$ 相变温度（℃）；

　　　M_A——燃料的平均原子质量（kg）。

（四）金属燃料的热膨胀系数

金属燃料的热膨胀系数主要取决于燃料中存在的相。

$$\alpha = 1.76 \times 10^{-5}, T < T_3 \tag{2.32}$$

$$\alpha = \frac{T - T_3}{T_6 - T_3} \times 1.76 \times 10^{-5}, T_3 < T < T_6 \tag{2.33}$$

$$\alpha = \frac{T - T_3}{T_6 - T_3}(2.01 \times 10^{-5} - 1.76 \times 10^{-5}) + 1.76 \times 10^{-5}, T \geqslant T_6 \tag{2.34}$$

式中　T——温度（K）；

　　　α——热膨胀系数（1/℃）；

　　　T_3——$\alpha + \delta \rightarrow \beta + \gamma$ 相变温度；

　　　T_6——$\beta + \gamma \rightarrow \gamma$ 相变温度。

|2.3　燃料组件结构材料|

燃料组件由操作头、外套管、燃料棒、过渡接头、管脚等部件组成，涉及的结构材料很多，其中包壳和外套管所处的辐照环境最为苛刻，是最为关键的组件结构材料，直接影响燃料组件的使用寿命，国际上也一直将这两种结构材料作为重点予以研究，因此，本书将着重介绍它们的相关热物性。

2.3.1　包壳和外套管的功能

包壳是防止放射性物质泄漏的第一道屏障，它的功能是包覆燃料，必须保持燃料棒的密封性。在运行条件下，由于辐照肿胀和蠕变引起燃料棒直径增加，使燃料棒之间以及燃料棒束与外套管之间发生相互作用；同时高达 700 ℃的包壳还要承受裂变气体压力引起的应力（该应力随燃耗增加而增加）和内壁与外壁间存在几十摄氏度温差引起的热应力，所以选择包壳材料的重要准则是选择抗辐照性能好的材料，并兼有良好的热蠕变性能和高温力学性能。

六角形外套管的主要功能包括：①约束冷却剂钠，使之沿着燃料棒流动，并且不对流动阻力大的燃料棒束通道分流；②通过包围燃料棒束形成单独流道，使各个组件隔离开，进行堆设计时可以正确地调节整个堆芯的功率－流量比；③为燃料棒束提供结构支承；④与过渡接头和操作头焊接在一起，提供把燃料棒束作为一个单元装入堆芯的机械装置，外套管受堆芯限位系统制约；⑤提供一个防护层，当某一个组件中有少数燃料棒发生破损时，可阻挡事故向堆芯邻近的其他组件蔓延。与包壳相比，外套管同样处于强中子辐照环境中，但是工作温度相对略低，工作时受到的应力相应也更小。但是，外套管直接影响寿期末燃料组件能否从堆芯取出，对反应堆操作的安全性具有重要影响，因此，外套管材料的重要性与包壳管类似，必须是抗辐照性能好的材料，同时也要具有良好高温力学性能。

2.3.2　包壳和外套管材料的选择

快堆组件结构材料是限制燃料组件寿命（燃耗）的最主要因素之一，因此，发展快堆的国家都十分重视组件结构材料的研究工作。

对于快堆组件结构材料，需要考虑选材的主要方面是：①高温下运行可靠；②耐高剂量的中子辐照损伤；③与燃料和冷却剂有较好的相容性；④低的中子寄生俘获。不锈钢材料在高温和高中子注量下，具有很好的强度和抗腐蚀特性，而且吸收中子也很少。但是，大多数不锈钢材料在液态金属增殖堆高中子注量的运行条件下，辐照肿胀很显著，所以，在实际的研究发展中，都在朝着提高抗辐照肿胀的问题努力。

（一）包壳材料的选择

初期的快堆燃料棒包壳采用过高熔点金属材料，如 DFR 用铌（Nb）作包壳材料，LAMPRE 实验堆曾用钽（Ta）作包壳材料，这些材料虽具有较好的高温强度，但是抗氧化能力很差，容易吸氢，发生脆化，与冷却剂钠等都有反应，抗腐蚀性差，很快停止了这类材料的使用。随后的实验堆和原型堆都采用奥氏体不锈钢作包壳材料，因为这种材料能承受 700 ℃温度和高达 10^{23} n/cm² （$E > 0.1$ MeV）的辐照剂量，基本满足要求。

类似美国的 300 系列 AISI 304 不锈钢和 AISI 316 不锈钢，因为奥氏体钢能提供如图 2.4 所要求的较好的综合性能，不过应该指出，各国虽然使用同类奥氏体不锈钢，但是化学成分、冶金工艺略有差别，它们的性能也不完全一样。

目前国际上一些主要快堆采用的包壳和外套管材料见表 2.5。

表 2.5　国际上主要快堆采用的包壳和外套管材料

反应堆名称	所在国家	包壳材料	外套管材料
Rapsodie	法国	316 S. S**	
Phenix	法国	316 S. S	EM10
Super – Phenix	法国	15 – 15TiS. S	
PFR	英国	M316 S. S/PE16	PE16/FV448
SNR – 300	德国	15 – 15TiS. S（1.4970）	15 – 15Ti（1.4970）
EFR	欧洲	15 – 15TiS. S/PE16	EM10
CEFR*	中国	15 – 15TiS. S（ЧС – 68）	M316 S. S
JOYO	日本	M316 S. S	M316 S. S
MONJU	日本	M316 S. S	M316 S. S
FBTR	印度	316 S. S	316 S. S
PFBR	印度	15 – 15TiS. S（D9）	15 – 15TiS. S（D9）
BN – 600	俄罗斯	15 – 15TiS. S（ЧС – 68）	13CrMnNb（ЭП – 450）
BN – 800	俄罗斯	15 – 15TiS. S（ЧС – 68）	13CrMnNb（ЭП – 450）
BOR – 60	俄罗斯	15 – 15TiS. S（ЧС – 68）	
FFTF	美国	316 S. S 或 HT9	HT9
*材料为俄罗斯进口；**为不锈钢的缩写。			

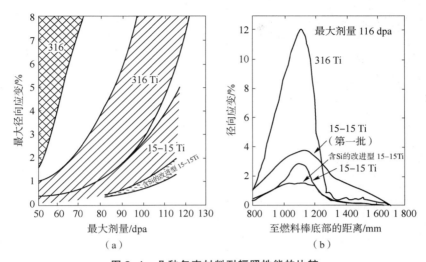

图 2.4　几种包壳材料耐辐照性能的比较

（a）最大径向应变与辐照注量的关系；

（b）辐照到 116 dpa 径向应变与燃料棒轴向距离的关系（由燃料棒底部算起）

（二）包壳材料的分类

第一类包壳材料是奥氏体材料，其使用及发展有一个过程，最早曾用固溶态 304S. S，后来转向性能更优的 316S. S 或类似的材料。另外，为了提高 316S. S 的高温和抗肿胀性能，几乎世界范围都采用相同的两种工艺：一是包壳管采用冷加工状态，一般冷加工量为 15% ~ 20% ；二是添加微量的稳定化元素（主要是 Ti 和 Nb）。改进后的 316（Ti）S. S 辐照损伤剂量可达到 60 dpa 以上，燃耗高于 10at% ，称为第一代液态金属反应堆混合氧化物燃料的包壳材料。欧洲快堆发展的奥氏体包壳材料与 316 不锈钢相似，但主体成分 Ni 和 Cr 有明显的差别，相比 316 不锈钢，Cr 含量低而 Ni 含量高，均接近 15% ，因此这种材料也称为 15 – 15 TiS. S，材料性能改进思路同样是引入冷加工量，以及添加合金元素，由于材料主体元素的差别，15 – 15 TiS. S 比 316 不锈钢抗辐照肿胀性能优越，辐照损伤剂量可以达到 80 dpa 以上，因此后期新建的快堆趋向采用 15 – 15 TiS. S 做包壳材料，例如印度的 PFBR、法国的 ASTRID 以及俄罗斯的 BN – 600、BN – 800。15 – 15 TiS. S 也被称为第二代液态金属反应堆混合氧化物燃料的包壳材料。

第二类包壳材料是高镍（Ni）合金，对这种材料做了系统性的研究，结果表明，它是抗肿胀性能相当好的材料，并对以下多种镍基合金进行了研究：法国的 Inconel706（INC706）；英国的 PE16 和美国 PE16、INC706 以及其他成分的 Ni 基合金。试验结果证实这类合金抗辐照肿胀性能好，即使在高注量时肿胀也很低。但辐照后出现严重脆化，导致大量的燃料棒包壳破裂。

第三类包壳材料是铁素体/马氏体钢，其高温性能稍低，但是抗辐照性能更好，也是国际上快堆组件结构材料的选择方向。高 Cr 含量（9～13wt%）铁素体/马氏体钢在高辐照损伤剂量下显示了优异的抗辐照肿胀性能，例如 PFR 中的 FV448（10.7Cr－0.6Mo－0.6Ni－V－Nb）达到 132 dpa 时，Phenix 中的 EM10（9Cr－1Mo－0.2Ni）达到 142 dpa 时肿胀量均低于 0.5%；12Cr 铁素体 HT9，最早由美国研发，用于金属燃料快堆包壳材料（EBR－Ⅱ）。但铁素体/马氏体钢在高温时强度下降是限制其在快堆中作为包壳材料使用的主要因素，特别是高温蠕变性能，另外辐照引起的塑/脆转变温度（DBTT）的增加也是关注点。因此，铁素体/马氏体钢主要考虑用于金属燃料快堆元件包壳材料，以及氧化物燃料快堆元件外套管材料，但针对铁素体/马氏体钢成分和热处理工艺的调整展开了广泛的研究以期提高材料的断裂强度及高温强度。

第四类包壳材料是 ODS 合金。为了满足商用快堆高经济性要求，即燃耗＞20at%，对包壳材料的要求提高到抗辐照损伤剂量大于 200 dpa，抗辐照肿胀性能更好的 ODS 合金成为下一步先进快堆堆芯结构材料研究的重点。ODS 合金是氧化物弥散铁素体/马氏体钢的简称，它是通过粉末冶金的方法将纳米级细小的氧化物颗粒弥散分布在铁素体/马氏体基体中，可以提高材料的高温性能。ODS 合金由于基体为铁素体/马氏体钢，比 316 不锈钢具有明显优越的抗辐照能力，同时合金中极其细小且分布均匀的氧化物弥散相不仅保证了合金具有优良的蠕变强度，这些弥散相的存在还能起到辐照生成缺陷尾闾的作用，可进一步提高合金抗辐照肿胀性能，ODS 合金的辐照损伤阈值可达到 200 dpa 以上。铁素体/马氏体钢的高温性能低于奥氏体不锈钢曾限制了铁素体/马氏体材料在快堆中的使用，但由于在基体中加入了弥散的氧化物颗粒后，这一缺陷得以克服，ODS 合金的蠕变断裂强度达到了 120 MPa（700 ℃,10 000 h），与奥氏体不锈钢相当。日本、美国、欧洲、俄罗斯等国对 ODS 合金开展了大量的工作，研究内容包括：合金成分调整，生产工艺和热处理工艺研究，高温性能分析，与钠、水介质的相容性研究，辐照性能研究等。

（三）包壳材料的发展过程

（1）早期实验快堆包壳材料（1965—1972）为固溶状态或退火的工业用奥氏体不锈钢。固溶处理的 304 不锈钢，辐照注量只允许 28 dpa（5.5×10^{22} n/cm²），而固溶处理的 316 不锈钢允许的辐照注量为 44 dpa（8.8×10^{22} n/cm²）。

1970 年年初，法国实验快堆 Rapsodie 第一个堆芯的包壳管为固溶态 316 不锈钢，辐照注量达到 40 dpa。

（2）第一代快堆包壳材料（1972—1986）采用 20% 冷加工的 316 不锈钢和稍加改进的 316 不锈钢，在实验堆进行大量的辐照试验工作，以便获得原型堆设计和领取许可证所需要的数据。

（3）第二代快堆包壳材料是在第一代包壳材料中加入微量稳定化元素 Ti 并进行冷加工 20% 的 316 型不锈钢，显示中等程度的肿胀。当快中子注量达到 $(1.5 \sim 2) \times 10^{23}$ n/cm^2（约 100 dpa）时，它的肿胀程度是不可接受的，所以高于该损伤注量时，必须使用抗肿胀性能更好的包壳材料。

（4）先进低辐照肿胀材料。在 20 世纪 80 年代初，就有大量的候选低肿胀包壳和外套管材料在小型实验堆和原型堆中试验，到 90 年代初，这些候选材料品种大大缩减，注意力放在下列一些材料。

①先进奥氏体不锈钢。

·15 – 15Ti（1.4970）；

·PNC1520。

②高 Ni 合金。

·PE16。

③铁素体/马氏体钢。

·HT9；

·FMS；

·FV448（1.4914）；

·EM – 10；

·ODS（氧化物弥散强化钢）。

（四）我国包壳材料发展计划

我国快堆结构材料研制起步较晚，没有必要从"零"开始，在吸取和总结国际上快堆结构材料发展的经验后，确定了中国快堆结构材料研发的路线：

316Ti 奥氏体不锈钢→15 – 15Ti 奥氏体不锈钢（氧化物燃料）和铁素体/马氏体钢（金属燃料）→ODS 钢。

（五）外套管材料的选择

铁素体/马氏体钢（Ferritic – Martensitic Steels，FMS）具有优越的抗中子辐照性能，是快堆六角形外套管候选材料之一。与奥氏体合金（316Ti、D9 或 15 – 15Ti）相比，FMS 高温强度较低、存在辐照硬化和辐照脆化倾向、制造与加工困难等限制了其应用的不足。但是考虑到 FMS 能够满足外套管使用条件，且抗辐照肿胀性能优异，正在受到世界诸多国家重视，欧洲、美国、日本和印度等均制定了长期、具有持续的研究计划。

表 2.5 给出了世界范围内快堆外套管（和包壳管）采用的材料，可见，国际上多数国家普遍选择 FMS 作为外套管材料。

快堆 FMS 外套管材料的主要成分如表 2.6 所示，可以看出，主要包括两类：一类是 8%～9% Cr 系列 FMS（简称 9Cr 钢）；另一类是 10%～12% Cr 系列 FMS（简称 12Cr 钢）。

表 2.6　快中子能源系统用典型 FMS 名义化学成分　　　wt%

材料	C	Cr	W	V	Nb	Mo	N	其他	使用温度/℃
FV448	0.10	11	—	0.15	0.30	0.65	—	0.7Ni,0.8Mn	550～565
1.4914 (MANET)	0.17	10.5	—	0.25	0.20	0.50	—	0.85Ni,0.6Mn,0.32Si	560
HT9	0.20	12.0	0.5	0.30	—	1.0	—	0.5Ni,0.5Mn,0.4Si	560
EP450	0.12	12.0	—	0.20	0.45	1.3	—	0.2Ni,0.6Si, 0.6Mn,0.004B	565～580
FMS – J	0.14	11.0	2.0	0.20	0.06	0.50	0.06	0.8Ni,0.5Mn,0.0022B	580
EM10	0.10	9.0	—	—	—	1.0	0.02	0.2Ni,0.5Mn,0.3Si	560
T91	0.10	9.0	—	0.20	0.08	1.0	0.04	0.2Si,0.5Mn,<0.2Ni	593
F82H	0.10	8.0	2.0	—	—	—	0.01	0.04Ta,0.1Mn,0.2Si	560
JLF – 1	0.10	9.0	2.0	0.19	—	—	0.05	0.07Ta,0.45Mn,0.08Si	560
Eurofer97	0.11	8.8	1.1	0.20	—	—	0.02	0.12Ta,0.40Mn,0.05Si	560
9CrWVTa	0.10	8.8	2.0	0.25	—	—	0.02	0.07Ta,0.45Mn,0.3Si	560
CLAM	0.10	9.0	1.5	0.20	—	—	—	0.15Ta,0.45Mn	560

制约铁素体/马氏体钢使用的一个主要因素是其存在辐照硬化和辐照脆化。经中子辐照后，FMS 钢中形成空位和间隙原子。在辐照效应最大的温度范围内（400～420 ℃）辐照 200 dpa 后，HT9 和 T91 钢肿胀量仅为 2%，远低于奥氏体不锈钢。

伴随着辐照剂量的增加，FMS 中的位错环密度显著增加，位错交互作用增强，且辐照过程中诸多相析出，均增加了 FMS 钢屈服和抗拉强度，形成辐照硬化效应。形成辐照硬化现象最为明显的温度范围为 425～450 ℃，如图 2.5 所示。高于 450 ℃时，位错环或位错纠缠在高温作用下运动能力增加，逐渐合并而消失，析出相发生粗化，辐照引起的硬化效应逐渐减小。

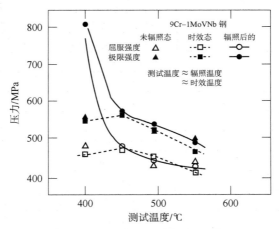

图 2.5 T91 钢在热处理、长期时效和辐照后的屈服强度和断裂强度

（辐照剂量为 9 dpa，辐照堆型为 EBR - Ⅱ）

与硬化效应对应的是，辐照引起的冲击韧性降低现象，简称辐照脆化。服役中的 FMS 钢经较小剂量辐照后，冲击韧性（高阶能）降低，韧脆转变温度升高，使得 FMS 钢 DBTT 提高 50～150 ℃。在 375～390 ℃ 且辐照剂量达到 26 dpa 后，HT9 钢的 DBTT 达到 124 ℃，这对于结构材料后续应用或堆外处理均十分不利。辐照脆化是限制 FMS 钢广泛应用的关键因素之一，越发受到关注。如何降低材料辐照脆化现象也是 FMS 钢设计和研究的重要课题之一。

2.3.3 包壳的热物性

目前国际上普遍采用 15－15Ti 不锈钢包壳材料，本书主要介绍 15－15Ti 奥氏体不锈钢包壳材料的热物性。

1. 包壳的热导率

包壳热导率在计算燃料棒径向温度分布中起到重要作用，是传热方程的重要参数，包壳热导率公式如下：

$$\lambda = 13.9 + 0.011\,8 \times (T - 273) \tag{2.35}$$

式中 T ——包壳温度（K）；

λ —— 包壳热导率 $[W/(m \cdot K)]$。

2. 包壳的熔点

包壳的熔点测量值如下：

液相线：1 389 ℃；

固相线：1 439 ℃。

3. 包壳的比热

包壳的比热在计算燃料棒瞬态温度分布中有重要作用。包壳的比热经验公式如下：

$$c_P = 404.19 + 0.175T \qquad (2.36)$$

式中　c_P——比热[J/(kg·K)]；

　　　T——温度（K）。

4. 包壳的热膨胀系数

包壳在温度影响下会发生热膨胀现象，包壳热膨胀系数经验公式如下：

$$\alpha = 1.867 \times 10^{-5} + 2.5 \times 10^{-9}(T - 20) \qquad (2.37)$$

式中　α——热膨胀系数（K^{-1}）；

　　　T——温度（K）。

2.3.4 外套管的热物性

目前国际上普遍采用 12% Cr 铁素体/马氏体钢，本书主要介绍 12% Cr 含量铁素体/马氏体钢外套管材料的热物性。

12% Cr 含量的 CN – FMS 外套管材料的主要热物性参数如下。

1. 外套管的热导率

外套管热导率在计算外套管径向温度分布中使用，热导率公式如下：

$$\lambda = 31.02 - 0.03T + 4.61 \times 10^{-5}T^2 \qquad (2.38)$$

式中　λ——热导率[W/(m·K)]；

　　　T——温度（K）。

2. 外套管的比热

外套管材料的比热公式如下：

$$c_P = 604.21 - 0.62T + 9.04 \times 10^{-4}T^2 \qquad (2.39)$$

式中　c_P——比热[J/(kg·K)]；

　　　T——温度（K）。

3. 外套管的熔点

实测的外套管熔点为 1 371.75 ℃。

4. 外套管的热膨胀系数

外套管材料在温度影响下会发生热膨胀现象，外套管热膨胀系数经验公式如下：

$$\alpha = 5.19 + 0.01T - 6.48 \times 10^{-6}T^2 \tag{2.40}$$

式中　α——热膨胀系数（10^{-6}/K）；

　　　T——温度（K）。

|2.4　冷却剂|

核裂变释放的大部分能量以热的形式出现，为了反应堆的连续安全运行，必须采用冷却剂进行相关冷却。

对冷却剂的要求与反应堆的类型有关，从热工水力学角度来考虑，通常必须具有如下特性：

（1）具有良好的热物性，沸点高、导热性能好、热容量大、热稳定性好等，以便用更小的传热面积导出更多的热量；

（2）中子吸收截面小，感生放射性小；

（3）使得泵的功耗小；

（4）与核燃料和结构材料的相容性好；

（5）尽量控制成本，避免使用价格昂贵的材料。

目前适合作为动力堆冷却剂的只有轻水、重水、液态金属、二氧化碳气和氦气等。对于快中子反应堆来说，冷却剂多为液态金属，与其他冷却剂（气体、水）相比较，液态金属拥有两个重要的优势：一是由于它们的沸点高，系统中压力低，大部分快堆系统都是常压；二是由电子传导决定的高热导率。采用液态金属冷却剂可以保证动力装置中很大的热交换强度，保证它们结构的工作表面温度接近冷却剂温度。

不过，液态金属的许多热物理性质对动力装置中的流体力学和传热传质过程的特性有显著影响。特别是与水相比较，液态金属固有的普朗特数（Pr）和贝克莱数（Pe）比较低，从减小结构内温度不均匀性的观点来看，并不具有任何优势。许多液态金属的缺点是在与氧、水和结构材料相互作用时化学性质很活泼，在一定条件下可能使装置中热交换变差。这是在快堆热工水力设计中所必须注意的。

2.4.1 液态钠及其热物性

钠具有较低的熔点，良好的热传导性能，输热耗功不大。因此钠是较为满意的快中子反应堆的液态金属冷却剂，但是钠在常温下为固体状态，为停堆和启动带来很大困难，需要用电或蒸汽进行加热。

钠对结构设备表面的腐蚀程度基本与钠的流速和雷诺数无关，但是与温度和含氧量关系密切，钠在高温或有氧存在时腐蚀速率会增大，因此钠里一定要严格限制氧的含量。腐蚀机理主要是质量迁移，即在系统的高温部位溶解，然后在低位区域沉淀，沉淀结果可能会导致流道阻塞。

另外，因为钠能使碳从浸渍其内的钢中迁入或迁出，碳在钠和钢中的活度以及扩散率是随温度变化的，根据钢是增碳或是失碳，可分为渗碳或脱碳。在低温下，碳的活度较高，因此如果钠回路在低温区域内包含铁素体钢，脱碳就变得特别重要。在高温区域，要想防止奥氏体钢过度渗碳，则应谨慎控制钠中碳的活度。

钠的化学性质十分活泼，很容易被空气或水氧化。在空气中钠会燃烧生成氧化物，钠与水会发生激烈的化学反应生成氢氧化钠和氢气，因此在设计时应注意设备和容器的密封性以防止这种反应。

下边给出液态钠热物理性质的经验公式，以供读者参考和使用。

（1）密度：

$$\rho = 16.018\,5 \times [59.566 - 0.007\,950\,4 \times (1.8 \times t + 32) - 0.287\,2 \times 10^{-6}] \times$$
$$(1.8 \times t + 32)^2 + 0.060\,3 \times 10^{-9} \times (1.8 \times t + 32)^3 \tag{2.41}$$

式中，t 为钠的温度（℃）；密度的单位为 kg/s。

（2）定压比热：

$$c_P = 4\,186.8 \times (0.389\,4 - 1.106 \times 10^{-4} \times 1.8 \times T +$$
$$3.411\,8 \times 10^{-8} \times 1.8 \times T^2) \tag{2.42}$$

式中，T 为钠的温度（K）；比热的单位为 J/（kg·K）。

（3）热导率：

$$\lambda = 1.729\,58 \times [54.306 - 0.018\,78 \times (1.8 \times t + 32) +$$
$$2.091\,4 \times 10^{-6} \times (1.8 \times t + 32)^2] \tag{2.43}$$

式中，t 为钠的温度（℃）；热导率的单位为 W/（m·℃）。

（4）动力黏度：

$$\ln\mu = -6.440\,6 - 0.395\,8\ln T + 556.8/T \tag{2.44}$$

式中，T 为钠的温度（K）；动力黏度的单位为 Pa·s。

2.4.2　铅及铅铋的热物性

由于采用铅及铅铋合金作为冷却剂的反应堆具有较强的自然循环能力，具有良好的固有安全性，目前国际上正大力发展铅基快堆，其采用的冷却剂为液态铅或者铅铋合金（44.5% Pb + 55% Bi）。铅和铅铋合金的熔点分别为 600.6 K、397.7 K，使用铅或铅铋合金作为冷却剂需要防范温度过低时可能出现的冷却剂冷凝的风险。本小节将对铅和铅铋合金的热物性做简单介绍，以便读者对其热物性有初步的了解。

铅及铅铋合金的密度与温度之间的关系式如下：

$$\rho_{(\text{Pb})} = 11\,367 - 1.194\,4T \tag{2.45}$$

$$\rho_{(\text{LBE})} = 11\,096 - 1.323\,6T \tag{2.46}$$

式中，ρ 为密度（kg/m³）；T 为温度（K）。

铅及铅铋合金的热导率与温度之间的关系式如下：

$$\lambda_{(\text{Pb})} = 9.2 + 0.011T \tag{2.47}$$

$$\lambda_{(\text{LBE})} = 3.61 + 1.517 \times 10^{-2}T - 1.741 \times 10^{-6}T^2 \tag{2.48}$$

式中，λ 为热导率[W/(m·K)]；T 为温度（K）。

铅及铅铋合金的比热与温度之间的关系式如下：

$$c_{P(\text{Pb})} = 175.1 - 4.961 \times 10^{-2}T + 1.985 \times 10^{-5}T^2 -$$
$$2.099 \times 10^{-9}T^3 - 1.524 \times 10^6 T^{-2} \tag{2.49}$$

$$c_{P(\text{LBE})} = 159 - 2.72 \times 10^{-2}T + 7.12 \times 10^{-6}T^2 \tag{2.50}$$

式中，c_P 为比热[J/(kg·K)]；T 为温度（K）。

铅及铅铋合金的动力黏度与温度之间的关系式如下：

$$\mu_{(\text{Pb})} = 4.55 \times 10^{-4} \exp\left(\frac{1\,069}{T}\right) \tag{2.51}$$

$$\mu_{(\text{LBE})} = 4.94 \times 10^{-4} \exp\left(\frac{754.1}{T}\right) \tag{2.52}$$

式中，μ 为动力黏度（Pa·s）；T 为温度（K）。

2.4.3　其他液态金属的热物性

目前快中子反应堆中常用的液态金属冷却剂多为钠与铅铋合金，其他液态金属如锂、铯、钾、钠钾合金等应用堆型较少，所以本节简要介绍上述液态金属的热物理性质，以供读者参考。

1. 锂

（1）密度：

$$\rho \times 10^{-3} = 0.537\,999\,43 - 0.016\,043\,986 \times (T \times 10^{-3}) - 0.099\,963\,362 \times$$
$$(T \times 10^{-3})^2 + 0.054\,609\,894 \times (T \times 10^{-3})^3 - 0.015\,087\,628 \times$$
$$(T \times 10^{-3})^4 + 0.002\,704\,559\,3 \times (T \times 10^{-3})^5 - 0.015\,087\,628 \times$$
$$(T \times 10^{-3})^6 \tag{2.53}$$

式中，T 为温度（K）；密度的单位为 kg/m^3。

（2）定压比热：

$$c_P = \frac{31.227 + 0.205 \times 10^6 \times T^{-2} - 5.265 \times 10^{-3} \times T + 2.628 \times 10^{-5} \times T^2}{6.941} \tag{2.54}$$

式中，T 为温度（K）；比热的单位为 $J/(kg \cdot K)$。

（3）热导率：

$$\lambda = 24.8 + 45 \times 10^{-3} \times T - 11.6 \times 10^{-6} \times T^2 \tag{2.55}$$

式中，T 为温度（K）；热导率的单位为 $W/(m \cdot K)$。

（4）动力黏度：

$$\ln\mu = -4.164\,35 - 0.637\,4\ln T + \frac{292.1}{T} \tag{2.56}$$

式中，T 为温度（K）；动力黏度的单位为 $Pa \cdot s$。

2. 铯

（1）密度：

$$\rho \times 10^{-3} = 1.905\,892\,4 - 0.298\,019\,89 \times (T \times 10^{-3}) - 2.852\,953 \times$$
$$(T \times 10^{-3})^2 + 4.681\,016\,2 \times (T \times 10^{-3})^3 - 4.036\,181\,9 \times$$
$$(T \times 10^{-3})^4 + 1.736\,613 \times (T \times 10^{-3})^5 - 0.296\,843\,17 \times$$
$$(T \times 10^{-3})^6 \tag{2.57}$$

（2）定压比热：

$$c_P = (46.727 - 0.363 \times 10^6 \times T^{-2} - 40.865 \times 10^{-3} \times T +$$
$$24.449 \times 10^{-6} \times T^2)/132.9 \tag{2.58}$$

（3）热导率：

$$\lambda = 18.9 + 4.1 \times 10^{-3} \times T - 6.5 \times 10^{-6} \times T^2 \tag{2.59}$$

（4）动力黏度：

$$\ln\mu = -6.407\,2 - 0.407\,67\ln T + 432.8/T \tag{2.60}$$

3. 钾

（1）密度：
$$\rho \times 10^{-3} = 0.902\,813\,76 - 0.169\,907\,11 \times (T \times 10^{-3}) -$$
$$0.268\,647\,69 \times (T \times 10^{-3})^2 - 0.505\,681\,88 \times (T \times 10^{-3})^3 -$$
$$0.465\,379\,12 \times (T \times 10^{-3})^4 + 0.203\,781\,07 \times (T \times 10^{-3})^5 -$$
$$0.034\,771\,308 \times (T \times 10^{-3})^6 \tag{2.61}$$

（2）定压比热：
$$c_P = (39.288 - 0.086 \times 10^6 \times T^{-2} - 24.334 \times 10^{-3} \times T +$$
$$15.863 \times 10^{-6} \times T^2)/39.098 \tag{2.62}$$

（3）热导率：
$$\lambda = 60.5 - 25.8 \times 10^{-3} \times T \tag{2.63}$$

（4）动力黏度：
$$\ln\mu = -6.484\,6 - 0.429\,03\ln T + 485.3/T \tag{2.64}$$

4. 22 钠 - 78 钾合金

（1）密度：

按照质量分数相加法则计算，即
$$\frac{1}{\rho_{\text{NaK}}} = \frac{0.22}{\rho_{\text{Na}}} + \frac{0.78}{\rho_{\text{K}}} \tag{2.65}$$

（2）定压比热：

按照质量分数相加法则计算，即
$$c_P = 0.22c_P(\text{Na}) + 0.78c_P(\text{K}) \tag{2.66}$$

（3）热导率：
$$\lambda = 15.000\,6 + 30.287\,7 \times 10^{-3} \times T - 20.809\,5 \times 10^{-6} \times T^2 \tag{2.67}$$

（4）运动黏度：
$$\nu \times 10^8 = 200.765\,7 - 0.734\,683\,30.287\,7 \times T + 1.121\,02 \times 10^{-3} \times T^2 -$$
$$0.774\,427 \times 10^{-6} \times T^3 + 0.200\,382 \times 10^{-9} \times T^4 \tag{2.68}$$

式中，T 为温度（K）；运动黏度的单位为 m^2/s。

|2.5　辐照对燃料热导率的影响|

对于金属燃料而言，在堆内辐照过程中同样会产生元素迁移、裂变气体释

放等一系列复杂的现象，但是由于金属燃料具有良好的导热性能，辐照对其热导率的影响可以忽略不计。

对于氧化物燃料而言，在使用中以燃料芯块为主，在堆内辐照过程中会产生气孔迁移、元素迁移、开裂和愈合等一系列复杂的现象，这些现象大部分是由温度及温度梯度导致的。由于温度导致的这些现象又会反过来影响燃料的热物性，因此，本书在介绍辐照对热物性的影响之前，首先介绍温度及温度梯度对芯块的影响，然后介绍辐照对氧化物燃料芯块热导率的影响。

2.5.1 温度对芯块的影响

快堆氧化物燃料的温度可能会很高。这些温度及其相关的梯度会导致芯块几何形状、材料微观结构甚至氧化物的局部成分改变等后果。

仅由温度引起的燃料改变会迅速发生：在快堆燃料棒中，微观结构的重大变化在初始辐照期间发生，从最初的几个小时到最初的几个星期。当然，这些变化的程度取决于中心温度的轴向分布。

（一）热膨胀

燃料元件中的温度升高导致热膨胀，其在燃料中的热膨胀值与包壳中的热膨胀值不同，因为温度和热膨胀系数不同。这些不同的热膨胀导致减小的燃料包壳间隙反过来影响燃料的温度。

由于燃料中的温度高得多，氧化物的热膨胀总是大于包壳的热膨胀，尽管后者由钢制成时具有更高的膨胀系数。因此，热条件下的间隙尺寸小于初始间隙尺寸。

（二）芯块开裂

燃料中的径向温度梯度会引起内部应力，一旦燃料内外表面温升 $T_c - T_s$ 超过 100 ℃，换句话说，就是在第一次功率上升的一开始，芯块就开始破裂，而线功率仍然只有大约 50 W/cm。

因此，在第一次功率上升结束时，芯块会开裂。芯块的横截面通常显示出约 10 个裂缝。裂纹的取向主要是径向的，但是在几个热循环后，除了圆周裂纹（通常在热时是封闭的）之外，还会出现横向裂纹（垂直于圆柱轴）。

在振动的作用下，由这种裂纹产生的氧化物碎片彼此相对移动，这是一种重定位机制，导致平均芯块直径略微增加。

（三）　热弹性应变

氧化物芯块具有有限的长度（10～14 mm）。芯块侧面的顶部和底部附近，因为轴向应力在这些面变为零。热弹性计算表明，在热应力的作用下，最初的正圆柱体芯块趋向于沙漏形，顶部和底部呈凸形表面。

因此，外半径的位移在芯块边缘达到最大值。这种额外的变形虽然很小，但在功率变化期间仍可能对包壳强度产生不利影响，因为包壳与芯块接触部位随后成为应力集中部位。

由于快堆燃料元件中的氧化物温度高得足以使由于燃料的塑性应变而引起的应力得以缓和，因此，这种滴漏状的芯块仅对压水堆棒有重大影响。

（四）　重结构

温度越高，燃料微观结构的变化越快且范围越广，例如晶粒的形态和燃料的孔隙率。因此，在快堆燃料元件中，这种结构变化（称为"燃料重结构"）具有最显著的效果。

重结构的结果是产生了中心孔，形成了非常细长的晶粒（称为柱状的晶粒），并且在晶粒中以及沿晶粒生长方向的位置，生长可能发生氧化物的热梯度或等轴方向。

在快堆芯块的中心最热环，孔呈圆盘状，孔的长轴方向与热梯度的方向相同。这些盘，称为"透镜状气孔"。其直径为几个微米，即只有几个微米厚。

在孔的冷壁上，氧化物以几乎单晶的形式冷凝。当移向芯块的中心时，柱状微孔会破坏燃料的初始结构，并在其后留下非常长的晶粒（长 1～3 mm，宽几十微米），称为柱状晶粒。这些晶粒在金相仪中非常清楚地显示出来，因为在其迁移过程中，晶界的特征是在透镜孔的外围释放了一串小气泡。

这些粒状微孔在芯块中心出现，导致形成中心孔，该孔由部分初始孔隙度和对应于裂缝的体积组成。

柱状孔的位移速度随温度快速变化，并且仅在约 1 800 ℃ 以上的高温下形成柱状晶粒。在任何给定的燃料棒中，温度越高，中心孔的直径和柱状晶粒区域的直径就越大。

（五）　晶粒长大

辐照后的检查表明，某些压水堆燃料最热的中部和快堆燃料中柱状晶粒周围的外圈中，晶粒尺寸都有明显的增加。这种晶粒长大是边界位移的结果，边界趋于使较小的晶粒消失，从而受益于较大的晶粒。从热力学观点来看，与边界表面张力有关的能量减少会导致尺寸增加。当然,一旦温度足够高,这种机制就在堆外和堆内都会发生。

(六) 氧的热扩散

在辐照开始时,快堆燃料的化学计量通常是欠化学计量:辐照开始时的平均 O/M 比通常为 $1.97 \sim 1.99$。第一次功率上升时,氧气沿径向重新分布:它"降低"了热梯度,从而使外围氧化物的化学计量成分接近 2.0,而在最热的中央区域,O/M 比可能变得非常低。由于氧气的扩散速率很高,因此这种径向重新分布实际上在功率上升期间立即发生。

通过在辐照结束时测量略微辐照的燃料和淬火燃料中 O/M 比的径向变化,可以清楚地表明这种效果。

这种氧的重新分布对燃料的温度也起着有利的作用,因为它通过使芯块周围的 O/M 比值达到 2.00,从而提高了最高热通量穿过区域的热导率。

氧的径向重新分布导致燃料中心变成低化学计量,但是这次是相反的方向:氧将沿着热梯度迁移,从而使表面接近化学计量组成。

(七) 钚的再分配

快堆燃料的辐照后检查显示,钚的径向重新分布主要影响柱状晶粒区域,即氧化物的钚在中心孔的附近(即最热的区域)富集,在柱状晶粒的外边界附近贫化。

钚的这种径向重新分布在很大程度上是产生柱状晶粒和中心孔的机理的直接结果。透镜状孔通过物质从孔的热壁蒸发以及在冷壁凝结而迁移。但是,与固体平衡的蒸气的成分与氧化物的成分不同:对于化学计量比较低的氧化物($1.96 < O/M < 2.00$),蒸气相主要由 UO_3 组成。因此,对于铀而言,蒸发 - 冷凝机制比钚更有效,因此,孔的热壁富含钚。

结果,在中心孔边缘最热的区域中钚含量增加,而在柱状晶粒的外部极限处钚含量降低。在低于柱状晶粒温度的区域,蒸气压变得太低而无法蒸发,蒸发 - 冷凝机制无法产生明显的后果。

透镜状孔不是此机制的唯一媒介,所有开放的孔和裂缝都允许气体渗透并参与这种重新分布。

中心孔边缘钚富集的主要后果是熔化温度略有降低,燃耗局部增加。在钚燃烧堆芯的高钚含量($=45\%$)的 $(U,Pu)O_2$ 中,这种重新分布还会使少量燃料的钚含量提高到超过在硝酸中的溶解度极限的水平(50% 的数量)。

2.5.2　辐照对热导率的影响

（一）孔隙率的影响

　　孔隙的变化有两种情况，低燃耗时会引起密度致密化（孔隙变小），高燃耗时由于燃料肿胀，其孔隙会逐步增加，在密度约为 95% 的氧化物芯块中，孔隙率分布通常是双峰的，其第一最大值对应于烧结的自然残留物——小孔，并且第二个最大值对应于较大的尺寸，这是由于添加了成孔剂而导致的。在低燃耗下，芯块经历与小孔逐渐消失有关的致密化，这种致密化导致燃料缩小 1% 的量级。高燃耗时，观察到的芯块肿胀率为 0.62%（at%），直到非常高的燃耗（20 at%），它似乎都保持恒定。由于燃料肿胀，其密度会逐步下降，孔隙率组件增加。

　　与所有多孔材料一样，氧化物热导率随孔隙率的降低而降低。已经提出了许多变化规律，试图考虑孔的形态：热导率受球形和规则分布的孔的影响要小于细长的椭圆形孔或微裂纹形式的孔的影响。此外，在后一种情况下，孔相对于热通量的取向也起着非常重要的作用。只要孔隙率保持适中，就可以应用麦克斯韦－伊肯关系：

$$\lambda = \lambda_{100\%} \frac{1-P}{1+\alpha P} \tag{2.69}$$

（二）O/M 比的影响

　　O/M 的变化主要体现在高温下燃料芯块中的氧元素，在氧化物燃料中，热导率的突然降低伴随着化学计量成分的偏离。

　　由于 UO_2 氧化物在制造时非常接近化学计量组成，因此 O/M 效应可以忽略不计。然而，在快中子反应堆的 $(U, Pu)O_2$ 中，其中在制造后的 O/M 比通常为 1.97～1.98，该效果的影响是很大的。

（三）Pu 含量的影响

　　钚元素的迁移会导致氧化物的钚在中心孔附近（即最热的区域）富集，在柱状晶粒的外边界附近贫化。快中子反应堆混合氧化物 $(U_{0.8}Pu_{0.2})O_2$ 和 MOX 燃料具有相似的热导率，略低于 UO_2；在低温下最大的差异仍然很小，差异小于 10%。

　　对于所有混合氧化物，Pu 含量的影响似乎很小，但是在非常高的 Pu 含量

（45%）的钚燃耗堆中，可能会有很大影响。

（四）辐照的影响

在反应堆中，燃料会经历许多转变，从而导致热导率发生变化：

（1）裂变碎片产生点缺陷。这些缺陷会在大约 700 ℃ 的温度下退火，但是在非常低的温度下，它们可能会导致热导率降低。

（2）芯块开裂。尽管这种裂纹大多数是放射状的，但是在氧化物中仍然存在一个方位角成分，作为热传导的屏障，从而降低了材料的有效热导率。

（3）微观结构的演变，特别是孔隙率的演变。

（4）形成单独相或可溶于基质的裂变产物。

参考文献

［1］谢光善，张汝娴. 快中子堆燃料元件 ［M］. 北京：化学工业出版社，2007.

［2］Martin D G. A Re – appraisal of the Thermal Conductivity of UO_2 and Mixed（U，Pu）Oxide Fuels ［J］. Journal of Nuclear Materials，1982，110：73 – 94.

［3］Hagrman D L，and Reyman G A. MATPRO – Version11，A Handbook of Materials Properties for Use in the Analysis of Light Water Reactor Fuel Rod Behavior ［C］. NUREG/CR – 0497，TREE – 1280，Rev. 3，1979.

［4］Masaki I. Thermal Conductivity of Uranium – Plutonium Oxide Fuel for Fast Reactors ［J］. Journal of Nuclear Materials，2000，282：186 – 195.

［5］Masaki I，Koji M，Kozo K. Fuel – to – cladding Gap Evolution and Its Impact on Thermal Performance of High Burnup Fast Reactor Type Uranium – Plutonium Oxide Fuel Pins ［J］. Journal of Nuclear Materials，2004，326：59 – 73.

［6］Klueh R L，and Vitek J M. Fluence and Helium Effects on the Tensile Properties of Ferritic Steels at Low Temperatures ［J］. Journal of Nuclear Materials，1989，161：13 – 23.

［7］Baron D，and Couty J C. A Proposal for a Unified Fuel Thermal Conductivity Model Available for UO_2，$(U – PuO)_2$，and $UO_2 – Gd_2O_3$ PWR Fuel，IAEA TCM on Water Reactor Fuel Element Modelling at High Burnup and Its Experimental Support ［C］. Windermere，U. K. Sept，1994.

［8］Carbajo J J. Thermophysical Properties of MOX and UO_2 Fuels Including the Effects of Irradiation ［R］. U. S. Department of Energy，1996.

［9］ Aydin K. Modeling of Thermo-Mechanical and Irradiation Behavior of Metallic and Oxide Fuels for Sodium Fast Reactors ［D］. Cambrige：Massachusetts Institute of Technology，2009.

［10］ 田和春，徐銤，杨红义. 中国实验快堆最终安全分析报告 ［R］. 北京：中国原子能科学研究院，2009.

［11］ 中国原子能科学研究院 ADS 项目组. 铅及铅铋共晶合金工艺手册 ［M］. 北京：中国原子能出版社，2013.

［12］ 基里洛夫. 核工程用材料的热物理性质 ［M］. 北京：中国原子能出版传媒有限公司，2011.

第 3 章

快堆内热源及其分布

快堆电站的目的是将核裂变产生的热能转化为电能，此时的反应堆堆芯可以看作一个大的热源，而理论上堆芯内的快中子通量水平是没有限值的，真正限制反应堆功率水平的是反应堆的热传输能力与材料性能，因此为保证反应堆安全，必须将堆芯产生的热量及时排出，并且堆内任一位置上的温度都不能超过其设计限值。可见，对反应堆内热源和热传输的研究是极其重要的。

堆芯内释热率的分布是反应堆物理专业通过专业计算软件计算获得的，随着计算机水平的提高，反应堆物理分析方法从早期基于简单模型的理论解析解，发展为现在基于大规模高性能计算的全堆芯数值模拟，得到了考虑中子物理场、热工水力场和同位素分布场三物理场耦合的精确解，这样的计算结果是得到反应堆内部精确温度分布的前提条件。本章各节就是在这样的背景下，详细叙述了堆芯内热源的组成、分布，以及影响热源分布的因素。

|3.1 快堆内的裂变能量分配|

无论是快中子堆还是热中子堆，堆芯内的热量主要来源于核材料的裂变能。核燃料裂变时会释放出巨大的能量。虽然不同核燃料元素的裂变能有所不同，但一般认为每一个 ^{235}U、^{233}U 或 ^{239}Pu 的原子核，在热中子堆中，裂变时大约要释放出 200 MeV 能量。所以反应堆内的能量释放主要来源于反应堆的放热核反应，即来自裂变过程中堆内核材料与中子的辐射俘获(n,γ)反应释放出来的能量。这些能量约 86% 是在裂变的瞬时马上释放出来的，其余是在几秒至几年不等的时间释放出来的，后一部分能量主要来源于各种放射性的核衰变。然而，对于一个以额定功率长时间运行的反应堆，裂变产物和中子俘获产物的衰变功率已基本达到平衡，因此可取裂变能和衰变能的稳定值作为释热计算的依据。

裂变时释放出来的能量可以分为以下三类，详见表 3.1。

（1）裂变瞬时产生的能量，它包括裂变碎片的动能、新生裂变中子的动能、裂变时瞬发的 γ 射线能，这部分能量大约占总裂变能的 86%。

（2）裂变后缓发的能量，包括裂变产物的衰变能和 γ 衰变能，以及缓发中子和中微子的能量，这部分能量大约占总裂变能的 10%。

（3）过剩中子引起的(n,γ)反应，反应后产生的瞬发和缓发的 β 衰变能、

γ 衰变能，这部分能量大约占总裂变能的 3.5%。

其中第二类能量在停堆后很长一段时间内仍继续释放，因此必须考虑停堆后对元件进行长期的冷却，以及对乏燃料发热的足够重视。

表 3.1　堆内能量的大致分配及其释放地点

类型		过程	占总能量的份额/%	主要释放地点
裂变能	瞬发能量	裂变碎片的动能	80.5	核燃料内部
		裂变快中子的动能	2.5	冷却剂内
		瞬发 γ 射线的能量	2.5	堆内各处
	缓发能量	缓发中子的动能	0.02	冷却剂内
		裂变产物衰变的 β 射线能	3.0	核燃料元件内
		伴随 β 衰变产生的中微子的能量	5.0	穿出堆外,不可回收
		裂变产物衰变的 γ 射线能量	3.0	堆内各处
堆内材料与中子的辐射俘获反应	瞬发和缓发	过剩中子引发的裂变反应加上反应产物的 β 衰变和 γ 衰变能	3.5	堆内各处
总计			100	

而在使用 MOX（UO_2 - PuO_2）作燃料的快中子反应堆中，每次裂变所产生的能量约为 213 MeV，此值比上述用于热中子堆的裂变能要大一些，这主要是因为 ^{239}Pu 和 ^{235}U 的裂变碎片动能不相同，^{235}U 的裂变碎片动能仅有约 161 MeV。此外，轻水堆内氢的大量俘获使得 (n,γ) 反应产生的 γ 能量的数值较低。快中子堆中的裂变能源项列于表 3.2 中，其裂变能数值在不同裂变同位素中略有不同，^{241}Pu 的裂变碎片动能与 ^{239}Pu 的大致相同（~175 MeV），而 ^{235}U 与 ^{238}U 的裂变碎片动能仅约为 161 MeV。另外，^{238}U 的裂变产物衰变所产生的 β 和 γ 能量比 ^{239}Pu 的高一些。考虑在快堆中的 ^{239}Pu、^{241}Pu 和 ^{238}U 之间的裂变分配，表 3.2 中数值表示对反应堆所做的合理平均值。由 (n,γ) 反应产生的 γ 能量等于靶核的结合能，中子俘获占优势的靶核是 ^{238}U。在快堆中，每次裂变大约发生 1.9 个 (n,γ) 反应。

快堆热工水力学

表 3.2　快中子堆中的裂变能源项

种类	贡献	能量/MeV
瞬发	裂变碎片动能	174
	中子动能	6
	裂变 γ 辐射	7
	(n,γ) 反应产生的 γ 能	13
缓发	裂变产物衰变产生的 β 能	6
	裂变产物衰变产生的 γ 能	6
	^{239}U 和 ^{239}Np 衰变产生的 β 能	1
总计		213

　　裂变产物动能和 β 能量在燃料中被吸收。由于非弹性散射，中子动能转变为 γ 能；由于弹性散射，中子动能转变为靶核动能。γ 射线在反应堆各处被吸收，通常在远离 γ 产生处。堆芯中每种材料吸收的 γ 相对量，近似地与该材料的质量成正比。

　　中子与物质核的相互作用常用截面来度量。它实际上是将中子作为入射粒子，与物质的原子核发生某类核反应的概率。中子核反应截面有微观截面和宏观截面。

　　首先看微观截面的定义，假定有一单向均匀平行中子束，其强度为 I（即在单位时间内通过垂直于中子飞行方向的单位面积上有 I 个中子），该中子束垂直地打在一个薄靶上，薄靶厚度为 Δx，靶片内单位体积中的原子核数是 N，即核子数密度为 N，中子束在穿过薄靶后的中子强度为 I'，那么出射中子束减弱的强度 $\Delta I = I - I'$ 就等于与靶核发生作用的中子数，则微观截面的定义如下式：

$$\sigma = \frac{-\dfrac{\Delta I}{I}}{N\Delta x} \qquad (3.1)$$

式中，$-\Delta I/I$ 表示平行中子束与靶核发生作用的中子所占的份额；$N\Delta x$ 是对应单位入射面积上的靶核数。

　　从上式中可以看出，微观截面是表示平均一个入射中子与一个靶核发生相互作用的概率大小的一种度量，它的量纲是面积单位（平方米）。通常用"靶恩"（缩写为 b）作为单位，1 b = 10^{-28} m²。

　　由于中子和靶核之间存在多种核反应，我们可以用特定的微观截面来描述特定的核反应，所有微观截面之和称为微观总截面 σ_t，它等于微观散射截面 σ_s

和微观吸收截面 σ_a 之和。即

$$\sigma_t = \sigma_s + \sigma_a \tag{3.2}$$

而微观散射截面又等于微观弹性散射截面加上微观非弹性散射截面。微观吸收截面等于微观俘获截面、微观裂变截面等的和。微观截面一般通过试验测得或者理论计算得到，几种常见核材料对 0.025 3 eV 能量的中子的裂变截面和吸收截面见表 3.3。

表 3.3　几种材料对 0.025 3 eV 能量的中子裂变截面和吸收截面

材料	裂变截面	吸收截面
^{233}U	531	579
^{235}U	582	681
^{238}U	—	2.70
^{239}Pu	743	1 012

在一定能量下的不同种类的中子，其实际吸收截面有很大差异，但是当中子能量变化时，这些截面的变化趋势却是相似的，低能中子的吸收截面比较大，高能中子（即快中子）的吸收截面则很小。由于慢中子与原子核的许多反应发生速度比快中子反应迅速，因此为了增大反应概率，热中子反应堆常常采用慢化剂来降低快中子的速度。同样地，由于高能区核燃料的裂变截面也很小，因此为了使链式裂变反应能够进行，快中子堆内不需要慢化剂，且初装时必须有较高的核燃料富集度。

与微观截面类似，宏观截面也反映了中子与原子核发生核反应概率大小，其定义为单位体积内所有靶核的微观截面的总和，它是表征一个中子与一立方米内的原子核发生核反应的平均概率大小的一种度量，宏观截面等于微观截面与单位体积内靶核数（即核子密度）的乘积，即

$$\Sigma = N\sigma = \frac{\dfrac{\mathrm{d}I}{I}}{\mathrm{d}x} \tag{3.3}$$

由此可见，Σ 不是一个真正的"截面"，因为它的单位是长度的倒数，自然可以将 Σ 解释为中子在每单位飞行程长上与靶核发生某类反应的概率，其单位是 m^{-1}，中子在穿过第一层靶核后，还有机会和后面的靶核发生反应，这就使原来二维的概率问题转化为了三维的概率问题，也就是计算三维情况下中子和靶核相互作用大的概率而从微观截面延伸出来的一个概念。对应于不同的核反应过程有不同的宏观截面，所用的角标符号与微观截面的相同。

接下来，为了计算堆芯总的释热功率，还需要引入单位体积裂变率、体积

释热率和核子密度三个基本概念。

（1）单位体积裂变率 R。

在单位时间（1 s）、单位体积（1 cm³）的燃料内发生的裂变次数，称为单位体积裂变率，可以用下式表示：

$$R = \sum_f \Phi = N \sigma_f \tag{3.4}$$

式中，R 为裂变率[1/(cm³·s)]；$\sum_f$ 是宏观裂变截面（1/cm）；σ_f 是微观裂变截面（cm²）；N 为可裂变核子密度（1/cm³）；Φ 为中子通量[1/(cm²·s)]。

中子通量的物理意义为：单位体积内所有中子在 1 s 内穿行距离的总和。

（2）核子密度。

某核素的核子密度是指单位体积内，该核素原子核数目，如 UO_2 中 ^{235}U 的核子密度为：

$$N = \frac{\rho_u}{M_u} A_{00} C \tag{3.5}$$

式中，A_{00} 表示 1 mol 这种物质含有阿伏伽德罗常数（6.023×10^{23}）个原子；M_u 是 UO_2 的摩尔质量；C 是该核素的丰度（同位素原子之比），对于 ^{235}U，有

$$C = \frac{单位质量铀内 ^{235}_{92}U 核子数}{单位质量铀内 ^{235}_{92}U + ^{238}_{92}U 总核子数} \tag{3.6}$$

工程上通常给出的是 ^{235}U 的富集度，富集度是 ^{235}U 在铀中的质量数之比，丰度与富集度之间的关系可以描述如下：

$$C_5 = \frac{\frac{e_5}{M_5} A_{00}}{\frac{e_5}{M_5} A_{00} + \frac{1-e_5}{M_8} A_{00}} = \frac{1}{1 + 0.987\,4\left(\frac{1}{e_5} - 1\right)} \tag{3.7}$$

式中，M_5 是 ^{235}U 的摩尔质量；M_8 是 ^{238}U 的摩尔质量；C_5 是 ^{235}U 的丰度（核子数之比）；e_5 是 ^{235}U 的富集度（质量数之比）。

（3）体积释热率。

在反应堆内，用体积释热率表示燃料内产生的热能，体积释热率是指单位时间、单位体积内释放的热量，也称为功率密度。体积释热率的定义为：

$$q_v = E_f \cdot R_f \tag{3.8}$$

式中　q_v——燃料的体积释热率[MeV/(s·cm³)]；

　　　E_f——每次核裂变产生的能量（MeV）；

　　　R_f——燃料内的核反应率[1/(cm³·s)]。

由于反应堆内不同位置处中子通量不同，堆芯不同位置处可裂变核的密度也可能不一样，因此，不同位置处体积释热率是不一样的。堆内某点 r 处燃料

的体积释热率可以写成

$$qv(r) = 1.602 \times 10^{-13} F_a E_f \int_0^\infty \sum(E,r) \Phi(E,r) \mathrm{d}E \qquad (3.9)$$

式中　$\sum(E,r)$——堆芯 r 处，能量为 E 的中子的宏观裂变截面（cm^{-1}）；

　　　F_a——堆芯释热量占全部释热的份额；

　　　$\Phi(E,r)$——堆芯 r 处，能量为 E 的中子通量[$1/(\mathrm{cm}^2 \cdot \mathrm{s})$]。

　　分析以上关系可知，燃料的体积释热率主要与三个因素有关：①可裂变核的密度 N；②中子的平均微观裂变截面；③中子通量 Φ。

　　而均匀化后的堆芯内的体积释热率可表示为：

$$q_v = F_c E_f R = F_c E_f N \sigma_f \varphi \qquad (3.10)$$

　　这样根据体积释热率，就可以得到堆芯的总热功率为：

$$N_0 = 1.602\ 1 \times 10^{-10} F_a E_f N \sigma_f \overline{\Phi} V_0 \qquad (3.11)$$

式中，V_0 为堆芯的体积（m^3）；$\overline{\Phi}$ 为平均中子注量率[$1/(\mathrm{cm}^2 \cdot \mathrm{s})$]。

　　由于屏蔽层、堆内构件和冷却剂的释热也属于反应堆总功率的一部分，因此核反应堆的总功率可表示为：

$$\frac{N_t}{F_a} = \frac{N_0}{F_a} = 1.602\ 1 \times 10^{-10} E_f N \sigma_f \overline{\Phi} V_0 \qquad (3.12)$$

　　需要注意的是，体积释热率是指在该单位体积内转化为热能的能量，并不是在该单位体积内释放出的全部能量，因为有些能量（例如射程较远的 β 和 γ 射线能）会在堆内其他位置转化为热能，有的能量（例如中微子的能量）甚至无法转化为热能加以利用。

3.2　非均匀堆释热率分布

　　堆芯的释热率分布随燃耗寿期而改变，需要反应堆物理专业机构人员计算堆芯不同寿期时堆芯的释热率分布的详细结果，再将结果应用于反应堆热工分析计算，对堆芯的热工参数进行评价。

　　在研究非均匀堆释热率分布之前，先讨论一个极其简化的堆芯模型——均匀裸堆。所谓均匀，是假设燃料的富集度相同，且均匀分布在堆芯整个活性区内。所谓裸堆是指反应堆没有反射层，直接与空气接触。然而在实际反应堆中，燃料元件在不同区的富集度是不相同的，而且堆芯内存在结构材料和冷却剂，因此燃料的分布不可能均匀；而且为了更有效地利用中子，堆芯外围会设

快堆热工水力学

置反射层；对于快中子反应堆，还会布置转换区，因此均匀裸堆并不存在。

在反应堆中，中子一方面在介质内不断吸收，同时由于发生链式裂变反应而不断有新的中子产生，而只有当反应堆处于临界状态时，才能够维持自持链式裂变反应。研究反应堆临界的方法有许多种。处理多区反应堆最有效和常用的方法之一是分群扩散模型。在这种处理方法中，将中子能量自源能量到热能之间分成若干个能量区间（叫作"能群"），然后，把每一能群内的中子放在一起来处理，并将它们的扩散、散射、吸收以及其他反应的特性，用适当平均的扩散系数和相应截面（群常数）来描述。在分群扩散理论中，最简单的是"单群"理论，但是它只能提供一种比较近似的结果。在热中子反应堆中，常常采用双群扩散理论，尤其是以石墨或重水作慢化剂的反应堆。这时，只要群常数选得适当，就能给出比较好的结果。但是近年来随着电子计算机、计算技术的发展、新的堆型（如快堆）的出现以及对反应堆计算提出的更高要求，则采用少群（2~4群）或多群理论进行计算。

虽然均匀裸堆并不存在，且单群计算是一个比较粗糙的近似计算方法，但是针对均匀裸堆的单群计算却可以得到解析解，帮助我们总体把握反应堆的各项特性，所以对比研究也是有意义的。

对于堆芯中子通量分布的计算由反应堆物理专业机构给出，本书对求解过程不再赘述，以下选取典型计算结果给出相应的堆芯功率分布函数。

堆芯内中子通量的分布与堆芯的几何形状有关，对于快中子反应堆，为减少中子的泄漏，堆芯的最佳形状是球形，但这在设计上是非常不方便的，一般选用圆柱体。对于圆柱形的均匀裸堆，可裂变核的密度在堆芯内是常数，不随堆芯的位置变化，而平均的微观裂变截面只与核燃料的类型有关，而与空间位置无关，这时堆芯内的功率分布只取决于中子通量分布，其中子注量率分布在高度方向上为余弦分布，半径方向上为零阶贝塞尔函数分布，即：

$$\varphi(r,z) = \varphi_0 J_0\left(\frac{2.405r}{R_e}\right)\cos\left(\frac{\pi z}{L_e}\right) \quad (3.13)$$

式中　φ_0——堆芯几何中心的中子通量；

J_0——零阶贝塞尔函数；

R_e——堆芯外推半径；

L_e——堆芯外推长度。

$$R_e = R + \Delta R = R + 0.71\lambda_{tr} \quad (3.14)$$
$$L_e = L + 2\Delta L = L + 1.42\lambda_{tr} \quad (3.15)$$

其中，λ_{tr}为中子输运的平均自由程（m）。

因此通过中子注量率分布，可得均匀圆柱裸堆的释热率分布为：

$$q_v(r,z) = q_{v\max} J_0\left(2.405\,\frac{r}{R_e}\right)\cos\left(\frac{\pi z}{L_e}\right) \tag{3.16}$$

式中，$q_{v\max}$ 为堆芯几何中心的最大体积释热率。

对于一个给定的通道，如果计算点距堆芯中心线的距离 r 已知，则 $J_0\left(2.405\,\frac{r}{R_e}\right)$ 就已经确定，因此，对于堆芯内 r 处某一个给定的燃料元件，体积释热率沿长度方向的变化关系为

$$q_v(r) = q_{v,c}\cos\left(\frac{\pi z}{L_e}\right) \tag{3.17}$$

式中，$q_{v,c}\,(r)$ 为堆芯 r 处燃料元件轴向中央平面（$z=0$）处的体积释热率 $[\mathrm{MeV/(s \cdot cm^3)}]$。

如果燃料横截面积为 A_u，则 r 处这根元件总释热量为：

$$Q_t(r) = A_u \int_{-\frac{L}{2}}^{\frac{L}{2}} q_{v,c}(r)\cos\left(\frac{\pi z}{L_0}\right)\mathrm{d}z = \frac{2A_u}{\pi}L_0 q_{v,c}(r)\sin\left(\frac{\pi L}{2L_0}\right) \tag{3.18}$$

如果忽略外推长度的影响，$L \approx L_0$，则

$$Q_t(r) = \frac{2}{\pi}A_u q_{v,c}(r)L \tag{3.19}$$

式中，$Q_t(r)$ 为堆芯 r 处某根燃料元件的总释热量（W）。

该燃料元件的平均体积释热率为：

$$q_{v,a}(r) = \frac{Q_t(r)}{A_u L} = \frac{2}{\pi}q_{v,c}(r) \tag{3.20}$$

需要注意的是，上述结果只适用于无干扰的均匀的圆柱形裸堆，但是由于元件棒布置等诸多原因影响，堆芯内的中子通量不是均匀分布的，因此，堆芯内的体积释热率或产生的功率也不是均匀分布的。在工程中，常用热流密度核热管因子来描述堆芯内释热率分布的不均匀性，其定义为：

$$F_q^N = F_R^N \cdot F_Z^N = \frac{q_{\max}}{q_a} \tag{3.21}$$

式中　$q_{\max}$——堆芯的最大热流密度；

　　　q_a——堆芯的平均热流密度；

　　　F_R^N——径向核热管因子；

　　　F_Z^N——轴向核热管因子；

在反应堆的设计中，都力求在堆芯的径向和轴向上展平功率分布，从而使反应堆的总功率提高。因此，在实际反应堆中，中子通量分布与上述理论分布之间有很大差别，这时往往需要大型的物理计算程序才能得到精确的功率分布，目前工程上常用的方法为先进节块方法，其计算精度已完全可以满足工

设计要求。而省掉组件计算及组件均匀化的全堆芯 PIN – BY – PIN 输运计算成为下一代堆芯输运计算的研究方向之一。

|3.3 堆芯功率分布及展平|

在实际的反应堆里面，由于存在许许多多的非均匀因素，如控制棒、反射层、燃料的分区装载以及其他的一些工程上的随机因素的影响，使得计算实际的功率分布非常复杂，往往需要大型的物理计算程序计算得到。

对于一个给定体积 V 的反应堆，堆芯的总功率输出正比于反应堆的平均中子通量密度。而中子通量密度的分布又受热工、材料等工艺条件的限制，局部的功率峰值会限制整个反应堆的输出功率，因此展平中子通量密度分布是提高输出功率降低成本的重要措施，也会使反应堆的运行更加安全。

下面我们从定性的角度出发，来看一下都有哪些因素对功率分布有影响，以及功率展平的主要措施。

由于快中子增殖堆的中子通量密度的分布比热中子反应堆的分布较为平坦，快中子增殖堆的中子通量密度的展平措施主要有以下几种。

（一）芯部燃料分区布置

初期在压水动力堆中大多采用燃料富集度均一的装载方式。虽然装卸燃料比较方便，但是堆芯中心会出现高的功率峰值，限制了整个反应堆热功率输出。此外，即使在堆芯燃料循环寿期末，最外围的燃料元件由于中子通量较小，燃耗较浅，所以平均卸料燃耗比较低。为了克服这些缺点，热中子堆与快中子堆通常采用燃料富集度非均一的装载方式，即堆芯装载几种不同富集度的燃料元件，堆芯按径向可分为几个区，每一区用不同富集度的燃料，把富集度低的燃料放在中心内区，把富集度高的燃料放在中心外区，另外也可按照分散（插花）装料或分散与分区混合式装料的方式装载于堆芯。由于富集度高的燃料装在外区，富集度低的燃料装在内区，而功率正比于中子通量和宏观裂变截面之积，因此，这种燃料富集度非均一的装载方式就会相对地降低堆芯内区的功率密度和提高外区的功率密度，这样可以达到展平中子通量密度分布的目的，从而增大反应堆的热功率输出。如图 3.1 为中国实验快堆堆芯布置示意图。

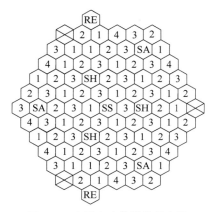

图 3.1　中国实验快堆堆芯布置

（二）设置转换区

转换区组件的主要作用是把能增殖的燃料（例如贫化 UO_2）通过失散中子俘获反应，有效转化为易裂变燃料，位于堆芯径向周围的转换区组件，也为转换层之外的结构件提供某种屏蔽作用，用内转换区和堆芯外的外转换区可以展平中子通量密度的分布。

（三）反射层的应用

在裸堆的情况下，堆内的中子一旦逸出芯部外，就不可能再返回到芯部来，这一部分中子就损失掉了，实际的反应堆在堆芯周围总是围绕着一层由具有良好散射性能的物质所构成的中子反射层，这时由芯部逸出的中子会有一部分将被这一层介质散射而返回到芯部中来，从经济利用中子的观点来看，这是十分有利的，这种包围在芯部外面用以反射从芯部泄漏出来的中子的材料结构称作反射层。

热中子反应堆的反射层通常采用与慢化剂相同的材料，如普通水、重水或石墨。快中子反应堆的反射层通常采用不锈钢材料，另外快中子堆由于堆芯内的快中子通量很高，在堆芯和径向转换区外边，还会设置屏蔽组件，为反应堆容器和容器内的重要部件提供中子和 γ 屏蔽。

反射层的作用，首先是可以减少芯部中子的泄漏，从而使得芯部的临界尺寸要比无反射层时的小，这样便可以节省一部分燃料。另外，反射层还可以提高反应堆的平均输出功率。这是由于包有反射层的反应堆，其芯部的中子通量密度分布比裸堆的中子通量密度分布更加平坦的缘故，反射层把一部分本来要泄漏而损失掉的中子散射返回堆芯参与链式反应。由于反射层减少了从堆芯泄漏的中子数，使得堆芯尺寸小于无反射层时临界尺寸就能达到临界状态。这样，利用反射层就有可能显著地节省所需易裂变物质数量。

（四）控制棒的影响

为了反应堆的安全和运行操作的灵活性，所有的反应堆都必须布置一定数量的控制棒，一般是将它们均匀地布置在具有高中子通量的区域，这样既有利于提高控制棒的效率，也有利于径向功率的展平。

控制棒的插入使堆芯内中子通量分布受到很大的扰动，如果控制棒布置得合理，在一定程度上可以改善中子通量在径向的分布。例如，在寿期初，堆芯中央区域内的某几根控制棒插入，可使堆芯中央区域的中子通量降低。为维持一定的反应堆功率，此时外区的中子通量就要提高，这样使堆芯径向上的功率分布比未插入控制棒情况更为均匀，如图 3.2 所示。

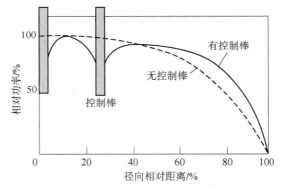

图 3.2　控制棒对径向功率分布的影响

从轴向功率分布的角度来看，控制棒的插入对轴向功率分布会带来不利的影响。以控制棒从堆芯上部插入的情况为例，在燃料循环的寿期初，部分插入的控制棒使中子通量分布的峰值偏向于堆芯下部。而在堆芯燃料循环的寿期末，控制棒向上提出，这时堆芯下部的燃耗较深，而顶部的燃耗较浅，可裂变核的密度较大，从而使中子通量的峰值偏向堆芯的上部，如图 3.3 所示。在这种情况下，轴向功率峰值与平均值之比高于无控制棒扰动的情况。

（五）结构材料的影响

反应堆堆芯内不是一个均匀体，它包括六角管、堆芯支承等，这些附加的材料都会吸收中子，它们会引起中子通量及功率局部降低。如果这些材料的中子吸收截面小，那么这种影响不大；如果材料的中子吸收截面大，则这种影响就不可忽略。

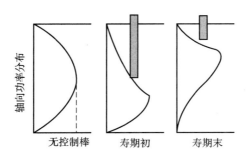

图 3.3　控制棒对轴向功率分布的影响

|3.4　停堆后的功率及冷却|

反应堆停堆以后，由于中子在很短的一段时间内还会引起裂变反应，裂变产物的 β 和 γ 衰变，以及中子俘获产物的衰变还会持续很长时间，因而堆芯仍然具有一定的释热率。这种现象称为停堆后的释热，与此相对应的功率称为停堆后的剩余功率。其功率并不是立刻降为零，而是在开始时以很快的速度下降，在达到一定数值后，就以较慢的速度下降。尽管从百分数来讲，反应堆在停堆以后继续释放的功率只有原来的百分之几，但其绝对值却是不小的数字，例如大亚海核电站的反应堆，其稳态运行的热功率为 2 895 MW，在反应堆紧急停堆后 5 min 内反应堆可产生 3.0×10^5 MJ 的剩余能量。其中停堆 1 h 产生的功率为 40 MW；停堆后一天时产生的功率为 16 MW；停堆后一个月时产生的功率为 4 MW；停堆后一年时产生的功率为 0.8 MW。从这个例子可以看出，在反应堆停堆后的一段时间里还会产生很大的热量，如果这些热量不及时输出堆芯，就完全有可能把堆芯烧毁。

所以在反应堆停堆以后，还必须继续对堆芯进行冷却，以便带走这些热量。一般来说，反应堆都会设有专门的余热排出系统，以便对停堆后的堆芯进行冷却。

反应堆停堆后的堆芯冷却对事故工况下的反应堆安全来说关系重大。许多反应堆事故都伴随着冷却剂流量的下降或燃料元件表面放热工况的恶化，这些问题都会使堆芯的传热能力降低。如果事故停堆后传热能力下降的速度比反应堆功率下降的速度快，则一部分热能就会在燃料元件中积累起来，堆芯的温度就会升高，最后引起燃料元件的烧毁。

停堆后的功率主要由两部分组成，即剩余裂变功率和裂变产物的衰变功率。

1. 剩余裂变功率

在反应堆刚停堆时，堆内的瞬发中子和缓发中子还会引起裂变反应，包括裂变碎片的动能，裂变时的瞬发 β、γ 射线的能量。裂变时瞬间放出的功率大小与堆芯内的中子密度成正比。中子密度可由中子动力学方程解出。

2. 裂变产物的衰变功率

它是由裂变碎片和中子俘获产物衰变时放出的 β、γ 射线所产生的功率，除此之外，一些衰变热是由 ^{239}U 和 ^{239}Pu 的 β 衰变产生的，还有更少量的热来自活化产物（如钢、钠）以及高原子量的锕系元素（如 ^{242}Cm）的衰变。

从以上分析可以看出，反应堆在刚停堆时，还有较大的剩余功率，如果不能及时导出，将会发生严重的事故。因此，停堆后的冷却是非常重要的，反应堆系统对于停堆后的冷却都采用多种措施，以确保反应堆的安全，将反应堆堆芯的余热及时排出。比较常用的措施有三种。

（1）通过主冷却系统排出余热。在正常停堆或者非主冷却系统故障而发生的紧急停堆时，可以利用余热排出系统将堆芯剩余释热排到反应堆的最终热阱——大气中去，如 BN - 600 中二回路中余热排出回路的设计。

（2）增加主循环泵的转动惯量。在设计主循环泵电机时加上飞轮，使循环泵和电机的转动惯量增加。在发生失流事故时，增加冷却剂流量惰走时间。这样在刚停堆的一段时间内，使冷却剂流量衰减比反应堆功率衰减慢，就可以保证堆芯不会过热。

（3）依靠自然循环来冷却堆芯。钠冷快堆中，一般利用反应堆的专设安全设施事故余热排出系统来排出堆芯余热。出现地震、反应堆系统供电全部中断、所有蒸汽发生器给水中断的事故工况时，该系统能够通过非能动的自然循环方式，将反应堆堆芯的余热及时排出。另外，在电厂的回路布置中，通常将蒸汽发生器放在远高于堆芯的标高上，将蒸汽发生器作为冷源，利用冷却剂的密度差形成一个驱动压头来使冷却剂通过堆芯，从而排出堆芯余热，使反应堆具有固有安全性。SNR - 300 和"超凤凰"堆的备用衰变热排出系统就是按照这样的方式进行设计的，即依靠系统的非能动运行（利用钠 - 空气热交换器和中间回路中钠的自然对流）导出余热，避免堆芯损伤。当然，对于实际的反应堆运行工况，仍然必须要确保自然对流会在停堆后迅速有效地建立起来，并拥有足够的排热能力，避免堆芯燃料组件受到热损伤。这往往需要利用试验手段，例如在"凤凰"堆与 FBR 上的一些早期试验（在非满功率运行工况下，断开主回路循环泵），成功地得到了自然循环的关键参数，利用这些参数外推，即使在满功率工况下，失去泵循环能力，自然循环也可以迅速建立。自然循环的设计是十分关键的，对于不同的堆型试验验证也各不相同，需结合堆本体布置具体考虑。

此外，还有一些具体堆型中的余热排出布置方式，例如在 CRBRP 设计中，为衰变热排出系统的可靠性考虑提供了设计参考。对于此系统而言，假如正常热阱（电厂蒸汽和给水系统平衡）发生故障，那么有三个备用系统可以排出衰变热。第一个备用系统是用来冷却汽包的有保护的气冷式冷凝器（PACC）。第二个是可以通过打开汽包和汽轮机之间蒸汽管道上安全卸压阀，把蒸汽排入大气。除了一个备用水源外还有一个保护储存水箱可以提供补给水。辅助给水泵中有两个是电驱动泵，还有一个蒸汽驱动泵。最后，提供一个完全分离的溢流热排出系统（OHRS）直接排出容器内来自一次回路的热量。该衰变热排出系统的热阱由一个带鼓风机的热交换器提供，这与蒸汽回路中的水系统不同。

"超凤凰"堆（Super Phenix）的衰变热排出系统包括所有二次钠回路上的钠－空气热交换器、外加四个备用的衰变热排出系统。每个备用系统都包含一个浸入式热交换器、一个闭式钠回路和一个钠－空气热交换器。SNR－300 也有两个备用的衰变热排出回路，每个回路都附带有浸入式热交换器和钠－空气热交换器。

|3.5　反应堆内其他热源|

反应堆内的热源绝大部分来自核材料裂变产生的能量，但堆内燃料之外还有许多结构材料，在强中子场中，结构材料也会释热，主要是由于吸收 γ 射线和中子。γ 射线的来源包括裂变瞬间释放出来的 γ 射线、裂变产物衰变时释放出的 γ 射线和堆芯材料吸收中子产生的(n,γ)反应所释放的 γ 射线。而反应堆的结构材料大体可分为两种：一部分是堆芯的支承结构，一部分是堆芯外围的热屏蔽和堆容器。

另外，反应堆循环泵运转过程中也会加热冷却剂，二回路系统管道还设置有电加热系统。但是上述这些热源与正常运行时的堆芯燃料释热相比要小太多，在进行反应堆稳态堆芯热工计算时，往往会忽略上述热源的影响，但是在进行总体系统热平衡或者是设备和结构局部热平衡时需要考虑这些热量，这些热源的计算属于常规计算。本章对这些热源的具体计算也不再赘述。

参考文献

［1］ 徐銤. 快堆热工流体力学 ［M］. 北京：中国原子能出版社，2011.

［2］ 邬国伟. 反应堆热工水力分析 ［M］. 北京：机械工业出版社，2014.

［3］ 俞冀阳，贾宝山. 反应堆热工水力学 ［M］. 北京：清华大学出版社，2003.

［4］ 阎昌琪. 核反应堆工程 ［M］. 哈尔滨：哈尔滨工程大学出版社，2004.

［5］ 任功祖. 动力反应堆热工水力分析 ［M］. 北京：原子能出版社，1982.

第 4 章

快堆堆内主要传热形式及分析方法

|4.1 概述|

快堆采用液态金属作为冷却剂，同时由于快堆堆内结构布置与压水堆存在一定的差异，导致快堆堆内传热特性会与压水堆等存在较大差异。快堆在整个反应堆堆内主要存在以下两种传热形式。

（1）堆内热传导，主要包括燃料棒芯块内部和燃料芯块与包壳之间的热传导以及堆内构件内部热传导、中间热交换器内一次侧钠与二次侧钠之间的热传导等。

（2）堆内对流传热，主要包括燃料棒包壳外表面、堆内构件表面与液态金属冷却剂之间的对流传热、外部空气与堆坑表面之间的对流传热、氩气腔内氩气与钠液面间的对流传热等。其中堆内对流传热根据驱动力类型可分为强迫对流传热和自然对流传热，根据冷却剂的状态还可以分为单相对流传热和相变对流传热。与压水堆等不同的是，快堆堆内相变传热主要发生在蒸汽发生器水侧，正常状态下，金属钠很难发生沸腾，而压水堆中气液两相流传热占据重要地位。

下面将对以上两种堆内发生的传热形式进行较为详细的介绍，以便读者能够对快堆堆内传热有更深层次的了解。如果读者对反应堆堆内传热研究有浓厚的兴趣，可以通过在国内外与反应堆相关的期刊、杂志以及学术论文上查询与堆内传热相关的内容，了解最新的科技前沿进展。

|4.2　液态金属冷却剂传热特性|

4.2.1　液态金属流体和其他流体的区别

　　液态金属流体相对于其他流体而言，其传热特性有着较大的区别，这主要是因为液态金属冷却剂的物理性质与其他流体的物理性质差别较大。

　　快堆中常用的液态金属如钠、铅铋等，其熔点较高，钠在常压下的熔点为98 ℃，因此使用液态金属钠作为冷却剂的反应堆在某些工况下需要通过加热来维持钠的温度，使其温度始终处于熔点之上，防止冷却剂凝固对反应堆造成危害，而使用水作为冷却剂的水堆则不用担心冷却剂发生凝固。

　　液态金属一般沸点较高，不容易出现冷却剂沸腾的现象，例如 1 atm[①] 下钠的沸点大约在 880 ℃，铅铋合金的沸点更高，可以达到 1 270 ℃左右，而传统压水堆中使用高压水作为冷却剂，其物理沸点较低，冷却剂在堆芯内存在由液相到气相的转变，因此压水反应堆堆内必须要重点考虑两相传热的情况，而快堆在正常工况下除了蒸汽发生器水侧会存在两相流动传热之外，堆内其余位置液态金属主要以单相流动传热为主。

　　液态金属相对于其他流体来说，其传热性能极强，例如液态金属钠的热导率极高，可达到 70 W/(m·℃)，而以水为工质的冷却剂流体，其热导率要低很多。反应堆采用液态金属作为冷却剂时，由于液态金属极强的传热能力，能够满足更高体积功率、更紧凑布置的燃料棒的冷却需求，而不用担心冷却剂对燃料棒冷却不足导致包壳失效。这也是快堆能够采用更加紧凑的堆芯布置的原因之一。

4.2.2　准则数

　　一般而言，研究流体传热有两个目的，一方面可以得到冷却剂在通道内的温度分布，并通过各种参数调整以保证冷却剂的温度低于限值温度；另一方面，分析决定通道壁面传热系数的关键因素，以便于选择材料和流动参数使得传热系数尽可能大。反应堆堆内传热分析，往往利用准则数进行无量纲分析。根据相似理论，描述物理现象的方程能够给出相似准则 $K_1, K_2, \cdots, K_n$ 之间依赖

---

　　①　1 atm = 1×10^5 Pa。

快堆热工水力学

关系的形式，即：

$$f(K_1, K_2, \cdots, K_n) = 0 \tag{4.1}$$

这种相互关系的方程叫作相似方程，把表征这些方程中无量纲综合数叫作相似准则或者相似准则数。反应堆内换热常由下列四个相似准则表征：

①Nu——努塞尔数；

②Re——雷诺数；

③Gr——格拉晓夫数；

④Pr——普朗特数。

（1）努塞尔数反应的是对流传热的强弱，其表达式为：

$$Nu = \frac{hl}{\lambda} \tag{4.2}$$

式中　h——表面传热系数[$W/(m^2 \cdot K)$]；

　　　l——特征长度（m）；

　　　λ——冷却剂流体热导率[$W/(m \cdot K)$]。

努塞尔数在反应堆内传热中常被用来计算壁面与流体之间的传热，但是往往由于 h 是未知的，导致 Nu 数也是未知的，通常需要进行试验来确定。

（2）雷诺数：

$$Re = \frac{\rho v D_e}{\mu} \tag{4.3}$$

式中　ρ——冷却剂密度（kg/m³）；

　　　v——冷却剂平均流速（m/s）；

　　　D_e——冷却剂流道的水力直径（m）；

　　　μ——冷却剂的动力黏度（Pa·s）。

雷诺数是热工水力学中极为重要的准则数，它表示流体的惯性力与黏性力之比，可用来评价流体流动的状态。

（3）格拉晓夫数：

$$Gr = \frac{g\beta\Delta t\, l^3}{\nu^2} \tag{4.4}$$

式中　g——重力加速度常数（m/s²）；

　　　β——流体膨胀系数（K⁻¹）；

　　　l——特征尺寸（m）；

　　　Δt——壁温与流体温度之差（K）；

　　　ν——流体运动黏度（m²/s）。

格拉晓夫数是对造成流体自然对流的浮升力与黏滞力的度量。

（4）普朗特数：

$$Pr = \frac{c_P \mu}{\lambda} \qquad (4.5)$$

式中　c_P——定压比热［J/（kg·K）］；

　　　μ——冷却剂的动力黏度（Pa·s）；

　　　λ——冷却剂流体热导率［W/（m·K）］。

普朗特数表征的是冷却剂的热物理性质，是动量扩散与热量扩散之间的度量。

由于在传热过程中流体的温度往往会发生变化，流体物性参数也要改变，这个情况可以通过在准则数计算中引入定性温度、特征长度和特征速度的方法来解决。在应用某个准则数进行分析时，必须明确定性温度、特征长度、特征速度甚至传热系数的确定方法，否则就会造成较大的分析误差。下面对定性温度、特征长度、特征速度和传热系数的确定方法进行简要介绍，以便读者更好地理解如何用准则数对反应堆对内传热进行分析。

定性温度、特征长度和特征速度的定义如下。

（1）定性温度：相似特征数中所包含的物性参数往往取决于温度，因而把确定物性的温度称为定性温度。通常可以有以下的取值方法。

①流体温度：T_f；

流体沿平板流动换热时：$T_f = T_\infty$；

流体在管内流动换热时：取进出口温度之和的一半。

②热边界层的平均温度：取壁面温度和流体温度之和的一半。

③壁面温度：T_w。

使用特征数关联式时，必须与其定性温度一致。

（2）特征长度：包含在相似特征数中的几何长度，一般应取对于流动和换热有显著影响的几何尺度，如对于管内流动换热时特征长度取直径 d；流体在流通截面形状不规则的槽道中流动时，应取当量直径 D_e 作为特征尺度。

当量直径（D_e）：流体流通截面积的 4 倍与湿周之比称为当量直径，又叫作水力直径。

（3）特征速度：对于 Re 数中的流体速度，通常可取如下值：

流体外掠平板或绕流圆柱：取来流速度；

管内流动：取截面上的平均速度；

流体绕流管束：取最小流通截面的最大速度。

下面对对流换热的表面传热系数 h 的计算进行简要介绍，因为传热系数对于传热分析极为重要。

对流换热的表面传热系数 h 是对流传热分析中极其重要的参数，然而对于复杂的工程实际情况而言，绝大多数情况下没法得到对流传热系数的解析解，所以工程上往往都使用试验测量得到经验的表面传热系数关系式，当然，近年来随着数值计算分析方法的发展，在某些情况下使用 CFD 方法也可以初步得到对流传热系数 h。不过对于反应堆对内传热分析而言，在具备进行试验研究的条件时，采用试验测量得到的表面传热关系式来进行对流传热分析依然是最有效的方法。对于钠冷快堆而言，更多关注单相强迫对流传热，以下为常用的计算公式。

对于对流换热而言，通常采用牛顿冷却公式来表示，如：

$$q = h(T_w - T_f) \tag{4.6}$$

式中　h——传热系数 $[\mathrm{W}/(\mathrm{m}^2 \cdot \mathrm{K})]$；

　　　T_w——壁面温度（K）；

　　　T_f——流体的主流温度（K）。

传热系数 h 通常采用 Nu 来分析，工程上常将 Nu 用其他的准则数表达出来，就可以得到相应的对流传热系数的计算关系式。

对于金属流体而言，通常采用 Nu 与 Pe 数的关系式，其表达形式如下：

$$Nu = A + BPe^c \tag{4.7}$$

式中，$Pe = Re \cdot Pr$。其常用的关系表达式如下。

（1）对于圆形通道，在轴向温度均匀的情况下，有：

$$Nu = 5 + 0.025Pe^{0.8} \tag{4.8}$$

（2）对于平板通道，在单侧热流密度为常数时，有：

$$Nu = 5.8 + 0.02Pe^{0.8} \tag{4.9}$$

（3）对于环形通道，在均匀热流密度的情况下，当 $D_2/D_1 > 1.4$（D_2 为外径，D_1 为内径）时，则有：

$$Nu = 5.25 + 0.0188Pe^{0.8}\left(\frac{D_2}{D_1}\right)^{0.3} \tag{4.10}$$

（4）对于棒束通道，反应堆堆芯组件内是棒束结构，对于棒束通道可采用 Westinghouse 公式[1]计算：

$$Nu = 4 + 0.33\left(\frac{P}{D}\right)^{3.8}\left(\frac{Pe}{100}\right)^{0.8} + 0.16\left(\frac{P}{D}\right)^{5.0} \tag{4.11}$$

式中，P 为棒间中心距；D 为棒径。

该式适用范围为 $1.1 \leqslant P/D \leqslant 1.4$，$10 \leqslant Pe \leqslant 5\,000$。

4.2.3　不同流态传热分析

根据流体运动的形态可将流体运动状态分为层流状态和湍流状态，层流下流体质点在做有条不紊的运动，彼此不发生掺混，而湍流（或紊流）状态下，流体质点做不规则的运动，彼此相互掺混，由于流体流动状态的差异，导致层流和湍流状态下流体传递动量、能量和质量的方式不尽相同。

流体在不同的流动状态有不同的传热机理。当流体做层流运动时，由于流体质点彼此间不发生掺混，流体传热主要依靠分子导热，因此层流状态下流体的传热能力主要取决于流体自身的导热能力即热导率，而与流体的运动速度等关系不大。

而当流体做充分发展的湍流流动时，流体传热能力会发生显著变化，湍流流动在其黏性底层之内，流体不发生掺混，而在黏性底层外的湍流主流区，流体涡团会发生强烈的相互扰动和混合，流体分子之间的剧烈相对运动使得流体分子之间的热量传递大大强化，因此湍流状态下流体的流动传热能力明显高于层流状态下流动传热能力，而且当流体的速度越高，湍流区流体分子之间的掺混越强烈，湍流状态下对流传热系数也越大。

4.2.4　自然对流传热分析

根据流体流动的驱动力不同，可以将流体的流动分为强迫循环流动和自然对流。强迫循环流动依靠外界提供的驱动力，自然对流则是指在一个闭合的回路内，在没有外部驱动力的作用下，依靠回路冷、热段的密度差，和冷、热源中心的高度差产生的流动。

在自然对流中，流体内部的密度梯度是由流体本身的温度场导致的，因此自然对流的强弱也取决于温度梯度的大小。

在各种对流传热方式中，自然对流传热的热流密度虽然是最低的，然而这种传热方式具有安全、经济、无噪声的特点，因此被广泛地应用于工业技术中。核反应堆在停堆工况以及事故工况下，自然对流传热是导出堆芯内热量的重要方式，因此研究堆内自然对流传热具有极其重要的意义。

国际上多个已经运行的液态金属冷却快堆都进行过依靠自然循环排出堆芯余热的试验，试验证明钠冷快堆在停堆后能建立自然循环流动，而且自然循环的能力是强有力的，可以用纯自然循环方式排出堆芯余热。这对于保证液态金属冷却快堆堆芯安全具有重要意义。

以中国实验快堆 CEFR 为例，在失去强迫循环流动后，堆芯内存在组件盒内流动和盒间流动，中间热交换器冷池段内的钠与冷池发生换热，温度逐渐降低，最终会与冷池达到热平衡，而流经组件的冷却剂则被加热升温，从而形成温度差，由于冷却剂密度与温度有关，因此形成密度差。另外，由于堆芯中平面高度低于中间热交换器冷池的平均高度，从而形成了热源与冷源之间的高度差，由此产生了堆芯盒内流动的自然循环驱动力，形成自然循环流动。

另外，空冷器在不断地向外界空间释放热量，这导致独立热交换器中间回路形成温差，驱动独立热交换器中间回路的钠不断流动，独立热交换器壳侧的钠由于被中间回路冷却，密度增大并往下流动，从独立热交换器流出的钠一部分进入热钠池，并与堆芯出口钠相混合，另一部分因密度较大下沉经过堆芯围筒下部开孔处进入组件盒间隙，自下而上通过组件盒间隙冷却堆芯组件，然后在堆芯出口与热池中的钠混合。

自然对流传热下的 Nu 数一般可以表示为 Pr 和 Gr 有关的关系式，一般形式如下：

$$Nu = f(Pr, Gr) \tag{4.12}$$

根据该关系式，结合前节所述的 Gr 的表达式可以看出，影响自然对流传热的因素较多，包括流体的膨胀系数 β、壁面与流体之间的温差等。β 决定了流体所受浮升力的大小。

自然对流传热也存在不同的流动形态，自然对流亦有层流和湍流之分。以贴近一块热竖壁的自然对流为例，在壁面下部，流动刚开始形成，它是有规则的层流。若壁面足够高，则上部流动会转变为湍流。层流流动时，换热热阻完全取决于薄层的厚度，因此从换热壁面下端开始，随着高度的增加，层流薄层的厚度也逐渐增加，与之相对应的是传热系数随高度增加逐渐降低。当壁面足够高时，会出现自然对流从层流变为湍流的情形，此时换热系数相比层流状态来说会有提高。与强迫对流中采用 Re 作为判断流体流动状态的判据一样，自然对流中采用 Gr 作为自然对流层流向湍流转变的判据。

在不同的流动状态下，自然对流传热规律具有不同的关联式。目前已经有大量工程上采用的自然对流传热计算关系式，其主要分为两类，一类为均匀壁温边界条件下的自然对流；另一类为均匀热流边界条件下的自然对流。在反应堆堆内自然对流传热计算中，常采用的是均匀热流边界条件下的自然对流传热关系式，其表达式如下

$$Nu = C(Pr, Gr)_m^n \tag{4.13}$$

对于竖直平板，Holman 推荐如下关系式[1]：

$$Nu = 0.6(Pr, Gr)^{1/5}, 10^5 \leqslant PrGr \leqslant 10^{11}$$
$$Nu = 0.17(Pr, Gr)^{1/4}, 2 \times 10^{13} \leqslant PrGr \leqslant 10^{16}$$

式中，定性尺寸是从换热起始点开始计算起的垂直距离。定性温度则选用边界层的平均温度。

对于堆内自然对流传热，我们十分关心堆芯的自然对流，因为堆芯是堆内释热场所，在事故工况下，如果反应堆失去外部动力无法通过泵强迫驱动冷却

剂流动，则只能依靠堆芯内冷却剂自然对流带走堆芯余热，保证反应堆堆芯安全。国内外已经有不少学者对堆芯自然对流传热进行了研究，自然对流传热研究在国际上属于热点及难点内容，自然对流在堆内发生的过程十分复杂。

反应堆堆内自然对流的关键任务是要确定自然对流时的堆芯内各组件的冷却剂流量，不同功率的燃料组件，其在自然对流状态下冷却剂流量会存在一定差异。通过计算分析得到自然对流时堆芯总流量和堆芯各类组件的流量对于分析堆芯内传热很重要。由于快堆堆内结构复杂，堆芯内组件繁多，因此研究快堆堆内自然对流往往需要借助相应的计算程序或者建立相应的试验等手段来进行。目前国际上研究堆芯自然对流主要是通过 CFD 程序、自然循环分析系统程序以及通过建立堆芯自然循环试验台架进行自然循环模拟等手段进行，由于计算过程较复杂，读者可自行查阅相关文献，本小节不再深入讨论。

|4.3　燃料棒的传热分析|

核反应堆中燃料元件有多种结构形式，如棒状、板状、管状、球状等结构形式。快中子反应堆中多采用棒状燃料结构，其燃料棒的传热分析主要是对棒状燃料元件进行分析。

快堆燃料棒主要由燃料芯块、包壳材料、燃料棒上下反射层、端塞等组成，其中燃料芯块与包壳材料之间会存在一定的间隙，简称芯包间隙，芯包间隙可以容纳燃料芯块内燃料裂变时释放出的裂变气体，允许包壳和燃料有不同程度的热膨胀，保证包壳和焊缝都不会超过允许的设计应力。快堆中燃料棒包壳常采用不锈钢材料，包壳既保证了燃料元件棒的机械强度，又将核燃料及裂变产物包容在内，构成了放射性产物与外界环境之间的第一道屏障。快堆燃料组件中燃料芯块多为氧化铀和 MOX 燃料芯块。

4.3.1　定常热导率和积分热导率

定常热导率是指物体的热导率为常数，不随温度等参数发生变化。对于热导率随温度变化不明显的物体，我们往往可以将其热导率视为常数，可以简化热传导的计算，同时也不会带来较大的误差，例如对于金属部件的热传导计算时，可以设其热导率为常数。

对于热导率随温度变化很大的物体，我们在进行热传导计算时，不能将其热导率视为常数，例如 UO_2 燃料，其热导率随温度变化很大，如果使用算术平均温度来计算其热导率会带来很大的误差，因此在这种情况下不能忽略热导率随温度的变化。为了能够较为准确地计算其导热，引入了积分热导率的概念，即将热导率k_u对温度的积分$\int k_u(T)\,\mathrm{d}T$作为温度T的函数，然后依靠试验测出的$\int k_u(T)\,\mathrm{d}T$与温度T之间的关系，这样在进行热工计算的时候就能较为方便地求得燃料元件的工作温度。

以一维的圆柱形导热为例，如图4.1所示，根据傅里叶定律，有：

$$Q_r = -k_u(T)\cdot 2\pi rL\cdot\frac{\mathrm{d}T}{\mathrm{d}r} \tag{4.14}$$

$$Q_r = \pi r^2 L q_v \tag{4.15}$$

式中，Q_r为通过半径为r的表面传递的热量（W）；L为燃料芯块的轴向长度（m）；q_v为内热源。

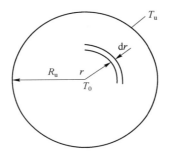

图4.1　燃料元件示意图

根据上式可得到：

$$-k_u(T)\,\mathrm{d}T = \frac{1}{2}q_v r\mathrm{d}r \tag{4.16}$$

将上式积分得到：

$$-\int_{T_0}^{T} k_u(T)\,\mathrm{d}T = \int_0^r \frac{1}{2}q_v r\mathrm{d}r \tag{4.17}$$

当$r = R_u$时，可以得到燃料表面温度T_u与T_0之间的关系：

$$\int_{T_u}^{T_0} k_u(T)\,\mathrm{d}T = \frac{q_v}{4}R_u^2 \tag{4.18}$$

式中，$\int_{T_u}^{T_0} k_u(T)\,\mathrm{d}T$就是积分热导率（W/m）。

如果将q_v换成线功率密度q_l，则上式变为：

$$4\pi\int_{T_u}^{T_0} k_u(T)\,\mathrm{d}T = q_l \tag{4.19}$$

从上式可以看到，棒状元件芯块的线功率密度 q_1 与积分热导率成正比。因而只要知道了积分热导率就能直接得出线功率密度。

4.3.2　径向温度分布

（一）燃料芯块径向温度分布

以棒状燃料元件为例，在燃料芯块内部，可通过使用具有内热源的圆柱体导热方程推导得出燃料芯块内部的径向温度分布，这是分析燃料芯块温度分布的基础。

对于一个半径为 r_1 的圆柱体，其具有均匀的内热源 q_v，导热系数 λ 假定为常数，且外表面温度均匀且恒定为 T_1，则根据圆柱坐标中的导热微分方程可以得到：

$$\frac{1}{r}\frac{\mathrm{d}}{\mathrm{d}r}\left(r\frac{\mathrm{d}T}{\mathrm{d}r}\right)+\frac{q_v}{\lambda}=0 \tag{4.20}$$

边界条件为：

$$r=0,\quad \frac{\mathrm{d}T}{\mathrm{d}r}=0;\quad r=r_1,\quad T=T_1$$

对上式做两次积分，结合边界条件可得圆柱中的温度场为：

$$T-T_1=\frac{1}{4}\frac{q_v}{\lambda}(r_1^2-r^2) \tag{4.21}$$

对于快堆而言，在燃料元件径向温度分布计算时常常使用以下假设：

（1）在燃料元件的任一界面上，因为燃料元件的横截面积比整个堆芯的面积要小得多，可以忽略中子注量率在元件内的径向分布的微小变化，因此在燃料元件径向温度分布计算时，可以认为内热源 q_v 为常数。

（2）只分析计算稳态导热和传热问题。

（3）在燃料元件的包壳内和冷却剂内不产生释热。

（4）不考虑燃料元件与包壳之间的接触热阻。

基于以上假设，对于如图 4.2 所示的快堆棒状燃料元件结构，根据上面所推导的圆柱坐标中的导热微分方程可以得到：

$$T(r)=\frac{q_v}{4\lambda}(R_u^2-r^2)+T_u \tag{4.22}$$

式（4.22）便是燃料芯块的径向温度分布式。

（二）包壳材料径向温度分布

燃料棒包壳可以看作一个圆环形的构件，根据前面有关燃料元件径向温度

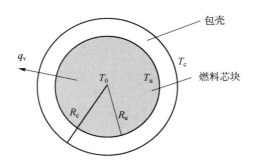

图 4.2   快堆棒状燃料元件结构示意图

计算的假设，认为包壳不发热，因此，包壳的径向温度计算就简化为一个圆环的一维导热问题，这样就有如下的导热关系式：

$$\frac{1}{r}\frac{\mathrm{d}}{\mathrm{d}r}\left(k_c r\frac{\mathrm{d}T}{\mathrm{d}r}\right) = 0 \tag{4.23}$$

式中，k_c 为包壳热导率，通常取包壳平均温度下的值。对上式积分可得：

$$k_c r\frac{\mathrm{d}T}{\mathrm{d}r} = B \tag{4.24}$$

式中，B 为积分常数。根据能量守恒定律有：

$$2\pi R_u q = \pi R_u^2 q_v \tag{4.25}$$

根据傅里叶定律，可得在包壳内 r 处有：

$$-2\pi r k_c\frac{\mathrm{d}T}{\mathrm{d}r} = q_1 = \pi R_u^2 q_v \tag{4.26}$$

在 $r = R_u$ 处，$T = T_u$，结合上式有：

$$T(r) = -\frac{q_1}{2\pi k_c}\ln\frac{r}{R_u} + T_u \tag{4.27}$$

从式（4.27）可以看出，包壳内的温度分布是对数分布。

4.3.3   轴向温度分布

在反应堆运行过程中，冷却剂在流过燃料棒棒束时，燃料棒外壁面与冷却剂发生对流传热，冷却剂温度沿轴向高度会发生明显变化，这也会导致沿轴向高度方向上包壳以及燃料芯块的温度发生变化。因此先讨论冷却剂温度沿轴向高度的温度分布。

一般而言，堆内的输热过程包含两个部分，一部分是冷却剂通过堆芯吸收堆芯裂变产生的热量，另一部分是通过一定的设备将热量传递出去。在反应堆内，比较关心的是冷却剂在堆芯吸收燃料裂变产生的热量后在流动过程中的焓升问题。下面将重点分析冷却剂和燃料棒在流动过程中的轴向温度分布。

燃料元件及其冷却剂的轴向温度分布主要取决于燃料芯块的体积释热率的分布，堆内实际情况下体积释热率沿轴向的分布是极其复杂的，为了便于分析先做以下假设：

（1）不考虑各燃料棒之间的横向搅混效应。

（2）不考虑燃料棒的轴向热传导。

（3）假设燃料棒芯块体积释热率沿轴向做余弦分布。

（4）冷却剂、包壳、燃料芯块的热物理性质与轴向高度 z 无关，且沿冷却剂通道长度方向均为常数，对流传热系数亦如此。

（一）冷却剂轴向温度分布

根据能量守恒方程，以轴向长度为 L 的堆芯燃料包壳外壁与其周围冷却剂构成的冷却剂通道（见图 4.3）为对象，考虑在轴向高度位置为 z 处的冷却剂温度，则可得下式：

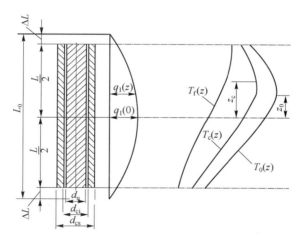

图 4.3　燃料棒与冷却剂通道示意图

$$G\Delta h = \frac{P_h}{A} \int_{-\frac{L}{2}}^{z} q(z)\,\mathrm{d}z \qquad (4.28)$$

式中　G——冷却剂质量流速 $[\mathrm{kg/(m^2 \cdot s)}]$；

　　　Δh——从组件入口到 z 处的冷却剂焓升（J/kg）；

　　　P_h——通道的加热周长（m）；

　　　A——冷却剂流通截面积（$\mathrm{m^2}$）；

　　　$q(z)$——在轴向高度 z 处的表面平均热流密度（$\mathrm{W/m^2}$）。

由于液态金属冷却快堆的冷却剂一般沸点较高，在正常运行工况下不会发生组件内冷却剂沸腾，可以不考虑冷却剂相变问题，因此，上式可以改写为：

$$\Delta h = \frac{4}{D_e G} \int_{-\frac{L}{2}}^{z} q(z) \, dz \tag{4.29}$$

式中，D_e 为当量直径。

进一步得到：

$$c_P (T_f(z) - T_{in}) = \frac{4}{D_e G} \int_{-\frac{L}{2}}^{z} q(z) \, dz \tag{4.30}$$

式中 c_P ——定压比热 [J/(kg·K)]；

     $T_f(z)$ ——在轴向高度 z 处的冷却剂温度（K）；

     T_{in} ——通道入口处的冷却剂温度（K）。

根据之前的假设，堆芯沿轴向 z 处的燃料元件热流密度为余弦分布，可得：

$$q_v(z) = q_c \cos \frac{\pi z}{L_0} \tag{4.31}$$

式中，q_c 为 $z = 0$ 处的最大热流密度。

将式（4.31）代入式（4.30）并积分可得：

$$T_f(z) = T_{in} + \frac{4 L_0 q_c}{\pi D_e G c_P} \left(\sin \frac{\pi z}{L_0} + \sin \frac{\pi L}{2 L_0} \right) \tag{4.32}$$

如果忽略外推长度的影响，即 $L = L_0$，则：

$$T_f(z) = T_{in} + \frac{4 L_0 q_c}{\pi D_e G c_P} \left(1 + \sin \frac{\pi z}{L_0} \right) \tag{4.33}$$

从式（4.33）可以看出，冷却剂的温度分布沿轴向高度呈现正弦分布规律。

根据式（4.33）可以得知冷却剂出口与入口温度关系如下：

$$T_{out} = T_{in} + \frac{4 L_0 q_c}{\pi D_e G c_P} \tag{4.34}$$

（二）包壳表面温度的轴向分布

燃料棒包壳表面与冷却剂之间是通过对流传热的方式进行能量传递的，根据能量守恒定律，稳态条件下，长度为 Δz 的燃料元件产生的热量等于长度为 Δz 的燃料包壳与冷却剂之间传递的热量。

$$q_v(z) A_u dz = q(z) P_h dz = h_f P_h dz (T_c - T_f)_s \tag{4.35}$$

在 $z = 0$ 处，可以得到如下关系式：

$$q_{v,c} A_u dz = q_c P_h dz = h_f P_h dz (T_c - T_f)_0 \tag{4.36}$$

由上式可得：

$$(T_c - T_f)_0 = q_c / h_f \tag{4.37}$$

式中　$q_{v,c}$——$z = 0$ 处的体积释热率（W/m^3）；

　　　q_c——$z = 0$ 处的热流密度；

　　　A_u——燃料芯快的横截面积（m^2）；

　　　h_f——对流换热系数 [W/（m^2·K）] ；

　　　$(T_c - T_f)_s$——$z = s$ 处的燃料包壳表面温度与冷却剂之间的温差（K）；

　　　$(T_c - T_f)_0$——$z = 0$ 处的燃料包壳表面与冷却剂之间的温差（K）。

由上式可得到：

$$(T_c - T_f)_s = (T_c - T_f)_0 \cos \frac{\pi z}{L_0} = T_c(z) - T_f(z) \tag{4.38}$$

将上面得到的 $T_f(z)$ 表达式代入可得包壳表面的轴向温度分布：

$$T_c(z) = T_{in} + \frac{4 L_0 q_c}{\pi D_e G c_P} \left(\sin \frac{\pi z}{L_0} + \sin \frac{\pi L}{2 L_0} \right) + \frac{q_c}{h_f} \cos \frac{\pi z}{L} \tag{4.39}$$

（三）燃料芯块轴向温度分布

燃料芯块温度 T_0 的分布，同样可以用能量守恒方程推导得出，与上述包壳轴向温度分布的推导类似。对于燃料元件芯块任意轴向高度上取长度为 dz 的微元段，根据传热方程有：

$$Q(z) = q_{v,c} A_u \mathrm{d}z \cos \frac{\pi z}{L_0} = \cfrac{T_0(z) - T_f(z)}{\cfrac{1}{4 \pi k_u \mathrm{d}z} + \cfrac{\ln\left(1 + \cfrac{\delta_c}{r_u}\right)}{2 \pi k_c \mathrm{d}z} + \cfrac{1}{2 \pi (r_u + \delta_c) h_f \mathrm{d}z}} \tag{4.40}$$

将冷却剂温度随轴向高度的表达式代入并忽略外推长度时，上式可简化为：

$$T_0(z) = T_{in} + \frac{q_{v,c} A_u L_0}{\pi c_P m} \left(\sin \frac{\pi z}{L_0} + 1 \right) + q_{v,c} V_F R_E \cos \frac{\pi z}{L_0} \tag{4.41}$$

式中：$V_F = A_u L$ 是整根元件内燃料的体积；R_E 为热阻，其表达式如下：

$$R_E = \frac{1}{4 \pi k_u L} + \frac{\ln\left(1 + \dfrac{\delta_c}{r_u}\right)}{2 \pi k_c L} + \frac{1}{2 \pi (r_u + \delta_c) h_f L} \tag{4.42}$$

正常情况下，燃料芯块与包壳之间存在一定间隙，上式没有考虑该间隙带来的热阻。考虑芯包间隙之后的热阻表达式为：

$$R_E = \frac{1}{4 \pi k_u L} + \frac{\ln\left(1 + \dfrac{\delta_G}{r_u}\right)}{2 \pi k_G L} + \frac{1}{2 \pi (r_u + \delta_c) h_f L} + \frac{\ln\left(1 + \dfrac{\delta_c}{r_u + \delta_G}\right)}{2 \pi k_c L} \tag{4.43}$$

式中　δ_G——芯包间隙（m）；

　　　k_G——间隙内气体的热导率 [W/（m·K）] ；

δ_{c}——包壳厚度（m）；

k_{c}——包壳热导率［W/(m·K)］。

（四）包壳及燃料芯块最高温度

在反应堆运行过程中，燃料组件包壳以及燃料的最高温度是反应堆运行中极其重要的安全指标，在运行过程中需要十分关心其数值大小以及出现的位置，为此本小节根据上节推导得出的包壳轴向温度分布以及燃料芯块的轴线温度分布，来推导包壳及燃料表面、燃料芯块的最高温度，分别为 $T_{c,max}$、$T_{s,max}$、$T_{0,max}$。其轴向位置分别为 z_c、z_s、z_o。

要求解包壳最高温度的位置 z_c，可以根据 $T_c(z)$ 的表达式来得到，首先将 $T_c(z)$ 的表达式整理如下：

$$T_{c}(z) = A + B\sin\frac{\pi z}{L_0} + C\cos\frac{\pi z}{L_0} \tag{4.44}$$

其中：

$$A = T_{in} + \frac{4L_0 q_c}{\pi D_e G c_P}\sin\frac{\pi L}{2L_0}$$

$$B = \frac{4L_0 q_c}{\pi D_e G c_P}$$

$$C = \frac{q_c}{h_f}$$

包壳表面最高温度点的位置 z_c 可由下式求得：

$$B\cos\frac{\pi z_c}{L_0} - C\sin\frac{\pi z_c}{L_0} = 0 \tag{4.45}$$

包壳表面最高温度可由下式计算得到：

$$T_{c,max}(z) = T_{in} + \frac{L_0 q_{v,c} A_u}{\pi m c_P}\sin\frac{\pi L}{2L_0} + \sqrt{\left[\frac{L_0 q_{v,c} A_u}{\pi m c_P}\right]^2 + \left[\frac{q_{v,c} A_u}{2\pi(r_u + \delta_c)h_f}\right]^2} \tag{4.46}$$

燃料中心最高温度 $T_{0,max}$ 可由下式计算得到：

$$T_{0,max} = T_{in} + \frac{L_0 q_{v,c} A_u}{\pi m c_P}\sin\frac{\pi L}{2L_0} + \sqrt{\left[\frac{L_0 q_{v,c} A_u}{\pi m c_P}\right]^2 + \left\{q_{v,c} A_u\left[\frac{1}{4\pi k_u} + \frac{\ln\left(1 + \dfrac{\delta_c}{r_u}\right)}{2\pi k_c} + \frac{1}{2\pi(r_u + \delta_c)h_f}\right]\right\}^2} \tag{4.47}$$

燃料中心最高温度所在的位置 z_o 为：

$$z_o = \frac{L_0}{\pi}\arctan\frac{L_0}{m c_P\left[\dfrac{1}{4k_u} + \dfrac{\ln\left(1 + \dfrac{\delta_c}{r_u}\right)}{2k_c} + \dfrac{1}{2(r_u + \delta_c)h_f}\right]} \tag{4.48}$$

4.3.4　气隙传热分析

气隙传热是指包壳和燃料芯块之间的传热。在压水堆与快堆燃料棒设计中，燃料芯块与包壳之间是存在间隙的，间隙内往往充满惰性气体。因此燃料棒径向传热就需要考虑气隙带来的热阻。

气隙传热较为复杂，通常我们假定气隙为一个环形空间，但是随着反应堆的运行，燃料芯块会发生辐照肿胀甚至破碎，这就导致环形气隙空间发生变化，而且由于包壳材料与燃料芯块的材料并不相同，其热膨胀效应也不一样，这可能会导致燃料芯块与包壳之间发生直接接触，热阻会明显减小，从而加强间隙的传热能力。目前计算间隙的传热模型大致分为两种，即气隙导热模型和接触导热模型。

（一）气隙导热模型

气隙导热模型的计算与计算包壳导热类似，只是由于气隙的导热系数的确定与包壳不同，通常采用混合气体导热系数 k_g。

k_g 由以下关系式确定：

$$k_g = (k_1)^{x_1}(k_2)^{x_2} \tag{4.49}$$

式中，x_1、x_2 分别为两种气体在混合气体内的摩尔数之比；k_1、k_2 为两种气体对应的导热系数。如果气体是理想气体，则其热导率与温度有关，关系式如下：

$$k = A \times 10^{-6} T^{0.79} \tag{4.50}$$

式中，T 为开氏温度（K）；对于不同的气体 A 的数值不同。

在用气隙传热模型计算时，如果气隙内的温差很大，则还需要考虑辐射换热系数。

（二）接触导热模型

燃料芯块与包壳材料由于辐照的影响直接产生了接触，这时为了分析直接接触情况下的传热，引入了一个等效传热系数来计算传热效果，这便是接触导热模型。

在水堆设计中通常使用一个经验的间隙传热等效系数 h_g，其大小为 5 678 W/(m²·K)。而在详细设计中往往还需要考虑线功率密度、气隙厚度等方面的影响。

在快堆设计中，间隙热导并没有合适的值可以直接选择，根据线功率的大小，间隙热导率一般在 2 800～12 000 W/(m²·K)范围选取。

|4.4　堆本体内传热分析|

4.4.1　快堆的堆本体

　　快堆堆本体是快堆一回路主设备和辅助设备的统称。根据快堆一回路布置方式的不同，可将快堆分为回路式快堆和池式快堆两种。池式快堆是将整个堆芯和一回路钠泵、中间热交换器以及其他一回路设备一起浸泡在一个大型液态钠池中，构成一回路结构，其结构布置十分紧凑，这种布置形式能够降低一回路严重泄漏的可能性，具有较好的安全性。而回路式快堆则是用管道将反应堆、热交换器和泵等一回路设备通过管道连接构成一回路系统，与池式快堆相比，回路式快堆设备布置灵活，设备维修方便，但由于采用管道连接，存在各设备之间连接管道破裂的风险，发生事故时安全性较差。正是由于一回路布置方式的不同，回路式快堆和池式快堆其堆本体结构存在一定差异，本小节将以中国实验快堆（CEFR）为例，对池式快堆堆本体进行详细介绍，回路式快堆堆本体结构本节不再进行介绍，有兴趣的读者可以自行查阅国外相关回路式快堆的资料。

　　中国实验快堆（CEFR）设计热功率为 65 MW，发电功率为 20 MW。与压水堆不同，CEFR 一回路采用池式结构布置，其堆芯、一回路设备都安装在主容器内。CEFR 采用导热性能极佳的液态金属钠作为一回路与二回路冷却剂，为反应堆堆芯以及一、二回路部件提供有效冷却。CEFR 堆本体结构主要包括堆芯及堆芯内各类组件、堆容器及其堆内构件、中间热交换器、一回路主循环泵、独立热交换器、堆内换料设备、控制棒驱动机构、堆顶固定屏蔽和堆内参数测量装置等。CEFR 堆本体结构示意图如图 4.4 所示。

　　堆芯及堆芯内各类组件是反应堆的核心组成部分，是反应堆内部发生可控的链式裂变反应的主要场所，其提供热能用于发电。除此之外，堆芯还能用于燃料、中子吸收材料和结构材料的辐照考验、科学试验等。快堆堆芯内组件繁多，一般包含燃料组件、控制棒组件、反射层组件、屏蔽组件等，各类组件具有不同的功能。

　　快堆堆容器由主容器、保护容器及其支承、保温层和主容器热屏蔽等组成，主容器是一个上部为锥形，底部封头为椭球形的容器，在主容器外是保护容器，主容器和保护容器均采用下部支承的坐装式结构。堆容器内钠液面以上

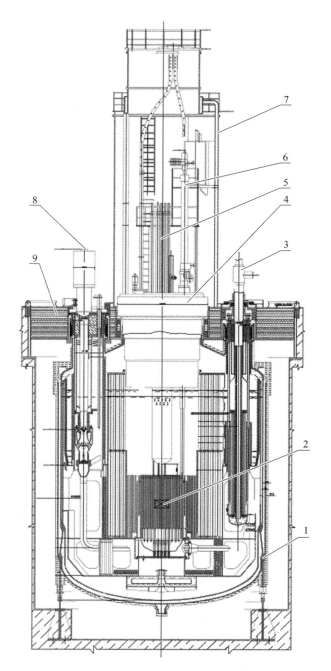

图 4.4　CEFR 堆本体结构示意图

1—堆容器；2—堆芯；3—中间热交换器；4—旋塞；5—控制棒驱动机构；
6—堆内换料机；7—堆顶防护罩；8——回路钠循环泵；9—堆顶固定屏蔽

覆盖有氩气，氩气腔与堆容器超压保护系统相连以防止堆容器内压力过高，对堆容器造成破坏。

快堆堆内构件主要包括堆芯支承结构、堆内屏蔽、堆内支承、泵支承、中间热交换器支承、一回路压力管、堆芯熔化收集器等。其中堆芯支承由栅板联箱和围桶组成，主要为堆芯内各类组件提供轴向和径向支承，除此之外，栅板联箱还具有流量分配的作用，能够保证堆芯各类组件分配得到既定的设计流量。堆内支承主要是支承堆芯、一回路设备、堆内屏蔽以及其他堆内构件。压力管是连接泵与栅板联箱的冷却剂输运管道。堆内屏蔽分为生物屏蔽和热屏蔽，主要分布在栅板联箱外侧、堆容器内侧等位置。堆芯熔化收集器则是一个圆盘形结构，其布置在栅板联箱下方，它是为了防止严重事故下熔化的燃料以及燃料包壳落入底部，熔穿堆容器。

中国实验快堆的堆本体内的主要传热过程如下：

位于主容器内的一回路钠冷却系统包括两条并联环路，每一条环路由一台一回路主循环泵、一根一回路压力管道、堆芯支承结构和堆芯、热钠池、两台中间热交换器、冷钠池（泵吸入腔）等构成一回路流道。一回路主循环泵采用立式单级离心泵。主容器内的钠被分隔为热钠区和冷钠区。一回路主循环泵从冷钠区吸入钠，经一回路压力管将钠送入栅板联箱，通过流量分配，分别用来冷却堆芯、主容器和堆内电离室。其中堆芯钠流量和冷却堆内电离室的钠流量进入热钠池，并在热钠池混合，混合后的热钠进入中间热交换器入口窗，沿中间热交换器一次侧（壳侧）自上而下流经换热管间隙，将热量传给在传热管内自下而上流动的二回路钠，然后流入冷钠区，这样，完成一回路钠冷却系统的循环。整个一回路产生的热量除了通过一回路钠将热量传递给中间热交换器之外，还会有一部分通过主容器向外散热到堆坑，堆坑是快堆反应堆一回路系统最外层热边界，堆容器整体置于钢筋混凝土浇筑的堆坑中，由于钠冷快堆堆内温度很高，为减少堆内热量的散失，堆容器及其内部构件外部均有保温层覆盖，虽然保温层能够尽可能地减少向堆坑的散热，但总的散热量仍然较大，快堆堆内设置有堆坑通风系统，堆坑通风系统利用空气的强迫流动传热将反应堆容器及堆内构件传递给堆坑的热量带走，以保证堆坑混凝土的温度不会超过限值。关于堆坑传热的研究，目前国内已有不少学者开展了相关工作，如刘尚波等人对中国实验快堆堆坑散热进行了简化计算，估算得到了堆坑散热量大小。乔雪冬等人对全厂断电事故工况下，中国实验快堆堆容器温度场进行了二维层流稳态数值模拟研究。王予烨等人则对示范快堆堆坑通风冷却进行了三维数值模拟研究，得到了示范快堆堆坑内空气流场以及温度场，评价了堆坑通风系统设计的合理性并对堆坑通风系统进出口排布方式给出了优化建议。

4.4.2　堆本体三维热工水力分析

经过上节的介绍，相信读者对快堆内堆本体的结构以及堆本体内的传热过程有了一定程度的了解，本小节将对堆本体内的传热分析进行简单介绍。

快堆堆本体内部构件繁多，常见的有堆芯、一回路泵、中间热交换器、独立热交换器、堆内支承等。堆本体内部构件形状复杂，冷却剂流道亦繁多且复杂，对堆本体内的传热进行准确分析是十分困难的。目前国内外研究者在堆本体内部传热分析上还在开展大量工作，以求更好地了解堆本体内部的传热特性。

快堆堆本体内的传热过程分析和以前所述的堆芯棒束元件的传热分析有所不同，原因是钠池结构和部件布置的复杂性以及传热过程的复杂性决定了不能使用简单的方法得到堆内传热的分析解，也很难用试验方法得到对于所有情况都适用的经验公式。与回路式的快堆相比，池式快堆的复杂性主要体现在以下三个方面：一是快堆重要的一回路堆内设备和部件均位于钠池中，其布置并不完全是轴对称或者中心对称的，因而传统的一维或二维系统分析程序不能给出较精确的分析研究结果；二是钠池内的钠在正常运行工况下处于高温状态，有着复杂的热工水力行为，其较大的温度梯度引起的热应力对流场中的固体结构的安全性有重要影响；三是池式快堆中的一些结构比较特殊，其特殊的结构引发的流动和传热问题也不是用一维或者二维模型能够分析和解决的。因此，快堆堆本体的热工分析需要采用三维的数值分析方法。

从国外的快堆发展过程看，快堆三维热工水力程序的开发和研究在整个快堆发展中也具有重要的作用。从 20 世纪 80 年代到 90 年代，陆续研制了一批计算程序，并对这些程序做了验证。目前应用比较广泛的有美国 Argone 国立实验室开发的 COMMIX 程序系列、日本 PNC 公司开发的 AQUA 程序以及法国的 TRIO – VF 程序等。

同时，近十几年以来，计算流体动力学 CFD（Computional Fluid Dynamics）和数值传热学 NHT（Numerical Heat Transfer）等数值分析方法得到迅猛发展，并在工程上得到大量应用。在此期间，反应堆的热工水力数值模拟技术也日益成熟和完善。同传统的大型热工水力试验相比，数值分析具有显著的成本节约优势、良好的计算可信度，以及全过程和全尺寸模拟的优点。因此，数值分析技术在反应堆的热工水力分析和安全分析中占有重要的地位。比较知名的商用的 CFD 程序如 CFX、STARCD、FLUENT、OPENFOAM 等也应用到反应堆的热工水力分析和试验研究中，为快堆的设计和分析研究提供了重要的计算手段。

目前已经研制的计算机程序根据功能而言，可用来分析反应堆的稳态过程、瞬态过程及事故过程等，并可大致分为两大类，即反应堆系统分析程序和反应堆部件分析程序。

反应堆系统分析程序主要针对的是反应堆一回路的各个部件，是对系统进行总体的分析，其对于堆本体内的设备及构件往往采用简化几何结构的模型来进行计算分析，例如使用 RELAP 程序进行反应堆系统分析。通过对各控制体建立质量守恒方程、能量守恒方程、动量守恒方程等，来求解相关热工参数，以求对反应堆系统进行总体分析。由于系统分析程序采用简化模型，对设备及部件无法进行详细描述，因此系统分析程序往往无法获得某个部件详细的结构参数，因此也就不适合对堆内部件进行详细计算分析。

反应堆部件分析程序主要包括堆芯的子通道热工分析程序、三维 CFD 程序等，子通道程序主要用于对堆芯各类组件进行热工计算分析，相比 RELAP 等程序，其能够对堆芯内组件进行更加详细的建模，而且能够快速计算得到正常工况及事故工况等稳态和瞬态下的堆芯内部组件的流场以及温度场，除了对组件进行计算之外，其还能对堆芯进行整体建模计算分析，得到堆芯内部的温度场，常用的子通道分析程序有 SUPERENERGY、COBRA 等程序。三维 CFD 程序能够对反应堆设备及堆内构件进行详细的几何建模，能够最大程序还原几何结构，因此使用三维 CFD 程序对堆本体设备及堆内构件进行分析，往往能够得到详细温度分布、流速分布、压力分布等热工参数，能够对部件进行详细的传热分析，但是 CFD 方法也有局限，其用于几何尺寸较大、外形结构复杂的设备或堆内构件时，其网格划分和计算求解需要消耗大量的计算资源，经济性较差。

4.4.3　堆本体稳态工况的传热过程

本小节以中国实验快堆（CEFR）为例，简要地对稳态工况下的传热过程进行介绍。

CEFR 是我国第一座快堆，其采用的是池式结构。堆本体结构如图 4.4 所示。

CEFR 的热量传输系统由一次钠系统、二次钠系统、蒸汽系统组成，一回路泵将冷钠打入栅板联箱，冷却剂经过流量分配后流入堆芯各类组件，带走堆芯释热，此时冷却剂温度明显上升，变为热钠，一回路热钠通过中间热交换器将热量传递到二次钠系统后，一回路钠温度明显下降，完成一回路传热过程。

CEFR 的堆容器是由不锈钢制成的，容器内通过设置隔板，将钠池分为上部热钠池和下部冷钠池两个部分。由于堆内许多的结构件是贯穿冷热钠池的，因此稳态情况下堆内构件在高度方向上会存在较大的温度梯度，研究其温度梯度对于构件的力学分析，以及反应堆的事故分析都具有重要意义。

图 4.5 所示为快堆堆内屏蔽稳态温度分布图，图 4.6 所示为快堆堆内支承稳态温度分布。

对于构件的详细温度梯度分布往往采用三维 CFD 数值模拟方法来进行。国内外目前有较多学者进行了堆容器堆内构件的稳态热工分析，有兴趣的读者可以查阅相关公开发表的文献。

图 4.5　快堆堆内屏蔽稳态温度分布图

图 4.6　快堆堆内支承稳态温度分布

4.4.4　堆本体瞬态工况下的传热过程

对于钠冷快堆瞬态工况，主要关注钠热分层现象。

在快堆紧急停堆工况下，反应堆堆芯功率快速下降，而由于一回路泵的惰转效应，堆芯的冷却剂流量下降速度较堆芯功率下降速度要慢，这会导致堆芯出口温度下降较快，从堆芯流出来的温度较低的钠进入上部的热钠池，会逐渐形成冷钠在热钠池下方聚集，而热钠池中原有的温度较高的钠在热钠池上部聚集的情形，这就是池式快堆中的热分层现象。很显然，冷钠在热钠池下方的聚集将会导致一回路自然循环的建立受阻，会导致自然循环流量减少，对于停堆工况下堆芯的冷却十分不利，随着时间的推移，冷钠和热钠的分层界面会向上移动，直至最终稳定在某一位置。热分层现象会导致分层界面附近存在较大的温度梯度，会对结构材料产生较大的局部热应力，这对结构材料是一种考验，反应堆设计人员在设计时必须考虑热分层现象带来的影响，保证反应堆的安全，图4.7、图4.8为瞬态下堆本体温度分布云图，可明显地看到存在热分层现象。

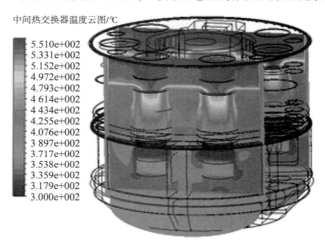

图 4.7　停堆 200 s 后快堆堆本体内温度场分布

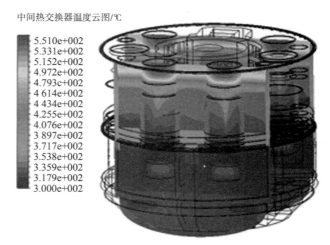

图 4.8　停堆 2 000 s 后快堆堆本体内温度场分布

|4.5　堆顶固定屏蔽流动传热分析|

本小节将以中国实验快堆 CEFR 为对象，对堆顶固定屏蔽传热进行介绍，为此首先简单介绍堆顶固定屏蔽的结构。

CEFR 堆顶固定屏蔽位于反应堆堆顶部，由汇流箱、屏蔽箱体、屏蔽块、环形支承裙板和密封组件组成，CEFR 堆顶固定屏蔽是一个大尺寸的箱式金属结构件，最大直径为 10 480 mm，总高度为 2 200 mm，其中回流箱高度为 150 mm，箱体厚度为 1 255 mm，下环形裙板高度为 795 mm，其示意图如图 4.9 所示。堆顶固定屏蔽的主要作用是屏蔽堆内中子、γ 辐射、热辐射等，并作为工作平台，为反应堆堆顶操作提供平台。

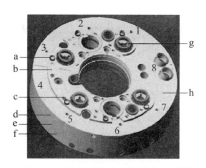

图 4.9　CEFR 堆顶固定屏蔽示意图

a—进风管；b—汇流箱；c—空气调节阀；d—第二层水平风道；e—第三层水平风道；

f—支承裙板；g—竖直风道；h—屏蔽箱体；1～8—第二层水平风道 8 个区块的编号

堆顶固定屏蔽由多层材料组成，主要由钢板搭建设备的主体结构，纵向有 8 层钢板、4 层混凝土、1 层矿渣棉和 3 层供冷却空气流动的水平风道，其中水平风道高度与径向尺寸相比非常狭窄。在屏蔽箱体的横截面上有沿径向成辐射状分布的 8 条筋板，将屏蔽箱体分成 8 个区，由 13 个空气调节阀为每个区域分配不等的流量。

为配合反应堆实际需要，在堆顶固定屏蔽上开有 27 个贯穿孔，一回路主循环泵、中间热交换器等设备经由这些孔道从堆容器中伸到堆顶固定屏蔽上部，主容器支承颈也穿过堆顶固定屏蔽。冷却系统为带走这些部件的热量专门设置了一系列竖直风道。另外，该设备上还存在 21 个盲孔。

堆顶固定屏蔽的热源主要来自各贯穿件以及屏蔽体的底板。每个贯穿件的

快堆热工水力学

结构都十分复杂，且内部都有一个很窄的氩气环隙。该环隙与钠池上腔室相通，因此氩气具有较高的温度，为堆顶固定屏蔽的主要热源之一（中国实验快堆堆顶固定屏蔽的温度场计算），堆顶固定屏蔽处于高温的工作环境，为保证该设备具有足够的结构强度，且能正常运行各种设计功能，需要对其温度进行控制即保证其能够得到有效的、足够的冷却。

通过上述对堆顶固定屏蔽的介绍，读者可以发现，堆顶固定屏蔽是个结构复杂、空间十分拥挤的大型设备。这也印证了前节所说的池式快堆堆内结构的复杂性。显然，堆顶固定屏蔽的传热分析只适合使用 CFD 方法，而无法采用简单的等效模型或者系统分析程序进行计算分析。

中国原子能科学研究院马晓等人，对堆顶固定屏蔽结构进行了 1:1 的几何建模，通过使用 CFD 方法，对几何模型进行非结构化网格划分，使用 CFX 对额定工况下 CEFR 堆顶固定屏蔽冷却系统进行数值模拟。通过忽略温度不均匀性对流场分布的影响以及堆顶固定屏蔽局部可能存在的自然对流，得到了额定工况下，堆顶固定屏蔽各层水平通道的流场，评估了冷却系统整体流动特性、调节阀位置、通风孔对流场的影响，并得到了堆顶固定屏蔽内冷却剂的流量分配情况，为今后类似的冷却系统设计提供了参考，对于快堆运行安全具有重要参考意义。

除此之外，清华大学雒晓卫等人通过对堆顶固定屏蔽热边界条件进行保守假设，采用有限元软件 NASTRAN 对堆顶固定屏蔽进行了简化传热计算，得到了堆顶固定屏壳体的三维温度分布，结果表明堆顶固定屏蔽壳体的顶板内，大部分区域温度在 41～43 ℃，在各贯穿件开孔附近及外支承圆筒附近温度略有上升，其中以主容器颈部风道附近温度最高，达到 49 ℃ 左右。

|4.6 主要设备传热分析|

4.6.1 蒸汽发生器传热分析

蒸汽发生器是热传输系统介质钠和动力转换系统介质水/蒸汽之间的实体屏障，是快堆中避免发生钠－水反应的实体边界，对反应堆的安全运行具有重要意义[10]。

在钠冷快堆中，蒸汽发生器主要将二回路蒸汽发生器中钠侧的热钠的热量传递到三回路蒸汽发生器水侧，钠侧只存在单相对流传热，而水侧主要存在单相对流传热、核态沸腾和膜态沸腾。蒸汽发生器水侧的管壁温度高于水的饱和温度时会发生单相到核态沸腾的转变。当二回路的钠将热量传递给蒸汽发生器，将蒸汽发生器水侧的水加热后，产生给定参数的过热蒸汽，供给汽轮发电机转换为电能。蒸汽发生器分为两个模块——蒸发器和过热器。由于制造材料的要求，蒸发器出口应为微过热蒸汽，即水的相变发生在蒸发器中，而过热器则用于钠与蒸汽之间的传热作用。

　　对于采用模块式蒸汽发生器布置方案的池式钠冷快堆，每环路设有若干台蒸汽发生器，每台蒸汽发生器包含一台蒸发器模块和一台过热器模块，结构示意图如图 4.10 所示。其中，液态钠在壳程流动，水/蒸汽在管程流动，两种工质逆流传热。两模块均为立式布置。蒸发器和过热器结构相似，均由壳体、传

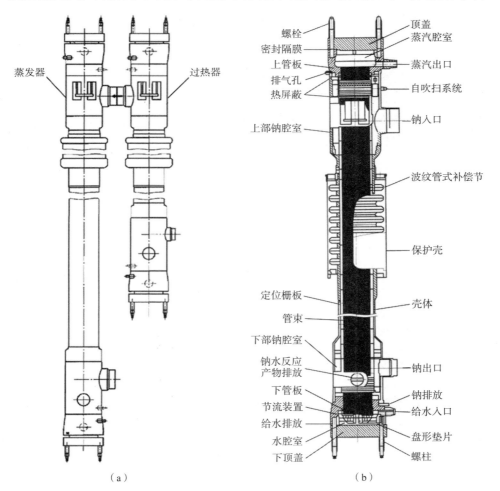

（a）　　　　　　　　　　　　（b）

图 4.10　模块式蒸汽发生器结构示意图

（a）蒸汽发生器外观图；（b）蒸发器剖面图

热管、膨胀节、上管板、下管板以及流量分配罩（钠腔室、水/蒸汽腔室等）等部件组成，主要区别在于尺寸大小及传热管数量不同。在正常运行工况下，给水经蒸发器加热成微过热蒸汽，微过热蒸汽进入过热器被继续加热至高温蒸汽。

蒸汽发生器的运行工况包括冷启动、热启动以及充氮保护等，在冷热启动中，涉及的主要工况包括水/蒸汽工况转换、过热器的投入与切除、给水升/降压和升/降功率等主要过程。

（一）蒸汽发生器中的传热过程

因为蒸汽发生器水侧涉及气液两相流，因此本小节先对两相流动进行简单介绍，以便读者对两相流动有个初步的了解，更好地理解蒸汽发生器内的传热计算过程。

两相流传热分析在压水堆中十分常用，是压水堆中传热分析的主要内容，然而在钠冷快堆中，正常工况下仅在二回路与三回路的连接设备——蒸汽发生器中存在两相流传热。两相流是指两相物质（至少有一相为流体）组成的流动系统，两相流中两相之间存在明显的分界面，根据两相中物质组成成分的不同，还可以将两相流分为单组分流动和双组分流动。

两相流相比单相流动来说更加复杂，因此，两相流很难得到理论分析解，描述两相流的通用微分方程组至今仍未建立。大量理论工作采用的是两类简化模型：①混合物流动模型。将两相介质看成是一种混合得非常均匀的混合物，假定处理单相流动的概念和方法仍然适用于两相流。混合物流动模型中比较经典的是均匀流模型和漂移流模型。②两流体流动模型。认为单相流的概念和方法可分别用于两相系统的各个相，同时考虑两相之间的相互作用，每个相有独立的方程控制。

在两相流的流动传热计算分析中，常用到一些与流动和两相相关的参量，两相流计算中用的主要参量如下。

1. 含气（汽）率

质量含气（汽）率 x 是指流过某一流动截面的两相总质量 m 中，气相质量 m_g 所占总质量的份额，即：

$$x = \frac{m_g}{m} \tag{4.51}$$

式中，质量流量的单位为 kg/s。

体积含气（汽）率 β 是指流过某一流动截面时，气相体积流量 Q_g 占两相流总体积流量 Q 的份额，即：

$$\beta = \frac{Q_g}{Q} \tag{4.52}$$

式中，体积流量的单位为 $\mathrm{m^3/s}$。

截面含气（汽）率是指通过某一截面时，气相面积 A_g 占通道总面积 A 的份额，即：

$$\alpha = \frac{A_g}{A} \tag{4.53}$$

2. 两相密度

流动密度是指流过某一截面的两相介质的总质量流量 m 与总体积流量 Q 之比，即：

$$\rho_0 = \frac{m}{Q} \tag{4.54}$$

质量流密度是指单位时间内流过单位通道截面积的两相介质的总质量，即：

$$G = \frac{m}{A} \tag{4.55}$$

质量流密度也称为质量流速。

3. 折算速度和两相混合物速度

折算速度是指两相流中某一相介质单独流过该通道截面 A 时的速度，因此折算速度包含气相折算速度和液相折算速度。

（1）气相折算速度表达式如下：

$$J_g = \frac{Q_g}{A} = \frac{m_g}{\rho_g A} = \frac{m_g}{\dfrac{\rho_g A_g}{\alpha}} = \alpha u_g \tag{4.56}$$

（2）液相折算速度表达式如下：

$$J_l = \frac{Q_l}{A} = \frac{m_l}{\rho_l A} = \frac{m_l}{\dfrac{\rho_l A_l}{1-\alpha}} = (1-\alpha) u_l \tag{4.57}$$

式中，u_g 和 u_l 是真实速度，由于 α 一般小于 1，因此折算速度一般要小于真实速度。

对于蒸汽发生器而言，描述其流体流动的质量、动量以及能量守恒方程分别为：

$$\frac{\partial \rho}{\partial t} + \frac{\partial G}{\partial z} = 0 \tag{4.58}$$

$$\frac{\partial G}{\partial t} + \frac{\partial}{\partial z}\left(\frac{G^2}{\rho}\right) = -\frac{\partial p}{\partial z} - \xi \frac{G^2}{2\rho} \frac{U_e}{A} - \rho g \tag{4.59}$$

$$\frac{\partial(\rho H)}{\partial t} + \frac{\partial(GH)}{\partial z} = -\frac{qU_h}{A} + \frac{\partial p}{\partial t} \tag{4.60}$$

式中　ρ——流体密度（kg/m³）；

　　　G——流体质量流速[kg/(m²·s)]；

　　　p——流体压力（Pa）；

　　　H——流体比焓（J/kg）；

　　　U_e——湿周（m）；

　　　U_h——加热周长（m）；

　　　q——热流密度（W/m²）；

　　　ξ——摩擦阻力系数；

　　　A——流通截面积（m²）；

　　　t——时间（s）；

　　　z——坐标（m）；

　　　g——重力加速度（m/s²）。

采用均匀流模型分析蒸汽发生器二次侧水/蒸汽两相的流动换热特性，其中两相混合物的密度为：

$$\rho = (1-\alpha)\rho_1 + \alpha\rho_g \tag{4.61}$$

式中　ρ_1，ρ_g——液相和汽相的密度（kg/m³）；

　　　α——空泡份额。

由于均匀流模型中的滑速比 $S=1$，故空泡份额与质量含汽率的关系为：

$$\alpha = \frac{x}{\dfrac{\rho_g}{\rho_1}(1-x) + x} \tag{4.62}$$

式中　x——质量含汽率。

热流密度 q 的计算式为：

$$q = k\Delta T \tag{4.63}$$

式中　k——传热系数[W/(m²·℃)]；

　　　ΔT——传热温差（℃）。

对于圆形传热管，其以外径为基准的传热系数 k 的表达式为：

$$k = \frac{1}{\dfrac{1}{h_o} + \dfrac{d_o}{d_i}\dfrac{1}{h_i} + \dfrac{d_o}{2\lambda}\ln\dfrac{d_o}{d_i} + R_f} \tag{4.64}$$

式中　h_o，h_i——管外、管内流体与管壁之间的对流换热系数[W/(m²·℃)]；

　　　d_o，d_i——传热管外直径、内直径（m）；

　　　λ——传热管壁的导热系数[W/(m²·℃)]；

　　　R_f——污垢热阻[(m²·℃)/W]。对于寿期初的 SG（蒸汽发生器），取 $R_f = 0$。

对于管内强制流动沸腾换热，典型的示意图如图 4.11 所示。给水在流动过程中依次经历单相液、泡状流、弹状流、环状流、滴状流以及单相汽等流型，对应的传热区域分别为单相液对流换热区、欠热沸腾区、泡核沸腾区、膜态沸腾区、缺液区以及单相汽对流换热区。

由于实际蒸汽发生器内传热过程过于复杂，因此在建模时对流型以及传热分区进行了简化，所采用的简化假设条件为：

（1）各传热管内的流体状态相同，采用一维单管模型；

（2）水/蒸汽两相处于热力学平衡态；

（3）瞬态计算中，流体压力及压力对时间的导数在每个控制体内均相同，将动量守恒方程从能量守恒方程中解耦；

（4）忽略欠热沸腾区的传热，并将缺液区并入膜态沸腾区；

（5）忽略传热管壁及流体的轴向导热；

（6）忽略蒸汽发生器向环境的散热。

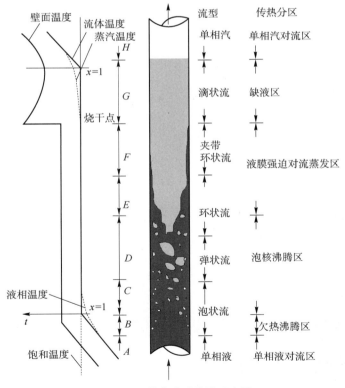

图 4.11　管内流动沸腾示意图

根据蒸汽发生器的流动换热特性以及简化假设条件，将传热管内水/蒸汽

快堆热工水力学

沿流动方向划分为四个传热区域，对应的分区依据如下：

（1）过冷区：$x = 0$ 或 $H \leqslant H_f$；

（2）核态沸腾区：$0 < x \leqslant x_{CHF}$ 或 $H_f < H \leqslant H_{CHF}$；

（3）膜态沸腾区：$x_{CHF} < x < 1.0$；

（4）过热区：$x = 1$ 或 $H \geqslant H_g$。

其中：

x——当地水/蒸汽含汽率；

x_{CHF}——传热恶化点水/蒸汽含汽率；

H——当地水/蒸汽比焓（J/kg）；

H_f，H_g——饱和水及饱和汽的比焓（J/kg）；

H_{CHF}——传热恶化点水/蒸汽比焓（J/kg）。

固定网格模型是指沿流体流动方向划分若干数量的控制体，在瞬态计算过程中保持网格大小及位置固定不变，根据控制体特征值的热力学状态判断该控制体所处的传热区域，利用微分方程的差分格式来描述两侧流体的热工水力学行为。

基本守恒方程的一阶向后迎风差分格式分别为：

$$\dot{\rho}_i \Delta z + \Delta G_i^{n+1} = 0 \tag{4.65}$$

$$\dot{G}_i \Delta z + \Delta \left[\frac{(G_i^{n+1})^2}{\rho_i^{n+1}} \right] = -\Delta p_i^{n+1} - \xi \frac{(G_i^{n+1})^2}{2\rho_i^{n+1}} \frac{U_e}{A} \Delta z - \rho_i^{n+1} g \Delta z \tag{4.66}$$

$$(\dot{\rho H})_i \Delta z + \Delta (GH)_i^{n+1} = \frac{q_i U_h}{A} \Delta z + \dot{p}_i \Delta z \tag{4.67}$$

式中　$\dot{f} = (f^{n+1} - f^n)/\Delta t$；

$\Delta f_i = f_i - f_{i-1}$；

f——可为 ρ、G、p、H；

i——下标，表示控制体编号。

根据差分格式可得到守恒方程的迭代形式，用于编程计算。

由于固定网格模型方程较简单，因此被大多数程序所采用。但由于在网格数目较少时出现数值不稳定性和计算结果的跳跃问题，因此诞生了滑移网格模型。

（二）蒸汽发生器中的热工流体特性参数

1. 对流换热关系式

（1）液态钠对流换热系数。

液态金属钠由于具有高的热导率，因此其普朗特数（Prandtl 数，Pr）比较小，通常在 0.01 ~ 0.001 范围内，故导热机理比动量机理更占支配地位。

传热管管间液态钠的流动属于强迫对流换热，其对流换热系数采用 Subbotin 拟合的换热关系式

$$Nu = 0.58 \left[\frac{2 \sqrt{3}}{\pi} \left(\frac{P}{d_o} \right)^2 - 1 \right]^{0.55} Pe^{0.45} \quad (4.68)$$

式中 Nu——努塞尔数，$Nu = \frac{hD_e}{\lambda}$；

D_e——当量直径（m）；

P——传热管节距（m）；

Pe——贝克莱数。

（2）水/蒸汽对流换热系数。

给水经 SG 入口腔进入换热管换热段，在流动过程中，依次经历过冷区、核态沸腾区、膜态沸腾区和过热区，由于水/蒸汽的状态不同，因此在每个传热区域的对流换热系数有很大区别，应分区分别予以计算。

①过冷区。

过冷区内的对流换热采用迪图斯 - 贝尔特（Dittus - Boelter）公式进行计算：

$$Nu = 0.023 Re^{0.8} Pr^n \quad (4.69)$$

式中 Re——雷诺数，$Nu = \frac{vD_e}{\nu}$；

v——流速（m/s）；

ν——运动黏度（m²/s）。

加热流体时，$n = 0.4$；冷却流体时，$n = 0.3$。迪图斯 - 贝尔特公式的试验验证范围为 $Re = 10^4 \sim 1.2 \times 10^5$，$Pr = 0.7 \sim 120$，$l/d \geqslant 60$。

②核态沸腾区。

核态沸腾区的对流换热系数采用詹斯 - 洛特斯（Jens - Lottes）公式进行计算：

$$\Delta T_{sat} = 25 \left(\frac{q}{10^6} \right)^{0.25} e^{-p/6.2} \quad (4.70)$$

式中 ΔT_{sat}——壁面温度 T_w 与流体温度 T_{sat} 的差值，$\Delta T_{sat} = T_w - T_{sat}$（℃）；

q——热流密度，$q = h\Delta T_{sat}$（W/m²）。

p——当地流体压力（MPa）。

詹斯 - 洛特斯公式的适用范围为，压力 $p = 0.7 \sim 17.2$ MPa，流体温度 $T = 115 \sim 340$ ℃，质量流速 $G = 11 \sim 1.05 \times 10^4$ kg/(m² · s)。

快堆热工水力学

③膜态沸腾区。

膜态沸腾区的对流换热系数采用 Miropolsky 公式进行计算：

$$Nu_g = 0.021 Re_g^{0.8} Pr_g^{0.43}$$

$$Y = \left[1.0 + 0.1\left(\frac{\rho_1}{\rho_g} - 1.0\right)^{0.4}(1.0 - x)^{0.4}\right]\left[x + \frac{\rho_g}{\rho_1}(1.0 - x)\right]^{0.8}$$

$$Nu = Nu_g Y \tag{4.71}$$

式中 Nu_g, Re_g, Pr_g——汽相努塞尔数、雷诺数、普朗特数；

Y——系数；

ρ_1, ρ_g——液相、汽相密度（kg/m³）。

④过热区。

过热区采用西德尔 – 塔特（Sider – Tate）公式[10]进行计算：

$$Nu = 0.023 Re^{0.8} Pr^{0.33}\left(\frac{\mu}{\mu_w}\right)^{0.14} \tag{4.72}$$

式中 μ, μ_w——以流体温度和以壁面温度为流体定性温度的动力黏度（Pa·s）。

西德尔 – 塔特公式的适用范围为充分发展的紊流，$Re > 10^4$。

2. 传热恶化点的确定

压水堆自然循环式 SG 的平均热负荷远低于临界热负荷，所以其蒸发段的放热为核态沸腾传热。而与此不同的是，在 OTSG 的蒸发换热段中两相流速的速度随着含汽量的增加而增高。当含汽量达到某一数值后，沿管壁的液膜将被撕裂或蒸干。由于管壁不能被液体很好地冷却，换热出现恶化，即出现了沸腾放热危机。这也是简化假设中将沸腾传热区划分为核态沸腾区和膜态沸腾区的原因。

关于传热恶化点的机理研究目前尚存在分歧，主要有以下两种理论。

（1）界限含汽量模型。

界限含汽量模型理论认为，当管内汽/液混合物为环状流时，液体以波浪膜的形式沿管子内壁流动，而蒸汽在管子的中心部位流动。液滴从浪尖上被蒸汽流撕下并带走。随着含汽量的提高，液膜变薄。在液膜达到一定厚度时，液膜表面较大的波浪和从浪尖上撕下水滴的现象消失。当出现干壁工况时，传热特性开始恶化，此时的含汽量称为界限含汽量。界限含汽量与热负荷无关，而与压力、质量流速以及管径等参数有关，常采用列维坦（Levitan）公式进行计算。

$$x_b^0 = \left[0.39 + 1.57\left(\frac{p}{9.8}\right) - 2.04\left(\frac{p}{9.8}\right)^2 + 0.68\left(\frac{p}{9.8}\right)^3\right]\left(\frac{G}{1\,000}\right)^{-0.5} \tag{4.73}$$

$$x_{CHF} = x_b^0 \times \left(\frac{8}{d_o}\right)^{0.15} \tag{4.74}$$

式中　x_b^0——直径为 8 mm 管的界限含汽量；

　　　p——饱和压力（MPa）；

　　　x_{CHF}——直径为 d_o 管的界限含汽量。

列维坦公式的适用范围为 $p = 0.98 \sim 16.66$ MPa；$G = 750 \sim 3\,000$ kg/($m^2 \cdot$ s)。在低流速下的工况中，由于界限含汽量均发生在高含汽率处并且相差不大，因此，对于低质量流速范围内的工况（$G < 750$ kg/($m^2 \cdot$ s)），可取 $x_{CHF} = 0.8$，该假设已在诸多程序中得到应用。

（2）偏离核态沸腾点模型。

偏离核态沸腾指的是由核态沸腾向膜态沸腾的转变，而不是指沿壁液膜消失之前的核态沸腾被抑制的情况。偏离核态沸腾点的位置除与压力、质量流速、入口欠热度、管道尺寸等参数有关外，还与热负荷有关。随着热负荷的提高，偏离核态沸腾会在较低的含汽量下发生。偏离核态沸腾前的最大热负荷即为临界热负荷（临界热流密度），该值可由经验公式或查取 CHF（Critical Heat Flux，CHF）表进行计算。

一般采用 IAEA 推荐的下述公式进行计算：

$$x_{DNB} = \begin{cases} 1.613 \times 10^6 \dfrac{\rho_f}{H_{fg}\rho_g}(G_{DNB} \times 10^{-6})^{-0.5} & (q_{DNB} \geqslant 6.31 \times 10^5 \text{ W/m}^2) \\[3mm] 1.613 \times 10^6 \dfrac{\rho_f}{H_{fg}\rho_g}\left(\dfrac{6.31 \times 10^5}{q_{DNB}}\right)^{1.5}(G_{DNB} \times 10^{-6})^{-0.5} & (q_{DNB} < 6.31 \times 10^5 \text{ W/m}^2) \end{cases}$$

$$\tag{4.75}$$

式中　H_{fg}——汽化潜热（J/kg）。

此外，D. C. Groeneveld 等人对管内流动沸腾传热下的临界热流密度做了较多的试验，并汇总得到了 CHF 表，可根据压力、质量流速和含汽量等进行查取。

由于采用偏离核态沸腾点模型时存在大量压力、质量流速和含汽量的迭代计算，为了优化程序计算效率，课题采用界限含汽量模型对核态沸腾区和膜态沸腾区进行区分。

4.6.2　IHX 传热分析

IHX 为立式、管壳式换热器，一回路主循环钠（热流体）从上往下流经壳程，二回路冷却剂钠（冷流体）经中心下降管至底部进而从下往上流经管程，两侧介质形成逆向流动，且均为单相液态钠的流动换热，故其数学物理模型采用固定网格模型。

为实现 IHX 的流动换热计算，采用如下假设：

（1）各传热管内的流体状态相同，采用一维单管模型；

（2）忽略传热管壁及流体的轴向导热；

（3）假设钠为不可压缩流体。

IHX 的瞬态计算模型如下：

一次侧流体能量方程：

$$\rho_p C_{pp} \frac{\partial T_p}{\partial t} + G_p C_{pp} \frac{\partial T_p}{\partial x} = -\frac{U_p}{A_p} k_p (T_m^{n+1} - T_p^{n+1}) \tag{4.76}$$

二次侧流体能量方程：

$$\rho_s C_{ps} \frac{\partial T_s}{\partial t} + G_s C_{ps} \frac{\partial T_s}{\partial x} = -\frac{U_s}{A_s} k_{s,i} (T_m - T_s) \tag{4.77}$$

管壁传热方程：

$$\rho_m C_m \frac{\partial T_{m,i}^{n+1}}{\partial t} = -\frac{U_p}{A_m} k_p (T_m - T_p) - \frac{U_s}{A_m} k_{s,k} (T_m - T_s) \tag{4.78}$$

式中　下标p——壳程（一次侧）流体；

　　　下标s——管程（二次侧）流体；

　　　下标m——管壁。

一次侧流体在 i 点的离散方程：

$$\rho_{p,i} C_{pp,i} \frac{(T_{p,i}^{n+1} - T_{p,i}^n)}{\Delta t} + |G_{p,i}| C_{pp,i} \frac{T_{p,i}^{n+1} - T_{p,j}^{n+1}}{\Delta x} = -\frac{U_p}{A_p} k_{p,i} (T_{m,k}^{n+1} - T_{p,i}^{n+1})$$

$$\tag{4.79}$$

式中，i、j 和 k 之间的关系：当一次侧流体流动方向为正向时，$j = i+1, k = i$；流动方向为反向时，$j = i-1, k = i-1$。

二次侧流体在 i 点的离散方程：

$$\rho_{s,i} C_{ps,i} \frac{(T_{s,i}^{n+1} - T_{s,i}^n)}{\Delta t} + |G_{s,i}| C_{ps,i} \frac{T_{s,i}^{n+1} - T_{s,j}^{n+1}}{\Delta x} = -\frac{U_s}{A_s} k_{s,i} (T_{m,k}^{n+1} - T_{s,i}^{n+1})$$

$$\tag{4.80}$$

式中，i、j 和 k 之间的关系：当二次侧流体流动方向为正向时，$j = i-1, k = i-1$；流动方向为反向时，$j = i+1, k = i$。

传热管壁在 i 点的离散方程：

$$\rho_{m,i} C_{m,i} \frac{(T_{m,i}^{n+1} - T_{m,i}^n)}{\Delta t} = -\frac{U_p}{A_m} k_{p,j} (T_{m,i}^{n+1} - T_{p,j}^{n+1}) - \frac{U_s}{A_m} k_{s,k} (T_{m,i}^{n+1} - T_{s,k}^{n+1}) \tag{4.81}$$

式中，j 和 k 的取值见表4.1，节点划分示意图如图4.12所示。

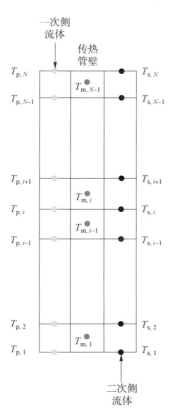

图 4.12　中间热交换器节点划分示意图

表 4.1　传热管壁离散方程中 j 和 k 的取值

工况	一次侧流动方向	二次侧流动方向	j	k
1	正	正	i	$i+1$
2	正	负	i	i
3	负	正	$i+1$	$i+1$
4	负	负	$i+1$	i

两侧传热系数计算示意图如图 4.13 所示。

一次侧传热系数：

$$k_{p,i} = \cfrac{1}{\cfrac{1}{h_{p,j}} + \cfrac{D_o}{2\lambda_{m,i}}\ln\cfrac{D_o}{D_m}} \tag{4.82}$$

式中，当流动方向为正向时，$j = i$；流动方向为反向时，$j = i + 1$；D_o 为换热管外直径。

二次侧传热系数：

$$k_{s,i} = \cfrac{1}{\cfrac{D_m}{D_i h_{s,j}} + \cfrac{D_m}{2\lambda_{m,i}}\ln\cfrac{D_m}{D_i}} \tag{4.83}$$

式中，当流动方向为正向时，$j=i+1$；流动方向为反向时，$j=i$；D_m 为换热管中壁直径。

图 4.13　中间热交换器传热系数计算示意图

参考文献

［1］徐銤，许义军. 快堆热工流体力学［M］. 北京：中国原子能出版传媒有限公司，2011.

［2］乔雪冬，杨红义，冯预恒. 中国实验快堆堆容器冷却系统全厂断电工况温度场分析［J］. 核动力工程，2006，27（1）：1-4.

［3］刘尚波，杨红义，李晶，等. 中国实验快堆堆本体和一回路系统热平衡分析［J］. 核科学与工程，2013，33（3）：225-230.

［4］王予烨，冯预恒，周志伟. 示范快堆堆坑通风冷却三维数值模拟［J］. 中国原子能科学技术，2020，54（3）：436-442.

［5］马晓，张东辉. CEFR 堆顶固定屏蔽冷却系统流动特性数值研究［J］. 中国原子能科学技术，2015，49（7）：1220-1226.

［6］雒晓卫，张征明，于溯源，等. 中国实验快堆堆顶固定屏蔽的温度场计算［J］. 核动力工程，2002：154-156.

［7］杨世铭，陶文铨. 传热学［M］. 北京：清华大学出版社，2004.

［8］阎昌琪. 核反应堆工程［M］. 哈尔滨：哈尔滨工程大学出版社，2014.

［9］中国原子能科学研究院中国实验快堆工程部. 中国实验快堆最终安全分析报告［R］. 北京：中国原子能科学研究院，2003.

［10］叶尚尚. 钠冷快堆启停堆过程中蒸汽发生器的动态特性分析研究［D］. 北京：中国原子能科学研究院，2017.

第 5 章

堆芯稳态热工水力分析

|5.1 概述|

反应堆堆芯热工水力设计分析包括稳态设计分析和瞬态设计分析两部分。其中稳态热工水力设计分析针对额定功率下的反应堆堆芯进行合理的设计及计算分析，获得处于额定功率下的反应堆的热工水力参数，保证在正常运行工况下堆芯热量能够被有效导出，使燃料不熔化，燃料棒不烧毁；瞬态热工水力设计分析则针对各类瞬态工况下的反应堆堆芯进行计算分析，获得各类瞬态工况下的反应堆的热工水力参数，保证在预计运行事件、设计基准事故工况及严重事故工况下能为堆芯提供足够的冷却，保证反应堆放射性物质的释放量被限制在允许的范围内，不影响公众的安全。

堆芯稳态热工水力设计分析在整个反应堆设计中有着举足轻重的地位，是反应堆设计阶段的重要工作之一。反应堆中最核心的部件是堆芯，堆芯的安全是至关重要的。为了保证堆芯安全，需要为堆芯提供足够的冷却剂流量，需要对反应堆堆芯进行合理的热工水力设计与分析，确保整个堆芯内每盒组件、每根燃料棒均能被有效冷却。如果堆芯稳态热工水力设计分析不合理，导致堆芯局部冷却不足，则可能造成堆芯的裂变产物泄漏到一回路中，影响整个反应堆的安全。

在进行快堆堆芯稳态热工水力设计及分析时，亦不能无限制地增大堆芯的流量。首先，堆芯热工设计及分析不仅要遵循温度限值，还要遵循堆芯压紧系数和冷却剂流速等限值，如果冷却剂流量过大，必然会造成堆芯压紧系数和冷却剂流速超限；其次，堆芯出口温度直接影响着反应堆的热效率，一般来说，堆芯出口温度越高则反应堆的热效率越高，反之亦然，因此堆芯稳态热工水力设计分析需要在保证堆芯各处温度不超设计限值的前提下尽量减少堆芯流量、提高堆芯出口温度，以期获得最高的热效率；最后，整个反应堆有一个参数匹配的过程，在进行整个反应堆设计时，需要进行一系列的堆芯、一回路、二回路以及三回路之间热工的参数匹配，通过参数匹配寻找到最优解，使整个反应堆在热工方面有着较高的经济技术指标，因此堆芯稳态热工设计及分析也需要遵循反应堆的整体指标的要求。总之，快堆堆芯热工水力设计及分析需要考虑诸多因素的影响。

本章对快堆堆芯稳态热工水力设计及分析进行较详细介绍，力争让读者对快堆堆芯稳态热工水力设计及分析有一个较为全面的了解。本章将分 5 小节进行介绍，其中 5.1 小节为本章概述，5.2 小节对堆芯稳态热工水力分析进行总体性描述，5.3 小节介绍堆芯流量分配设计和分析，5.4 小节介绍堆芯热工分析方法，5.5 小节介绍不确定性分析设计。

5.2　堆芯稳态热工水力分析总述

5.2.1　快堆堆芯简介

快堆堆芯一般采用带有六角形外套管的组件形式，对每盒组件内的流量进行精确分配。组件均安插在栅板联箱上，组件的流量均来源于栅板联箱。根据流量分配方式的不同，快堆堆芯组件一般分为强迫循环冷却组件和自然分流冷却组件。第一类是强迫循环冷却组件，包括燃料组件、转换区组件、控制棒组件等，这些组件的发热量较大，所需冷却剂的流量较大，需要一回路钠泵提供足够的冷却剂流量对其进行有效的冷却。另一类是自然分流冷却组件，包括乏燃料组件、不锈钢组件和碳化硼组件，这些组件的发热量较小（其发热功率不到强迫循环冷却组件的 1%），所需冷却剂的流量也较小，不依靠一回路钠泵提供强迫循环流量，而是依靠其自身发热产生温差驱动流体进入组件内部对其进行冷却。需要特别说明的是，由于强迫循环冷却组件是通过一次钠泵进行强迫冷却的，可以通过在流道上设置节流件，从而实现流量的精确控制；而自然分流冷却组件的流道限制则决定了无法对其进行流量的精确控制。快堆组件示意图如图 5.1 所示。

以中国实验快堆为例，其堆芯支承结构采用大栅板联箱和小栅板组合方式，小栅板尾部插入大栅板联箱套管内，而各类组件插在小栅板上。一回路钠

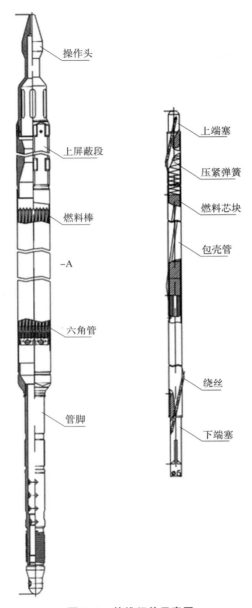

操作头

上端塞

压紧弹簧

上屏蔽段

燃料芯块

燃料棒

包壳管

－A

六角管

绕丝

管脚

下端塞

图 5.1　快堆组件示意图

泵把钠打入大栅板联箱，然后经过大栅板联箱套管侧面开孔进入强迫取钠小栅板联箱的流量分配腔室，大部分钠经过强迫循环冷却组件管脚上节流孔流进强迫循环冷却组件内部，剩余的小部分钠则通过强迫循环冷却组件管脚与强迫取钠小栅板联箱配合处的密封结构流出，这部分流量称为"漏流"。漏流分为上漏流和下漏流，其去路有两条：其中一部分进入自然分流冷却组件，对自然分流冷却组件进行冷却；另一部分则进入组件盒间区域，对组件盒外壁进行冷却，流经盒间通道的冷却剂流量被称为"盒间流"。快堆小栅板联箱示意图如图5.2所示。

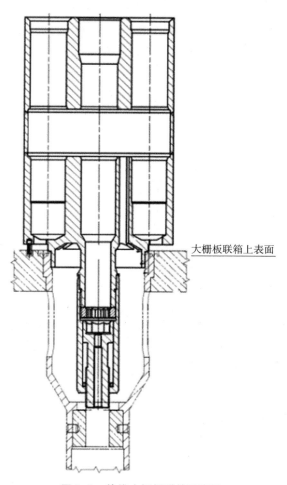

大栅板联箱上表面

图5.2　快堆小栅板联箱示意图

快堆的小栅板联箱根据其功能有不同的分类。对于中国实验快堆，其小栅板联箱均可分为三类，分别称为Ⅰ、Ⅱ、Ⅲ型小栅板联箱。

Ⅰ型小栅板联箱为强迫取钠小栅板联箱，其上可以安插7盒组件。Ⅰ型小栅板联箱的管脚插入大栅板联箱，大栅板联箱内冷却剂钠可以通过Ⅰ型小栅板联箱管脚尾部开孔进入Ⅰ型小栅板联箱，然后进入Ⅰ型小栅板联箱的混流腔。混合腔内的冷却剂大部分通过强迫循环冷却组件管脚侧壁开孔进入强迫循环冷却组件，小部分通过小栅板联箱和组件管脚的上、下密封配合处流出，这两部分流量即为上漏流和下漏流。由于堆芯总流量中大部分流量为强迫循环冷却组件所需流量，漏流的占比很小，因此为了限制漏流的流量，在 I 型小栅板联箱和各类组件管脚上部和下部配合处进行了密封处理，增大这两条流道的阻力。管脚密封形式一般分为螺旋弹簧密封和松枝密封。螺旋弹簧密封的密封效果很强，其漏流量很小；松枝密封的密封效果相对较弱，其漏流量相对较大。为了保证自然分流组件被有效冷却，需要保证漏流总量是足够的，因此组件管脚和小栅板联箱之间的密封效果亦不能太强，为此专门设置了密封能力较弱的松枝密封，以适当增大堆芯的总漏流量，满足自然分流冷却组件的冷却需求。松枝密封的效果通过调整其松枝的直径来调整，其尺寸最终通过漏流单体试验来确定。

Ⅱ型小栅板联箱为安插 7 盒组件的非强迫取钠小栅板联箱，Ⅲ型小栅板联箱为安插 1 盒组件的非强迫取钠小栅板联箱。Ⅱ型小栅板联箱和Ⅲ型小栅板联箱的功能基本一致，只是其上安插的组件数目不同。由于Ⅱ型小栅板联箱和Ⅲ型小栅板联箱不从大栅板联箱取钠，因此其上只能安插自然分流冷却组件。Ⅱ型小栅板联箱和Ⅲ型小栅板联箱的侧壁有开孔，这两类小栅板联箱周围的钠通过这些开孔流入其混合腔，进而冷却安插在其上的乏燃料组件。同时，Ⅱ型小栅板联箱和Ⅲ型小栅板联箱的底部也设有开孔。所有小栅板联箱的下表面和大栅板联箱上表面均有一定的间隙，冷却剂可以通过该间隙，经Ⅱ型或Ⅲ型小栅板联箱的底部开孔，从不锈钢组件和碳化硼组件管脚下部的开孔进入这两类组件，进而对这两类组件进行冷却。

还有一些快堆的堆芯支承不采用大栅板联箱加小栅板联箱的方式，而是只采用大栅板联箱进行支承。这类快堆的堆芯采用"栅板联箱"和"假栅板联箱"的方式进行流量分配。其中栅板联箱为高压联箱，主泵通过压力管道将高压流体打入栅板联箱；假栅板联箱则为低压联箱，不直接与压力管相连。强迫循环冷却组件均安插在栅板联箱之上，依靠栅板联箱内的高压流体进行冷却；自然分流冷却则安插在假栅板联箱上，依靠栅板联箱之上的强迫循环冷却组件与栅板联箱配合处的密封漏流（主要是上漏流）进行冷却。法国的 Phenix 反应堆采用这种堆芯支承形式。

5.2.2　堆芯热工水力设计的范围和任务

组件安插在栅板联箱上，冷却剂流经栅板联箱后经过节流装置进行流量分配之后进入组件内部。堆芯稳态热工水力设计及分析需要对上述整个过程进行设计、计算和分析。

对于快堆而言，堆芯热工水力设计及分析的范围包括承担堆芯流量分配的小栅板联箱，以及堆芯燃料组件、转换区组件、控制棒组件和外围屏蔽组件

（包括钢屏蔽组件和碳化硼屏蔽组件）。

快堆堆芯热工水力设计及分析的任务是给出堆芯总流量及堆芯各类燃料组件和非燃料组件的各流量区冷却剂的流量分配，计算每个流量区最热组件的冷却剂、包壳和芯块最高温度，计算堆芯内冷却剂流速与堆芯总压降，保证堆芯内各处的温度和冷却剂流速均不超过相应的设计限值，从而保证堆芯能够稳定、安全地运行。快堆堆芯热工水力设计及分析的任务具体包括：

（1）给出堆芯额定功率和额定流量时的堆芯压降和冷却剂流量，为一回路主循环泵扬程和流量选择提供依据；

（2）为堆芯各类组件设置合理的流量区，并为每个流量区分配合适的流量；

（3）给出各燃料组件和转换区组件钠的出口温度；

（4）给出各流量区最热燃料组件和转换区组件最热子通道钠的出口温度、燃料棒包壳中壁热点温度和最高燃料温度，为安全评价提供依据；

（5）给出堆芯各类组件节流装置的形式和尺寸，以保证它们得到合适的流量；

（6）给出堆芯各类组件的压紧力和冷却剂推力，并给出各类组件的压紧安全系数；

（7）给出各主要流道冷却剂流速。

反应堆堆芯热工设计需要与物理、结构和燃料元件专业进行协调，确定堆芯结构、燃料元件尺寸和栅格布置等参数。在结构确定之后，物理和热工专业针对确定的结构进行计算分析，如果达不到设计指标则需要对结构进行调整。若材料和工艺上的问题难以解决，还需要调整设计指标或者研发新材料，保证得到一个比较现实可行的方案。

对于强迫冷却组件，一般采用子通道的方法对其进行热工设计及分析。通过子通道方法，确定组件的流量，结合国际上的棒束区水力特性试验确定棒束区压降，进而确定组件整体压降。在组件额定流量及额定压降确定之后，通过调整组件管脚节流装置的结构（包括管脚开孔和管脚节流件）使组件的流量和压降相匹配。由于理论计算有一定的误差，需要通过堆外试验确定管脚节流装置的尺寸，最终使组件的流量满足设计要求。一般来说，试验的误差很小，因此，可以实现对强迫循环冷却组件流量的精确分配，从而确保强迫循环冷却组件的安全。

对于自然分流冷却组件，无法对组件流量进行精确分配，而是依靠组件自身的发热进行流量的匹配。在堆芯设计及分析时，通过一维方法，对每类组件的流量和温度进行估算。该方法以堆芯内最热乏燃料组件、不锈钢组件和碳化硼组件作为研究对象，采用一维的方法计算自然分流冷却组件各处流道的阻力系数，并采用单通道的方法计算组件内部流体的温升。通过使自然循环驱动力和流道的阻力相平衡，得出每类自然分流冷却组件的最热组件的自然循环流量以及相应流量下组件内部温度，以此判断组件是否处于安全的状态。由于冷却自然对流冷却组件的冷却剂来源于组件管脚和小栅板联箱的漏流，在堆芯设计时，一般控制漏流总量，使其远远大于所有自然分流冷却组件冷却所需的冷却剂流量，从而保证自然分流冷却组件能够被有效地冷却。

5.2.3　堆芯热工水力设计准则

堆芯热工水力设计准则主要是在设计反应堆堆芯时，为保证堆芯的安全可靠运行，针对不同的堆型，预先规定的在热工设计中必须遵守的要求。

对于钠冷快堆中国实验快堆（CEFR），堆芯稳态热工水力设计的准则如下。

1. 钠沸腾限值

在运行状态下，堆芯任何通道内不允许冷却剂出现沸腾。

钠沸腾会导致沸腾处换热恶化，包壳得不到有效冷却，严重时可能会造成包壳熔化。

2. 包壳中壁温度和燃料元件芯块温度限值

在正常运行状态下，燃料棒包壳中壁热点温度不得超过设计限值；在正常运行状态下，燃料最高温度不得超过相应燃耗下的燃料熔点。包壳中壁温度限值和包壳材料的高温持久性能有关。研究表明，在一定温度以上，CEFR 的包壳材料不满足长期运行的强度要求，包壳发生气密性破损，从而使放射性裂变产物释放到一回路。

对于燃料芯块，其中心最高温度主要和燃料棒的最大线功率和燃料芯块的热导率相关。因此，为限制燃料芯块最高温度，需要限制燃料棒的最大线功率。

3. 堆芯冷却剂流体力学稳定性设计限值

在任何状态下，堆芯组件必须处于水力压紧状态，即不允许堆芯组件出现上浮现象；堆芯最大流速不能超过设计限值，以避免发生流致振动或者加速钠对部件的侵蚀。

4. 其他

除了上述几个限值之外，快堆堆芯热工设计还需要考虑尽量降低相邻组件之间的温差，展平整个堆芯的径向温度分布。如果相邻组件温差过大，可能造成组件弯曲量过大，导致外套管所承受的应力超过应力限值，造成组件失效，影响堆芯安全。

堆芯热工设计时，对相邻组件平均出口温度之间的差值没有一个明确的限值。热工设计完成后，需要将相邻组件温差最大处的组件六角管温度分布提供给力学专业机构，由力学专业机构进行外套管的力学评定，从而判断是否满足要求。

对于其余钠冷快堆，其设计限值与 CEFR 基本相同。对于铅铋冷却快堆，考虑到材料的腐蚀问题，其包壳温度限值一般比钠冷快堆低。

5.2.4　堆芯热工水力设计流程

堆芯稳态热工水力设计流程如下：

（1）确定堆芯稳态热工水力设计的设计输入，包括堆芯热功率、堆芯进口温度、堆芯出口温度、各类组件结构尺寸、各类组件功率分布等。

（2）确定各类设计限值。

（3）根据堆芯总功率计算堆芯总流量。

（4）根据组件功率为堆芯各类组件设置合理的流量区，并分配流量。

（5）进行各流量区最热燃料组件和转换区组件最热组件的子通道计算，获得相应热工参数，并判断是否满足相应设计限值，如不满足则重复（4）~（5）的工作。

（6）确定堆芯总压降。

（7）计算流量最大的燃料组件、转换区组件和控制棒组件的水力压紧系数，并判断是否满足相应设计限值，如不满足则修改组件结构设计。

（8）出版设计报告，并为下游专业提资。

堆芯稳态热工水力设计流程图如图 5.3 所示。

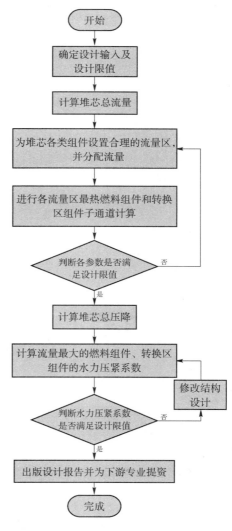

图 5.3　堆芯稳态热工水力设计流程图

5.2.5　热工设计与相关专业的关系

堆芯热工设计和物理专业、屏蔽专业、燃料元件专业、一回路设计专业等多个专业紧密相关，各专业机构人员之间相互协同才能确保反应堆各项指标满足设计要求。反应堆设计是各个专业相互妥协的结果，在反应堆设计的过程中会进行一定的迭代及设计优化，以期寻找反应堆设计的最优解。堆芯热工设计与各相关专业之间的关系如图 5.4 所示。

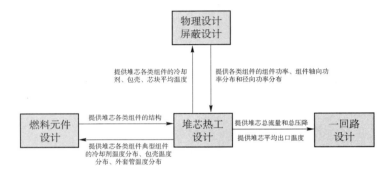

图 5.4　堆芯热工设计与相关专业的关系

1. 堆芯热工设计与物理设计、屏蔽设计的关系

堆芯热工设计与物理设计、屏蔽设计关系密切。热工设计需要物理设计和屏蔽设计提供整个寿期内的功率分布作为热工设计的输入，而物理设计和屏蔽设计则需要热工设计提供各类组件的燃料、包壳和冷却剂的平均温度以更新物理设计的结果。这个过程需要进行多轮迭代计算。

2. 堆芯热工设计与燃料元件设计的关系

堆芯热工设计需要燃料元件设计提供各类组件的结构参数作为热工设计的输入，而燃料元件设计需要堆芯热工设计提供典型组件的冷却剂温度分布、包壳温度分布和外套管温度分布以进行组件性能分析。在确定堆芯参数时，热工专业和燃料元件专业同样需要进行多轮迭代。

3. 堆芯热工设计与一回路设计的关系

核动力装置希望热效率尽可能高，因此希望反应堆的平均温度尽量高，但反应堆的平均温度要受到热工设计准则的限制而不能无限提高。因此，堆芯热工设计需要在满足设计限值的前提条件下，尽量提高堆芯平均温度，以提高整个核动力装置的热效率。

在堆芯热工设计完成后，需要给一回路泵设计提供堆芯总流量和总压降作为一回路的设计输入。

|5.3　堆芯流量分配设计和分析|

5.3.1　流量分配的目的

快堆堆芯流量分配的目的是，在尽可能提高反应堆经济性的条件下，保证堆芯每一盒组件均能被有效冷却，以保证堆芯的安全。快堆堆芯包含了强迫循环冷却组件及自然分流冷却组件，由于只能对强迫循环冷却组件进行流量的精确分配，因此流量分配设计针对的是强迫循环冷却组件。

与压水堆不同，快堆堆芯组件类型众多，由于各类组件的功能、组件材料、内部结构等的不同，以及在堆芯所处的位置不同，其发热率差别很大。为了保证各类组件的温度不超过允许的设计值，同时为了得到较高的堆芯冷却剂出口温度，从而获得高热效率，必须对堆芯各类组件的冷却剂流量进行合理分配。各类组件冷却所需的冷却剂流量根据每盒组件功率的不同来进行分配。如果组件流量偏大，则相邻组件冷却剂出口温度偏差大；如果流量偏小，则可能导致组件过热。因此，对每盒组件分配合适的冷却剂流量需综合考虑安全与经济要求。

快堆堆芯的流量分配目标不是使所有组件流量分配尽可能均匀（区别于压水堆），而是使各个组件实际分配的流量与其发热功率相匹配。快堆一般采用闭式通道（即有组件盒壁），以保证冷却剂高精度流量分配的实施。

在进行堆芯流量分配时，需要先确定流量区数目。如果流量区数目过少，则可能导致堆芯冷却剂的出口温度过低，从而导致反应堆热效率过低，影响整个反应堆的经济性。如果流量区数目过多，则导致堆外试验的工作量过大、反应堆装料过程操作复杂度过高，也影响了整个反应堆的经济性。因此，确定合理的流量区数目是流量分配工作的重要内容之一。一般而言，对于堆芯功率较小的快堆（如实验快堆），其堆芯流量区数目少于 10 个；对于堆芯功率较小的快堆（如示范堆或者商用堆），其堆芯流量区数目为少于 20 个。

强迫循环冷却组件具有能够精确控制流量的优点，自然分流冷却组件则无法精确控制流量。然而，在快堆的堆芯设计中，并不是将所有的组件都设置为强迫循环冷却组件，其原因主要有以下三点：

（1）全堆芯的组件数目众多，堆芯共有上千盒组件，如果将所有组件都设置为强迫循环冷却组件，会造成堆芯流道设计过于复杂。

（2）自然分流冷却组件的流量较小，如果将冷却方式设置为强迫循环，那么对其节流装置的要求很高（堆芯的总压降很大，而组件的流量很小，导致节流件的阻力系数很大），可能会造成节流件内流速过高，超过反应堆流体流速的限值，造成流致振动和腐蚀等问题，影响反应堆的安全运行。

（3）快堆一般采用液态金属为冷却剂，液态金属的热导率很高，自然循环能力较强，对于发热量较低的组件完全可以通过自然分流的形式对其进行有效冷却。

5.3.2　流量分配的原理

流量分配的原理是，在管脚设置节流件，以控制组件的阻力系数，使组件整体的阻力特性与设计要求相匹配。理论上讲，组件功率与冷却剂流量可以一一对应。但是，如果所有强迫循环冷却组件的流量均不相同，那么一方面会增加制造成本以及堆外水力试验的成本，另一方面会大大增加换料难度，因此这样是不现实的。

流量分配的原则是根据组件盒功率大小来分配流量，将功率接近的组件分配到同一个流量区，这样既能保证各组件之间冷却剂出口温度相近，又可以保证组件经受相近似的工作条件。在为每个流量区确定冷却剂流量时，需要保证每个流量区的最热组件被有效冷却，这样即可保证堆芯内所有组件均被有效冷却。

对于堆芯支承结构采用栅板联箱和小栅板组合方式的快堆，小栅板尾部插入栅板联箱套管内，而各类组件插在小栅板上。小栅板联箱分为强迫循环小栅板联箱和自然分流小栅板联箱。发热率高的燃料组件、转换区组件、控制棒组件插在强迫循环小栅板联箱上，这些组件称为强迫循环冷却组件；发热率低的钢屏蔽组件、碳化硼屏蔽组件和乏燃料组件则插在自然分流小栅板联箱上，这些组件称为自然分流冷却组件。一次泵把冷却剂打入栅板联箱，然后经过栅板联箱套管侧面开孔进入强迫循环小栅板流量分配腔室，大部分冷却剂经过组件管脚上节流孔流进强迫循环冷却组件内部，冷却棒束以后再从组件出口流进热池；另外有一小部分堆芯流量的钠经过组件管脚与小栅板配合处向上、下两个方向泄漏出去。其中向上的漏流经组件盒间隙进入热钠池；向下的漏流以自然分流的方式去冷却自然分流冷却组件。这一类快堆采用的是大栅板联箱—小栅板联箱—组件管脚的三级流量分配设计。

对于堆芯支承结构仅采用了栅板联箱的快堆，各类组件直接插在栅板联箱上。栅板联箱分为高压栅板联箱和低压栅板联箱，发热率高的燃料组件、转换区组件、控制棒组件插在高压栅板联箱上，并通过组件管脚节流装置控制每个流量区的流量；而发热率低的钢屏蔽组件、碳化硼屏蔽组件和乏燃料组件则插在低压栅板联箱上，低压栅板联箱并不能提供强迫流量，安插在低压栅板联箱上的组件依靠高压栅板联箱的漏流通过自然分流的方式进行冷却。这一类快堆采用的是栅板联箱—组件管脚的两级流量分配设计。无论是采用两级流量分配设计还是三级流量分配设计，其本质其实是相同的。

　　快堆组件的节流装置位于组件管脚处，与组件是一体的，这大大增加了快堆堆芯布置的灵活性。例如，在堆芯某个位置上需要将原先的组件替换为发热量不同的新组件，只需要结合物理设计、热工设计计算新组件的功率和流量，然后进行新组件管脚节流装置的设计即可。将节流件设置在组件上的缺点是不能进行组件流量的在线调节。一般而言，快堆堆芯燃料组件和控制棒组件的功率在整个寿期内变化不大，因此对于这两类组件也无须进行流量在线调节。然而，快堆堆芯的转换区组件在整个寿期内功率变化比较大，其卸料时期的功率可达刚进入堆芯时期的 2 倍。对于转换区组件，需要根据其最大发热功率进行流量分配，以保证整个寿期内温度不超限值。上述做法可能会降低堆芯冷却剂的经济性，但是由于转换区组件的总功率比较小，因此对反应堆整体经济性的影响其实并不大。

　　堆芯流量分配设计需要结合堆外试验才能保证流量分配的准确性。流量分配设计完成后，通过堆外单体水力特性试验，确定各流量区管脚节流件的尺寸，使每个流量区组件的额定压降和额定流量相匹配。

　　堆外水力试验要在堆芯压降确定之后才能进行。一般而言，堆芯热工设计应该保证堆芯压降尽可能小，以减少一次钠泵的设计扬程，从而降低一次钠泵的设计要求。堆芯压降主要分为组件棒束压降、管脚节流装置压降以及小栅板联箱压降三部分。在各个流量区的流量确定之后，组件棒束压降和小栅板联箱压降均已经确定了，因此可调的只有管脚节流装置压降。一般而言，先计算流量最大的组件的棒束压降和小栅板联箱压降，然后叠加一定的节流件压降，从而得出整个堆芯的压降。因此，节流件的本质是调和不同流量情况下的组件棒束压降和小栅板联箱压降，从而使整个堆芯的压降保持一致。

　　由于组件流量越小，组件棒束压降和小栅板联箱压降就越小，因此管脚节流装置所要承担的压降就越大。因此，流量越小，管脚节流装置压降的节流压力就越大。管脚节流装置分为管脚开孔以及节流片。对于流量较大的组件，管脚节流装置所要承担的压降较小，仅依靠管脚开孔就能实现预定的节流效果；对于流量较小的组件，管脚节流装置所要承担的压降较大，则可能需要依靠管脚开孔结合节流片来实现预定的节流效果。

|5.4 堆芯热工分析方法|

5.4.1 子通道温度设计分析

为计算组件内的温度分布，一般可以采用单通道方法、子通道方法和三维 CFD 的方法。

单通道分析模型是把所要计算的通道看作是孤立、封闭的，在整个堆芯高度上与其他通道之间没有质量、动量和能量交换，这种分析模型最适合分析闭式通道的情况。单通道模型引入了交混焓升工程热通道因子来考虑相邻通道冷却剂间的相互交混对热通道的焓场的影响，但该因子的确定常带有不必要的保守性。并且，只用一个交混热通道分因子并不能反映堆芯内真实的热工流体过程。

子通道分析模型是针对单通道分析模型而言的。为了符合堆芯内实际的流动过程和提高堆芯热工水力计算的准确性，从 20 世纪 60 年代初期，开始发展了更接近实际情况的子通道分析模型。在组件内，棒与棒之间，棒与组件盒壁之间的空间称为子通道。子通道方法认为，在同一个轴向位置上，同一个子通道内的冷却剂温度、流速和压力都是相同的。

对于快堆组件，一般有三种类型的子通道，即内子通道、边子通道和角子通道（也称为第一、二、三类子通道），如图 5.5 所示。图 5.5 是快堆组件子通道常用划分方式，在实际应用过程中，设计人员也可以根据实际需要自行划分子通道。同时，为了便于在计算机中进行数值分析，子通道方法需要沿高度方向将整个通道分为若干轴向节点。

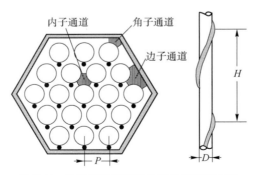

图 5.5　各类子通道和定位绕丝螺距的定义

子通道分析模型中，相邻子通道间可以发生横向的质量、能量和动量的交换，还能发生湍流交混。横向的质量交换是由于相邻子通道间压力梯度所引起的，横向的质量引起了横向的能量和动量的交换。湍流交混可以分为自然湍流交换和强迫湍流交混：自然湍流交混是相邻子通道间的自然涡流扩散造成的；强迫湍流交混是由定位绕丝或者格架等机械装置所引起的。湍流交混作用使子通道间的流体产生相互质量交换，一般无净的横向质量迁移，但有质量和热量的交换。对于子通道方法而言，子通道间的湍流交混系数是一个重要的输入参数，直接影响着组件内部的温度分布。湍流交混系数一般要通过试验获得。

最后一种计算组件内的温度分布的方法是三维 CFD 方法，但该方法建模工作量大且计算耗时长，一般不用于热工设计中。综合以上三种方法的特点，子通道分析方法能够在兼顾计算效率的前提下得到较高的计算精度，因此进行组件内温度计算采用子通道分析法是最理想的选择。

子通道方法的开发始于 20 世纪六七十年代，经过近半个世纪的发展，子通道计算方法已经趋于成熟。适用于钠冷快堆的子通道分析程序有 MATRA – LMR、ENERGY 系列、SUPERENGY、COBRA – Ⅳ和 MIF – 2 等。子通道方法通过求解各子通道的质量守恒方程、动量守恒方程和能量守恒方程，得出每个子通道的流量、温度、压力等参数沿轴向的分布，进而通过燃料棒模型得出组内包壳温度分布、芯块温度分布，此类称为精细化子通道方法。有些子通道程序仅求解能量守恒方程，而组件内流速分布则使用适当的模型得出，此类称为能量近似子通道方法。

一般来说，子通道程序仅适用于强迫冷却组件。子通道程序需要通过热工水力试验进行验证。热工水力试验所覆盖的热工参数范围（例如棒束区雷诺数等参数）即为子通道程序适用的范围。由于自然分流冷却组件的流量极低，棒束区雷诺数一般超出了子通道程序所适用的雷诺数的范围，因此无法使用子通道程序对自然分流冷却组件进行计算分析。

（一）精细化子通道方法

设组件中一共有 N 个子通道，其编号为 1，2，…，N；组件轴向一共划分成 L 段，其编号为 1，2，…，L。对于编号为 i 的子通道，其守恒方程的形式如下。

（1）质量守恒方程：

$$A_i \frac{\partial \rho_i}{\partial t} + \frac{\partial m_i}{\partial z} + \sum_j w_{ij} = 0 \qquad (5.1)$$

式中　A_i——子通道 i 的流通面积（m^2）；

m_i——子通道 i 的轴向质量流量（kg/s）；

ρ_i——子通道 i 的流体密度（kg/m）；

w_{ij}——子通道 i 和相邻子通道 j 之间的横流质量流量[kg/(m·s)]。

式（5.1）中等号左边第一项代表子通道 i 的流体质量随时间的变化；第二项代表流体质量流量在轴向流出和流入的质量差；最后一项代表通过子通道之间的间隙从相邻的子通道的侧向流入或流出的流体质量之和。

（2）能量守恒方程：

$$A_i \frac{\partial(\rho_i h_i)}{\partial t} + \frac{\partial(m_i h_i)}{\partial z} + \sum_j h^d w_{ij} = \sum_m C\Phi_m q_m + \frac{\partial}{\partial z}\left(A_i k \frac{\partial T_i}{\partial z}\right) +$$

$$\sum_j \frac{S_{ij} C_E k}{L_{Cij}}(T_j - T_i) + \sum_j W'_{ij}(h_j - h_i) \tag{5.2}$$

式中　h_i——子通道 i 的流体比焓（J/kg）；

C——棒的周长（m）；

Φ_m——和子通道 i 相邻的燃料棒 m 在该子通道的角度占比；

q_m——和子通道 i 相邻的燃料棒 m 的线功率（W·m）；

k——流体热导率[W/(m·K)]；

T_i——子通道 i 的流体温度（K）；

S_{ij}——子通道 i 和子通道 j 之间的间隙长度（m）；

L_{Cij}——子通道 i 和子通道 j 之间的质心距（m）；

C_E——横向导热经验系数；

T_j——子通道 j 的流体温度（K）；

W'_{ij}——子通道 i 和子通道 j 之间的横向湍流交混质量流量[kg/(m·s)]；

h_j——子通道 j 的流体比焓（J/kg）；

上标 d——横流供体（doner）的性质，例如 $h^d = h_i$（当横流由子通道 i 流入子通道 j）或者 $h^d = h_j$（当横流由子通道 j 流入子通道 i），下同。

式（5.2）中等号左边第一项代表子通道 i 的流体比焓随时间的变化；第二项代表轴向上流出的流体和流入的流体的焓差；最后一项代表子通道之间的间隙从相邻子通道的侧向流入或流出该子通道的流体的总焓。等号右边第一项代表燃料棒对子通道焓升的影响，第二项代表轴向导热的影响，第三项代表侧向导热的影响，第四项代表横向交混的影响。

（3）轴向动量守恒方程：

$$\frac{\partial m_i}{\partial t} + \frac{\partial(m_i u_i)}{\partial z} + \sum_j u^d w_{ij} = -A_i \frac{\partial p_i}{\partial z} - \frac{1}{2}\left(\frac{4f_i}{D_{hi}} + \frac{K_i}{\Delta z}\right)m_i u_i -$$

$$A_i \rho_i g\cos\theta + \sum_j C_T W'_{ij}(u_j - u_i) \tag{5.3}$$

式中 u_i——子通道 i 的流体轴向流速（m/s）；

p_i——子通道 i 的流体压力（Pa）；

f_i——摩擦系数，通过轴向压降模型计算；

C_T——动量修正常数，用以修正交混引起的子通道动量变化，一般需要通过试验获得；

K_i——轴向流动流形阻系数，通过横向压降模型计算；

D_{hi}——子通道水力直径（m）；

θ——棒束与竖直方向的夹角（°）。

式（5.3）中等号左边第一项代表子通道 i 的流体轴向动量随时间的变化；第二项代表轴向上流出的流体和流入的流体的轴向动量之差；最后一项代表通过子通道之间的间隙从相邻子通道的侧向流入或流出该子通道的流体的轴向动量之和。等号右边第一项代表该子通道上下表面轴向压差对轴向动量的影响，第二项代表摩擦阻力和局部阻力的影响，第三项代表重力的影响，第四项代表横向交混的影响。

（4）横向动量守恒方程。

横向动量守恒方程针对的是每一个子通道间隙，具体表达式如下：

$$\frac{\partial w_{ij}}{\partial t} + \frac{\partial u^d w_{ij}}{\partial z} = \frac{S_{ij}}{l_{ij}}(p_j - p_i) - \frac{1}{2}K_{ij}\frac{w_{ij}^2}{l_{ij}S_{ij}\rho^d} \tag{5.4}$$

式中 l_{ij}——子通道 i 和子通道 j 之间的间隙控制体等效长度（m）；

K_{ij}——局部阻力系数。

式（5.4）中等号左边第一项代表子通道 i 的流体的横向动量随时间的变化；第二项代表轴向上流出的流体和流入的流体的横向动量之差。等号右边第一项代表该子通道与相邻子通道之间的压差对横向动量的影响，第二项为局部阻力的影响。

对于池式钠冷快堆的各类组件，其棒束一般采用绕丝进行径向定位。因此子通道软件需要考虑绕丝带来的影响。绕丝对组件的主要影响包括：①占据流道，改变了绕丝所处的子通道的面积、水力直径等参数；②引入强迫横流，即一部分流体因为绕丝的影响从一个子通道进入其相邻子通道。

①占据流道。

由于绕丝是周期性地围绕着棒束进行螺旋式缠绕，因此绕丝对子通道的影响也是周期性的。绕丝进入某个子通道后，引起该子通道的面积、水力直径发生变化，从而导致子通道的阻力特性和传热特性发生变化。

对于每根绕丝，通过下式可计算绕丝在不同轴向节点时相对于其缠绕的棒束所处的方位角：

$$\theta_h = \theta_0 + 2\pi\frac{h}{H} \tag{5.5}$$

式中　h——轴向节点中点高度（m）；

　　　θ_0——绕丝在子通道起点相对于棒的方位角（rad）；

　　　θ_h——绕丝在 h 高度下相对于棒的方位角（rad）；

　　　H——绕丝螺距（m）。

得到了绕丝在不同高度时相对于其缠绕的棒束所处的方位角之后，便可通过子通道布置参数得出绕丝在不同高度下所占据的子通道的编号，并计算该子通道被绕丝占位后的面积和水力直径。

②引入强迫横流。

由于绕丝沿着燃料棒缠绕并形成一定的夹角，于是处于绕丝下侧的流体会沿着绕丝缠绕的方向从一个子通道横流流入另一个子通道，这部分流体即为强迫横流，或者称为强迫交混。如图 5.6 所示的绕丝模型中，强迫横流由 i 子通道进入 j 子通道，绕丝每前进一个螺距 P，那么绕丝在垂直于燃料棒的投影长度为 $\pi(D+t)$，于是绕丝和燃料棒之间的夹角为：

$$\theta = \arctan\left(\frac{\pi(D+t)}{P}\right) \tag{5.6}$$

式中　θ——绕丝与燃料棒的夹角（rad）；

　　　D——燃料棒直径（m）；

　　　t——绕丝直径（m）；

　　　P——绕丝螺距（m）。

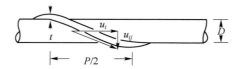

图 5.6　强迫横流计算模型示意图

横向流动的流速和轴向流速之间有如下关系[14]：

$$\frac{u_{ij}}{u_i} = \frac{\pi(D+t)}{P} \tag{5.7}$$

式中　u_{ij}——横流流速（m/s）；

　　　u_i——轴向平均流速（m/s）。

于是单位长度上绕丝引起的强迫横流的质量流量计算式如下[14]：

$$w_{ij} = F\rho_i S_{ij} u_{ij} = F\frac{\pi(D+t)}{P}\frac{S_{ij}}{A_i}m_i \tag{5.8}$$

式中　w_{ij}——单位长度上绕丝引起的强迫横流的质量流量［kg/（s·m）］；

　　　F——横流流速比例系数；

　　　ρ_i——子通道 i 的流体密度（kg/m）；

　　　S_{ij}——子通道 i 和 j 之间的间隙宽度（m）；

　　　A_i——子通道 i 的面积（m²）；

　　　m_i——子通道 i 的质量流量（kg/s）。

其中横流流速比例系数 F 需要通过试验得出，是子通道计算程序的输入。设置该参数的原因是，并不是整个长度的绕丝都会引起流体从 i 通道进入 j 通道，因此计算该横流流量时需要设置一个小于 1 的常数。

（二）能量近似子通道方法

能量近似子通道方法将子通道进行分区的方法如图 5.7 所示。在实际程序计算中，做了以下简化：忽略冷却剂的轴向导热，因为它比轴向流造成的放热相比可以忽略不计；假定流体不可压缩，忽略黏滞效应。

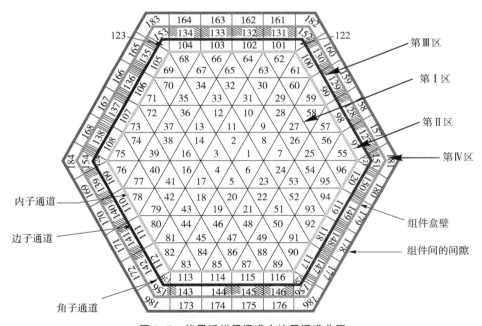

图 5.7　能量近似子通道方法子通道分区

稳态工况下，对于第 Ⅰ 区，微分方程为：

$$\rho \, C_p \, \vec{V}_1 \cdot \nabla T = （k + \rho \, C_p \, \varepsilon_1） \cdot \nabla^2 T + Q \qquad (5.9)$$

第 Ⅱ 区，微分方程为：

$$\rho C_p (\vec{V}_2 + \vec{V}_\vartheta) \cdot \nabla T = (k + \rho C_p \varepsilon_2) \cdot \nabla^2 T + Q \qquad (5.10)$$

第Ⅲ区，微分方程为：

$$\nabla^2 T = 0 \qquad (5.11)$$

第Ⅳ区，如果采用流动换热模型，则微分方程为：

$$\rho C_p \vec{V}_4 \cdot \nabla T = k \cdot \nabla^2 T \qquad (5.12)$$

第Ⅳ区，如果采用热阻平衡模型，则微分方程为：

$$\nabla^2 T = 0 \qquad (5.13)$$

ε_1——第Ⅰ区有效湍流扩散率；

ε_2——第Ⅱ区有效湍流扩散率；

Q——燃料棒发热率（W）；

$\vec{V}_1$——第Ⅰ区轴向流速（m/s）；

$\vec{V}_2$——第Ⅱ区轴向流速（m/s）；

$\vec{V}_4$——第Ⅳ区轴向流速（m/s）；

$\vec{V}_\vartheta$——沿盒内壁周向流速（m/s）。

连接各区之间的边界条件如下：

第Ⅰ、Ⅱ区之间：

$$T_1 = T_2, \nabla T \cdot \vec{n_1} = \nabla T \cdot \vec{n_2} \qquad (5.14)$$

第Ⅱ、Ⅲ区之间：

$$T_2 = T_3, h_2 \cdot \nabla T \cdot \vec{n_2} = K_3 \cdot \nabla T \cdot \vec{n_3} \qquad (5.15)$$

如果采用流动换热模型，第Ⅲ、Ⅳ区之间：

$$T_3 = T_4, K_3 \cdot \nabla T \cdot \vec{n_3} = h_4 \cdot \nabla T \cdot \vec{n_4} \qquad (5.16)$$

第Ⅳ区和相邻组件的边界条件：

$$T_4 = T'_{\text{WALL}}, h_4 \cdot \nabla T \cdot \vec{n_4} = K'_{\text{WALL}} \cdot \nabla T \cdot \overrightarrow{n'_{\text{WALL}}} \qquad (5.17)$$

如果采用热阻平衡模型，第Ⅲ、Ⅳ区之间：

$$T_3 = T_4, K_3 \cdot \nabla T \cdot \vec{n_3} = K_{\text{Na}} \cdot \nabla T \cdot \vec{n_4} \qquad (5.18)$$

第Ⅳ区和相邻组件的边界条件：

$$T_4 = T'_{\text{WALL}}, K_{\text{Na}} \cdot \nabla T \cdot \vec{n_4} = K'_{\text{WALL}} \cdot \nabla T \cdot \overrightarrow{n'_{\text{WALL}}} \qquad (5.19)$$

通过子通道计算得出冷却温度分布之后，便可以通过 4.3 节的燃料棒的传热分析得出包壳温度分布、燃料芯块温度分布。

5.4.2 子通道软件辅助模型

子通道软件的辅助模型包括轴向压降模型、换热模型和交混模型，这些模型是子通道程序的输入，模型选取的准确性直接影响计算结果的精度。本小节广泛列举国际上的轴向压降模型、换热模型和交混模型，供读者在实际工作中选择。

（一）轴向压降模型

1. Engel – Novendstern 关系式

层流工况下（$Re < 400$）：

$$f_{\text{Engel}} = \frac{320}{Re\sqrt{H}}(P/D)^{1.5} \qquad (5.20)$$

式中　P——棒中心距（m）；

$\quad\quad H$——绕丝螺距（cm）；

$\quad\quad D$——棒直径（m）。

紊流工况下（$Re > 5\,000$）：

$$f_{\text{Novendstern}} = Mf_{\text{pipe}} \qquad (5.21)$$

其中

$$f_{\text{pipe}} = 0.316/Re^{0.25} \qquad (5.22)$$

$$M = \left[\frac{1.034}{(P/D)^{0.124}} + \frac{29.7(P/D)^{6.94}Re^{0.086}}{(H/D)^{2.239}}\right]^{0.885} \qquad (5.23)$$

对于过渡区（$400 \leqslant Re \leqslant 5\,000$），有：

$$f = f_{\text{Engel}}\sqrt{1-\psi} + f_{\text{Novendstern}}\sqrt{\psi} \qquad (5.24)$$

其中间断因子

$$\psi = \frac{Re - Re_{\text{L}}}{Re_{\text{T}} - Re_{\text{L}}} = \frac{Re - 400}{4\,600} \qquad (5.25)$$

2. 简化的 Cheng – Todreas 关系式

Cheng 和 Todreas 在 1986 年提出了适用于绕丝棒束结构的摩擦阻力系数，其中分为简单模型和复杂模型两种。复杂模型能够对不同类型子通道的阻力系数加以区别，简单模型则等效整个组件。Chun 和 Seo 等人在 2010 年对两种关系式进行了对比，差异较小，仅 1%。

层流关系式（$Re_{\text{b}} < Re_{\text{L}}$）为：

$$f_{\text{Lam}} = C_{\text{fbL}}/Re_{\text{b}} \qquad (5.26)$$

紊流关系式（$Re_{\text{b}} > Re_{\text{T}}$）为：

$$f_{\text{Tur}} = C_{\text{fbT}}/Re_{\text{b}}^{0.18} \qquad (5.27)$$

过渡区关系式（$Re_{\text{L}} < Re_{\text{b}} < Re_{\text{T}}$）为：

$$f_{\text{Tran}} = f_{\text{Lam}}(1-\psi)^{1/3} + f_{\text{Tur}}\psi^{1/3} \qquad (5.28)$$

其中

$$Re_{\mathrm{L}} = 300\,(\,10^{1.7\,(\,P/D - 1.0\,)}\,) \qquad (5.29)$$

$$Re_{\mathrm{T}} = 10\,000\,(\,10^{0.7\,(\,P/D - 1.0\,)}\,) \qquad (5.30)$$

$$\psi = \lg(\,Re/Re_{\mathrm{L}}\,)/\lg(\,Re_{\mathrm{T}}/Re_{\mathrm{L}}\,) = \frac{\lg(\,Re_{\mathrm{b}}\,) - (\,1.7\,P/D + 0.78\,)}{2.52 - P/D} \qquad (5.31)$$

$$C_{\mathrm{fbL}} = [\,-974.6 + 1\,612.0\,(\,P/D\,) - 598.5\,(\,P/D\,)^2 \times (\,H/D\,)^{0.06 - 0.085\,(\,P/D\,)} \qquad (5.32)$$

$$C_{\mathrm{fbT}} = [\,0.806\,3 - 0.902\,2\lg(\,H/D\,) + 0.352\,6\,(\,\lg(\,H/D\,)\,)^2\,] \times \\ (\,P/D\,)\,9.7\,(\,H/D\,)^{1.78 - 2.0\,(\,P/D\,)} \qquad (5.33)$$

适用条件：$19 \leqslant Nr \leqslant 217$，$1.0 \leqslant P/D \leqslant 1.42$，$8 \leqslant H/D \leqslant 50$，$50 \leqslant Re_{\mathrm{b}} \leqslant 10^6$。其中，$Nr$ 为燃料棒数目。

3. 详细的 Cheng – Todreas 关系式

$$\begin{cases} f = C_{\mathrm{f}}/Re^m \\ m = 0.18\,(\text{紊流})\,, m = 1.00\,(\text{层流}) \end{cases} \qquad (5.34)$$

对棒束：

$$C_{\mathrm{fb}} = D_{\mathrm{eb}} \Big[\sum_{i=1}^{3} \frac{N_i A_i}{A_{\mathrm{b}}} \Big(\frac{D_{ei}}{D_{\mathrm{eb}}} \Big)^{m/(2-m)} \Big(\frac{D_{ei}}{C_{\mathrm{fi}}} \Big)^{1/(2-m)} \Big]^{m-2} \qquad (5.35)$$

即

$$C_{\mathrm{fbL}} = D_{\mathrm{eb}} \Big(\sum_{i=1}^{3} \frac{N_i A_i}{A_{\mathrm{b}}} \frac{D_{ei}}{D_{\mathrm{eb}}} \frac{D_{ei}}{C_{\mathrm{fiL}}} \Big)^{-1} \qquad (5.36)$$

$$C_{\mathrm{fbT}} = D_{\mathrm{eb}} \Big[\sum_{i=1}^{3} \frac{N_i A_i}{A_{\mathrm{b}}} \Big(\frac{D_{ei}}{D_{\mathrm{eb}}} \Big)^{0.098\,9} \Big(\frac{D_{ei}}{C_{\mathrm{fiT}}} \Big)^{0.549\,45} \Big]^{-1.82} \qquad (5.37)$$

对内部子通道：

$$f_1 = \frac{C_{\mathrm{f1}}}{Re_1^m} = \frac{1}{Re_1^m} \Big[C_{\mathrm{f1}}' \frac{P_{\mathrm{w1}}'}{P_{\mathrm{w1}}} + W_{\mathrm{d}} \frac{3\,A_{\mathrm{r1}}}{A_1'} \frac{D_{\mathrm{e1}}}{H} \Big(\frac{D_{\mathrm{e1}}}{D_{\mathrm{w}}} \Big)^m \Big] \qquad (5.38)$$

对边子通道：

$$f_2 = \frac{C_{\mathrm{f2}}}{Re_2^m} = \frac{1}{Re_2^m} \Big[C_{\mathrm{f2}}' \Big(1 + W_{\mathrm{s}} \frac{A_{\mathrm{r2}}}{A_2'} \tan^2 \theta \Big) \Big]^{(3-m)/2} \qquad (5.39)$$

对角子通道：

$$f_3 = \frac{C_{\mathrm{f3}}}{Re_3^m} = \frac{1}{Re_3^m} \Big[C_{\mathrm{f3}}' \Big(1 + W_{\mathrm{s}} \frac{A_{\mathrm{r3}}}{A_3'} \tan^2 \theta \Big) \Big]^{(3-m)/2} \qquad (5.40)$$

无绕丝棒束压降系数采用下式计算：

$$C_{\mathrm{fi}}' = a + b\,(\,P/D - 1\,) + c\,(\,P/D - 1\,)^2 \qquad (5.41)$$

式中，a、b、c 系数如表 5.1 和表 5.2 所示。对边、角子通道，应该用 W/D 代替 P/D，W 为边间距，等于棒径 D 加上边间隙宽度。

表 5.1　三角形排列无绕丝棒束压降系数表

流动类型	通道类型	$1.0 \leqslant P/D < 1.1$			$1.1 \leqslant P/D \leqslant 1.5$		
		a	b	c	a	b	c
层流	内部	26.00	888.2	−3 334.0	62.97	216.9	−190.2
	边	26.18	554.5	−1480.0	44.40	256.7	−267.6
	角	26.98	1 636.0	−10 050.0	87.26	38.59	−55.12
紊流	内部	0.093 78	1.398	−8.664	0.145 8	0.036 32	−0.033 33
	边	0.093 77	0.873 2	−3.341	0.143 0	0.041 99	−0.044 28
	角	0.100 4	1.625	−11.85	0.149 9	0.006 706	−0.009 567

表 5.2　正方形排列无绕丝棒束压降系数表

流动类型	通道类型	$1.0 \leqslant P/D < 1.1$			$1.1 \leqslant P/D \leqslant 1.5$		
		a	b	c	a	b	c
层流	内部	26.37	374.2	−493.9	35.55	263.7	−190.2
	边	26.18	554.5	−1 480.0	44.40	256.7	−267.6
	角	28.62	715.9	−2 807.0	58.83	160.1	−203.5
紊流	内部	0.094 23	0.580 6	−1.239	0.133 9	0.090 59	−0.099 26
	边	0.093 77	0.873 2	−3.341	0.143 0	0.041 99	−0.044 28
	角	0.097 55	1.127	−6.304	0.145 2	0.026 81	−0.034 11

层流和紊流绕丝阻力系数为：

$$W_{\mathrm{dL}} = 1.4 W_{\mathrm{dT}} = \left[41.3 - 196 \frac{D_{\mathrm{w}}}{D} + 561 \left(\frac{D_{\mathrm{w}}}{D} \right)^2 \right] \left(\frac{H}{D} \right)^{-0.85} \qquad (5.42)$$

$$W_{\mathrm{dT}} = \left[29.5 - 140 \frac{D_{\mathrm{w}}}{D} + 401 \left(\frac{D_{\mathrm{w}}}{D} \right)^2 \right] \left(\frac{H}{D} \right)^{-0.85} \qquad (5.43)$$

式中　D_{w}——绕丝直径（m）。

此处 H 的单位需要和 D 或者 D_{w} 一致。

层流和紊流绕丝横掠系数为：

$$W_{\mathrm{sL}} = 0.3 W_{\mathrm{sT}} = 6.0 \lg \left(\frac{H}{D} \right) - 2.1 \qquad (5.44)$$

$$W_{\mathrm{sT}} = 20.0 \lg \left(\frac{H}{D} \right) - 7.0 \qquad (5.45)$$

无绕丝棒束几何按如下公式计算：

$$A_1' = (\sqrt{3}/4) P^2 - \pi D^2/8$$

$$A_2' = P(W - D/2) - \pi D^2/8$$

$$A_3' = \left[(W - D/2)^2/\sqrt{3} \right] - \pi D^2/24$$

$$A_b' = N_1 A_1' + N_2 A_2' + N_3 A_3' \tag{5.46}$$

$$P_{w1}' = \pi D/2$$

$$P_{w2}' = P + \pi D/2$$

$$P_{w3}' = 2(W - D/2)/\sqrt{3} + \pi D/6$$

$$P_{wb}' = N_1 P_{w1}' + N_2 P_{w2}' + N_3 P_{w3}' \tag{5.47}$$

带绕丝棒束几何按如下公式计算：

$$A_1 = A_1' - \pi D_w^2/(8\cos\theta)$$

$$A_2 = A_2' - \pi D_w^2/(8\cos\theta)$$

$$A_3 = A_3' - \pi D_w^2/(24\cos\theta)$$

$$A_b = N_1 A_1 + N_2 A_2 + N_3 A_3 \tag{5.48}$$

$$P_{w1} = P_{w1}' + \pi D_w/(2\cos\theta)$$

$$P_{w2} = P_{w2}' + \pi D_w/(2\cos\theta)$$

$$P_{w3} = P_{w3}' + \pi D_w/(6\cos\theta)$$

$$P_{wb} = N_1 P_{w1} + N_2 P_{w2} + N_3 P_{w3} \tag{5.49}$$

$$\cos\theta = H/\sqrt{H^2 + \left[\pi(D + D_w)\right]^2} \tag{5.50}$$

绕丝投影面积和水力当量直径：

$$A_{r1} = \pi(D + D_w)D_w/6$$

$$A_{r2} = \pi(D + D_w)D_w/4$$

$$A_{r3} = \pi(D + D_w)D_w/6 \tag{5.51}$$

$$D_{ei} = 4A_i/P_{wi}$$

$$D_{ei'} = 4A_i'/P_{wi}'$$

$$i = 1,2,3,b \tag{5.52}$$

过渡区的计算方法同简化 Cheng – Todreas 关系式。

详细 Cheng – Todreas 关系式的适用条件：$19 \leqslant Nr \leqslant 217$，$1.0 \leqslant P/D \leqslant 1.42$，$8 \leqslant H/D \leqslant 50$，$50 \leqslant Re_b \leqslant 10^6$。

4. 修正的详细 Cheng – Todreas 关系式

为加强过渡区的拟合精度，对详细 Cheng – Todreas 关系式进行修正。

过渡区关系式（$Re_L < Re_b < Re_T$）：

$$f_{Tran} = f_{Lam}(1 - \psi)^{1/3}(1 - \psi^\lambda) + f_{Tur}\psi^{1/3} \tag{5.53}$$

一般取 $\lambda = 13$。

5. Chiu – Rohsenow – Todreas（CRT）关系式

CRT 关系式认为角子通道的数量较小，其影响和边子通道一样。

对于中心子通道：

$$f_{\mathrm{Tur}} = f_{\mathrm{s1}}\left[1 + C_1\frac{A_{\mathrm{r1}}}{A_1'}\frac{D_{\mathrm{e1}}}{H}\frac{P^2}{(\pi P)^2 + H^2}\right] \tag{5.54}$$

对于边子通道：

$$f_{\mathrm{Tur}} = f_{\mathrm{s2}}C_3\left\{1 + \left[C_2 n\left(\frac{v_{\mathrm{T}}}{v_2}\right)_{\mathrm{gap}}\right]^2\right\}^{1.375} \tag{5.55}$$

式中　f_{si}——基于无绕丝通道的表面摩擦系数；

　　　C_i——由试验确定的常数；

　　　n 和间隙速度比 $\left(\dfrac{v_{\mathrm{T}}}{v_2}\right)_{\mathrm{gap}}$ 分别通过公式计算给出。

6. Zhukov 关系式

层流关系式（$Re < 2\,000$）：

$$f_{\mathrm{Lam}} = \cfrac{64}{Re\left\{0.407 + 2.0\left(\dfrac{P}{D} - 1\right)^{0.5}\left[1 + \cfrac{17.0\left(\dfrac{P}{D} - 1\right)}{\dfrac{H}{D}}\right]\right\}} \tag{5.56}$$

紊流关系式（$Re > 6\,000$）：

$$f_{\mathrm{Tur}} = \frac{0.21}{Re^{0.25}}\left\{1 + \left(\frac{P}{D} - 1\right)^{0.32}\left[1 + M\left(\frac{P}{D} - 1\right)Re^{0.038}\right]\right\} \tag{5.57}$$

其中

$$M = 30.395\,6 - 4.591\,1\frac{H}{D} + 0.243\,08\left(\frac{H}{D}\right)^2 - 0.004\,295\,5\left(\frac{H}{D}\right)^3 \tag{5.58}$$

过渡区关系式（$2\,000 < Re < 6\,000$）：

$$f_{\mathrm{Tran}} = f_{\mathrm{Lam}}\psi + f_{\mathrm{Tur}}(1 - \psi) \tag{5.59}$$

其中

$$\psi = 0.5\left[1 - \mathrm{th}\left(0.8\left(\frac{Re}{1\,450} - 1\right)\right)\right] \tag{5.60}$$

$$\mathrm{th}(x) = \tanh(x) = \frac{\mathrm{e}^{2x} - 1}{\mathrm{e}^{2x} + 1} \tag{5.61}$$

7. Rehem 关系式

$$f = \left(\frac{64\, F^{0.5}}{Re} + \frac{0.081\,6\, F^{0.933\,5}}{Re^{0.133}} \right) Nr\pi\,(D + D_{\mathrm{w}})/St \tag{5.62}$$

其中在棒束完全竖直（$\cos\theta = 1$）的情况下：

$$St = P_{\mathrm{wb}} \tag{5.63}$$

$$F = (P/D)^{0.5} + [7.6(P/D)^2(D + D_{\mathrm{w}})/H]^{2.16} \tag{5.64}$$

Rehem 关系式不适用于层流工况。

8. 修正的 Bubelis – Schikorr 关系式

层流工况下（$Re < 400$）：

层流加上壁温修正：

$$f_{\mathrm{Lam}} = \frac{T_{\mathrm{W}}}{T_{\mathrm{Bulk}}} \frac{300}{Re\,\sqrt{H}}(P/D)^{1.5} \tag{5.65}$$

其中 H 的单位为 cm，温度的单位为 K。

紊流工况下（$Re > 5\,000$）：

$$f_{\mathrm{Tur}} = M f_{\mathrm{pipe}} \tag{5.66}$$

其中若考虑绕丝的影响，则：

$$f_{\mathrm{pipe}} = 0.316/Re^{0.25} \tag{5.67}$$

$$M = \left\{ \frac{1.034}{(P/D)^{0.124}} + \frac{29.6(P/D)^{6.94} Re^{0.086}}{[H/(D + D_{\mathrm{w}})]^{2.239}} \right\}^{0.885} \tag{5.68}$$

对于过渡区（$400 \leqslant Re \leqslant 5\,000$）：

$$f_{\mathrm{Tran}} = f_{\mathrm{L}}\sqrt{1 - \psi} + f_{\mathrm{Tur}}\sqrt{\psi} \tag{5.69}$$

其中间断因子修订为：

$$\psi = \frac{Re - Re_{\mathrm{L}}}{Re_{\mathrm{T}}} = \frac{Re - 400}{5\,000} \tag{5.70}$$

9. Sobolev 关系式

$$f = \left[1 + 600\left(\frac{D}{H}\right)^2\left(\frac{P}{D} - 1\right) \right]\left\{ \frac{0.21}{Re^{0.25}}\left[1 + \left(\frac{P}{D} - 1\right)^{0.32} \right] \right\} \tag{5.71}$$

10. 丁振鑫拟合的关系式

中国原子能科学研究院丁振鑫借用意大利 PEC 快堆燃料组件的经验关系式

计算我国自行设计的快堆燃料组件水力特性，其计算绕丝组件摩阻系数关系式如下：

$$f = 0.475Re^{-0.268} \tag{5.72}$$

11. 刘一哲拟合的关系式

经典的 Novendstern 关系式对中国实验快堆 CEFR 和快中子注量率试验装置 FFTF 的计算值与试验数据的相对偏差分别为 17% 和 14%。中国原子能科学研究院刘一哲等在 CRT 模型和 Engel 等的工作的基础上，得到了更为合理的关系式。

层流区（$Re < 400$）：

$$f_{\text{Lam}} = \frac{\varphi}{Re\sqrt{H}}(P/D)^{1.5} \tag{5.73}$$

过渡区：

$$f_{\text{Tran}} = \frac{\varphi}{Re\sqrt{H}}(P/D)^{1.5}(1-\psi)^{0.5} + \frac{0.3M_1}{Re^{0.25}}\psi^{0.5} \tag{5.74}$$

紊流区的中心子通道：

$$f_{\text{Tur}} = f_{\text{s1}}\left[1 + C_1\frac{A_{\text{r1}}}{A_1'}\frac{D_{\text{e1}}}{H}\frac{P^2}{(\pi P)^2 + H^2}\right] \tag{5.75}$$

紊流区的边子通道：

$$f_{\text{Tur}} = f_{\text{s2}}\left\{1 + \left[C_2 n\left(\frac{v_{\text{T}}}{v_2}\right)_{\text{gap}}\right]^2\right\}^{1.375} \tag{5.76}$$

式中　A_{r1}——在子通道里 1 个螺距范围内单根绕丝的投影面积（m^2），计算方法见详细的 CT 模型；

A_1'——在子通道内未绕丝时的流通面积（m^2），计算方法见详细的 CT 模型；

C_i——由试验确定的常数，无量纲；

φ——与水力当量粗糙度 ε 有关的参数，无量纲；

n 和（v_T/v_2）分别通过公式计算给出；

φ 通过下式求得：

$$\varphi = 24.925 + 350\,000\varepsilon \tag{5.77}$$

上述公式的适用范围为：1 盒燃料组件内有 19～271 根燃料元件，元件直径为 5～12 mm，P/D 为 1.06～1.42，H/D 为 8～90，全雷诺数工况。

小结

Cheng 将国际上的各种组件棒束轴向压降关系式与试验结果进行了对比分析，对比结果如表 5.3 所示。

表 5.3　各类轴向压降公式的适用范围及与试验对比结果

关系式名称	适用范围	与试验值平均误差/均方根偏差（全雷诺数）	与试验值平均误差/均方根偏差（湍流）	与试验值平均误差/均方根偏差（层流）
Engel - Novendstern 关系式	全雷诺数	—	2.5%/7.0%	—
简化的 Cheng - Todreas 关系式	全雷诺数	1.4%/10.3%	3.0%/8.6%	-4.0%/12.5%
详细的 Cheng - Todreas 关系式	全雷诺数	-0.3%/8.4%	0.4%/7.0%	-4.5%/10.8%
Zhukov 关系式	全雷诺数	—	-14.8%/15.6%	—
Rehem 关系式	不适用于层流	-1.1%/9.7%	-4.0%/6.6%	0.1%/25.0%
修正的 Bubelis - Schikorr 关系式	全雷诺数	17.6%/19.7%	4.1%/7.8%	8.5%/26.0%

（二）换热模型

国内外对液态金属的换热模型进行了较多的研究，下面进行简要介绍。

1. WEST 关系式

Westinghouse 的 Kazami 和 Carelli 在研究 CRBRP 的过程中给出的 WEST 关系式，在 $1.05 \leqslant P/D \leqslant 1.15$，$150 \leqslant Pe \leqslant 1\,000$ 时：

$$Nu = \left[-16.15 + 24.96 \frac{P}{D} - 8.55 \left(\frac{P}{D} \right)^2 \right] Pe^{0.3} \tag{5.78}$$

式中，Nu 为努塞尔数；Pe 为贝克莱数。

$Pe \leqslant 150$ 时：

$$Nu = 4.496 \left[-16.15 + 24.96 \frac{P}{D} - 8.55 \left(\frac{P}{D} \right)^2 \right] \tag{5.79}$$

$P/D > 1.15$ 时：

$$Nu = 4.0 + 0.16 \left(\frac{P}{D} \right)^{5.0} + 0.33 \left(\frac{P}{D} \right)^{3.8} \left(\frac{Pe}{100} \right)^{0.86} \tag{5.80}$$

该式的适用条件为 $1.15 \leqslant P/D \leqslant 1.30$，$10 \leqslant Pe \leqslant 5\,000$。

2. Subbotin 关系式

对三角排列棒束，Subbotin 推荐

$$Nu = 0.58 \left[\frac{2\sqrt{3}}{\pi} \left(\frac{P}{D} \right)^2 - 1 \right]^{0.55} Pe^{0.45} \tag{5.81}$$

适用范围：$80 < Pe < 4\,000$；$1.1 \leqslant P/D \leqslant 1.5$。

3. Borishanskii 关系式

Borishanskii 是基于 7 根管束，分别在 $P/D = 1.1$、1.3、1.4 和 1.5 下开展了液体金属纳的传热试验，得到了 230 个 Nu 与 Pe 间的试验关系，并拟合了如下关系式：

$$Nu = \begin{cases} Nu_1, & Pe < 200 \\ Nu_1 + Nu_2, & Pe \geqslant 200 \end{cases} \tag{5.82}$$

$$Nu_1 = 24.15 \lg(-8.12 + 12.75(P/D) - 3.65(P/D)^2) \tag{5.83}$$

$$Nu_2 = 0.017\,4 \left[1 - e^{-6(P/D-1)} \right] (Pe - 200)^{0.9} \tag{5.84}$$

适用范围：$30 < Pe < 5\,000$；$1.1 \leqslant P/D \leqslant 1.5$。

4. Zhukov 关系式

$$Nu = 7.55 P/D - \frac{14}{(P/D)^5} + 0.007 Pe^{0.64 + 0.246 P/D} \tag{5.85}$$

5. Mikityuk 关系式

Mikityuk 在 2009 年对以前的传热关系式进行了分析对比，拟合了如下关系式：

$$Nu = 0.047 \left[1 - e^{-3.8(P/D-1)} \right] (Pe^{0.77} + 250) \tag{5.86}$$

适用范围：$30 < Pe < 5\,000$；$1.1 \leqslant P/D \leqslant 1.95$。

同时，Mikityuk 通过对比得出，此关系式的拟合精度最好（平均绝对误差为 -0.1，均方根误差为 1.9），其次是 Ushakov 关系式（平均绝对误差为 -0.7，均方根误差为 2.2）和 Gräber 关系式（平均绝对误差为 -1.2，均方根误差为 2.3）。

6. Ushakov 关系式

$$Nu = 7.55 P/D - \frac{20}{(P/D)^{13}} + \frac{0.041}{(P/D)^2} Pe^{0.56 + 0.19 P/D} \tag{5.87}$$

7. Gräber 关系式

$$Nu = 0.25 + 6.2P/D + (0.032P/D - 0.007)Pe^{0.8-0.024P/D} \qquad (5.88)$$

（三）交混模型

交混指的是子通道之间的湍流交混。湍流交混不会引起相邻子通道之间发生流体的净质量迁移，但是会造成相邻子通道之间发生能量交换，从而降低相邻子通道之间的温差。

对于各类交混关系式，其交混质量流量和交混系数按照下式进行计算：

$$w_{ij} = \beta_i s_{ij} \overline{G}_k \qquad (5.89)$$

式中 w_{ij}——单位长度交混质量流量[kg/(m·s)]；

$\overline{G}_k$——间隙 k 相连的子通道轴向平均质量流密度[kg/(m²·s)]；

β_i——交混系数；

s_{ij}——间隙宽度（m）。

1. MIT 详细交混模型

在低雷诺数自然对流情况下，交混模型需要考虑的扩散效应（动量方程和能量方程）有三个部分，分别是湍流和绕丝的交混、热羽流导致的交混以及组件区几何参数引起的交混。对应为动量方程和能量方程的扩散项修正（黏性项）。详细修正参数表达式如下：

对应动量方程的总修正因子

$$\Gamma_m = Pr_t(\varepsilon_1 + \varepsilon_M) + \kappa \upsilon \qquad (5.90)$$

对能量方程的总修正因子

$$\Gamma_e = \varepsilon_1 + \varepsilon_M + \kappa \frac{\lambda}{\rho c_P} \qquad (5.91)$$

式中 Γ_m——动量交混修正因子（m²/s）；

Γ_e——能量交混修正因子（m²/s）；

Pr_t——湍流状态普朗特数，其值为 1；

ε_1——绕丝或者湍流引起的有效扩散率（m²/s）；

ε_M——热羽（即子通道轴向温差）引起的有效扩散率（m²/s）；

κ——无量纲几何修正因子；

υ——流体运动黏度（m²/s）；

λ——流体热导率[W/(m·K)]；

ρ——流体密度（kg/m³）；

c_P——流体比热 $[J/(kg\cdot K)]$。

MIT 详细交混模型的交混系数 β 按下式进行计算：

$$\beta = \frac{\Gamma_m}{V_i \times \eta} \tag{5.92}$$

式中　V_i——子通道轴向速度，下标 $i=1$ 时，表示内部子通道；$i=2$ 时，表示边、角子通道；

η ——子通道间距离（m）。

（1）紊流和绕丝交混。

扩散效应主要考虑的有绕丝交混和湍流交混效应，以下为相应的交混公式：

$$\varepsilon_1 = \varepsilon_{1\eta}^* \cdot v_i \cdot \eta \tag{5.93}$$

式中，$\varepsilon_{1\eta}^*$ 为由于绕丝和湍流交混作用导致的无量纲的扩散系数，对于不同子通道类型，其计算公式有所不同，并且它依赖于燃料棒的几何参数和当地雷诺数 Re_i。

对于当地雷诺数，其计算式如下：

$$Re_i = \frac{v_i D_{ei}}{\upsilon} \tag{5.94}$$

上述公式经过验证，适用的雷诺数相应范围为：$400 \sim 1.0E+06$。对于由于绕丝和湍流交混作用导致的无量纲的扩散系数，采用 CT 交混模型计算得出，参见下面"Cheng – Todreas 子通道类型修正交混模型"相关章节的介绍。

（2）热交混。

由于热羽流造成的交混在扩散效应中的体现用相应参量 ε_M 定义。相应的定义公式如下：

$$\varepsilon_M = \varepsilon_{\eta M}^* \cdot v_i \cdot \eta \tag{5.95}$$

$$\varepsilon_{\eta M}^* = 0.1 \times \left(\frac{c}{D}\right)^{-0.5} \left(\frac{Gr_{\Delta T}}{Re_b}\right) \tag{5.96}$$

式中　c——棒间间隙宽度（m）；

D——棒直径（m）；

$\varepsilon_{\eta M}^*$——由于热羽流混合造成的无量纲扩散系数，该变量依赖于燃料棒的结合参数无量纲参数 $Gr_{\Delta T}/Re_b$，其中 $Gr_{\Delta T}$ 表示由轴向温度梯度确定的 Grashof 数，Re_b 是组件平均雷诺数。

$Gr_{\Delta T}$ 和 Re_b 相应表达式如下：

$$Gr_{\Delta T} = \frac{g\beta \left(\frac{\Delta T_b \big|_0^L}{L}\right) D_{eb}^4}{\upsilon^2} \tag{5.97}$$

$$Re_b = \frac{v_b D_{eb}}{v} \qquad (5.98)$$

式中 g ——重力加速度（m/s²）；

  β—— 流体膨胀系数（K⁻¹）；

  $\dfrac{\Delta T_b \mid_0^L}{L}$——轴向温度梯度（K/m）；

  v —— 流体运动黏度（m² · s）；

  下角标 b——棒束平均性质。

上述关系式的适用范围为：$170 \leqslant Gr_{\Delta T} \leqslant 650$，$520 \leqslant Re_b \leqslant 4\,400$，$0.06 \leqslant Gr_{\Delta T}/Re_b \leqslant 0.73$，$1.08 \leqslant P/D \leqslant 1.25$。

上述表达式中给出的 Grashof 数是一个组件轴向的平均数值，对于多子通道的传热最好定义一个当地 Grashof 数去精确地表示相应热羽流交混关系，相应当地 Grashof 数表示如下：

$$Gr_{\Delta T}^* = \frac{g\beta \dfrac{\Delta T_b}{\Delta z}\mid_k D_{eb}^4}{v^2} \qquad (5.99)$$

式中，k 为计算的轴向节点。

（3）几何参数扩散模型。

几何影响因素仅仅和棒束的排布有关，相应的外形影响因子可以通过以下关系式确定：

$$\kappa = 0.66 \left(\frac{P}{D}\right)\left(\frac{c}{D}\right)^{-0.3} \qquad (5.100)$$

该几何因子修正关系式也适用于绕丝缠绕的棒束结构。

（4）流动状态切换函数。

本处给出一个流动状态切换函数 fx_{pl} 放在热羽流扩散系数 ε_M 前作为对其修正，该函数在惯性力主导的区域可以关闭热羽流扩散的影响。该函数的数值变化介于 1 到 0 之间，随着 Richardson 数变化而变化，当 Richardson 数减少到 0.1 以下情况下，热羽流效应忽略不计，相应函数定义如下：

$$fx_{pl} = \max\left[0, 1 - 10^{-6(Ri-0.1)}\right] \qquad (5.101)$$

$$Ri = \frac{Gr}{Re_i^2} \qquad (5.102)$$

$$Gr = \frac{g\beta\Delta T_b \mid_0^L D_{eb}^3}{v^2} = Gr_{\Delta T}\frac{L}{D_{eb}} \qquad (5.103)$$

在上述式子中，假定阈值 Ri 适用于当地状态，平均的加热长度也为当地状态，相应公式如下：

$$\Delta T_{\text{b}} \mid_{0}^{L} = \frac{\Delta T_{\text{b}}}{\Delta z} \mid_{k} \cdot L \tag{5.104}$$

$$Gr = Gr_{\Delta T}^{*} \frac{L}{D_{\text{eb}}} \tag{5.105}$$

2. Todreas 紊流和绕丝交混

交混系数按照下式计算：

$$\beta_{i} = \frac{C_{\text{mix}} D_{V,k}}{\lambda_{ij} Re_{k}^{0.125}} \tag{5.106}$$

式中　$D_{V,k}$——间隙 k 周围的控制体的水力直径（m）；

λ_{ij}——间隙 k 周围的控制体的有效长度（m），本假设中无论层流还是湍流，该有效长度都近似为相邻组件的质心距。

C_{mix}——用户自定义参数。

3. Cheng – Todreas 子通道类型修正交混模型

CT 模型主要考虑了紊流和绕丝引起的交混。其交混系数 $\varepsilon_{1\eta}^{*}$（即 β）计算方法如下。

对于内部子通道：

$$\varepsilon_{1\eta}^{*} = C_{m} \left(\frac{A_{r1}}{A_{1}'} \right)^{0.5} \tan \theta \tag{5.107}$$

对于外圈子通道：

$$\varepsilon_{1\eta}^{*} = C_{s} \left(\frac{A_{r2}}{A_{2}'} \right)^{0.5} \tan \theta \tag{5.108}$$

以上两式中各符号的意义见轴向压降模型中"详细的 Cheng – Todreas 关系式"。C_{m}、C_{s} 为经验常数，取决于几何和流态（层流、湍流）。对于层流的修正，C_{m}、C_{s} 修正取值如下。

$Nr \geqslant 19$ 时有如下关系：

$$C_{mL} = 0.077 (c/D)^{-0.5} \tag{5.109}$$

$$C_{sL} = 0.413 (H/D)^{-0.3} \tag{5.110}$$

$Nr = 7$ 时有如下关系：

$$C_{mL} = 0.055 (c/D)^{-0.5} \tag{5.111}$$

$$C_{sL} = 0.33 (H/D)^{0.3} \tag{5.112}$$

湍流形式的修正关系如下：

$Nr \geqslant 19$ 时有如下关系：

$$C_{mT} = 0.14(c/D)^{-0.5} \tag{5.113}$$

$$C_{sT} = 0.75(H/D)^{0.3} \tag{5.114}$$

$Nr = 7$ 时有如下关系：

$$C_{mT} = 0.1(c/D)^{-0.5} \tag{5.115}$$

$$C_{sT} = 0.6(H/D)^{0.3} \tag{5.116}$$

对过渡区：

$$MP_{\text{Tran}} = MP_{\text{Lam}} + (MP_{\text{Tur}} - MP_{\text{Lam}})\psi^{2/3} \tag{5.117}$$

其中 MP 可为 C_m（内部子通道）或者 C_s（外部子通道）。

该模型涵盖了层流区、过渡区和湍流区，适应性较强。

Cheng 和 Todreas 对国际上的加混模型进行了对比分析，并与试验值进行了比较，从而开发出了 CT 模型。CT 模型与试验值之间的偏差较小，因此该模型可以用于计算 MIT 模型中的紊流和绕丝交混效应。

4. Rogers – Tahir 交混模型

对于交混系数 β，其表达式为：

$$\beta = 0.005(D_e/s_{ij})(s_{ij}/D)^{-0.105}Re^{-0.1} \tag{5.118}$$

该式雷诺数覆盖范围为 8 100～49 500。

5. Seal 交混模型

对于交混系数 β，其表达式如下：

如果 $s_{ij}/D = 0.1$，则在雷诺数为 46 000～91 000 时：

$$\beta = 0.029\,68Re^{-0.1} \tag{5.119}$$

如果 $s_{ij}/D = 0.375$，则在雷诺数为 46 000～190 000 时：

$$\beta = 0.016\,38Re^{-0.1} \tag{5.120}$$

5.4.3 自然分流冷却组件设计分析

自然分流冷却组件热工水力设计包括组件流量计算和最高温度计算。由于无法为自然分流冷却组件分配强迫循环流量，因此在对自然分流冷却组件进行热工水力设计分析时首先需要通过计算得出各类组件的流量，进而进行组件最高温度计算。

自然分流组件的流量是流道阻力和驱动力相互匹配的过程。在驱动压头不变的前提下，如果减少整个流道的阻力，那么就能够提高流道内部的冷却剂流量。在进行组件结构设计时，应尽量降低自然分流冷却组件内部流道的阻力系数，以增大组件内部自然循环流量。因此，对于不锈钢组件和碳化硼组件等自然分流冷却组件，应该在满足力学评定的前提下尽量扩大其管脚入口孔的孔径，以达到降低流道阻力系数的目的。

根据上面的叙述，自然分流冷却组件所处的工况超出了子通道程序的适用范围，因此无法使用子通道程序对自然分流冷却组件进行设计分析。在进行自然分流冷却组件的热工设计及分析时，一般采用一维的方法来计算每类组件的平均流量。所有自然循环组件的盒内流和盒间流均为并联通道，因此自然循环组件盒内和盒间的入口、出口均可视为等压面，可以采用压力平衡的方法为自然循环组件及盒间流分配流量。通过调整每盒自然循环冷却组件的流量及盒间流流量，使盒内、盒间的出入口压差均相等，从而完成流量分配。其计算方法如下：

$$\Delta P_j + \int_0^H \rho_j(h) g \mathrm{d}h = \mathrm{const} \tag{5.121}$$

式中　　j——通道编号；

ΔP——盒内或盒间通道的阻力（包括局部阻力和摩擦阻力）（Pa）；

ρ——流体密度（$\mathrm{kg/m^3}$）；

H——通道高度（m）。

计算时，将流道分段，然后通过查询阻力手册的方法得出各个通道的摩擦阻力和局部阻力。根据组件发热计算组件各段温度，从而得出组件各段的重力压头。由于漏流不仅能进入自然分流冷却组件内部，也能流经组件盒间，因此在计算自然分流冷却组件的流量时需要考虑盒间通道的影响。

可以看出，一维估算的方法较为简单，只能估算组件流量和最热组件平均出口温度，并且不能考虑组件间传热对组件流量和温度的影响，其结果存在着较大的不确定性。为了获得更加准确的自然分流冷却组件的热工水力特性，可以采用三维流体力学方法，对整个堆芯的自然分流冷却组件进行详细建模计算。然而，三维流体力学计算难度高、计算量大。考虑在进行快堆堆芯热工水力设计时，会人为地控制漏流总量，使其远远大于所有自然分流冷却组件冷却所需的冷却剂流量，因此，一般而言，自然分流冷却组件具有较大的热工裕度，通过一维的计算分析基本能保证自然分流冷却组件能够被有效地冷却，没有进行三维热工水力计算的必要。

5.4.4　全堆芯燃料的平均温度计算

为了计算燃料的核特性参数，需要向反应堆中子学专业提供全堆芯燃料平均温度。全堆芯燃料的平均温度可按下式计算：

$$\overline{T}_f = T_{in} + \Delta \overline{T}_B + \frac{1}{2} \Delta \overline{T}_{Na} + \Delta \overline{T}_\alpha + \Delta \overline{T}_c + \Delta \overline{T}_g + \Delta \overline{T}_f \tag{5.122}$$

式中 T_{in}——堆芯冷却剂入口温度；

$\Delta \overline{T}_B$——下转换区钠平均温升；

$\Delta \overline{T}_{Na}$——堆芯燃料段的钠平均温升；

$\Delta \overline{T}_\alpha$——包壳与冷却剂之间平均对流传热膜温差；

$\Delta \overline{T}_c$——包壳内外表面平均温差；

$\Delta \overline{T}_g$——燃料与包壳之间气隙的平均温差；

$\Delta \overline{T}_f$——燃料芯块内外表面平均温差。

|5.5 不确定性分析设计|

堆芯内的功率分布是不均匀的，因而热工参数的分布也是不均匀的。在堆芯内存在着最恶劣的局部热工参数，最终限制着堆芯功率的输出。为了衡量有关热工参数最大偏离平均值（名义值）的程度，引入了热通道和热点等概念。通常将积分功率输出或焓升最大的冷却剂通道，也就是发出功率最大的燃料元件所对应的通道，称为热通道。将局部功率密度最大的点，也就是燃料元件的线功率密度或元件表面热流密度最大的点称为热点。

对于单通道方法，无法计算热管和热点的温度，因此需要引入热管因子的方法。热管因子分为核热管因子和工程热管因子。

对于子通道方法，能够直接计算热管和热点的温度，但是在实际情况中，快堆中各种尺寸都有加工公差和安装偏差，运行参数也会发生偏差，物性参数和经验关系式都有试验误差，因此还需要考虑这些因素带来的不确定性。为此，仍然需要进行不确定性分析。

5.5.1 核热管因子

核热管因子的定义如下：

径向核热管因子，$F_R^N = \dfrac{热通道的平均热流密度}{堆芯平均通道的平均热流密度}$

径向核热点因子，$F_Z^N = \dfrac{热通道的最大热流密度}{热通道的平均热流密度}$

另外，还必须考虑反应堆的具体结构，如控制棒、燃料元件形式等，对局部功率峰值核热管因子进行修正，因此，核热管因子可以表达如下：

$$F_q^N = F_R^N \cdot F_Z^N \cdot F_{N,L} \tag{5.123}$$

式中，$F_{N,L}$ 为修正因子，工程上一般取 1.1。

热通道与平均通道冷却剂焓升的比值，称为焓升核热管因子，并用 $F_{\Delta H}^{N}$ 表示。如果整个堆芯装载完全相同的燃料元件（燃料富集度相同），并假定热通道和平均通道内冷却剂的流量相等，且忽略其他工程因素的影响，则堆芯冷却剂焓升热管因子 $F_{\Delta H}^{N}$ 就等于径向核热管因子 F_{R}^{N}。

5.5.2　工程热管因子

所谓的工程热管因子，就是由于工程因素引起的热流密度最大点的热流密度与名义值之间的比值。随着反应堆的设计、建造和运行经验的积累，工程热管因子的计算方法也在不断发展，先后有两种方法在工程中使用较多，一种是乘积法，另一种是混合法。

（一）乘积法

在反应堆的热工计算中可以看到，影响燃料元件表面热流密度和冷却剂比焓升的工程因素是多方面的，例如加工、安装所产生的误差以及运行中可能产生的燃料棒的弯曲变形等。在反应堆发展的早期，由于经验缺乏，为了保证反应堆的安全，通常把所有的工程偏差都看成是非随机性的，因而在综合计算影响热流密度的各个偏差时，保守地采用了将各个工程偏差相乘的办法，这就是乘积法。乘积法的含义是指所有的最不利的因素都同时出现在热点处，而所谓的最不利的因素指的是综合计算时取对安全不利的方向的最大工程偏差。由此可见，乘积法虽然满足了堆内热工安全设计的要求，却降低了堆的经济性。这是因为工程热管因子的数值大了，为了确保安全，相应地就必须降低燃料元件的平均释热率，从而限制了堆芯功率的输出。下面介绍该方法。

首先介绍热流密度工程热管因子。一般而言，燃料元件芯块的直径、密度、核燃料的富集度和包壳外径都可能存在加工误差，这些误差影响着燃料元件外表面的热流密度。这些误差是互相独立的，若把这些误差全部都看成非随机误差，那么，当知道这些合格产品中的各项最大误差之后，就可以得到热流密度的工程热管因子，即：

$$F_q^E = \frac{\dfrac{\pi}{4}d_{u,a}^2 \cdot e_a \cdot \rho_a \cdot d_{cs,n}}{\dfrac{\pi}{4}d_{u,n}^2 \cdot e_n \cdot \rho_n \cdot d_{cs,a}} \tag{5.124}$$

式中　d——直径（m）；

　　　e——核燃料富集度；

ρ——密度（kg/m^3）。

下标 n 表示的是名义值，即设计值，下标 a 表示的是加工后的值，取具有最不利误差的值。假如负误差对安全最不利，就取有负误差的最小值；反之，则取正误差的最大值。d_{cs} 为包壳外径，由于外径越小，燃料棒表面面积就越小，从而导致表面热流密度增大，因此，$d_{cs,a}$ 取的是一批产品中的最小值，而其他取的都是最大值。因此，这样的计算是偏于保守的。

再分析焓升工程热管因子 $F_{\Delta h}^E$。由于反应堆类型的不同，影响冷却剂比焓升的工程偏差因素也不相同，对于压水堆，主要由以下五个分因子组成。同样，对钠冷快堆，大部分工程偏差因子与压水堆类似。

1. 燃料芯块加工误差的工程分因子 $F_{\Delta h,1}^E$

$F_{\Delta h,1}^E$ 是考虑燃料芯块内可裂变物质数量变化所引起的影响。因为燃料芯块的富集度 e、密度 ρ 和直径 d_u 的加工误差都会影响燃料的释热率，从而使冷却剂的焓升偏离标称值。因为这些加工误差都是属于随机性质的，其求法和热流密度工程热管因子相似。所以，这项分因子为：

$$F_{\Delta h,1}^E = \frac{\frac{\pi}{4}\bar{d}_{u,a}^2 \cdot \bar{e}_a \cdot \bar{\rho}_a}{\frac{\pi}{4}\bar{d}_{u,n}^2 \cdot \bar{e}_n \cdot \bar{\rho}_n} \qquad (5.125)$$

2. 燃料元件冷却通道尺寸误差的工程分因子 $F_{\Delta h,2}^E$

$F_{\Delta h,2}^E$ 是考虑燃料棒栅距减小和弯曲而引起的流量下降，其中包括燃料元件包壳外径的加工误差、栅距安装误差以及反应堆运行后燃料元件弯曲引起冷却剂通道截面尺寸变化所造成的误差三个因素。这些误差影响了冷却剂流量，从而使焓升偏离标称值。于是：

$$F_{\Delta h,2}^E = \frac{\Delta H_{h,\max,2}}{\Delta H_{h,\max}} \frac{Q_{n,\max,2}/W_{n,\min,2}}{Q \overline{W}_{n,\max} \dfrac{\overline{W}}{W_{n,\min,2}}} \qquad (5.126)$$

式中 $Q_{n,\max}$——热通道的标称积分输出功率（W）；

         $W_{n,\min,2}$——考虑工程误差后热通道的冷却剂最小流量（kg/s）；

         W——平均通道的冷却剂流量（kg/s）。

上述三个因素中，前两个属于随机性质。对第三个因素，要想取得经过运行后的燃料元件全长上由于弯曲变形引起的冷却剂通道尺寸的平均误差是非常困难的，因此保守地取弯曲变形最大值，并非随机量处理。

因为燃料元件外径加工及燃料元件栅距安装的相对标准误差分别为：

$$\sigma_{F,d} = \frac{\sigma_{d_{w,1}}}{d_{w,n}} = \frac{\sqrt{\dfrac{\overline{\Delta d_{w,1}^2} + \overline{\Delta d_{w,2}^2} + \cdots + \overline{\Delta d_{w,N}^2}}{N}}}{d_{w,n}} \qquad (5.127)$$

$$\sigma_{F,P} = \frac{\sigma_{P,L}}{P_n} = \frac{\sqrt{\dfrac{\overline{\Delta P_1^2} + \overline{\Delta P_2^2} + \cdots + \overline{\Delta P_N^2}}{N}}}{P_n} \qquad (5.128)$$

式中　$\Delta \overline{d_{w,i}}$——第 i 根燃料元件全长上包壳外径的正向误差平均值（m）；

　　　$\Delta \overline{P_i}$——第 i 通道全长上栅距的负向误差平均值（m）。

同样，如果取置信水平为 99.87%，则由于燃料元件包壳外径加工误差及燃料元件栅距安装误差所引起的焓升工程热管分因子分别为：

$$F_{\Delta h,2,d_w}^E = 1 + 3\sigma_{F,d} \qquad (5.129)$$

$$F_{\Delta h,2,P}^E = 1 - 3\sigma_{F,P} \qquad (5.130)$$

燃料元件在运行后弯曲变形引起的通道截面尺寸变化的焓升工程热管分因子为：

$$F_{\Delta h,2,s}^E = \frac{P_{\min,L}}{P_n} \qquad (5.131)$$

式中，$P_{\min,L}$ 为在热通道全长 L 上弯曲变形后的最小栅距。

考虑这些工程因素后，热通道的截面积 A 和等效直径 D_e 分别为：

$$A = (P_n F_{\Delta h,2,P}^E F_{\Delta h,2,s}^E)^2 - \frac{\pi}{4}(d_{w,n} F_{\Delta h,2,d_w}^E)^2 \qquad (5.132)$$

$$D_e = \frac{4A}{\pi d_{w,n} F_{\Delta h,2,d_w}^E} \qquad (5.133)$$

为了表示通道尺寸误差对焓升的影响，假设流动压降仅为摩擦压降：

$$\Delta P = f \frac{L}{D_e} \frac{\rho V^2}{2} = CRe^{-N} \frac{L}{D_e} \frac{\rho V^2}{2} = C\left(\frac{D_e V}{\nu}\right)^{-N} \frac{L}{D_e} \frac{(\rho V A)^2}{2\rho A^2} = \frac{1}{2} CL \nu^N D_e^{-1-N} \frac{W^{2-N}}{\rho^{1-N} A^{2-N}}$$

$$(5.134)$$

式中　ν——冷却剂的运动黏度（m²/s）。

由上式可以解出平均冷却剂流量：

$$\overline{W} = \left(\frac{2\rho}{CL\nu^N}\right)_m^{\frac{1}{2-N}} \Delta P_m^{\frac{1}{2-N}} (AD_e^{\frac{1+N}{2-N}})_m \qquad (5.135)$$

式中，下角标 m 表示平均通道。

类似地可以解出热通道冷却剂最小流量 $W_{h,\min,2}$。由于平均通道和热通道的冷却剂物性参数近似相等，通道两端压降也可近似认为相等，于是：

$$F_{\Delta h,2}^E = \frac{\overline{W}}{W_{n,\min,2}} = (AD_e^{\frac{1+N}{2-N}})_m / (AD_e^{\frac{1+N}{2-N}})_h \qquad (5.136)$$

式中，下角标 h 表示热通道。

将相应的 A、D_e 代入即可求得 $F_{\Delta h,2}^E$。

其他三个焓升热管因子的分因子 $F_{\Delta h,3}^E$、$F_{\Delta h,4}^E$、$F_{\Delta h,5}^E$ 的影响因素均属非随机性质。各分因子是设计参数最不利值与平均值之比，具体计算如下。

3. 下腔室冷却剂流量分配不均匀的工程分因子 $F_{\Delta h,3}^E$

$F_{\Delta h,3}^E$ 是考虑堆芯进口处局部流量分配不良的影响。由于反应堆下腔室结构形状及冷却剂流程，使分配到各冷却剂流量通道的流量不均匀。其不均匀程度很难通过理论计算得到，只依靠堆本体的水力模型进行试验测得。在热工设计从安全出发取其中最小的流量作为热通道的流量，于是：

$$F_{\Delta h,3}^E = \frac{QW_{h,\min,3\,n,\max}}{QW_{n,\max}} = \frac{\overline{W}}{W_{n,\min,3}} \tag{5.137}$$

式中，$W_{h,\min,3}$ 为下腔室流入热通道的冷却剂流量（kg/s）。

4. 热通道内冷却剂流量再分配的工程分因子 $F_{\Delta h,4}^E$

$F_{\Delta h,4}^E$ 考虑由于泡核沸腾引起压降增加，从而造成热通道内流量下降的影响。因为近期设计的电厂都允许热通道内冷却剂发生欠热沸腾及饱和沸腾，沸腾生成的气泡使流动压降增加，而热通道两端的驱动压头是一定的，于是使热通道内冷却剂流量减少，使一部分冷却剂流到堆芯的其他通道去了。这种现象称为并联通道间的冷却剂流量再分配。假设燃料元件的释热量不变，则由于流量再分配，使热通道的焓升增加，因此：

$$F_{\Delta h,4}^E = \frac{\Delta H_{h,\min,4}}{\Delta H_{h,\min,3}} = \frac{QW_{h,\min,4\,n,\max}}{QW_{h,\min,3\,n,\max}} = \frac{W_{n,\min,3}}{W_{n,\min,4}} \tag{5.138}$$

式中，$W_{h,\min,4}$ 为发生流量再分配后的热通道冷却剂流量（kg/s）。

应该指出，$F_{\Delta h,4}^E$ 不用平均热通道流量与热通道流量之比，而是用同一个热通道的两个不利流量之比，目的是避免两个不利因素的重复考虑。

为求 $F_{\Delta h,4}^E$，必须先求得 $W_{h,\min,4}$。$W_{h,\min,4}$ 可以通过使平均通道和热通道的驱动压头相平衡的方法求得。

5. 相邻通道间冷却剂相互交混的工程分因子 $F_{\Delta h,5}^E$

$F_{\Delta h,5}^E$ 是考虑开式平行通道间横向流动交混的影响。由于热通道中较热的冷却剂与相邻通道中较冷的冷却剂之间进行横向的质量、动量和热量的交换，使得热通道内的冷却剂焓升降低，从而使实际的最大焓升偏离标称值。毫无疑问，该工程因子是小于 1 的，并表示为：

$$F_{\Delta h,5}^E = \frac{\Delta H_{h,\min,5}}{\Delta H_{n,\min}} \qquad (5.139)$$

由于这个因子也很难从理论上求得，所以只能由试验测定，或应用由试验归纳出来的经验关系式进行计算。

以上对压水堆核电厂经常考虑的 5 个焓升工程热管因子进行了讨论，将各分因子相乘即得总的焓升工程热管因子。

另外需要注意：由于各点产生误差的概率是相同的，所以在应用 F_q^E 和 $F_{\Delta h}^E$ 时，对燃料元件轴向各计算点的温度值都应乘上修正因子 F_q^E；对热通道轴向各计算点的冷却焓升都应该乘以修正因子 $F_{\Delta h}^E$。

（二）混合法

混合法是把燃料元件和冷却剂通道的加工、安装及运行中产生的误差分成两类：一类是非随机误差，例如堆芯下腔室流量分配不均匀、流动交混及流量再分配等因素造成的误差；另一类是随机误差，如燃料元件及冷却剂通道尺寸的加工、安装误差。在计算焓升工程热管因子时，由于存在不同性质的误差，所以首先分别计算各类因子造成的分因子量，然后逐个相乘得到总的焓升工程热管因子。对于非随机误差，利用前面的乘积法，而对于随机误差，则用误差分布规律的公式来计算，就是混合法。

与非随机误差计算相比，随机误差的特点是对于有关的不利工程因子取一定的概率作用到热通道或热点上，而不是必然全部同时作用在热通道或热点上；有一定的概率可信度，而不是绝对安全可靠，即是给定概率水平下的一个函数，而不是给出绝对数值。

随机变量是按下面方程式所定义的正态分布曲线分布的：

$$\phi(x) = \frac{1}{\sigma\sqrt{2\pi}} e^{-\frac{x^2}{2\sigma^2}} \qquad (5.140)$$

式中　$\phi(x)$——正态分布或者概率分布密度。

σ——标准误差或均方误差。

在 $\pm x$ 范围内的概率 P 应为概率分布函数在 $\pm x$ 范围内积分，即：

$$P(-x, +x) = \int_{-x}^{+x} \frac{1}{\sigma\sqrt{2\pi}} e^{-\frac{x^2}{2\sigma^2}} dx \qquad (5.141)$$

我们所关心的仅是那些会引起不利影响的偏离标称值的状态，例如较高的燃料富集度，或较高的燃料芯块密度等，而另一方向的误差不影响安全，因此另一方向的积分可扩大到 $-\infty$。表 5.4 列出了不同 λ 所对应的 $P(-\infty, +\lambda\sigma)$ 值。在反应堆热工中常取合格产品的误差 $(-\infty, +3\sigma)$，产品误差在这个范围内的概率为 99.87% ，即不超过设计值的概率为 99.87% 。

表 5.4　不同 λ 对应 $P(-\infty, +\lambda\sigma)$ 值

λ	$P(-\infty, +\lambda\sigma)/\%$	λ	$P(-\infty, +\lambda\sigma)/\%$
0	50.000 0	2.5	99.379 0
0.5	69.149 6	3.0	99.865 0
1.0	84.134 5	3.5	99.976 7
1.5	93.319 3	4.0	99.996 8
2.0	97.725 0	5.0	≈100.000 0

有些物理量不能或不便进行直接测量，而只能借助某些直接测量的结果进行转换，这就是所谓的间接测量。而直接测量的误差在转换过程中会传递给间接测量，从而使间接误差也是随机的，也服从正态分布。

定义相对标准误差为：

$$\sigma_F = \frac{\sigma}{F} \tag{5.142}$$

式中　F——某物理量的标称值。

σ——该物理量均方差的绝对值。

按照误差传递公式，有：

$$\sigma_F = \frac{\sigma}{F} = \sqrt{\sum_i \left(\frac{\partial F}{\partial f_i}\right)^2 \left(\frac{\sigma_{f_i}}{F}\right)^2} \tag{5.143}$$

式中，f 为物理量 F 的变量；σ_{f_i} 为变量 f_i 均方差的绝对值。

5.5.3　快堆计算不确定性的方法

由于在快堆中各参数不存在相关性，所以可以用混合法综合得到热点热管因子。然后按下式得到包壳最高温度：

$$T^{\text{max}} = T^{\text{nom}} + 3\sigma_{T_c} \tag{5.144}$$

式中　T^{max}——考虑了参数不确定性后的热棒包壳中壁或芯块最高温度（K）；

T^{nom}——按名义参数值求得的燃料棒包壳中壁或芯块最高名义温度（K）；

σ_{T_c}——由于参数不确定性引起的燃料棒包壳温度相对名义值的均方根偏差（K）。

对于不同的反应堆，各种参数不确定性引起的相关温差极限相对偏差是不相同的。在设计过程中，需要结合反应堆的实际设计情况来确定各个参数的极限相对偏差，为统计法计算温度不确定性提供准确输入，保证热工设计的正确性。

参考文献

［1］ 苏著亭，叶长源，阎凤文，等. 钠冷增值快堆［M］. 北京：原子能出版社，1991.

［2］ 俞冀阳，贾宝山. 反应堆热工水力学［M］. 北京：清华大学出版社，2003.

［3］ 杨福昌，平衡态氧化铀堆芯流体力学计算［R］. 北京：中国原子能科学研究院，2002.

［4］ Core and Heat Exchanger Thermohydraulic Cesign-former USSR and Present Russian Approaches［R］. IAEA – TECDOC – 1060，1999.

［5］ Chenu A，Adams R，Mikityuk K，et al. Analysis of Selected Phenix EOL Tests with the FAST Code System – Part I：Control – rod – shift Experiments［J］. Annals of Nuclear Energy，2012，49：182 – 190.

［6］ 田和春，徐銤，杨红义. 中国实验快堆最终安全分析报告［R］. 北京：中国原子能科学研究院，2009.

［7］ Stewart C W，Wheeler C L. COBRA – Ⅳ the Model and the Method［R］. Washington：Pacific Northwest Laboratories，1977.

［8］ Kim W S，Kim Y G，Kim Y J. A Subchannel Analysis Code MATRA – LMR for Wire Wrapped LMR Subassembly［J］. Annals of Nuclear Energy，2002，29（3）：303 – 321.

［9］ Khan E U，Rohesnow W M，Sonin A A. Manual for Energy Ⅰ，Ⅱ，Ⅲ Computer Programs［R］. Cambridge：Massachusetts Institute of Technology，1975.

［10］ Khan E U，Rohesnow W M，Sonin A A，Todreas N E. Input Parameters to Energy Code（to be used with the Energy Codes Manual）［R］. COO – 2245 – 17TR，May 1975.

［11］ Khan E U，Rohesnow W M，Sonin A A，Todreas N E. Manual for Energy Ⅰ，Ⅱ，Ⅲ Computers Programs［R］. COO – 2245 – 18TR Revision 1，May 1975，July 1976.

［12］ Basehore K L，Todreas N E. Development of Stability Criteria and an Interassembly Conduction Model for the Thermal-hydraulics Code Superenergy［R］. Cambridge：Massachusetts Institute of Technology，1975.

［13］ Basehore K L，Todreas N E. Superenergy：A Multiassembly，Steady – state Computer Code for LMFBR Core Thermal – Hydraulic Analysis［R］. PNL – 3379，1980.

［14］ Rowe D S. COBRA IIIC：a Digital Computer Program for Steady State and Transient Theriyal-hydraulic Analysis of Rod Bundle Nuclear Fuel Elements ［R］. Washington：Pacific Northwest Laboratories，1973.

［15］ Engel F C，Markley R A，Bishop A A. Laminar，Transition，and Turbulent Parallel Flow Pressure Drop Across Wire-wrap-spaced Rod Bundles ［J］. Nuclear Science and Engineering，1979，69（2）：290 – 296.

［16］ Novendstern E H. Turbulent Flow Pressure Drop Model for Fuel Rod Assemblies Utilizing a Helical Wire-wrap Spacer System ［J］. Nuclear Engineering and Design，1972，22（1）：28 – 42.

［17］ Cheng S K，Todreas N E. Hydrodynamic Models and Correlations for Bare and Wire-wrapped Hexagonal Rod Bundles-bundle Friction Factors，Subchannel Friction Factors and Mixing Parameters ［J］. Nuclear Engineering and Design，1986，92（2）：227 – 251.

［18］ Cheng S K，Petroski R，Todreas N E. Numerical Implementation of the Cheng and Todreas Correlation for Wire Wrapped Bundle Friction Factors-desirable Improvements in the Transition Flow Region ［J］. Nuclear Engineering and Design，2013，263（10）：406 – 410.

［19］ Chiu C，Hawley J，Rohsenow W M，Todreas N E. Pressure Drop Measurements in LMFBR Wire-wrapped Blanket Bundles ［R］. Cambridge：Massachusetts Institute of Technology，1977.

［20］ Zhukov A V，Sorokin A P，Titov P A，Ushakov P A. Analysis of Friction Factor in the Bundle Fast Reactor Fuel Subassembly ［J］. Atomic Energy，1986，60：317 – 321.

［21］ Rehme K. Pressure Drop Correlations for Fuel Element Spacers ［J］. Nuclear Technology，1973，17：15 – 23.

［22］ Bubelis E，Schikorr M. Review and Proposal for Best Fit of Wire-Wrapped Fuel Bundle Friction Factor and Pressure Drop Predictions Using Various Existing Correlations ［J］. Nuclear Engineering and Design，2008，238（12）：3299 – 3320.

［23］ Sobolev V. Fuel Rod and Assembly Proposal for XT-ADS Pre-design ［C］// Coordination Meeting of WP1&WP2 of DM1 IP EUROTRANS，Bologna，2006.

［24］ 丁振鑫. 快堆燃料组件水力特性计算 ［J］. 中国原子能科学技术，1991，25（5）：25 – 30.

［25］ 刘一哲，喻宏. 快堆燃料组件热工流体力学计算研究 ［J］. 中国原子能

科学技术，2008，42（2）：128 - 134.

[26] Cheng S K，Todreas N E，Nguyen N T. Evaluation of Existing Correlations for the Prediction of Pressure Drop in Wire-wrapped Hexagonal Array Pin Bundles [J]. Nuclear Engineering and Design，2014，267（2）：109 - 131.

[27] Kazami M S，Carelli M D. Heat Transfer Correlation for Analysis of CRBRP Assemblies [R]. Westinghouse Report CRBRP - ARD - 0034，1976.

[28] Subbotin V I，Ushakov P A，Kirillov P A，et al. Heat Transfer in Elements of Reactors with a Liquid Metal Coolant [C]// Proceedings of the 3rd International Conference on Peaceful Use of Nuclear Energy，1965.

[29] Borishanskii V M，Gotorsky M A，Firsova E V. Heat Transfer to Liquid Metal Flowing Longitudinally in Wetted Bundles of Rods [J]. Atomic Energy，1969，27（6）：549 - 552.

[30] Zhukov A V，Kuzina Y A，Sorokin A P，et al. An Experimental Study of Heat Transfer in the Core of a BREST - OD - 300 Reactor with Lead Cooling on Models [J]. Thermal Engineering，2002（3）：175 - 184.

[31] Mikityuk K. Heat Transfer to Liquid Metal：Review of Data and Correlations for Tube Bundles [J]. Nuclear Engineering and Design，2009，239（4）：680 - 687.

[32] Ushakov P A，Zhukov A V，Matyukhin M M. Heat Transfer to Liquid Metals in Regular Arrays of Fuel Elements [J]. High Temperature，1977，15：868 - 873.

[33] Gräber V H，Rieger M. Experimentelle Untersuchung des Wärmeübergangs an Flüssigmetalle（NaK）in Parallel Durchströmten Rohrbündeln bei Konstanter und Exponentieller Wärmeflussdichteverteilung [J]. Atomkernenergie（ATKE），1972，19（1）：23 - 40.

[34] Nishimura M，Kamide H，Hayashi K，et al. Transient Experiments on Fast Reactor Core Thermal-hydraulics and Its Numerical Analysis：Inter-subassembly Heat Transfer and Inter-wrapper Flow under Natural Circulation Conditions [J]. Nuclear Engineering and Design，2000，200（1 - 2）：157 - 175.

[35] Todreas N E，Kazimi M S. Nuclear System I - Thermal - Hydraulic Fundamentals [R]. Taylor & Francis，1990.

[36] 林铭，程懋松，戴志敏. 氯盐冷却快堆子通道程序开发及初步验证 [J]. 核技术，2019，42（01）：78 - 84.

第 6 章

一回路稳态热工水力设计

|6.1　概述|

液态金属快堆建造的基本目的是生产电能。要达到此目的就必须把核裂变产生的能量传输给蒸汽系统，以推动汽轮发电机发电。这其中需要如下几个步骤：

（1）核燃料裂变产生裂变能，裂变能通过燃料棒的壁面传递到外部的冷却剂。

（2）通过燃料棒束外部被加热的冷却剂，在循环泵的驱动下，流经中间热交换器，将冷却剂热量传递到中间热交换器二次侧冷却剂。

（3）被加热的中间热交换器二次侧冷却剂，在循环泵的驱动下，流经蒸汽发生器，将冷却剂热量传递到蒸汽发生器二次侧的水。

（4）蒸汽发生器二次侧的水被加热产生蒸汽推动发电机发电。

以上几个步骤的实现分别对应的系统为：堆芯、一回路系统、二回路系统、三回路系统。其中，后三者又称为主热传输系统。

对于一回路系统，也称为一回路冷却剂系统，它的直接上游为堆芯，直接下游为二回路系统，基本功能为冷却堆芯，即将堆芯产生的热量传递到中间热交换器二次侧。一回路系统主要关键设备包括反应堆容器及其构件、一次循环泵、中间热交换器等。

一回路系统是一个复杂的系统，其布置方式一般有两种类型：池式布置和回路式布置，或称为一体化布置和管式布置。在池式布置中，整个一次系统，即堆芯、一次循环泵和中间热交换器等都放置在反应堆钠池内。堆芯及一回路系统相关设备共同组成反应堆本体。图6.1、图6.2给出了一般池式快堆一回路系统流程图以及堆本体纵剖面图。

本章将以池式钠冷快堆为研究对象，对其一回路系统的热工水力设计进行介绍。

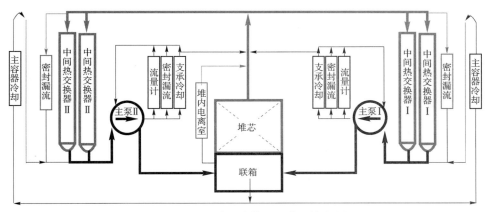

图6.1　由两环路组成的一回路系统流程图

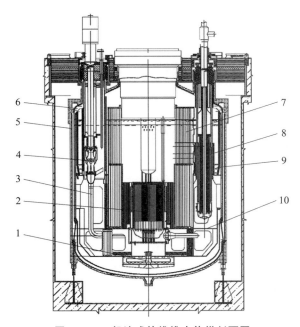

图6.2　一般池式快堆堆本体纵剖面图

1—堆芯熔化收集器；2—堆芯；3—主管道；4——回路循环泵；5—保护容器；
6—主容器；7—生物屏蔽；8—中间热交换器；9—水平热屏蔽；10—堆内支承

6.1.1　系统功能

池式钠冷快堆的一回路系统需要实现四个方面的功能，其中后两者为安全功能。

（1）在正常运行时将堆芯产生的热量带出，通过中间热交换器传给二回路载热剂，保证堆芯冷却。

实现此功能的系统称为主冷却系统，其冷却剂的流经路径称为主流道。主流道中的冷却剂通过堆芯时将燃料内产生的裂变能从堆芯排出，维持堆芯正常工作条件，确保反应堆安全运行。同时把一回路冷却剂获得的热量通过中间热交换器传给二回路主冷却系统的载热剂——液态金属钠，再由该系统的蒸汽发生器把热量传给三回路（水/蒸汽）系统，并产生过热蒸汽推动汽轮机发电。

（2）为主容器、钠循环泵支承、堆内电离室通道等设备提供所需的冷却条件。

实现上述冷却功能的主容器冷却系统、主循环泵支承冷却系统、堆内电离室冷却系统等，与一回路主冷却系统相连，称为辅助冷却系统。上述各个辅助冷却系统的功能如下：

主容器冷却系统为主容器提供冷却，保证主容器温度不超过主容器基体材料允许使用温度，以便保持一回路冷却剂包容边界的完整性。

主循环泵支承冷却系统为主循环泵支承结构提供冷却，保证主循环泵的工作条件，同时保持泵箱内的钠温度在限值（一般对应堆芯入口温度）以下，满足泵吸入钠温度的要求。

堆内电离室冷却系统为堆内电离室提供冷却。堆内电离室安装在热钠池内，周围环境温度很高，对它设置专门的冷却系统，以保证电离室正常工作条件。

（3）在预计运行事件和事故工况下，与其他相关系统联合作用，排出堆芯余热；并在长期停堆期间，维持冷停堆的安全状态。

在事故工况和停堆以后为反应堆提供冷却，排出剩余发热，将堆芯组件和冷却剂温度降低到停堆时的值；同时，在长期停堆期间，通过一回路主循环泵运转时的轴功率转换的热量来维持一回路冷却剂温度保持在冷停堆状态，防止堆芯温度继续下降而重返临界；同时也防止一次钠发生凝固或在低温时钠中杂质沉积而堵塞流道。

（4）一回路冷却剂系统压力边界构成包容放射性物质的一道安全屏障。

一回路冷却剂系统压力边界包容一回路冷却剂，阻止放射性物质向环境释放。

6.1.2　系统组成

一回路冷却剂系统由能提供上述功能的设备所组成,典型的一回路冷却剂系统包括:

(1) 反应堆主容器及其贯穿件密封装置,旋塞及其密封装置。

(2) 把反应堆热量传送给二回路系统的中间热交换器一回路侧。

(3) 把反应堆热量传送给事故余热排出系统二回路侧的独立热交换器一回路侧。

(4) 钠循环泵及其轴封。

(5) 为部件提供的支承和补偿器、热屏蔽和辐射屏蔽。

(6) 一回路压力管部件。

(7) 与一回路冷却剂环路相连接并属于该环路的管道、阀门和配件,直到并包括第一个隔离阀。

(8) 为控制运行所必需的检测装置。

具体来说,对于池式钠冷快堆,与一回路系统热工流体设计相关的设备主要包括堆容器(主容器和保护容器的合称)及堆内构件、堆顶固定屏蔽、一回路主循环泵、中间热交换器、独立热交换器(对应堆容器内有布置的情况)。

关于一回路系统的实体边界,上游与堆芯的边界为燃料棒包壳外壁。但为计算方便,一回路热工流体计算时,边界一般取为堆芯进口的大栅板联箱出口、组件出口平面,即堆芯热工流体计算范围包括小栅板联箱和组件;下游与二回路的边界取为中间热交换器传热管外壁;其他边界包括保护容器所铺设的保温层外壁、堆顶固定屏蔽上部,独立热交换器传热管外壁、钠净化系统的进出口。

图 6.3 展示了 CEFR 一回路系统的基本信息,其一回路系统流程图,参见图 6.1(图中,宽实线为主冷却系统流道,细实线所示为辅助流道)。

6.1.3　系统设计相关准则

一回路系统设计涉及准则较多,现罗列部分如下,其中大多与热工流体设计有关。

(1) 在运行状态下,应保证系统有足够的冷却剂流量,使燃料包壳的温度,主容器、一回路钠循环泵等关键设备的壁温低于设计限值。

(2) 在停堆状态下,应保证一回路冷却剂系统中的钠温度不低于设计限值。

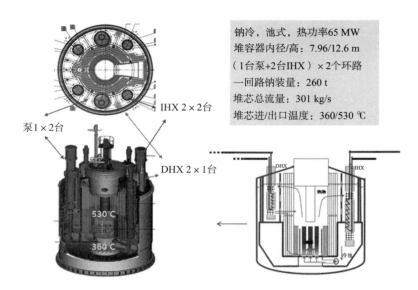

钠冷，池式，热功率65 MW

堆容器内径/高：7.96/12.6 m

（1台泵+2台IHX）×2个环路

一回路钠装量：260 t

堆芯总流量：301 kg/s

堆芯进/出口温度：360/530 ℃

IHX 2×2台

泵1×2台

DHX 2×1台

530℃

360℃

图6.3　CEFR 一回路基本信息

（3）在满足主容器、一回路钠循环泵支承、堆内电离室冷却的情况下，钠冷却剂流量应尽可能小。

（4）应具有满足需要的连续调节一回路钠流量的能力。

（5）一回路钠循环泵同时运行时，各泵出口流量差应小于规定值。

（6）当某一条环路出现故障时，应可切除该环路，利用其余环路降功率运行。

（7）一回路冷却剂系统钠流速应低于规定值。

（8）应采取措施，尽可能降低因冷却剂系统相关管道失效引起的冷却剂的泄漏量。应提供钠泄漏探测手段，在设计时应考虑缓解冷却剂系统钠泄漏后果的措施。

（9）一回路钠液面以上应设置具有一定正压的惰性气体保护。应设置惰性气体密封装置，防止气体泄漏。

（10）应设置覆盖气体超压保护装置。

（11）主容器钠液面以下不允许设置贯穿件。

（12）应设置主容器钠泄漏探测装置。

（13）中间热交换器一次侧钠入口压力应低于二次侧钠出口压力。

（14）与一回路冷却剂系统压力边界相连接的管道，应至少设置两道隔离阀。

6.1.4　一回路热工流体设计目标及内容

一回路系统热工流体设计的总目标是：获得一套匹配的系统参数，该参数可提供与堆芯产生热量能力相匹配的传热能力，为二回路系统提供合理的一回路系统压力、温度等热工参数；同时，获得堆容器及堆内构件的温度场、温度梯度场等参数，用于给结构完整性分析提供输入、支持安全分析及全厂运行工况分析等功能。

基于上述总体目标，并与一回路基本的系统功能相对应，其稳态热工流体的具体设计目标及内容如下：

（1）为堆芯提供合适的冷却流量，既满足燃料组件等温度限值以保障堆芯安全，又获得足够高的堆芯出口冷却剂温度，以获得更高的反应堆热效率。

（2）为部分关键设备或部件提供必要的冷却，以满足其正常工作的环境温度要求。

具体来讲，一回路热工水力设计是指，对额定功率下的一回路系统的热工水力参数进行分析，获得既能实现系统功能又能相互匹配的一套参数，可以保证一回路主冷却系统的冷却剂能将反应堆堆芯核裂变产生的热量带出，并通过中间热交换器将热量传输给二回路主冷却系统；保证主容器、堆内电离室、泵支承等堆内设备的环境温度在设计温度限值之下。

一般来说，一回路热工水力设计包括典型位置参数的热工流体初步匹配、各辅助冷却系统或相关设备的热工流体计算、堆本体热屏蔽设计计算和热平衡计算等内容。

最终获得的一整套参数，包括额定功率运行时的下列参数：

① 主、辅系统内流量匹配参数；
② 回路内各处温度、流场、压降分布；
③ 回路阻力特性；
④ 一回路散热；
⑤ 关键部件中平面位置标高；
⑥ 关键部件或位置的温度、温度梯度的分布。

|6.2　一回路热工流体设计过程|

本节将简要介绍一回路系统热工流体设计过程，包括主要的设计流程及内容。

6.2.1 设计流程

池式快堆一回路热工流体设计，其设计流程如图 6.4 所示，大致可以分为四个步骤，现分别简要说明如下。

图 6.4 一回路热工流体力学简要设计流程

（1）确定设计输入。

一回路热工流体设计的输入包括如下几个部分：

①来自顶层的一回路的初步布置参数，包括堆型、环路数、设备数、基本布置及结构参数。

②来自上游堆芯的参数，包括堆芯进出口温度、流量、压降要求等。

③来自初步的结构设计参数，包括堆容器及堆内构件的初步结构参数、电离室、泵支承布置及结构参数、液位参数等。

④来自其他辅助系统或结构的初步设计输入参数，包括：如事故热交换器、钠净化系统初步匹配的进出口温度、流量，堆坑和堆顶固定屏蔽散热条件等。

⑤来自材料的各类设计限值，一般包括流速、温度、温差等不能超过的设计限值。

（2）系统典型位置热工流体参数的初步匹配。

根据初步输入信息，进行初步的流道设计、主系统和辅助系统的流量初步匹配，之后进行初步的热平衡估算和位差布置，获得回路中典型位置的参数，包括温度、流量、液位、位差等。

（3）系统热工流体参数匹配计算。

在典型位置初步温度已知情况下，依次进行一回路主冷却系统相关辅助系统流量匹配计算、主冷却系统流量匹配及稳态传热计算、流体力学计算。

一回路主冷却系统相关辅助系统，除辅助冷却系统外还包括泵流量计等辅助系统。计算中同时涉及堆坑、堆顶固定屏蔽、热屏蔽的热工设计计算等。

一回路系统热工流体参数匹配计算，是一回路热工水力设计的重点内容，将在下面的章节中详细介绍。

（4）系统参数评估、优化及微调。

结合堆内构件和设备的结构设计与性能评估，进行整套数据的匹配迭代、评估、优化及微调后，获得满足设计限值的一套可行数据。数据包括额定功率运行时主冷却系统、辅助冷却系统内的流量匹配参数，一回路内各处的温度、流场、压降分布参数，回路阻力特性参数、一回路散热参数、一回路关键部件中平面位置标高参数等。

本章以下几节将以 CEFR 类似的两环路池式快堆为例，重点介绍一回路系统热工流体参数匹配设计计算。

6.2.2　设计输入的确定

确定主要的设计输入，如堆芯功率，堆芯进口、出口温度，初步确定的堆容器及堆内构件结构尺寸，热屏蔽结构尺寸，堆本体内氩气空间工作压力，堆芯压降，IHX 压降，堆坑底部及侧壁环境温度等。

对于一回路热工流体设计限值，一般应包括但不限于如下参数。

（1）速度限值。

一回路内任何部件的冷却剂钠流速、组件棒束段流速的速度限值。

（2）温度限值。

①在额定运行工况下，一回路系统必须保证冷却堆芯所必需的流量，以便保证燃料元件包壳的热点温度在设计限值以下。

②反应堆主容器是一回路冷却剂系统的主要边界。在额定运行工况下必须保证冷却主容器所要求的流量，使得主容器的最高温度限制在设计限值以下（主容器局部温度可能超过该温度，则需要进行蠕变分析），以此保证系统主要边界的完整性。

③一回路钠循环泵的支承冷却系统是钠泵运行的边界条件，在额定运行工况下必须保证泵支承冷却系统的钠流量，以此保证泵支承温度低于设计限值。

④堆内电离室冷却通道中钠冷却剂必须保证电离室温度低于设计限值。

（3）温差限值。

①反应堆主容器内的上支承板是一回路主冷却系统的"热段"与"冷段"的边界并且是承重结构。为防止进入"冷段"的热钠与冷钠混合产生的热脉动导致支承板发生热疲劳破坏，必须限制相混合的热钠与冷钠间的温差低于设计限值（47 ℃）。

②正常运行时，环路间的温差低于设计限值。如各环路在大栅板联箱的入口温差、在 IHX 的入口温差小于设计限值。

6.2.3　系统一般的流道设计

一体化布置的池式快堆，冷却剂为液态金属钠，主要设备和构件都安装在钠池内。堆本体中的主要设备和构件包括：堆芯及各类组件、堆容器、堆内构件、一回路主循环泵、中间热交换器（IHX）等。

一回路系统的流道除执行冷却功能的主冷却流道和辅助冷却流道外，还有部分与冷却流道相关的辅助系统或流道，如主泵旁路流量计、泵密封漏流等流道。

一般一回路主冷却系统由两条或三条并联的环路组成，每条环路包含一台一回路钠泵、两台中间热交换器以及相应的压力管道，它们连同栅板联箱、堆芯、热钠池、生物屏蔽柱和一回路泵吸入腔室形成一回路主流道。主流道中，栅板联箱、堆芯和热钠池为两条环路的公共段，其余为各自独立的流道。

一回路辅助系统中，与泵相关的三个系统或流道，即泵支承冷却系统、主泵旁路流量计、泵密封漏流中的钠不经过压力管，在流经泵出口后就进入各支路流道；而主容器冷却系统和电离室冷却系统中的钠来自栅板联箱，这些钠从泵出口流出后流经压力管进入栅板联箱，然后从栅板联箱分流进入相关支路流道。

一般的一回路系统的流程图如图6.1所示。现分别介绍各冷却流道如下。

1. 一回路主冷却流道

一回路主冷却流道是一回路系统内流量占比最大的一部分，承担着冷却堆芯的主要功能。以中国实验快堆为例，一回路主冷却流道的流程为一回路钠循环泵从冷钠池吸钠，经一回路压力管道将冷钠送入栅板联箱，冷却燃料组件后流出堆芯进入热钠池。这是一回路主冷却流道的第一部分流道，依靠一回路主循环泵提供压头驱动。第二部分为热钠从中间热交换器上方进口经换热管的间隙向下流动，从下部出口流回冷钠池，然后再由一回路钠循环泵吸入。这条路径上流动依靠热钠池液位和冷钠池液位之差产生的驱动力来驱动。

2. 主容器冷却流道

反应堆主容器是一回路主冷却系统的重要边界，它包容着一回路主冷却系统的热钠池和冷钠池，是高温、密封、承压、承重的薄壁容器。为了保证反应堆主容器在其运行寿期内的可靠性，主容器设计准则中规定了运行时最高壁温不能超过材料蠕变温度。

主容器冷却的通道是从栅板联箱经节流装置引出流动钠，利用主容器内、外热屏蔽结构建立主容器钠循环的上升通道和下降通道，最后返回主容器冷钠池。保证主容器冷却系统钠流量的关键部件是栅板联箱上的节流装置。

因下降通道是由主容器内屏蔽筒与热钠池隔开的，为保证内屏蔽筒在主钠池液位波动下的温度梯度在允许范围内，在反应堆额定运行工况时冷却系统下降通道的钠液位要高于热钠池液位一定距离。

主容器冷却下降通道出口处的钠压力必须保持与主回路系统在该处的钠压力的平衡。此二项压差应由下降通道节流孔来保证。

3. 一回路泵支承冷却流道

一回路钠泵支承套筒是位于热钠池中的承重结构，为了限制套筒和套筒内部冷钠腔室的钠温度，给钠泵建立适当的边界温度，设置了钠泵支承冷却通道。

该冷却通道从一回路钠循环泵止回阀前方的节流装置引出流动钠，利用泵支承筒外面的两层热屏蔽构成泵支承冷却通道的上升段和下降段，冷却泵支承后返回主容器冷钠池。

4. 堆内电离室冷却流道

堆内电离室位于主容器热钠池，为保证堆内电离室能正常测量中子通量，也需对设备进行冷却。

该冷却通道从栅板联箱经节流装置取流动钠，经一根管道引向电离室通道，先自下向上流动，在一定标高处反向流动，经外屏与电离室通道形成的冷却通道下流到开孔处进入主容器热钠池。

6.2.4 系统热工流体参数匹配计算

在获得典型位置初步的温度、流量、液位、位差等数据后，要进行系统的热工流体参数匹配计算。匹配计算分四个步骤依次进行，分别为：辅助冷却系统流量匹配计算、主冷却系统流量匹配计算、一回路稳态热平衡传热计算、一回路流体力学计算。本节将依次介绍前三个步骤，最后的一步，即流体力学计算，将在 6.3 节介绍。

（一）辅助冷却系统流量匹配计算

辅助冷却系统流量匹配计算的目的是，在具备初步结构数据及典型位置温度数据基础上获得满足限值条件的辅助冷却系统的流量数据。

1. 主容器冷却系统流量匹配

主容器冷却系统流道如图 6.5 所示，计算范围从热池经由两层隔热层、外屏蔽、内屏蔽、主容器壁、氩气层、保护容器壁到堆坑空气。热池传出的热量一部分由对流换热和导热传到堆坑空气，一部分由冷却剂在上升和下降通道内流动而带走。

快堆热工水力学

依据上述热量平衡关系，热池传到内屏蔽中部的热量等于内屏蔽中部传到堆坑空气的热量与冷却剂带走的热量之和。

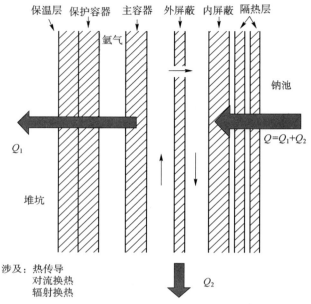

图 6.5　主容器冷却系统流道及计算模型示意图

假定冷却剂钠出口温度为 T，冷却系统进口温度为 $T_入$，内屏蔽中部温度为 $(T+T_入)/2$，热量平衡关系为：

$$Q = Q_1 + Q_2 \tag{6.1}$$

$$KA\left(T_热 - \frac{T+T_入}{2}\right) = K'A'\left(\frac{T+T_入}{2} - 50\right) + cm(T - T_入) \tag{6.2}$$

$$K = \cfrac{1}{\cfrac{1}{h_热} + \cfrac{\delta_{隔一}}{\lambda_{隔一}} + \cfrac{\delta_{隔二}}{\lambda_{隔二}} + \cfrac{\delta_外}{\lambda_外} + \cfrac{1}{h_上} + \cfrac{\delta_下}{\lambda_下} + \cfrac{1}{h_下} + \cfrac{\delta_内}{2\lambda_内}} \tag{6.3}$$

$$K' = \cfrac{1}{\cfrac{\delta_内}{2\lambda_内} + \cfrac{1}{h_上} + \cfrac{\delta_上}{\lambda_上} + \cfrac{1}{h_下} + \cfrac{\delta_主}{\lambda_主} + \cfrac{1}{h_{氩气}} + \cfrac{\delta_保}{\lambda_保} + \cfrac{1}{h_空}} \tag{6.4}$$

式中，K 为热池传到内屏蔽中部传热系数；K' 为内屏蔽中部传到堆坑空气传热系数；$\lambda_隔$、$\lambda_外$、$\lambda_内$、$\lambda_主$、$\lambda_保$、$\lambda_上$、$\lambda_下$ 为按温度计算的不锈钢、保温材料和钠的导热系数；σ 为各层厚度；A 为紧挨热池的隔热层的外侧面积，$A = \pi dh$，其中 d 为隔热层外径，h 为上升通道高度；A' 为主容器内屏蔽中部靠近热池方向的侧面积，$A' = \pi d'h$，其中 d' 为内屏蔽内径；c 为按照冷却剂钠平均温度查得钠的比热；m 为系统冷却剂流量。

按照上述计算方法初步得出主容器冷却系统钠出口温度与冷却系统流量的

关系，即可初步得到温度限定情况下的冷却系统冷却剂流量。

2. 泵支承冷却系统流量匹配

泵支承冷却系统流道如图 6.6 所示，计算范围从热池经由泵外屏蔽、下降通道、内屏蔽、上升通道、泵支承座到泵腔冷池。热池传出的热量一部分由对流换热和导热传到泵腔冷池，另一部分由冷却剂在上升和下降通道内流动而带走，保证泵支承内各部件温度在允许范围内。

依据上述热量平衡关系，热池传到内屏蔽中部的热量等于内屏蔽中部传到泵腔冷池的热量与冷却剂带走的热量之和。

假定冷却剂钠出口温度为 T，内屏蔽中部温度为 $(T + T_入)/2$，热量平衡关系为：

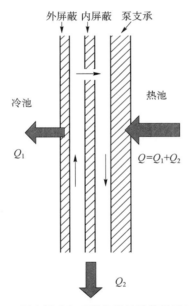

图 6.6　泵支承冷却系统流道及计算模型示意图

$$Q = Q_1 + Q_2 \tag{6.5}$$

$$KA\left(T_热 - \frac{T + T_入}{2}\right) = K'A'\left(\frac{T + T_入}{2} - T_入\right) + cm(T - T_入) \tag{6.6}$$

$$K = \cfrac{1}{\cfrac{1}{h_热} + \cfrac{\delta_外}{\lambda_外} + \cfrac{1}{h_上} + \cfrac{\delta_下}{\lambda_下} + \cfrac{1}{h_下} + \cfrac{\delta_内}{2\lambda_内}} \tag{6.7}$$

$$K' = \cfrac{1}{\cfrac{\delta_内}{2\lambda_内} + \cfrac{1}{h_上} + \cfrac{\delta_上}{\lambda_上} + \cfrac{1}{h_下} + \cfrac{\delta_泵座}{\lambda_泵座} + \cfrac{1}{h_冷}} \tag{6.8}$$

式中，K 为热池传到内屏蔽中部传热系数；K' 为泵内屏蔽中部传到泵腔冷池传热系数；$\lambda_{外}$、$\lambda_{内}$、$\lambda_{泵座}$、$\lambda_{上}$、$\lambda_{下}$ 为按温度计算的不锈钢和钠导热系数；A 为紧挨热池的泵外屏蔽的侧面积，$A = \pi dL$；A' 为泵内屏蔽中部靠近热池方向的侧面积，$A' = \pi d'h$；c 为按照冷却剂钠平均温度查得钠的比热；m 为系统冷却剂流量。

按照上述计算方法初步得出泵支承冷却系统钠出口温度与冷却系统流量的关系，即可初步得到温度限定情况下的冷却系统冷却剂流量。

3. 电离室冷却系统流量匹配

电离室结构不同于上述两类冷却系统，一般布置在热池下生物屏蔽区，贯穿于整个反应堆容器。可以简单认为该系统由 1 个外套管、4 个电离室内部套管和 4 个热电偶组成。钠在 4 个电离室套管间隙内向上流动，而后折转，在 4 个电离室套管和外套管之间的空间向下流动。此处流量匹配仅考虑液面标高以下起主要传热作用的上升和下降流道即可。

电离室冷却系统流道如图 6.7 所示，计算范围从热池经由外套管壁、4 个电离室外套管壁、4 个电离室管壁传到 4 个电离室内腔。热池传来的热量全部由上升和下降通道内的冷却剂钠带走，考虑到不规则的大空间下降通道，采用相对换热面等效的方法将下降通道等效为位于外套管内的圆环形通道。

电离室所处热池各段温度各异，需要分阶段对待。假定 4 个电离室内部腔绝热，热池传到电离室套管中部的热量等于冷却剂带走的热量。

假定冷却剂钠出口温度为 T，电离室套管中部温度为 $(T + T_{入})/2$，依据上述传热量平衡关系可得：

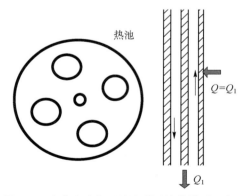

图 6.7　电离室冷却系统流道及计算模型示意图

$$Q = Q_1 \qquad (6.9)$$

$$KA_1\left(T_{热1}-\frac{T+T_\lambda}{2}\right)+KA_2\left(T_{热2}-\frac{T+T_\lambda}{2}\right)=cm\left(T-T_\lambda\right)\qquad(6.10)$$

$$K=\cfrac{1}{\cfrac{1}{h_{冷热池}}+\cfrac{\delta_{外套管壁}}{\lambda_{外套管壁}}+\cfrac{1}{h_上}+\cfrac{\delta_下}{\lambda_下}+\cfrac{1}{h_下}+\cfrac{\delta_{外管壁}}{2\,\lambda_{外管壁}}}\qquad(6.11)$$

式中，K 为热池到电离室套管中部传热系数；$\lambda_{外管壁}$、$\lambda_{外套管壁}$、$\lambda_上$、$\lambda_下$ 为按温度计算的不锈钢和钠导热系数；A_1 为上部热池电离室外套管外侧面积，$A_1=\pi d_{外套管}$ $h_{上热池}$，其中 $h_{上热池}$ 为上部热池电离室外套管高度；A_2 为下部热池电离室外套管外侧面积，$A_2=\pi d_{外套管}h_{下热池}$，其中 $h_{下热池}$ 为下部热池电离室外套管高度；c 为按照冷却剂钠平均温度查得钠的比热；m 为系统冷却剂流量。

按照上述计算方法初步得出电离室冷却系统钠出口温度与冷却系统流量的关系，即可初步得到温度限定情况下的冷却系统冷却剂流量。

（二）主冷却系统流量匹配计算

主冷却系统流量匹配的目的是，在获得辅助冷却系统流量匹配数据后，根据已知的堆芯流量及一回路工艺流程图中各流道的并联、串联关系，获得一回路主冷却系统流量匹配结果。即获得泵流量（根据需要取一定裕度）、IHX 流量、高压管流量等。

这些计算，根据流程图中的各流道的串并联关系很容易计算，此处不再赘述。

（三）一回路稳态热平衡传热计算

具备了堆芯入口、出口温度和流量，一回路各主、辅冷却系统匹配的流量和初步温度情况后，下一步可以进行一回路稳态热平衡传热计算了。该计算的目的是通过迭代计算，最终获得匹配的一回路系统温度参数。

一回路稳态热平衡计算包括三个热平衡计算，需要依次进行热池热平衡计算、堆本体热平衡计算、冷池热平衡计算。

计算过程及计算目标为：根据堆芯出口流量、温度等已知条件，依据热池热平衡计算，获得 IHX 入口温度；依据 IHX 入口流量、温度等已知条件，根据堆本体热平衡计算，获得 IHX 出口温度（此步骤同时可获得一回路传热效率，即一回路系统将热量通过 IHX 传递到二回路的能力）；再依据 IHX 出口流量、温度等已知条件，根据冷池热平衡计算，获得新的堆芯入口温度。对比新获得的堆芯入口温度，与原有的堆芯入口温度偏差是否在可接受范围。依据前面的计算模式，一般的结构偏差均较小，在可接受范围。至此则计算完成，获得最终的匹配的一回路温度参数。如果偏差较大，表明一回路系统现有参数无法保证设定的堆芯入口温度，需要根据具体的温度匹配情况进行相应的必要的参数调整。

如图6.8所示，热平衡计算原理如下：

（1）以热池为研究对象，分析热池来流项、出流项，以及没有质量交换但有热量交换的项目，进行热池热平衡计算。

热钠池稳态热平衡关系式为：

$$Q_{堆芯} + Q_{电离室} + Q_{泵支承回热池} - Q_{IHX} - \sum_{i=1}^{6} Q_i = 0 \tag{6.12}$$

式中，$Q_{堆芯}$为堆芯出口来流带入热池的热容；$Q_{电离室}$为电离室来流带入热池的热容；$Q_{泵支承回热池}$为泵支承冷却系统回热池来流带入热池的热容；Q_{IHX}为IHX入口冷却剂流带走的热容；Q_i为热池热损失项，包括6项，分别为堆容器冷却系统、泵支承冷却系统、热池独立热交换器、钠净化系统热池段、堆容器热池段散热、热池对冷池传热等从热池带走的热量。

（2）以整个堆容器为研究对象，分析热量传递情况，进行堆容器热平衡计算。

堆容器稳态热平衡关系式为：

$$Q_{堆芯} + W_{泵功} - Q_{IHX} - Q_{DHX} - Q_{钠净化} - Q_{散热} = 0 \tag{6.13}$$

式中，$Q_{堆芯}$为堆芯释热；$W_{泵功}$为一回路主泵向钠池输送的热量；Q_{IHX}、Q_{DHX}为通过IHX、DHX传递给其二次侧的热量；$Q_{钠净化}$为钠净化系统从堆容器内带走的净热量；$Q_{散热}$为堆容器散热。

堆容器热平衡计算中，还涉及覆盖气体。但由于热池上方覆盖氩气置换管路的气体流量很小，并且氩气流出流入堆本体内时温度差异很小，其散热相对于整个堆本体一回路而言可以忽略，因此计算中认为该部分散热近似为0。

（3）以冷池为研究对象，分析冷池来流项、出流项，以及没有质量交换但有热量交换的项目，进行冷池热平衡计算。

冷池稳态热量平衡关系式为：

$$Q_{IHX+IHX漏流} + Q_{堆容器} + Q_{泵支承回冷池} + Q_{热池到冷池} + W_{泵} - Q_{冷池段散热} - Q_{钠净化冷池段} = 0 \tag{6.14}$$

式中，$Q_{IHX+IHX漏流}$为通过IHX来流带入冷池的热容；$Q_{堆容器}$为主容器冷却系统来流带入冷池的热容；$Q_{泵支承回冷池}$为泵支承冷却系统回到冷池的来流带入冷池的热容；$Q_{热池到冷池}$为热池到冷池的传热量；$W_{泵}$为一回路主泵向冷池的释热量；$Q_{冷池段散热}$为堆容器冷池段的散热；$Q_{钠净化冷池段}$为钠净化系统冷池段到冷池的净吸热量。

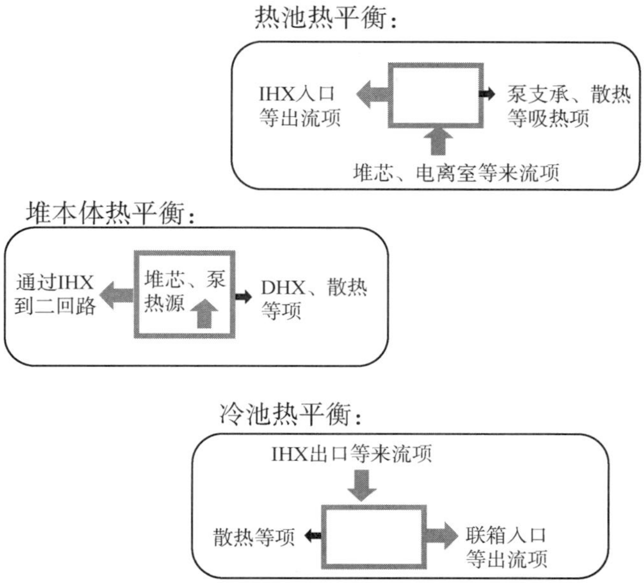

图 6.8　一回路系统热平衡计算原理示意图

|6.3　一回路流体力学计算的方法|

在一回路系统中主、辅冷却系统获得匹配的流量、温度后，对一回路系统进行流体力学计算。

一回路流体力学计算对象为一回路主冷却系统流道及辅助冷却系统流道。其具体计算过程大致可归纳为如下 4 个步骤：

（1）将系统流道分解为易于采用公式计算的 n 段：$A_1, A_2, \cdots, A_n$ 段。

（2）对每一段分别进行压降计算。计算流程如图 6.9 所示。

（3）计算系统总压降：$\Delta P = \Delta P_1 + \Delta P_2 + \cdots + \Delta P_n$。

（4）以覆盖气体压力为边界，获得典型位置处的压力：$P_1, P_2, \cdots, P_n$。

下面再分别给以简要说明。

（一）一回路主冷却流道流体力学计算

一回路主冷却系统流道包括 IHX、主泵、压力管、堆芯、生物屏蔽柱等设备及构件。可将其分为生物屏蔽、生物屏蔽支承筒、IHX 支承筒、IHX（整体

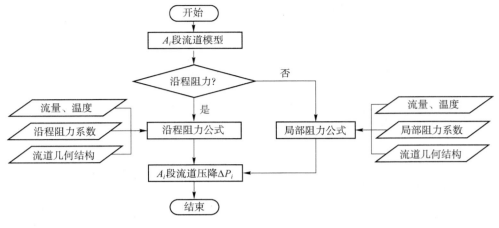

图6.9 分段压降计算流程图

提供）、泵吸入腔、泵、高压管、大栅板联箱等几段，然后针对各段流道的具体结构和钠液温度，查找流体阻力手册，计算得到各段压降，各段压降之和就是一回路总压降。

（二）辅助冷却系统流体力学计算

根据各辅助冷却流道的流量和具体结构计算各辅助冷却流道的压降，一回路总压降与辅助冷却流道压降之差即为辅助冷却流道节流件的设计压降。

1. 主容器冷却流道

主容器冷却流道总压降主要由压力管压降、堆内支承开孔压降、上升通道压降、下降通道压降、隔板上部开孔压降、进口节流件及出口节流件压降构成。其中压力管压降、堆内支承开孔压降、上升通道压降、下降通道压降、隔板上部开孔压降包括沿程阻力及局部阻力，各段的沿程阻力系数和局部阻力系数通过查找流体阻力手册获得，根据 $\Delta P = \dfrac{1}{2}\rho\xi v^2$ 公式计算各段压降，其中 ρ 为流体密度，ξ 为阻力系数，v 为流速。出口节流件压降为下降通道液柱压力与出口节流件处的冷池液柱压力之差，进口节流件压降为一回路总压降与上述压降之差。

2. 一回路泵支承冷却流道

一回路泵支承冷却流道总压降主要由上升通道压降、下降通道压降、隔板上部开孔压降、节流件压降、一回路泵压降构成。其中上升通道压降、下降通道压降、隔板上部开孔压降、一回路泵压降包括沿程阻力及局部阻力，各段的沿程阻力系数和局部阻力系数通过查找流体阻力手册获得，根据 $\Delta P = \frac{1}{2}\rho\xi v^2$ 公式计算各段压降。节流件压降为一回路总压降与上述压降之差。

3. 电离室冷却流道

电离室冷却流道总压降主要由压力管压降、堆内支承开孔压降、上升通道压降、下降通道压降、隔板上部开孔压降、入口节流件压降、一回路泵压降及中间热交换器压降构成。其中压力管压降、堆内支承开孔压降、上升通道压降、下降通道压降、隔板上部开孔压降、一回路泵压降及中间热交换器压降包括沿程阻力及局部阻力，各段的沿程阻力系数和局部阻力系数通过查找流体阻力手册获得，根据 $\Delta P = \frac{1}{2}\rho\xi v^2$ 公式计算各段压降。入口节流件压降为一回路总压降与上述压降之差。

|6.4　一回路热工水力分析的发展趋势|

近年来，计算机计算能力和三维数值模拟计算技术的发展，使快堆一回路热工水力分析逐步呈现三维精细化分析趋势，主要包括关键部件或位置的三维计算或其与一维系统程序的耦合计算。人们通过三维数值计算进行部分设计的校验计算和热工水力特性的研究，甚至在逐步代替部分实体试验（相信随着计算能力和三维模拟技术的发展，三维模拟会越来越多地代替实体试验）。

反应堆的三维数值模拟计算为人们的设计和研究工作带来了较多便利，尤其体现在对参数敏感性分析的灵活性和降低时间、经费成本，以及对不方便进行实体试验的以钠工质的模拟计算方面。同时，在三维计算中还可以体现实体试验中无法观测或测量到的数据或现象，如速度场等。

关于一回路系统相关的性能或校验实体试验的内容将在第 8 章详细介绍。下面的章节将简要介绍三维数值模拟在一回路稳态热工水力设计中的应用。

6.4.1　三维数值计算可靠性应用方法

对于钠冷快堆的热工水力现象的数值模拟，可以通过如下方法增强三维数值计算的可靠性：

首先，充分了解模拟对象，梳理需要模拟的关键物理现象。此处模拟对象包括需模拟的结构和关键的物理现象；然后，在此基础上，依据要模拟的关键物理现象，建立一套预期适用的三维数值模拟计算方法，包括模拟简化策略等；最后，也是关键的一步，即采用相同的物理现象的台架试验数据进行模拟计算方法的验证计算。尤其是涉及钠传热特性的模拟计算，需要用钠台架试验数据进行验证（研究性质或参数敏感性研究时，没有适用数据，可适当放宽要求）。待计算方法验证完成后，即可将其用于新的类似的物理现象的模拟计算。

上述验证因素包括但不限于如下几个方面：

（1）边界层设置的适用性和合理性。

（2）模型简化策略的合理性及准确性，如采用多孔介质模型模拟某些部件时的准确性。

（3）采用的网格类型以及网格的无关化程度。

（4）湍流模型以及模型中具体参数等的适用性。

（5）与模拟的物理现象相匹配的求解算法及相关系数，即确认求解算法及其相关系数的适用性等。

如图 6.10 所示，图 6.10(a) 为日本研究者专门针对反应堆主容器冷却系统而开展的钠试验，图 6.10(b) 是选用不同的湍流模型的三维数值模拟结果与试验结果的比较；图 6.11 所示是印度学者针对 PFBR 堆的主容器冷却系统建立的水试验台架，以及利用三维 CFD 计算对冷却系统内部流型的模拟结果；图 6.12 是俄 V200 水试验台架及其针对性的上部腔室强迫循环时的热分层数值模拟研究。图 6.13 是我国学者对日本文殊堆紧急停堆工况过程中堆芯出口腔室热分层现象的模拟研究。

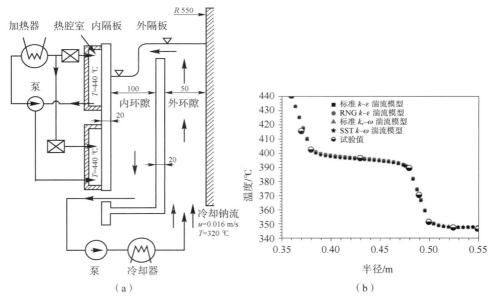

图 6.10　日本主容器冷却系统钠试验及三维 CFD 湍流模型验证计算

图 6.11 印 PFBR 主容器冷却系统试验（1:5 水试验）及三维 CFD 模拟计算
（图示研究目的为进口流速对冷却系统内部流场的影响）

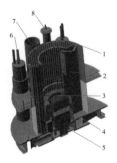

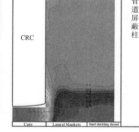
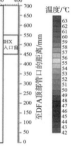

图 6.12 俄 V200 水试验台架及其上部腔室针对性数值模拟研究
（强迫循环时上腔室热分层研究）

1，6—中间热交换器（IHX）；2—提升机密封罩；3—堆芯围板；4—堆芯（FSA 模拟件）；
5—压力腔室；7—回路泵的模拟件；8—独立热交换器（DHX）

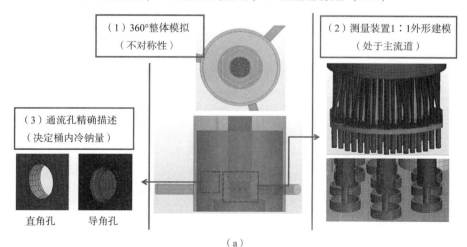

图 6.13 日本文殊堆堆芯出口腔室热分层模拟研究
（a）建模策略

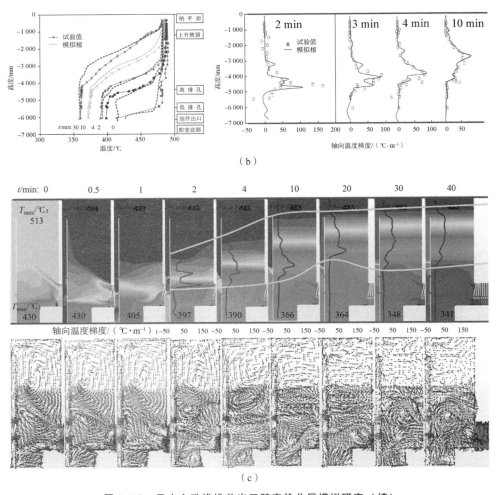

（b）

（c）

图 6.13　日本文殊堆堆芯出口腔室热分层模拟研究（续）

（b）模拟计算值与试验值的对比（有导角孔）；（c）流场、温度场、轴向温度梯度进程研究

6.4.2　三维数值计算的应用及其应关注的关键现象

目前，在一回路稳态热工水力设计中，三维数值模拟计算已被广泛应用。应用范围包括局部热工水力现象的机理性研究、设备或结构的热工水力现象的研究及优化设计等。

三维数值模拟计算需要视具体的模拟内容及计算能力进行合理的模拟简化，同时处理好合理的边界条件。模拟完成后，根据模拟结果，结合设计目标，给出设计优化及改进方向及建议。

对于池式钠冷快堆，稳态三维数值模拟计算的重点内容，是那些无法通过简单的零维或一维计算获得的但又是很关键的现象。现大致罗列如下：

（1）堆芯出口区流量及温度分布情况。部分堆涉及燃料组件出口温度测点位置应随对应被测组件出口钠流流向偏移的问题。

（2）热池、冷池需要搅混充分，同时不同环路中的中间热交换器进口、出口温度温差应小于设定值。此处涉及因素包括中心测量柱外形对热钠池流型的影响、生物屏蔽柱的外径及具体布置对流场的影响、生物屏蔽支承桶出口窗的具体布置对流场的影响，堆内支持腔室隔板以及各类设备支承对冷池流场的影响等。

（3）中间热交换器入口窗周向流速应尽量均匀分布。这里涉及热交换器出口窗的设计及与周围结构的配合。

（4）主容器冷却系统内部流速分布均匀，使主容器温度分布尽量均匀，不对称性分布小于设定值。这里涉及主容器冷却系统入口和出口节流件布置的密度、环隙宽度、节流件的具体结构等问题。

（5）泵支承冷却系统内部流速分布均匀，泵支承结构温度分布均匀。这里与主容器冷却系统相关问题一样，同样涉及冷却系统入口和出口节流件布置的密度、环隙宽度、节流件的具体结构等问题。同时又更为复杂，因为它的结构小，同时需要与泵支承相互配合，不能影响泵支持的支持性能。

（6）大栅板联箱内搅混充分，温度、流速均匀，能为堆芯入口流量分配提供等压环境，即温度、压力不均匀性在可接受范围。此处涉及大栅板联箱与小栅板的配合，大栅板联箱与高压管管径的配合，高压管来流的具体情况（包括来流数量、角度、流速等），其他节流装置，如主容器冷却系统、电离室相关节流装置的个数、具体位置等。

（7）设置有堆芯围桶开孔的堆型，在强迫循环时，堆芯围桶开孔处冷却剂流量应较小。

（8）池内所有结构附近混流来流的钠流温差应小于限定值。

（9）池内液面波动幅度较小，不会使中间热交换器和泵产生气体夹带问题。

（10）大小旋塞之间环形缝隙内氩气的自然循环流动现象，不对结构产生不利影响，包括可能的钠蒸气的凝固不对设备及其运行造成影响等。

除上述较为宏观的关键现象外，三维数值计算还用于如下较为机理性的热工流体现象模拟评估。通过三维数值模拟计算，可以根据这些现象对结构材料的性能进行评估，对设计或材料提出相应改进方向。

（1）流体射流现象，主要发生在堆芯出口、IHX 出口等区域。流体射流的不等温流界面会引起随意的温度脉动，由于液态钠大的导热系数，脉动传递到邻近结构极少衰减，最终将导致结构的高疲劳损伤和裂缝开裂，即发生热脱落现象。

（2）钠气交接面温度波动现象，主要发生在液面波动区域。结构材料轴线大温度梯度的波动，会导致结构材料发生热棘轮效应。因此堆内一般采取措施尽量维持液面恒定，如设置合理的溢流孔等。

参考文献

［1］ Vivek V，Anil K S，Balaji C. A CFD Based Approach for Thermal Hydraulic Design of Main Vessel Cooling System of Pool Type Fast Reactors［J］. Annals of Nuclear Energy，2013（57）：269－279.

［2］ Kamzaki Y，Takeishi M，Ueda S，Fujimoto T. Heat Transfer Studies on a Reactor Vessel Cooling System［C］. International Conference on Nuclear Engineering，Japan，1995.

［3］ Vivek V，Vivekananth L，Govinda R N，Vinayagam N. Thermal and Hydraulic Design of Main Vessel Cooling System for a Fast Breeder Reactor［C］// Proceedings of the 38th National Conference on Fluid Mechanics and Fluid Power，2011.

［4］ Opanasenko A N，Sorokin A P，Trufanov A A，et al. Experimental Investigations of Velocity and Temperature Fields，Stratification phenomena in a Integral Water Model of Fast Reactor in the Steady State Forced Circulation［C］//FR－17，Ekaterinburg，2017.

［5］ 冯预恒，赵勇，周志伟，等. CEFR 整体冷钠池及其辅助系统温度场三维数值模拟［J］. 中国原子能科学技术，2014，48（04）：656－661.

［6］ Velusamy K，Chellapandi P，Chetal S C，et al. Overview of Pool Hydraulic Design of Indian Prototype Fast Breeder Reactor［J］. Sadhana，2010，35（2）：97－128.

［7］ 薛秀丽，付陟玮，冯预恒，等. 日本文殊原型快堆堆芯出口腔室热分层现象数值模拟［J］. 中国原子能科学技术，2013，47（10）：1766－1772.

［8］ 薛秀丽，杨红义，冯预恒. 日本文殊快堆紧急停堆后堆芯出口腔室瞬态工况模拟研究［J］. 中国原子能科学技术，2017，51（10）：1827－1833.

第 7 章

一回路自然循环分析

作为第四代代表堆型之一的快堆，其一回路自然循环能力是一个重要的安全特性，被各个快堆国家所关注。但由于快堆堆内结构及自然循环物理现象本身的复杂性，目前一回路自然循环技术相对尚不成熟，是各快堆国家的前沿研究课题，也难以见到相关的较为完整的针对性的教材。本章将在中国实验快堆的一回路自然循环设计经验基础之上，简要介绍池式钠冷快堆一回路自然循环相关技术，便于读者对池式钠冷快堆一回路自然循环有一个系统的了解。

本章将在第一节介绍快堆自然循环的一些基本概念；在第二节介绍快堆自然循环的一般设计，其中会重点介绍相对较为成熟的独立热交换器布置在热池方式下的堆内自然循环特点；第三节将介绍一回路自然循环的计算分析，包括稳态及瞬态计算，并给出了自然循环瞬态计算分析算例（自然循环设计的工程试验验证，将在第 8 章中给予介绍）；最后一节将介绍目前仅有的部分实堆自然循环试验实施、研究情况。

快堆一回路自然循环是仍在发展中的技术，具有较强的工程特性。对本章中所述内容，欢迎联系笔者共同探讨。

|7.1　概述|

反应堆安全最主要的目标是建立并维持一套有效的防御措施，确保人员、社会及环境所受放射性等危害风险极小。保证反应堆安全的方法大致分两种，一种是在总体设计上，使反应堆具备固有安全性，即面对一系列可能发生的事故，该设计可使反应堆仍能安全地运转，甚至在不采取自动的或周密考虑的保护措施情况下，损伤也不会扩展；另一种是加入保护系统，即专门为阻止事故损伤事态发展而设计的设施，可以是能动的，如自动停堆系统，也可以是非能动的，如安全壳屏障、自然循环的余热导出系统等。

对于固有安全性，以典型的钠冷快堆为例，主要包括4个方面：

（1）钠冷快堆一般设有三层包容边界，即燃料元件包壳、一次冷却剂容器、反应堆厂房。

（2）钠冷快堆一次冷却剂压力低，容器承受力小，损坏可能性极小，即使发生破裂，冷却剂也不会发生汽化。

（3）液态钠具有良好的热物理性能，因此，在合理设计后，钠堆可以具备足够的自然循环能力来带出堆芯余热，甚至当一回路系统破裂时，在没有额外的应急措施下，堆芯也能够得到有效冷却。

（4）钠堆的负的功率反应性系数，即当燃料温度升高时，反应堆可产生可靠的负的瞬发反馈反应性（其中多普勒效应是功率系数的重要成分），该特性可以极大增强反应堆的安全性。

对于固有安全性，值得一提的是 EBR-Ⅱ 的相关试验。三哩岛事故后，美国极力主张核电厂设计应具有非能动安全特性，即不需要任何外部干预而靠堆本身的特性来自行终止事故进程。1986 年 4 月，美国阿贡国家试验中心，在 EBR-Ⅱ 钠冷快堆上进行了强调固有安全特性的示范表演，并邀请日、法、西德、英国的代表观看。共进行了两个试验：没有紧急停堆条件下的失流试验、没有紧急停堆条件下的失热阱试验。两个试验均在堆满功率运行下，人为地使反应堆安全保护装置不起作用，有效地模拟了全厂的停电事故。试验结果表明：两种工况下，堆芯中，由于燃料温度和冷却剂钠温度升高而产生的反应性负反馈作用，均自行停堆。整个过程中，堆温度保持在安全裕度内，冷却剂出口温度最大值约 710 ℃，距钠沸腾温度 892 ℃ 尚有很大裕度。

对于保护系统，大致分两种，一种是用于事故的早期探测，并防止事故进一步发展，如与各种燃料破损、冷却剂沸腾相关的探测器等；另一种是用于减轻或控制事故后果，如带有通风和过滤装置的反应堆安全壳建筑物、事故后余热排出系统等。

快堆的一回路自然循环设计涉及堆的固有安全性设计和保护系统设计。

表 7.1 给出了燃料中的放射性裂变产物衰变所产生的"衰变热"随时间的关系。快堆紧急停堆初期的冷却依靠堆的固有安全性设计，如温度负反馈效应、堆本身的自然循环特性的设计等；长期冷却，如果设计得当，依靠自然对流，二回路可以排出部分热量，如几兆瓦。而在停堆早期，衰变热大于二回路排热能力的时间段内，或是二回路不可用的情况下，需要采取可靠措施导出衰变热，如依靠保护系统的专门的事故余热排出回路。专门的事故余热排出回路中，冷却剂依靠自然循环，可以在不依靠二回路运行且没有电源驱动一次泵的驱动下，使燃料得到足够冷却。一般来说，冷却剂在事故后仍能流经堆芯循环，有时还要考虑堆芯解体事故的保护问题等，如需要设置堆芯熔融收集器，并可通过自然循环对其进行冷却。

表 7.1　反应堆经长期稳定运行而停堆后由裂变产物产生的衰变热

停堆后时长	1 s	10 s	100 s	1 h	1 d	1 w	1 m	1 a	10 a
与停堆前功率的比值	0.062	0.050	0.035	0.015	0.004 5	0.001 9	0.001 1	0.000 56	0.000 28

7.1.1　快堆的热工安全特性

本小节以钠冷快堆为主要分析对象，阐述快堆的热工安全特性。

液态钠具有的大热导率、小比热等热物性特征，为将钠冷快堆设计成具有固有安全性和采用非能动余热导出系统提供了条件。在此基础上，通过合理设计，钠冷快堆具有了相应的安全优势和良好特性，尤其是可以采用非能动的自然循环导出堆芯余热，使堆更具安全性，这也是快堆成为第四代堆型的重要原因之一。

以下基于液态钠的优良物性来具体说明钠冷快堆的热工安全特性。

首先，液态钠具有相对较大热导率（平均工作温度约 400 ℃ 时为 70.9 W/（m·K）），约是水的百倍，因此钠冷快堆的燃料组件可以将热量相对快速地传递出去，堆芯相对不易过热。

其次，液态钠具有较小的比热（约为常温常压下水的 1/3），同时池式堆一回路中包容有百吨甚至千吨的冷却剂钠，使池内具有相当大的热容，可提供快堆冷却热阱。这样，只要借助泵或自然循环对流使之循环，即使根本没有二次冷却，其温升也很慢。

如图 7.1 所示，给出了典型池式堆一次冷却剂在反应堆停闭且二次冷却剂同时全部损失时的平均温升。在温度升高到能够引起燃料大量破损（可能在 800 ℃ 至 1 000 ℃ 之内发生，取决于燃料设计的细节和燃耗）之前，尚有十分充裕的时间使二次冷却剂恢复正常。

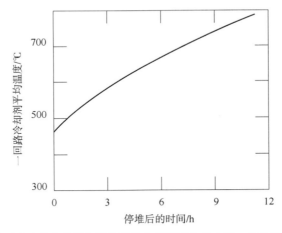

图 7.1 典型池式堆在停堆和排热系统全部同时失效之后一次冷却剂平均温度

再次，液态钠具有相对于水较小的黏度，所以流动性较好；同时液态钠还具有相对于水较大的膨胀系数，因此液态钠利于在一定温差下建立自然循环和自然对流。

最后，快堆钠工作温度一般在 550 ℃ 以下，与其沸点 892 ℃ 之间温差较大，因此，反应堆一回路系统不需要因防止钠沸腾而加压，仅需为防止泄漏及有时需顾及钠泵相关需求而保证微微正压即可，一般表压为 0.1 ~ 0.2 MPa。因冷却剂压力低，故而冷却剂容器承受力不大，破裂可能性极小，而即使发生破裂，通过合理设计，仍能十分容易地导出衰变热，并保持包壳的冷却，防止破损蔓延。气冷或水冷堆则与此正好相反，冷却剂压力高，因此必须采取多方面保护措施，防止失冷事故的发生。

上面提到的"合理设计"，可以是这样的：不论池式还是回路式钠冷快堆，都可能设计为，当一回路容器破裂时，在没有额外应急措施下，堆芯仍能被冷却剂淹没，并仍能具备自然循环冷却通道用于余热导出。这样，在过热不严重的情况下，依靠自然循环完全可以有效导出堆芯衰变热，保证反应堆的安全。对于池式堆，当主容器继而保护容器都破裂时，一次冷却剂下降后的液面要设计得高于堆芯和中间热交换器平面，这样，此时反应堆可依靠流经未损坏的中间热换器的二次冷却剂，或是借助应急排热系统有效导出衰变热；在回路式堆中，如要在管道断裂情况下，堆芯仍能被冷却剂淹没，则冷却剂管道与堆容器的连接处必须设计得高于堆芯上平面。这样，只要至少有一条一次冷却剂回路保持完整无损，衰变热就可以被有效导出。

7.1.2　自然循环基本概念

自然循环是指在闭合回路内仅仅依靠冷热流体间的流体密度差所产生的浮升力驱动压头来驱动流体循环运动的一种传输方式，是一种非能动的方式。

自然循环由上升段、下降段、热源和冷源组成。上升段中为高温流体，下降段为低温流体，由于密度差不同，流体会在此密度差所形成的循环压头的驱动下流动。上升段的热流体在回路的上部被冷却后，温度降低，密度增大，随后下降进入下降段；下降段中冷流体在回路的下部被加热后，温度升高，密度减小，随后上升进入上升段中，完成自然循环。

自然循环的流动，是由于重力作用下的热驱动引起，由热源、冷源维持。循环流量主要由回路中的冷热端的温差、自然循环有效高度差、回路中的阻力所决定。用公式可表示为：

$$gH(\rho_c - \rho_h) = R\frac{W^2}{2\bar{\rho}} \tag{7.1}$$

式中，g 为重力加速度；H 为自然循环高度；ρ_c 为冷流体密度；ρ_h 为热流体密度；R 为回路中的水力学阻力系数；W 为质量流量；$\bar{\rho}$ 为冷热流体的平均密度。

质量流量可以表示为：

$$W = \left[\frac{2\rho A^2 (\rho_c - \rho_h)H}{R}\right]^{\frac{1}{2}} \tag{7.2}$$

由上所知，在一个闭合回路中，自然循环流动建立的条件为：

（1）密度差：冷源和热源之间存在较大的密度差；

（2）高位差：热源中心位置低于冷源中心位置；

（3）压头差：要驱动流动，自然循环驱动压头需大于回路阻力压头。

相对应的，要增强自然循环能力的基本途径有：

（1）尽量加大上升段和下降段之间流体的密度差；

（2）尽量加大冷热源高位差；

（3）尽量减小回路摩擦压降和局部压降。

对于钠冷快堆一回路冷却剂系统，事故发生后，可依靠堆芯与中间热交换器或专门设置的独立热交换器之间的高位差产生的自然循环流道，带出堆芯热量。

此时的核心问题是，能否建立具有足够流量的、稳定的自然循环，以带出足够的堆芯热量，避免其过热。布置上，需要热交换器的中心位高要高于堆芯中心位高，这是前提。其次要具备足够能力，则要求具有足够大的位差及足够小的流道阻力系数，以保证足够的自然循环流量。

7.1.3　余热排出的基本概念

对于所有类型的核能反应堆，紧急停堆后堆芯余热排出都是重要的安全考验。如图 7.2 所示为部分典型的钠冷快堆余热曲线（堆芯余热为两个分量之和，一为中子释热，由缓发中子辐射以及它们在已经成为次临界堆中的增殖所引起，一分钟内起作用；二为放射性释热，是由裂变碎片的放射性衰变所引起）。停堆初期，堆芯功率快速下降到停堆前功率的约 6%，之后逐渐衰减，到 1 000 s 时约为 2%，10 000 s 时约有 1%，100 000 s 时尚有 0.6%。这些堆芯热量相当可观，且该工况下燃料元件表面的热通量可达到 0.15 MW/m^2。堆芯巨大的能量强度要求必须要有有效的热移除手段，以一定的速率降低堆芯和反应堆冷却剂的温度，保证燃料棒、堆内构件和堆容器处于可接受的温度限值范围，即保证压力边界的完整性，确保反应堆的安全。

对于紧急停堆后堆容器内需要排出的余热，包括三个部分。除上述提到的堆芯余热外，还包括一回路钠泵和其他设备的发热，以及反应堆冷却剂的显热。

一般采用的反应堆热移除手段包括：利用反应堆的固有安全性特性、一回路和二回路主循环泵的惰转时长的相互配合，以及利用事故余热排出系统

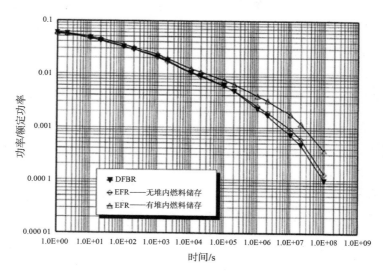

图 7.2 典型快堆紧急停堆后的余热曲线

（DHRS）等。其中反应堆的固有安全特性，包括反应堆的温度负反馈效应、堆容器内容纳的大量钠所具有的热惯性、堆芯与换热器的高度差等形成的堆本身的自然循环特性设计等。

如图 7.3 所示，对于将 DHX 布置在热池的利用盒内、盒间流共同带出堆芯余热的池式钠冷快堆，从堆芯出口温度主要影响因素角度，紧急停堆后堆容器内的热工水力状况大致可以划分为三个阶段：强迫循环阶段、自然循环第一阶段、自然循环第二阶段。三个阶段大致的分隔点为一回路泵惰转停止时刻及余热排出系统开始影响到堆芯出口温度的时刻。该过程中，堆芯出口温度变化曲线，一般会有三个峰值温度。第一个峰值温度一般是因为先停泵后停堆的情况所引起，出现在停堆最初的几秒内。如先停堆后停泵，一般不会出现该温度峰值；第二个峰值温度一般出现在停堆短期的百秒左右，是发生在一、二回路泵惰转结束之后；第三个峰值温度一般出现在千秒左右，此时，堆内可观的、稳定的自然循环流量已经建立。这三个峰值与堆的固有安全性特性息息相关，同时与余热排出系统的设计、一回路和二回路主泵的惰转时长的相互配合也有重要关系（图中暂不考虑温度负反馈效应）。

事故余热排出系统，有时也称为应急排热系统，用于堆内长期余热的排出，对其可从两个方向进行研究。第一个方向是假定使用主热传输系统本身就具备的主设备，第二个方向是设立专门的系统或设备的组合。第一个解决方案是最通用的。但是，因主设备具有发生故障的可能性，例如，装置的系统电源丧失、蒸汽发生器缺少供水等，使得人们需要使用第二种方法，即使用其热交

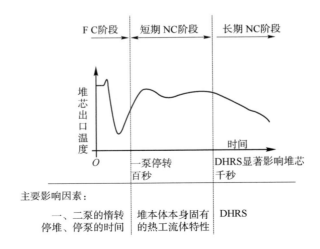

（FC：强迫循环；NC：自然循环；DHRS：事故余热排出系统）

图7.3　紧急停堆后的三个阶段及堆芯出口温度的三个温度峰值

换器或另外设置的专门的热交换器，再配以合适的泵和独立的电源等（非必须）方式来建立专门的排热回路。

DHRS 属于专用安全系统，必须具备高度可靠性。对于钠冷快堆而言，一般余热排出回路通常设计成自然循环回路，早期也有加辅助电磁泵驱动的情况，但同时回路具备泵失效时的自然循环能力。这种自然循环的非能动或者接近非能动的事故余热排出方式，是钠冷快堆一个重要特征，也是重要优点之一。同时，DHRS 的设计还要求具备冗余性和多样性（尤其是发生福岛事故后）。

典型的 DHRS 技术方案，以 CEFR 为例，在 CEFR 失去厂外电、地震和所有蒸汽发生器失给水情况下，主热传输系统不可用时，将启用 DHRS 排出堆芯余热。如图7.4 所示，堆芯余热采用自然循环，通过三个步骤排至最终热阱：

（1）利用盒间、盒内流将堆芯燃料组件的热量传递到热池。

（2）利用布置在热池的浸入式钠－钠热交换器（独立热交换器，DHX），将热池的热量传递给 DHRS 的中间回路。

（3）利用布置在堆外高处的钠－空气热交换器（空冷器，AHX），并在拔风烟囱的帮助下，将中间回路的热量传递至最终热阱——大气。

因钠的凝点为 98 ℃，需要考虑余热排出系统中间回路的保温问题。因此，有时也会选用钠钾合金作为中间回路的冷却剂，它的冷凝温度低于标准大气压下的室温。

事故余热排出系统的排热能力需要从两个方面进行表征。

首先，以将 DHX 置于热池的技术方案为例，指当 DHX 处于额定工况时热池的环境温度边界条件下，其堆外回路的排热能力，是一个稳定状态的值。通常以额定冷却工况下，环路的排热功率与反应堆额定输出功率的百分比表示。如中国实验快堆 CEFR 的 DHRS 设计能力为一条环路冷却能力为 $0.8\% P_n$，两台共计 $1.6\% P_n$。这个值主要用于表征余热排出时从热池到大气（即上述的第二、三步骤）的热量传输能力。

其次，需要用设置该系统的最终目的，即在堆芯余热排出过程中对堆芯包壳最高温度的控制能力来衡量。在对应工况下，堆芯包壳温度不应超过设定限值，并留有足够裕值。该控制能力，即余热排出过程中包壳最高温度水平，主要用于表征该过程中从堆芯燃料组件内到堆内热池（即上述第一步骤）的热量传输能力。该能力评价即为堆本体内自然循环能力的评价。目前由于快堆堆芯范围内结构、物理现象极其复杂，导致模拟难度较大，国际上成熟的评价程序相对很有限。我国唯一可用的、由中国原子能科学研究院开发的具有独立知识产权的事故余热排出能力分析程序 ERAC，正处于试验数据验证阶段。

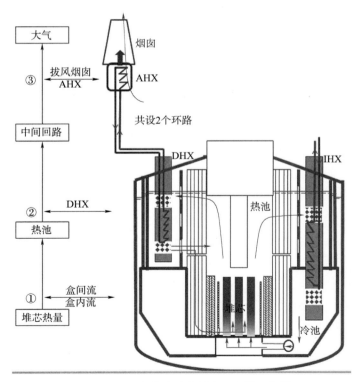

图 7.4　CEFR 堆内余热排出三步骤示意图

7.1.4 一回路自然循环的基本概念

池式钠冷快堆在反应堆正常运行时，一回路冷却剂的强迫循环流动由一回路主泵驱动，冷却剂从冷池通过高压管进入栅板联箱，随后进入堆芯，被燃料元件产生的热能加热后，向上流出堆芯进入热池。在热池搅混后，进入中间热交换器被其二回路钠冷却后进入冷池，完成一个流动循环。

当事故紧急停堆后，主泵不再提供驱动力，利用中间热交换器或专门的独立换热器二次侧提供的冷源、堆芯余热提供的热源，冷、热流体之间的密度差在重力作用下产生的驱动压头，使冷却剂在容器内形成自然循环流动。利用中间换热器二次侧作为余热排出的冷源时，堆内自然循环流道与强迫循环流道相同，如 BN－600、BN－800。当有专门设立的独立热交换器的情况下，相应地会有不同于强迫循环流道的专门的自然循环流道，如 CEFR 的盒间流自然循环流道。

快堆一回路的自然循环能力，即快堆堆本体内自然循环能力，指紧急停堆后，在事故余热排出系统堆外回路的配合下，一回路系统冷却剂利用堆芯、换热器热冷源驱动作用下的自然循环流动，带出堆芯热量过程中对堆芯包壳最高温度的控制能力。最高温度低于安全设计限值越多，裕度越大，则自然循环能力越强。为评述方便，有时也会以相对流量来说明一回路自然能力，如 BN－600 实堆自然循环试验表明，在 1% 额定功率水平下，一回路稳定的自然循环流量为 2%～2.5% 额定流量。相同条件下，自然循环流量越大自然循环能力越强。

上述事故余热排出系统可以是专设的布置有独立热交换器的事故余热排出系统，如 CEFR 等，也可以是利用中间热交换器的二回路冷却的事故余热排出系统，如俄罗斯的 BN－800 等。

快堆堆内自然循环是温度与速度高度耦合的过程，自然循环能力主要取决于一回路系统的布置几何结构，冷热源布置高度差、密度差，堆芯和冷源功率及其分布等。如堆芯、换热器之间的高度差和冷、热流体之间的密度差越大，自然循环路径中形状阻力和摩擦阻力越小，则自然循环流量越大，冷却堆芯燃料元件的能力越强，即自然循环能力越强。

钠冷快堆一回路自然循环设计的主要目标是，在反应堆事故紧急停堆后，及时排除堆芯余热，以维持堆芯燃料组件和钠冷却剂系统边界的完整性，即保证反应堆安全。在紧急停堆后排余热的过程中，不仅要考虑排除大的过热，同时也需要注意排除大的过冷。当过热时，如排热强度不够，燃料元件可能破损；而当排热量超过剩余释热时就会出现过冷。尽管过冷的危险性不明显，但仍很严重，是希望避免的。

紧急停堆后排出余热的过程中，出现过冷的危险性如下：

首先，快速过冷会出现危险的热冲击，其对设备部件和回路本身的完整性的影响可能极为严重。在俄 BOR - 60 中就出现过因热冲击使管道上原先紧固的法兰短时松开，使房间充满蒸汽致使烟雾火警信号动作的事件。热冲击后一切重新复原，人们想尽办法却无法发现回路中有任何泄漏。

其次，过冷可能破坏冷却剂的自然循环。只要回路上升段与下降段之间有温度差，自然循环压头总是存在的。但在运行的反应堆中，与额定流量相比，自然循环的贡献微不足道。在停堆时，随着强迫循环流量的降低，自然循环相对贡献逐步增大（由于回路阻力下降，其绝对贡献也在加大）。而如果回路出现过冷，则自然循环流量可能降到几乎为零。此后，在自然循环重新建立之前，即在热钠还没有充满上升段以前，堆芯可能发生不允许的过热。决定自然循环形成的条件除与冷热源的布置高度差外，还与回路布置有关，即与回路中热管段有无附加的下降段和上升段有关。当热前锋在这种下降段内逐渐向下移动时，堆芯之上的热液柱相应地被越来越多地平衡掉，从而自然循环压头减弱。而如果下降段进入得足够深，深到低于堆芯平面，则无论冷源的位置有多高，自然循环根本不可能恢复。

|7.2　自然循环设计|

前已述及，一般快堆采用的反应堆热移除手段包括：利用反应堆的固有安全性特性、一回路和二回路主循环泵的惰转时长的相互配合，以及利用事故余热排出系统（DHRS）等。对于热池放置有独立热交换器，由盒内和盒间流共同作用带出堆芯余热的池式快堆，紧急停堆后堆芯出口三个峰值温度的大小，与前两项息息相关，而事故余热排出系统的作用，则是用于堆内的长期的余热排出。

以池式快堆为例，其自然循环设计主要包括以下几方面内容：

（1）堆的固有安全性设计，此处主要指堆芯与换热器的高度差等形成的堆本身的自然循环特性的设计。

（2）对一、二回路泵惰转时长提出要求，帮助一回路自然循环的建立。

（3）长期稳定的自然循环的建立及余热排出设计。

反应堆的余热排出相关设计，应基于反应堆强迫循环设计进行，尽量做到不对强迫循环产生影响。如有为自然循环而专门设计的换热器、流道等，除进行本身的自然循环排出余热设计外，还需进行其对强迫循环的影响评估。

7.2.1 堆本身自然循环特性设计

如果利用中间热交换器排出堆芯余热，在堆芯布置高度不变的前提下，不同的中间热交换器布置高度，具有不同的冷源中心高度，堆本身的自然循环驱动力也会不同。显而易见，堆芯、换热器高位差越大，自然循环驱动力越大，越利于自然循环的建立及维持。一些水力试验也证明了这点。因此在设计时，在综合条件允许情况下，要尽量提高 IHX 的布置高度。

文献[2]中，有利用计算程序研究 IHX 布置高度对堆内早期冷却效果的相关影响研究，读者如感兴趣可以自行查阅。

7.2.2 主泵惰转时间设计

一、二回路主泵的惰转时长，对于事故早期阶段的堆芯峰值温度有重要影响，同时也有较大裕度可供设计者用来调节的参数。因此，设计者需要充分利用该参数来降低事故早期的堆芯峰值温度。

在紧急停堆的开始阶段，在中子通量起作用的时间内，排热与剩余功率大致相当是最好的。这时堆芯出口温度可以保持大致不变，因此不会有热冲击，自然循环压头也不会降低。因此，在泵断电后，原则上可以放慢功率下降的速率，使其能与较慢的泵转速的下降速率相匹配。为此要求功率下降不是很快引起负反应性，而是按照某个给定的程序逐渐引入。在俄 BOR‐60 反应堆上就成功地应用了这样的工况：使下降的冷却剂流量与事故保护之后逐步降低的功率相适应。而最好的功率引入办法是根据测量到的冷却剂温升的热电偶读数来引入该反应性。

放慢功率下降速率使其与泵转速下降速率相匹配的方法，难度大，目前应用较少。一般停堆开始阶段，不能保持排热与剩余功率大致相当。同时因在停堆开始阶段，过大的流量功率比会造成反应堆的较大冷冲击，因自然循环压头的降低，不利于自然循环流动的建立，因此一回路泵的惰转时长不宜设计太长。当然，也不宜设计太短，这样不利于堆内自然循环的建立。一般池式快堆，一回路主泵惰转时长为几十秒。

二回路泵的惰转时长应长于一回路泵，以在停堆早期阶段帮助一回路自然循环的建立：在停堆早期，利用 IHX 二次侧的强迫循环冷流提供的冷源帮助下，增加一回路自然循环压头，以尽快建立一回路自然循环。同时，二回路泵惰转时长也不宜设置太长，以避免在蒸汽发生器二次侧丧失冷却的情况下，将二回路热段热钠送入 IHX 二次侧。一般池式快堆,二回路主泵惰转时长为百秒左右。

文献[2-4]中,有利用计算程序研究主泵惰转时长对早期冷却效果的相关影响研究,读者如感兴趣可以自行查阅。

7.2.3 长期自然循环排出余热设计

快堆的长期余热排出,一般通过专门设置的事故余热排出系统,即 DHRS 进行。不同的事故余热排出系统,其堆内热工水力状况会有所不同。现基于 DHRS 不同的技术方案,对堆内热工水力状况进行特点分析、设计说明。

目前快堆 DHRS 的技术方案,大致可归为三类,具体如下。

(1) 直接冷却方式 (简称 DRC):热阱布置在堆容器内,即将独立热交换器 (DHX,钠-钠热交换器,也有使用钠-钠钾合金热交换器的,如 PFR) 直接布置在堆容器内,并通过管道与堆容器外高处的空冷器 (AHX,如钠-空气热交换器) 相连接形成独立回路。每个环路由 DHX、AHX 及拔风烟囱等主要设备构成余热排出回路。

(2) 二回路冷却方式 (简称 IRC):热阱在主热传输系统中的二回路侧,即将钠-空气热交换器 (AHX) 与蒸汽发生器并联布置,或不设置单独的 AHX 和并联管道,而将 AHX 罩在蒸汽发生器上等方式。当不能通过蒸汽发生器或其三回路侧给水排出余热时,可使用 AHX 等通过二回路将堆芯余热排至大气。

(3) 堆容器壁冷却方式 (简称 RVC):热阱布置在堆容器壁外侧,即通过堆外的水或其他流体循环回路冷却堆容器壁来达到冷却堆芯的目的。此方式一般不独立使用,而是作为前两种余热排出方式的补充来应用。该冷却方式中没有钠-钠热交换器,但可在堆外流体回路中设置热交换器。

表 7.2 所示为国际各快堆临界时间等基本情况及事故余热排出系统采用的技术方案列表。图 7.5 为目前国际快堆余热排出布置方案。从其中可以得到以下结论:

(1) 目前相对成熟的事故余热排出方案为:将 DHX 布置于热池的直接冷却方式、二回路冷却方式。

(2) 余热排出系统逐步从二回路移往一回路主容器内,且有将 DHX 来的冷流引导至堆芯进口从而对组件进行盒内冷却的发展趋势。

国际上早期建造的快堆紧急停堆后余热大多采用通过泵和风机等能动设备排出堆外的方式;20 世纪 80 年代后期设计的快堆大都开始采用依靠自然循环排出衰变热的方式,把余热排出系统从二回路移到了一回路主容器内,如

快堆热工水力学

EFR、BN-600M、PFBR 等；而近年来开始设计的快堆则在考虑冷却的时效性，即将 DHX 来的冷流直接带到堆芯组件内，如 BN-1200、ASTRID 等，这似乎将是未来发展方向。

（3）受福岛事故的影响，设计者开始考虑余热排出方式的多样性与冗余度，同时，希望余热排出系统能在严重事故后也发挥相应作用，以提高安全性与可靠性。如 ASTRID 堆拟采用 3 套余热排出系统。

以下将基于上述不同的 DHRS 技术方案，分析给出堆本体内热工水力状况的特点、设计说明。

表7.2　国际各快堆事故余热排出系统技术方案

反应堆	国家	首次临界	电功率	型式	DHRS
凤凰堆	法	1973	250	池式	二回路 + 堆容器冷却
PFR	英	1974	250	池式	DHX 放 IHX 内
EFR	欧	取消	1 580	池式	DHX 热池
EBR-2	美	1961	20	池式	DHX 热池
超凤凰1	法	1985	1 242	池式	DHX 热池 + 二回路 + 堆容器
PFBR	印	在建	500	池式	DHX 热池 + 二回路
MONJU	日	1995	280	回路式	二回路
JSFR	日	计划	1 500	回路式	DHX 热池 + DHX 放 IHX 内
DSFR	韩	计划	600	池式	DHX 热池
CEFR	中	2010	23	池式	DHX 热池
BR-10	苏联	1958	8th	回路式	DHX 放 IHX 内
BOR-60	苏联	1968	12	回路式	二回路
BN-350	苏联	1972	130	池式	二回路
BN-600	苏联	1980	600	池式	延期后设置，二回路
BN-800	俄	2016	800	池式	二回路
BN-1200	俄	完成初步设计	1 200	池式	DHX 贯穿式
ASTRID	法	初步设计	600	池式	DHX 热池 + DHX 冷池 + 堆容器
CFR600	中	在建	600	池式	DHX 热池 + DHX 冷池

（一）直接冷却方式

直接冷却方式的特点为：

（1）由于 DHX 布置在容器内，因此紧急停堆后，通过 DHX 可在堆内直接冷却堆芯。尤其在主传热回路丧失及严重事故后期能起到重要的冷却作用。

国际快堆布置方式使用情况——大致三类

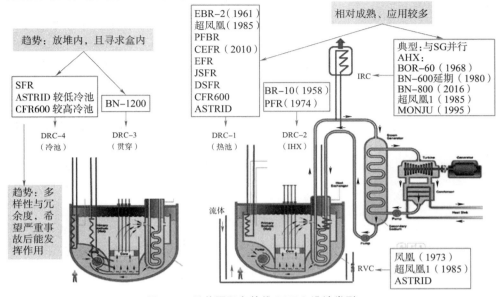

图 7.5　目前国际各快堆 DHRS 设计类型

（2）由于 DHX 布置在堆容器内，因此需要考虑其对主容器布置的影响。

直接冷却方式中，DHX 在堆容器内的布置可采用不同方式，如图 7.5 所示，可以将 DHX 布置在热池、布置在 IHX 内、布置于冷池，还可以由热池贯穿到冷池。

直接冷却方式除上述共同特点外，依据具体的布置方式还有着其各自的其他应用特点，现给出说明，同时以最为典型的 DHX 布置在热池时堆内的热工水力状况特点进行重点说明。

1. DHX 布置于热池

该方式为目前应用较多且较为成熟的布置方式，其特点可概况如下。

（1）在该布置方式下，堆芯冷却的主要路径有三条，如图 7.6 所示。

①通过 DHX 和盒间隙的自然循环专用冷却流道：DHX 出口—堆芯组件盒间—上腔室—DHX 进口。

CEFR 为了将 DHX 冷流引到较低位置的盒间入口区域，在堆芯围桶对应小栅板联箱的高度位置开孔，使 DHX 来的冷流，在堆芯内区温度较高形成低压驱使下，沿下生物屏蔽柱向下流动，再横向流过堆芯围桶开孔进入堆芯盒间底部区域。

②通过 IHX 和盒内的主冷却流道：IHX 出口—泵及高压管—组件盒内—上

腔室—IHX 入口。

一般情况下，在停堆初期主热传输系统二回路不存在强迫循环时，在二回路冷钠的热惰性及 IHX 与冷钠池的热交换以及堆芯余热所形成的驱动压头下，IHX 内也会有一定的流量以形成组件盒内流。

③部分堆具有的反转流冷却路径：堆芯外围上腔室底部—堆芯外围组件盒内（流向为向下）—堆芯进口腔室—堆芯内部组件盒内—堆芯出口。

反转流存于部分堆余热排出期间堆芯外围的部分组件内。由浮力效应引起的组件间流量再分配导致堆芯外围组件流量减小，以致部分组件出现反转流。其减少或从上腔室反转的流量份额通过堆芯进口腔室被再分配到堆芯内部较热组件内。

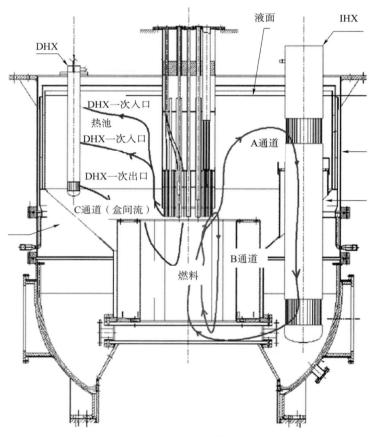

图 7.6　法式印 PFBR 自然循环路径示意图

（2）上腔室与堆芯相互作用，上腔室及堆芯行为复杂。

有三个重要的热工现象可有效降低堆芯温度：组件盒与组件盒之间的间隙

流（即常说的盒间流）、同一组件盒内的流量再分配、组件盒与组件盒之间的传热。其中，盒间流是 DHX 布置在热池的独特现象，它通过本身的冷却效应及通过引起流量再分配、盒与盒之间的传热等，能有效降低堆芯峰值温度，对堆芯余热的带出效果显著。

（3）由于 DHX 布置在热池，使 DHX 进口温度较高。因此同样传热功率下，可减小换热器即 DHX 的体积。

2. DHX 布置于 IHX

该布置目前使用不多，已知的有日本 JSFR 和英国的 PFR 快堆等，如图 7.7、图 7.8 所示。该布置具有如下特点。

（1）由于 DHX 位于 IHX 内（一般处于 IHX 上部进口腔室），因此，紧急停堆后，堆内的冷却流道与强迫循环时相同：DHX 出口（也即 IHX 出口）—泵及高压管—组件盒内—上腔室—DHX 进口（也即 IHX 进口）。

（2）由于 DHX 出口位于冷池，因此堆芯几乎没有盒间隙流。有相关的试验资料表明，同等条件下，DHX 布置在 IHX 内与布置在热池相比较，冷却效果稍差。

由于 DHX 布置于 IHX，其冷却流道同主流道，同时，如果 DHX 堆外管道设计在二回路主管道上，则该布置方式实质同布置于二回路的余热排出方式，这或许也是被很少使用的缘故。

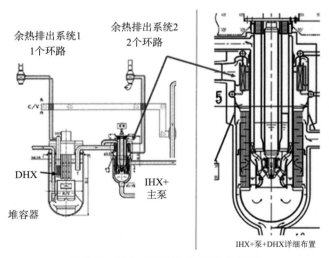

图 7.7 日本 JSFR 快堆 DHX 的布置

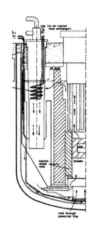

图 7.8　英国 PFR 快堆 DHX 的布置

3. DHX 贯穿式

此种方式由俄罗斯提出并已应用到 BN－1200 的设计中。

BN－1200 是目前俄罗斯正在设计的新一代快堆，已完成初步设计。其采用堆内直接冷却的事故余热排出方式，包括 4 条与主回路并行的独立环路，每条环路包含 1 台热池贯穿到冷池的钠－钠热交换器和 2 台钠－空气热交换器，如图 7.9 所示。这种贯穿布置，DHX 布置与 IHX 布置位置相同，入口均在热池，换热器体均从热池贯穿到冷池。区别在于，IHX 出口钠流在冷池的大腔室进行搅混后经泵、高压管到达堆芯入口的栅板联箱；而 DHX 出口钠流则是通过布置在 DHX 出口直达栅板联箱的管道，从 DHX 出口直接到达堆芯入口，具有更高的时效性。

为了切换事故余热排出系统冷却与备用工况，系统在 DHX 管束的出口流道位置设置了非能动的逆止阀，如图 7.9（c）所示。正常运行时，在泵压头作用下，圆球处于上部位置，DHX 回路流道处于关闭状态。在发生事故泵压头丧失时，圆球由于重力作用，处于下部位置，DHX 回路流道开启，经 DHX 来的冷钠可直接进入栅板联箱后进入燃料组件盒内进行冷却。系统同时在 DHX 的中心管内安装了一根长杆，以在圆球粘在上部位置时，可以采用人工方式打开它。俄方资料表示，由于该系统的开启及运行是非能动的，因此其可靠性是 BN－800 的 10 倍多。

BN－1200 的事故余热排出系统在瞬态及稳态工况下的自然循环能力，已经在水试验台架 TISEY 得到验证，其系统参数和运行工况已得到计算确认。对于逆止阀的设计，在缩小尺寸结构试验确定逆止阀形状后，进行了全尺寸钠试验模拟，验证了其性能的可靠性。

该方案的应用特点有：

（1）其明显优势在于：将 DHX 来的冷流体直接引至堆芯入口，同时使用燃料组件盒内冷却流道：DHX 出口—管道—堆芯—上腔室—DHX 进口，冷却更为快捷有效。同时，由于 DHX 延长至冷池高度，在增大换热管长的同时增大了 DHX 一次侧温差，因此可有效减小换热器体积，减小对主容器设计时径向设计的影响。

（2）不利的影响在于：因 DHX 出口在冷池，因此堆芯入口温度受 DHX 影响较大，在设计中应充分考虑；尤其是，由备用工况转向运行工况的开关设计难度较大，这也是该方案最大的技术难点所在。

如开关问题得到安全解决，作者认为该布置方案由于其高的时间效率及盒内排热效率将会成为以后同类快堆余热排出主流方向。

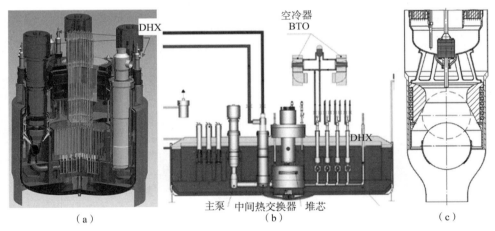

图 7.9　BN－1200 事故余热排出系统布置

（a）DHX 径向位置；（b）DHX 布置方式；（c）DHX 抑制阀

4. DHX 布置于冷池

BN－1600 进行事故余热方案选择时曾提出过该布置方式，同时韩国设计的快堆也在采用此种布置方式，如图 7.10 和图 7.11 所示。BN－1600 设计者曾做了 DHX 冷却冷池较高位置冷钠与冷却热池热钠方案的比较，但没有给出最终结论；现法国新一代快堆 ASTRID 的余热排出方式中采用了冷却冷池较低位置冷钠的方式，如图 7.12 所示，现简要介绍如下。

ASTRID 初步设计从 2016 开始，于 2019 年完成。该堆不同于以往传统堆型，进行了诸多创新，如一回路采用三台泵结合四台中间热交换器的设计等。

ASTRID 的事故余热排出的设计目标是实际消除余热排出功能完全丧失或长时间丧失的情形，并在实践中基于确定论、概率论分析证明这一消除。因此，事故余热排出系统的设计具备足够的冗余度和多样性，采用了三套余热排出方式：一为沿用传统的自然循环设计，即将 DHX 放置在热池，堆内堆外回路均采用自然循环；二为将 DHX 向下延伸到冷池，用于冷却冷池钠温，其二回路为强迫循环；三为法国传统的堆容器壁冷却方式，与超凤凰 1 的最后救援回路相类似，旨在通过容器壁排出余热，并提供系统的多样性。同时，该系统也用于严重事故后的冷却。

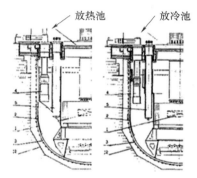

图 7.10　BN-1600 DHX 布置备选方案

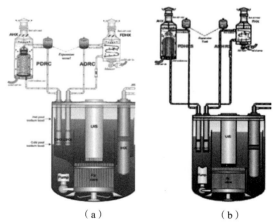

（a）　　　　　　　　　　　（b）

图 7.11　韩系列事故余热排出系统

（a）DSFR；（b）SFR

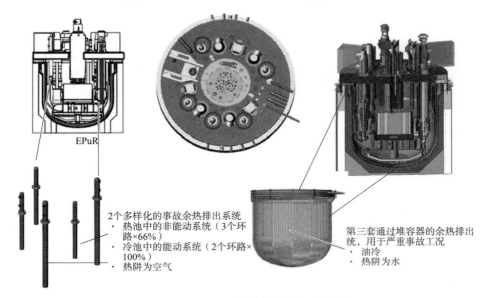

EPuR

2个多样化的事故余热排出系统
· 热池中的非能动系统（3个环路×66%）
· 冷池中的能动系统（2个环路×100%）
· 热阱为空气

第三套通过堆容器的余热排出系统，用于严重事故工况
· 油冷
· 热阱为水

图 7.12　ASTRID 事故余热排出系统布置

该布置方式的特点如下：

（1）由于 DHX 布置在冷池，即冷却的是冷池的冷钠，因此适用于冷池温度较高的快堆。

（2）需要特别关注冷却工况时整个 DHX 环路的钠温不能低于设计限值（一般中间回路钠温设定不能低于 200 ℃）。

（3）为提高冷却时效性，应尽量使 DHX 来的冷钠能较快地到达泵入口，最终较便捷地到达堆芯入口。如将 DHX 出口布置在高于且靠近泵入口的位置等。如 DHX 出口布置低于泵入口，同时距离较远，则 DHX 来的冷钠会先在冷池底部堆积，通过导热冷却堆芯入口流体，待堆积到泵入口高度后，才会通过泵入口及管道进入堆芯入口，进行组件盒内冷却。当然同时，也可以采用其他方法将 DHX 冷钠流引至堆芯入口，如采用开孔等方式将冷池底部与堆芯入口贯通等。但采用新的流道，必须评估其对正常强迫循环的影响。

（二）二回路冷却方式

该布置为应用较多、较为成熟的余热排出方式，其特点如下。

（1）由于将冷却热阱布置在主热传输系统的二回路侧，因此该冷却方式依赖主热传输系统的二回路的布置及 IHX 的设计，并需要将主热传输系统的二回路设置为安全级系统。

（2）由于热阱在主热传输系统的二回路侧，且将 IHX 用于事故下的热交

快堆热工水力学

换器，因此一方面减少了堆容器内的设备数，另一方面，使容器内冷却流道为经过 IHX 和组件盒内的主冷却流道。

如主热传输系统二回路冷却剂存在一定温差，其对堆芯的冷却能力较为可观。如 BN – 600 整个电厂的设计（布置）并没有考虑紧急停堆后的自然循环能力。但为验证 BN – 600 反应堆的自然循环能力，俄方在早期进行了多次自然循环实堆试验，最高为 50% 额定功率下的紧急停堆排余热工况，验证了其自然循环能力可保证反应堆的安全。也因此，俄方在 BN – 600 延寿及 BN – 800 的设计中均采用了该种紧急余热排出方式。图 7. 13 所示为 BN – 800 系统流程图。

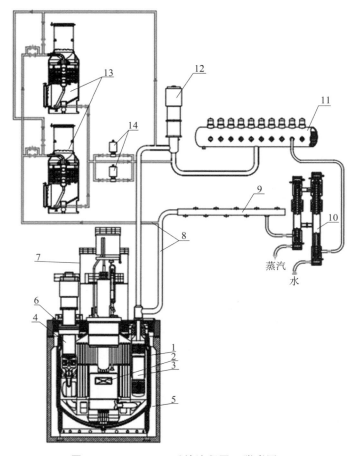

图 7. 13　BN – 800 系统流程图（附彩图）

（图中红色回路部分为余热排出系统）

1—反应堆；2—堆芯；3—中间热交换器；4——回路泵；5—堆腔；6—上部固定屏蔽；

7—防护圆顶；8—二回路管道；9—分流联箱；10—蒸汽发生器模块；11—缓冲罐；

12—二回路主冷却泵；13—空冷器；14—电磁泵

（三）　堆容器壁冷却方式

该冷却方式为法国快堆必用的事故余热排出补充模式，设计相对较为成熟。其布置下的冷却特点有：

（1）将堆容器壁直接作为主回路循环与外部水或其他液体的热交换器，冷却冷池冷钠。其特点与将 DHX 布置于冷池相接近，但其对冷池冷钠的冷却面积更大，冷却更均匀。

（2）正常条件可冷却堆坑，也可作为严重事故后的冷却方式。

图 7.14 所示为凤凰堆的堆容器壁冷却示意图。

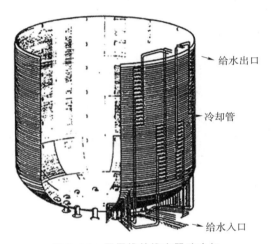

图 7.14　凤凰堆的堆容器壁冷却

7.2.4　DHX 布置热池的热移除效应特点试验研究

将 DHX 放置在热池冷却热池热钠的直接冷却方式，是较为成熟的余热排出方式，同时是我国 CEFR 所采用的余热排出方式。本节将该冷却方式下的热移除效应给以重点说明。这些说明对于我们准确理解紧急停堆后余热排出期间堆本体内热工水力特性有着非常重要的作用，同时也为我们的程序开发及其中关键模块的试验验证方案的设计有着重要借鉴作用。另外，待正在进行的堆芯及组件自然循环热工特性机理性钠试验的试验数据分析完成之后，会有以我国钠试验数据为基础的更为详细的研究结论。

针对将 DHX 布置于热池的事故余热冷却方式，俄罗斯、法国、日本等国家进行了大量与事故余热排出期间堆本体内自然循环相关的理论或试验研究，针对该工况下堆本体内的热工水力现象及余热排出能力进行研究，并获得试验数据进行程序验证。其中基础性研究包括降温工况下堆芯组件盒内自然对流排热的设计原理、腔室热分层现象的研究、堆芯与腔室热工水力相互作用的研究等。尤其是日本通过在水、钠台架上就此方面进行了大量的研究。

本节将重点从以下三个方面进行说明：①日本有关腔室与堆芯相互作用的部分基础性研究结果分析；②印度 PFBR 余热排出系统堆内热移除效应的部分研究结果分析；③CEFR 在 CAPX 台架上的部分试验结果分析。

（一）日本部分基础性研究

日本就快堆在余热排出期间钠池上腔室与堆芯相互作用的行为进行了大量水及钠试验研究[12]。现将试验情况及结论和分析归纳说明如下。

1. 研究内容

事故余热排出期间，影响堆芯行为的几个重要现象，如腔室热分层、组件间传热、组件盒间以及单盒组件盒内的流量再分配、盒间隙流、渗透流及反转流等，如图 7.15 所示。

2. 研究途径

（1）CCTL – CFR 钠试验台架，包含 3 盒模拟组件，其中一盒含 61 根加热棒。

（2）PLANDTL – DHX 钠试验台架，含 7 盒模拟组件，其中中心组件含 37 根加热棒。

（3）TRIF 水试验台架，含堆芯和上腔室的 30° 反应堆容器模型，并用 PIV 进行了流场测量。

（4）验证 AQUA 计算程序后，用其进行 600 MWe 的整个堆芯相关行为分析等。

如图 7.16 为 PLANDTL – DHX 钠台架，其中心组件轴向采用完全模拟，其加热长度为 1 m，含 37 根棒径为 8.3 mm 的加热棒，棒上绕丝棒径为 1.5 mm。组件盒内对边距为 63 mm，与实际含 217 根棒的组件盒比例接近 1:2。盒间隙为 7 mm，P/D 为 1.19，盒壁厚度为 4 mm。DHX 布置了两个位置，即热池及 IHX 进口腔室上部区域。台架中盒间隙与堆芯底部腔室不连通，且没有模拟组件定位块。

在 PLANDTL – DHX 钠台架分别进行了低流量下的强迫循环试验和自然循环试验以及由强迫转为自然循环的过渡工况的试验研究。强迫循环由泵提供对应功率下的自然循环流量；自然循环初始条件为：等温 300 ℃、2% 名义流量，7 组件功率相等，均为 1.5% 燃料组件名义功率。回路阻力特性通过阀门开度来控制。

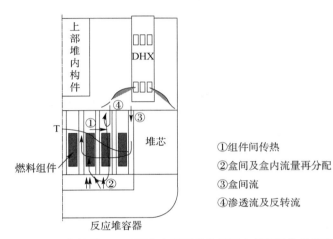

① 组件间传热
② 盒间及盒内流量再分配
③ 盒间流
④ 渗透流及反转流

图 7.15　自然循环工况下几个重要现象都可有效降低堆芯温度

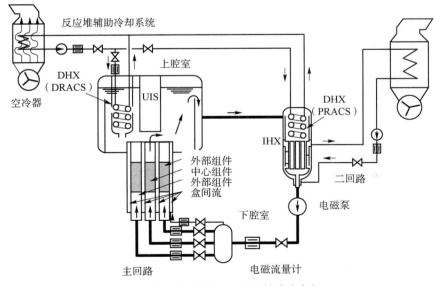

图 7.16　PLANDTL – DHX 钠试验台架

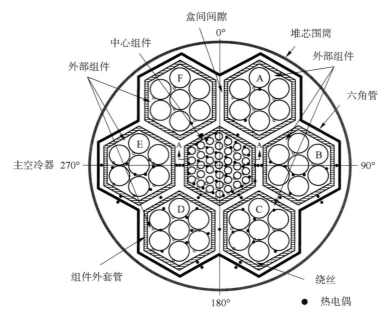

图 7.16 PLANDTL – DHX 钠试验台架 （续）

3. 部分试验结果及分析

（1） 低流量强迫循环部分结果及分析。

图 7.17 为 1.5% 名义功率下堆芯无量纲峰值温度 T^* 随流量的变化曲线。其中 T^* 定义为堆芯峰值温度和进口温度的差值与根据功率和平均流量计算的温度差值之比。图 7.18 为 1.5% 名义功率下中心通道轴向温度分布，其中字母 D 表示有盒间隙流，字母 D 后的数字表示回路流量与名义流量的百分比。

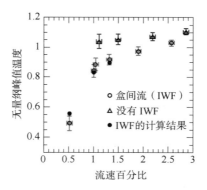

图 7.17 1.5% P_n 下堆芯无量纲峰值温度

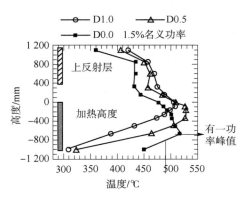

图 7.18 1.5% P_n 下中心通道轴向温度分布

图 7.17 表明:

①没有盒间隙流时, T^* 随流量的降低接近于 1 , 表明堆芯温度平坦、接近均匀。这是由于组件内的流动再分配引起, 如因浮力效应, 热子通道内的流量增加了。

②有盒间隙流时, T^* 从 1 开始降低。当组件流量小于 1% 之后, 盒间隙流效果显著, 当流量降到 0.5% 时, T^* 达到 0.5 。即在盒壁绝热且 0.5% 流量下估算的 T^* 的一半, 这表明, 盒间隙流可带出中心组件 50% 的热功率。

图 7.18 中, 虽然回路流量一直降低, 但中心组件的中心子通道的峰值温度却没有在一直升高。D0.5 的温度曲线在加热段上部 1/3 区间较平坦, 表明是盒间隙流的作用; 同时 D0.0 即在回路没有流量情况下, 峰值温度竟有所降低, 可能的解释是上部腔室有冷流体进入了盒间, 即盒间隙流带出了中心组件的所有产热。

(2) 自然循环部分试验结果及分析。

从表 7.3 中可以看出:

①有盒间隙流情况下, 20% 与 10% 阀门开度的结果比较: 与 20% 结果相比较, 10% 开度下, 回路流量比降低了 47% , 而中心组件的流量比则升高了 44% , 也因此堆芯最高温度值仅仅增大了 3 ℃。这显然是由流量再分配效应引起的。

②10% 阀门开度下, 有盒间隙流和无盒间隙流的比较: 有盒间隙流情况下, 虽然回路流量比降低了 60% , 但中心组件的流量比却增加了 41% 。盒间隙流引起的流动再分配效果显著。

③没有盒间隙流及流动再分配效应, 用功率平均流量进行最高温度的计算, 结果吻合很好。但如存在盒间隙流, 该计算方法随流量降低而误差增大,

快堆热工水力学

10%开度时达到约230 ℃。

表7.3 自然循环部分试验结果

项目	有盒间隙流 20%开度—A	有盒间隙流 10%开度—B	无盒间隙流 10%开度—C	(A−B)× 100/A	(B−C)× 100/B
总功率比/%	1.5	1.5	1.5		
堆芯进口温度/℃	300	300	300		
回路流量比	1.04	0.55	0.88	47	−60
中心组件流量比	1.2	1.73	1.02	−44	41
外圈组件流量比	0.97	0.88	1	9	−14
最高温度/℃	495	498	570		
用功率平均流量计算温度/℃	526	729	569		

（3）过渡工况下部分结果。

由初始的12%名义功率过渡到1%功率的过渡工况中，发现了组件内的反转流：冷钠从上腔室进入组件并向下流，再经由冷腔室流入其他向上流道中。此时，通过组件的反转流充当着主流道外的一个流动通道。发生反转流的组件为 A、B 和 F（组件标号见图7.16），如图7.19所示。

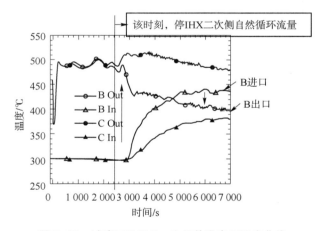

图7.19 过渡工况下 B、C 组件进出口温度曲线

（4）对 600 MWe 的整个堆芯应用程序计算的部分结果。

在利用试验数据对程序进行验证的基础上，日本研究者对 600 MWe 的整个堆芯进行了稳态计算，部分信息如图7.20所示。计算区域为30°的堆芯加上部腔室，功率取 1.7% 名义功率，流量为 1.0% 名义流量，进口温度为

450 ℃。共进行了如下三类计算：

Case1：堆芯与上腔室没有质量交换；

Case2：只通过组件定位块间的缝隙有质量交换；

Case3：只通过堆芯围桶附近的流动导向通道（类似于 CEFR 的堆芯围桶）有质量交换。

其中，Case1 与 Case2 相比可看出组件定位块的作用，Case1 与 Case3 相比，可看出外围通道引起的盒间隙流的作用。

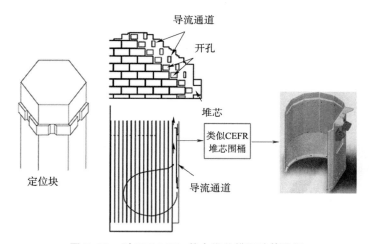

图 7.20 对 600 MWe 整个堆芯模拟计算说明

从图 7.21 可看出，与名义工况下的流动分配相比，自然循环工况下，堆芯靠内的区域中组件流量份额相对较高，其多出部分来自布置在堆芯外围的再生区和反射区组件的反转流。同时由于流动再分配导致的堆芯外围组件流量相对较低，可能会使该区域出现堆芯峰值温度。从图 7.22 可看出，流动导向通道及组件定位块之间的缝隙对于降低堆芯温度都有一定作用，尤其是后者。

4. 小结

从以上的试验结果，经分析可以得到如下一些结论：

（1）自然循环工况下，组件内的流动再分配使组件内温度趋于平坦，并减小温度峰值；组件盒间的热传输将会减小中心组件的温度，甚至是对于含有较多棒数的大尺寸组件也有其功能。盒间隙流具有与盒间传热一样的冷却效果。

（2）有盒间隙流情况下，①组件内横截面温度梯度加大，同时，最大温度点出现的位置会低于加热段顶端位置，这是受盒壁传热所致。②可减小组件内峰值温度。当组件流量小于 1% 名义流量时，盒间隙流的冷却效果更为显

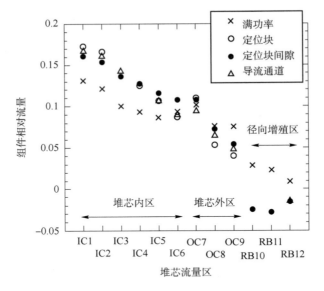

图 7.21　自然循环工况下流动再分配

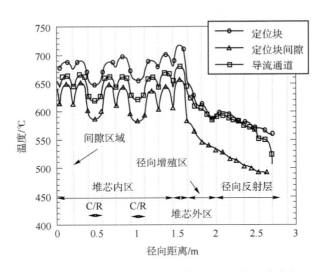

图 7.22　自然循环工况组件活性区顶端径向温度分布

著。③由于盒间隙流的存在将减小回路总的自然循环流量。但当回路流量小于1%名义流量时，盒间隙流冷却效果带来的好处大于因回路流量减小引起的负面效应。④盒间隙流的直接冷却效果在外圈组件体现得要比在中心组件更为明显。中心组件更多的是通过盒间隙流引起的间接效应来冷却——流量再分配，即被盒间隙流强烈冷却的外圈组件内的流量被再分配到中心高温组件内。外堆芯组件的冷却更多地由盒间隙流及其与径向反射层组件间较大的温度差导致的盒间传热进行。

（3）在过渡工况下，甚至在主回路流量突然减低的情况下，盒间隙流响应及时，可有效排热。盒间隙流、组件盒间热传输等堆芯与腔室的相互作用能随时冷却堆芯，且当主回路有充足冷却流量时，其不会对堆芯热工水力产生负面影响。

（4）自然循环工况下，对于大规模的堆芯，盒间隙流对减小堆芯的最高温度仍效果显著；组件定位块处的流动通道对于盒间隙流是一关键参数，对于提高盒间隙流冷却有显著影响。如要利用盒间隙流，需对定位块进行优化设计。

（二）印度 PFBR 部分试验研究结果

印度 PFBR 快堆事故余热排出期间，堆内预设了 3 条自然循环流道，如图 7.6 所示。之后，通过水台架试验进行了排出能力预测，部分结果如下：

（1）所有预设的排热途径都在发挥作用，如图 7.23 所示。

（2）按照 PIV 试验的测量数据分析，盒间隙流可排出约 25% 的余热（仅模拟了燃料组件和再生区组件活性段高度）。

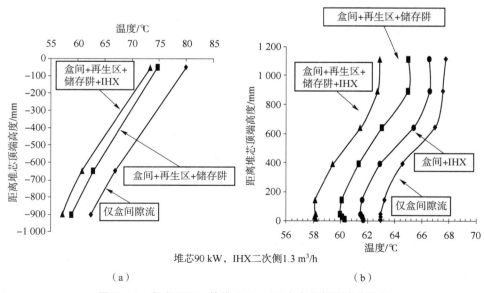

图 7.23　印度 PFBR 快堆 SAMRAT 水台架部分试验结果
（a）燃料区盒间温度；（b）热池温度

（三）CEFR 在 CAPX 台架上的部分试验结果

通过在俄罗斯 CAPX 水台架上的验证试验，得到了 CEFR 事故余热排出期间的自然循环流道。

（1）预设的流道：通过 DHX 到盒间隙流的流道、通过 IHX 到组件盒内的主循环流道。

（2）还发现了有效的盒内冷却流道：

——堆芯漏流反向流：DHX—盒间—球锥密封—盒内—堆芯出口。

——泵支承处冷热池隔板流：DHX—泵支承下部开孔—泵入口冷池—高压管—盒内—热池—DHX。

——堆容器冷却系统的反向流：栅板联箱底部节流件—组件盒内—上腔室—IHX—堆容器冷却系统。

（3）在自然循环工况时，仅用一台 DHX 排出堆芯余热，即可保证堆的安全。

（四）相关分析结论

虽然自然循环期间钠腔室和堆芯的行为与腔室、堆芯和组件的结构、布置等密切相关，但从以上试验数据分析中可看到以下共性特点。

（1）在自然循环期间，盒间隙流、组件盒之间的热传输、组件盒之间及组件盒内的流动再分配等效应能随时冷却堆芯，对有效降低堆芯最高温度起着重要作用。尤其当主回路流量小于 1% 名义流量时，盒间隙流通过引起组件间的流动再分配对降低堆芯最高温度效果显著。盒间隙流冷却效应主要体现在两方面，一为展平了各组件间的温度差，二为拉低了组件内的最高温度。

（2）DHX 的布置不能为堆芯提供足够的盒间隙冷流时，则需要较大地增大盒内流量。如在 PLANDTL – DHX 钠台架上进行的 10% 开度的自然循环试验中，同为 1.5% 名义功率，有盒间隙流时，盒内总流量为 0.55% 名义流量，对应堆芯最高温度 495 ℃；而没有盒间隙流时，盒内总流量虽然较高，为 0.88% 名义流量，而对应最高温度升高了 75 ℃，达到了 570 ℃。当然，也可以通过增大 DHX 的换热面积来弥补该部分冷却能力。

（3）设计时应综合考虑钠池、堆芯和组件等结构、布置，以有效利用盒间隙流。如通过合理布置减小 DHX 出口到堆芯的阻力，减小堆芯、回路阻力，组件定位块的优化设计，中心测量柱的优化设计等。同时应注意，在靠近 DHX 的堆芯部分将比较冷，由此将形成堆芯周向温度分布的不均匀性，可以通过综合结构考虑来减小这种效应。

7.2.5　自然循环设计的总体思路

钠冷快堆总体思路及流程如图 7.24 所示。

在对余热排出期间堆内热工流体力学现象深刻认识的基础上，基于正常工况时的堆内热工流体力学、结构设计，依据已确定的余热排出系统的总体技术方案，首先进行堆内自然循环流道的初步设计。随后，进行针对性的程序开发（如已具备相类似可用程序，则需进行针对性的程序修正）和程序验证；在具备适用的设计程序即计算工具后，进行自然循环流道设计及能力设计；之后，进行设计的验证，即工程试验验证。

工程验证试验的首要目的是用于验证设计，即采用试验实施的方式验证余热排出流道、能力设计的有效性，验证必要的关键现象，或是验证某些设备的设计特性（根据验证目标，可以是整体试验、局部试验等）。其次，试验的另一用途在于积累数据，用于设计阶段采用的设计程序的针对性试验数据验证等。另外，试验中还需关注是否有在初步设计阶段应该关注却没有关注到的物理现象等。新发现的物理现象在充分分析后如有必要，则需反馈到设计程序以及具体设计中。

工程试验验证余热排出的设计有效性完成后，同时采用经验证的程序对设计的具体参数进行修正、定型后，设计完成。

钠冷快堆设计阶段一般采用自然循环程序的试验数据验证，针对性试验数据主要有两部分，一部分为设计验证试验的水试验数据，即一回路自然循环能力验证水试验的试验数据，用于设计程序整体性流程与框架的验证；另一部分为余热排出期间堆芯及组件自然循环热工特性机理性钠试验的试验数据，用于堆芯传热模型的验证。

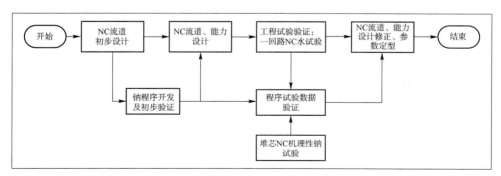

图 7.24　钠冷快堆堆内自然循环设计思路及流程

|7.3 自然循环的计算分析|

7.3.1 自然循环计算的基本理论

自然循环是在闭合回路内依靠热段（向上流动）和冷段（向下流动）中的流体密度差所产生的驱动压头来实现的流动循环。其循环流量主要由回路中的冷热端的温差、自然循环有效高度差以及回路中的阻力所决定。最简单回路的驱动力与压降的关系用公式可表示为：

$$gH(\rho_c - \rho_h) = R\frac{W^2}{2\bar{\rho}} \tag{7.3}$$

该式同式（7.1），式中各物理量见式（7.1）下注释。

质量流量可以表示为：

$$W = \left[\frac{2\rho A^2(\rho_c - \rho_h)H}{R}\right]^{\frac{1}{2}} \tag{7.4}$$

对于核能系统来说，以图 7.25 所示的沸水堆堆芯内的自然循环回路为例来说明自然循环的计算。如图示，它由下降段 *AB*、上升段 *CE* 以及连接它们的上腔室和下腔室组成。其中，上升段由加热段 *CD* 和一个在它上面不加热的吸力腔组成。

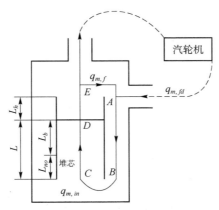

图 7.25 沸水堆堆芯自然循环回路

由 *ABCDE* 构成的自然循环流动中，整个回路的压降为：

$$\Delta P_T = \Delta P_{acc} + \Delta P_{grav} + \Delta P_{fric} + \Delta P_{form} \tag{7.5}$$

式中，ΔP_{acc} 为加速压降，ΔP_{grav} 为提升压降，ΔP_{fric} 为摩擦压降，ΔP_{form} 为局

部压降。

在 *ABCDE* 构成的回路中有

$$\sum_i \Delta P_{T,i} = 0 \tag{7.6}$$

从而得到

$$-\sum_i \Delta P_{grav,i} = \sum_i \Delta P_{acc,i} + \sum_i \Delta P_{fric,i} + \sum_i \Delta P_{form,i} \tag{7.7}$$

其中，等号左侧（上升段 *CE* 和下降段 *EAB* 两部分提升压降的负值之和）为驱动压头，右侧的各种压力损失的综合，为阻力压降，即

$$\Delta P_d = -\sum_i \Delta P_{grav,i} \tag{7.8}$$

$$\Delta P_r = \sum_i \Delta P_{acc,i} + \sum_i \Delta P_{fric,i} + \sum_i \Delta P_{form,i} \tag{7.9}$$

这样就得到自然循环平衡方程式

$$\Delta P_d = \Delta P_r \tag{7.10}$$

一般来说，自然循环计算的目的就是在给定的反应堆功率和堆芯结构条件下，计算自然循环的流量。上述的自然循环平衡方程式即为用来确定回路内的自然循环流量的基本方程式。

至于计算得到的自然循环流量能不能满足热工设计准则的要求，则需要通过传热计算才能确定。如果算出的流量不能满足设计准则要求，则需要调整反应堆的热工参数或修改结构参数（例如增大吸力段的长度、加大流动面积等），然后再重新计算自然循环的流量，直到满足热工设计准则的要求。

用自然循环流量的基本方程式计算自然循环流量的过程是极其复杂的，这是因为阻力压降的各个组成部分都与各种流动参数密切相关，通常需要计算机程序来进行计算。在初步的设计中，也可以采用图表法进行计算。即先假设几个流量（例如图 7.26 中的 q_{m1}，q_{m2}，q_{m3}，q_{m4}），分别计算出给定流量下的 4 个驱动压头点和 4 个阻力压降点，然后根据得到的点分别画出驱动压头线 ΔP_d 和阻力压降线 ΔP_r，两条线的交点处的流量 q_{m0} 就是回路中稳定状态下的自然循环流量。

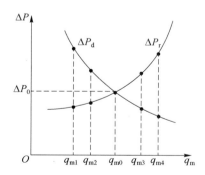

图 7.26　图表法计算自然循环流量

7.3.2　池式钠池快堆自然循环计算

以 CEFR 为例，说明池式快堆一回路自然循环计算的方法及采用的关键公式，但不涉及具体数据。

一回路自然循环稳态、瞬态计算，均是与堆外回路相匹配的计算结果，不可割裂进行。本节简要介绍计算流程。

第一步：假定小流量，进行各循环回路的流体力学特性计算，确定各回路流体与压降的关系。包括一回路自然循环流道流体力学特性计算、中间回路流体力学特性计算、空气回路流体力学特性计算等。

第二步，进行整个事故余热排出系统三个回路的热工匹配计算，确定各回路冷却剂流量和典型位置的温度分布。

堆外回路为回路式结构，计算较为简单。以下着重介绍一回路相关计算。

（一）盒间隙流循环流道流体力学特性计算

1. 流道及计算说明

CEFR 从独立热交换器出口的一次钠有两条循环路线：

第一条路线，从独立热交换器出口的一次钠横向流过外屏蔽层（屏蔽柱）。该横流穿过屏蔽层后进入堆芯组件头部以上空间，并在那里与堆芯出口（包括组件内和盒间隙出口）的钠混合。

第二条路线，包括以下几部分流道，依次为在外屏蔽层支承筒和支承板之间的环隙；下部外屏蔽柱间隙空间；内环形屏蔽上的开孔；反应堆围桶上的开孔；小栅板间隙空间；小栅板壳间空隙；栅板联箱上板与小栅板之间的空隙；堆芯组件间隙空间。

在计算小栅板流道面积及堆芯组件盒间隙流道面积时，只考虑 81 盒燃料组件和放置 81 盒燃料组件的小栅板。

依据循环路线各段的几何特性，计算各段压降值（$\Delta P_s = \xi \rho V^2/2$）。如果 $\Delta P_s < 1$ Pa，则不考虑该段上的压降。在计算 ΔP_s 时，先假定支路钠流量用于初始计算。最终值是根据两条支路计算后得到的。

2. 关键路段阻力系数计算方法

（1）下屏蔽柱的横流压降计算。

在一次钠流动线路上，首先需要计算的路段是下屏蔽柱的横流压降。棒束截面阻力系数按下式求出：

$$\xi = \psi \cdot A \cdot Re^{-0.27}(Z_p + 1) \tag{7.11}$$

式中，$\psi = 1.0$，在横向流过棒束时：

$$A = 3.2 + 0.66(1.7 - S')^{1.5} + \left(13.1 - \frac{9.1S}{d}\right)[0.8 + 0.2(1.7 - S')^{1.5}]$$

$$\tag{7.12}$$

式中，$S' = 1.0$，为三角形排列棒束的状态参数，对于正三角形排列的棒束，$S' = 1.0$；S 为正三角形排列的棒束的棒节距（m）；d 为棒外径；Z_p 为棒排数。

对于雷诺数 Re，按压缩棒束截面内的流速和棒外径来计算。

（2）堆芯围桶下部壁上开孔流道压降计算。

这段流道主要是流道前后面积突然减小而后又突然增大的过程。由于围桶厚度很薄，因此可以忽略围桶上的摩擦压降。其局部阻力按照下式进行计算：

$$\xi = 0.5\left(1 - \frac{F_0}{F_1}\right)^{0.75} + \left(1 - \frac{F_0}{F_2}\right)^2 \tag{7.13}$$

式中，F_0 为开孔处流道面积；F_1 为开孔之前流道面积；F_2 为开孔之后流道面积。

（3）绕流过小栅板外壳和小栅板尾部的路段的压降计算。

该流道包括三个支路：横向流过小栅板壳体间隙；横向流过小栅板尾部；纵向流过小栅板外壳。其中第一、第二支路为平行的并联流道，第三支路是上述两部分汇合后的流道。

计算时需对两个并联的流道进行流量分配，使得这两个流道的压降相等；需要通过多次迭代计算之后确定这两个流道的流量与压降。这两个流道都相当于流体横流过棒束，因此使用式（7.11）计算得到的阻力系数来计算流道的压降。

从两个平行支路汇合后纵向流过小栅板外壳之间的间隙时，其摩擦阻力系数按式（7.14）计算，然后乘上一个通道形状因子 $K = 1.1$，见文献[14]。

$$\lambda = \left[2\lg\left(\frac{2.51}{Re\sqrt{\lambda}} + \frac{\Delta}{3.7}\right)\right]^{-2} \tag{7.14}$$

式中，Δ 为管内壁的相对粗糙度。

有时，考虑相对粗糙度不好确定，该流道的阻力主要是摩擦阻力，摩擦阻力系数也可以按下式计算：

$$\lambda = \frac{0.316}{Re^{0.25}} \tag{7.15}$$

式（7.14）、式（7.15）中的 Re 数使用当量直径计算，其当量直径计算公式为：

$$d_r = \frac{4A}{S} \tag{7.16}$$

式中，d_r 为当量直径；A 为流道面积；S 为湿周长。

（4）堆芯燃料组件盒间隙阻力计算。

对这段流道，流体的流动阻力主要是沿程摩擦阻力产生的压降，摩擦阻力系数按式（7.15）计算。组件定位块处需要考虑局部阻力引起的压降及摩擦阻力损失。局部阻力系数按式（7.13）进行计算；摩擦阻力系数依据 Re 计算值选择相应摩擦阻力系数关系式，如式（7.15）进行计算。

其中，当钠流过定位块间的间隙时总阻力系数按下式计算：

$$\xi_{总} = \left(\frac{L}{d_r}\right) \cdot \lambda + \xi \tag{7.17}$$

式中，L 为定位块的高度。

3. 一回路堆内自然循环下一回路流体力学阻力特性计算方法

根据上节计算的一回路流体力学特性，可以归纳整理成以下形式：

$$\Delta P = A \times G^B \tag{7.18}$$

式中，G 为流量（kg/s）；A，B 为系数。

（二）冷却模式时主热传输系统一回路流体力学特性计算

1. 流道及计算说明

主热传输系统一回路循环路线包括堆芯（在81盒燃料组件内流动）、中间热交换器、已停止运转的一次钠泵。

2. 关键路段阻力系数计算方法

（1）堆芯的计算。

堆芯内的流动阻力引起的压降包括摩擦压降和局部压降两部分的叠加。

在事故冷却工况下，选定的堆芯在最大流量（取为额定流量的3%）时，摩擦压降与流量有线性关系，而局部压降与流量平方成正比。

在雷诺数从0到1000的范围内，摩擦阻力系数按下式计算：

$$\lambda = \frac{320\left(\frac{s}{d}\right)^{1.5}}{Re \cdot H^{0.5}} \tag{7.19}$$

式中，H 为绕丝螺距（cm）；s/d 为棒束燃料组件的节径比。

对于 CEFR 燃料棒束的参数，式（7.19）可为：

$$\lambda = \frac{127}{Re} \tag{7.20}$$

钠的流速和燃料棒束的雷诺数 Re 都按折合到内子通道速度的当量子通道截面面积计算：

$$F_{zkB} = \sum \frac{n_i f_i d_{ri}}{d_{\zeta\zeta}} \qquad (7.21)$$

式中，n_i 为内子通道、边子通道和角子通道数；f_i 为内子通道、边子通道和角子通道的横截面积；d_{ri} 为边子通道和角子通道的当量直径；$d_{\zeta\zeta}$ 为内子通道的当量直径。

最终将堆芯压降表述为：

$$\Delta P_c = A G_c + B G_c^2 \qquad (7.22)$$

式中，G_c 为堆芯流量（kg/s）；A，B 为系数。

（2）IHX 的计算。

采用成熟的常规公式计算即可，此处不再赘述。但为处理数据方便，最终将压降与 IHX 流量的关系，转化为依据堆芯流量的压降关系。即：

$$\Delta P_i = B_i Q_i^2 = B_i' Q_c^2 \qquad (7.23)$$

式中，B_i，B_i' 为系数；Q_i、Q_c 分别对应 IHX、堆芯流量（kg/s）。

（3）泵的计算。

在自然循环期间，泵为静止状态。此处给的泵的阻力特性应是静止泵的小流量下的助力特性。如果没有专门的试验数据，可以依据泵的四象限曲线计算得到泵的压降。

一般泵的四象限数据曲线如图 7.27 所示，图中，h 为当前扬程与额定扬程的比值；a 为当前转速与额定转速的比值。在低流量下，主泵作为一个阻力件，其阻力为：

$$\Delta P_p = c_p V^2 \rho g H_r \qquad (7.24)$$

式中　c_p——泵特性曲线中特定曲线和纵轴交于点 A，其取值一般为（0，1），如图 7.27 所示；

V——主泵当前流量和额定流量的比值，$V = Q/Q_r$；

H_r——额定扬程。

可以算出依据泵流量的压降关系，为后续处理数据提供方便，将其转化为依据堆芯流量的压降关系如下：

$$\Delta P_p = B_p Q_p^2 = B_p' Q_c^2 \qquad (7.25)$$

式中，B_p、B_p' 为系数；Q_p、Q_c 分别对应泵、堆芯流量。

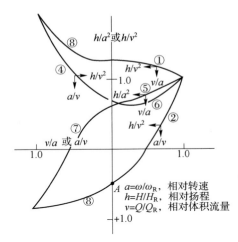

图 7.27 一般泵的四象限数据曲线示意图

3. 主热传输系统一回路流体力学特性

一回路内的总阻力包括堆芯各种阻力、中间热交换器的阻力和停止运转的一次钠泵的阻力。

中间热交换器和已停止运转的一次钠泵的阻力特性与流量的关系为平方关系。最终主热传输系统的一回路总压降表示为：

$$\Delta P = \Delta P_c + \Delta P_i + \Delta P_p = AG_c + (B + B_i' + B_p')G_c^2 \tag{7.26}$$

（三）冷却模式时事故余热排出系统热工计算

1. 原始数据

进行事故余热排出系统热工计算要使用以下原始数据：

（1）事故余热排出系统所有设备标高。

（2）系统的热交换设备（独立热交换器、空冷器、组件盒壁等）的流体力学特性。

（3）系统的一、二、三回路的流体力学特性。其中一回路流体力学特性即为前三节的计算结果。

2. 计算方法

事故余热排出系统的热工计算要确定空气回路、中间钠回路和一次钠回路的冷却剂流量，包括盒间循环流道以及主热传输系统的一次钠流量；同时确定上述三个回路中关键位置冷却剂的温度分布。

上述参数通过解方程组得到。方程组包括每条回路的流体力学方程和独立热交换器、空冷器和包含燃料组件盒的堆芯的热交换方程等。因为是自然循环流动，因此需要流体力学方程（质量守恒和动量守恒方程）和传热方程联立求解。

（1）事故余热排出系统一回路（含主热传输系统一回路）的循环线路图，如图 7.28 所示。

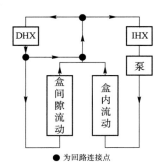

图 7.28　事故余热排出系统一回路的循环线路图

其质量守恒方程为：

$$\sum_i (-1)^{m_i} G_{ij} = 0, j = 1, 2, \cdots, n-1 \tag{7.27}$$

式中，G_{ij} 为 j 部件的流量（kg/s）；$m_i = 1$ 表示流体从 j 部件流出；$m_i = 0$ 表示流体流入 j 部件。

对回路的各个管段还要写出动量守恒方程：

$$\Delta P_{ij} = P_j - P_i = -\operatorname{sign}(G_k) \Delta P_{\mathrm{conp}, k} + \Delta P_{\mathrm{HNB}, K} \tag{7.28}$$

式中，ΔP_{ij} 为在 $k-m$ 管线上的压差（Pa）；P_i，P_j 为在 $k-m$ 管线段起点、终点的压力（沿冷却剂流动方向）（Pa）；$\Delta P_{\mathrm{conp}, k}$ 为在 $k-m$ 管线上流体流动阻力产生的压降（Pa）；$\Delta P_{\mathrm{HNB}, K}$ 为在 $k-m$ 管线段上的压力源项。

在此，假定已知 $k-m$ 管线段上压降与流量的关系。

（2）事故余热排出系统的中间回路和空气回路只有动量方程，即式（7.28）。

（3）各回路冷却剂温度可以通过解独立热交换器、空冷器、堆芯燃料组件及盒壁的热平衡方程和传热方程求得，独立热交换器和空冷器的热平衡方程为：

$$\frac{\mathrm{d}T_1}{\mathrm{d}x} = \frac{K_1 \Pi_1}{G_1 C_{p_1}} (T_2 - T_1) \tag{7.29}$$

$$\frac{\mathrm{d}T_2}{\mathrm{d}x} = \frac{K_1 \Pi_1}{G_2 C_{p_2}} (T_1 - T_2) \tag{7.30}$$

式中，T_1 为放热的冷却剂温度（℃）；T_2 为受热的冷却剂温度（℃）；G_1 为放热的冷却剂流量（kg/s）；G_2 为受热的冷却剂流量（kg/s）；Π_1 为传热管周长（m）；K_1 为局部传热系数 $[W/(m^2 \cdot ℃)]$；C_{p_1}，C_{p_2} 分别为放热与受热冷却剂的比热 $[J/(kg \cdot ℃)]$。

堆芯及组件盒间隙的热平衡方程组为：

$$\frac{\mathrm{d}T_{\mathrm{az}}}{\mathrm{d}x} = \left[\frac{1}{G_{\mathrm{az}}C_p}\right] \times \left[q - K_2 \times \Pi_3(T_{\mathrm{az}} - T_3)\right] \qquad (7.31)$$

$$\frac{\mathrm{d}T_3}{\mathrm{d}x} = \frac{K_2\Pi_2}{G_3C_p}(T_{\mathrm{az}} - T_3) \qquad (7.32)$$

式中，T_3 为组件盒间隙内钠温度（℃）；T_{az} 为燃料组件盒内钠温度（℃）；q 为堆芯线功率（W/m）；G_{az} 为通过组件盒内的钠流量（kg/s）；G_3 为通过盒间隙的钠流量（kg/s）；K_2 为局部传热系数 $[W/(m^2 \cdot ℃)]$；Π_2 为81个燃料组件盒壁的周长（m）。

研究事故余热排出系统处于备用工况的参数时，上述式（7.29）~式（7.32）的边界条件如下：

$$T_{\mathrm{ATO}}^{\mathrm{BX}} = T_{\mathrm{zad}} \qquad (7.33)$$

式中，$T_{\mathrm{ATO}}^{\mathrm{BX}}$ 为独立热交换器一次侧进口钠温（℃）；T_{zad} 为给定的温度（℃）。

冷却模式下事故余热排出系统参数的计算中，上述式（7.29）~式（7.32）的边界条件如下：

$$N_{\mathrm{Az}} = N_{\mathrm{zad}} \qquad (7.34)$$

$$T_{\mathrm{B}} = T_{\mathrm{zad}} \qquad (7.35)$$

式中，N_{zad} 为规定的反应堆剩余功率（W）；T_{zad} 为规定的空冷器空气进口温度（℃）。

（4）按照下列顺序解方程式（7.27）~式（7.35）：

①给事故余热排出系统各回路赋初始流量值。

②按照已知的反应堆剩余功率和已知的各回路冷却剂流量，以及设定的空气入口温度，计算空气回路、中间回路和一回路内冷却剂温度分布。由这些数据算出式（7.28）的提升压降。

③由式（7.27）和式（7.28）用已算出的提升压降值计算各回路内新的冷却剂流量。

④检查迭代过程的收敛性，如果不满足收敛准则，还要继续迭代，重新计算冷却剂温度分布，直到满足收敛准则为止。

7.3.3　池式钠池快堆自然循环瞬态计算分析算例

设某 1 500 MW 热功率的池式钠冷快堆，以全场断电（SBO）事故作为超设计基准事故，被分为 DEC – A 类事故，需要满足 DEC – A 验收准则：冷却剂温度不高于 940 ℃，个人有效剂量不超过 100 mSv。

采用 ERAC 程序进行计算分析，给出相应的分析结果，用以评价该池式钠冷快堆在全场断电情况下的安全性（此处仅给出温度安全评价）。

（一）全场断电事故描述

在核电厂失去厂外电源后，一回路主泵、二回路主泵开始惰转，同时产生双环路切除信号，触发四列事故余热排出系统风门自动打开动作。一回路主泵惰转导致堆芯流量降低，功率流量比上升，当功率流量比超过保护整定值后产生保护信号，反应堆紧急停堆。由于应急柴油发电机不可用，一回路主循环泵最终惰转至零转速，一回路依靠自然循环排出堆芯余热，并通过事故余热排出系统将热量排向大气。

（二）事故分析假设和计算输入

事故分析的主要假设如下：

（1）采用反映事故特征的第一停堆信号触发反应堆停堆。

（2）只考虑安全棒落棒，且价值最大的一根安全棒卡在最高位置。

（3）缓解事故时可以调用非安全级设备。

（4）不考虑单一故障。

（5）考虑地震影响，采用地震工况下的安全棒落棒时间。

（6）考虑堆芯状态为平衡态末期。

（7）工况假设。

电厂状态参数取名义值，100% 额定功率运行、反应堆流量为 100% 额定值、堆芯冷却剂入口温度取额定值。

主要计算输入：

一回路泵半惰转时间 10 s，74 s 惰转到零；二回路泵半惰转时间 12 s，120 s 惰转到零；风门完全打开时间为 21 s。

（三）计算分析结果

采用事故余热排出能力分析程序 ERAC 进行计算分析。

全场断电事故序列如表 7.4 所示。

表 7.4 全厂断电的事件序列

事 件	时间/s
全厂断电,一回路主泵开始惰转,二回路泵开始惰转	0.0
4 列事故余热排出系统风门开始打开	0.4
功率流量比达到保护整定值	2.4
发出功率流量比停堆保护信号(滞后 1.0 s)	3.4
反应堆紧急停堆(滞后 0.2 s)	3.6
燃料元件包壳最高温度达第一峰值(全程最高值)725 ℃	4.8
冷却剂最高温度达第一峰值(全程最高值)706 ℃	4.8
燃料元件包壳最高温度达第二峰值 581 ℃	123
冷却剂最高温度达第二峰值 580 ℃	123
燃料元件包壳最高温度达第三峰值(自然循环阶段最高值)661 ℃	1 464
冷却剂最高温度达第三峰值(自然循环阶段最高值)660.5 ℃	1 465

事故下反应堆的功率变化如图 7.29 所示,一回路主泵转速随时间变化、IHX 二次侧流量随时间变化如图 7.30 所示。

由图 7.31 可看出,由于先停泵后停堆,包壳及流体最高温度在停堆初期几秒内快速上升,达到第一个高峰。随后随着一二泵惰转到零,很快出现第二个小峰值。在约 1 400 s,由于余热排出系统对于带出堆芯余热而言已发挥显著作用,如图 7.33 中的盒间流出口流量,稳定的自然循环已经建立且流量较

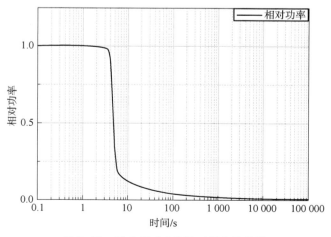

图 7.29 堆芯相对功率随时间变化曲线

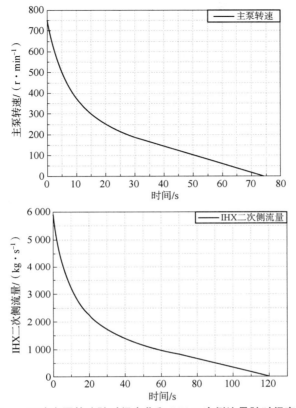

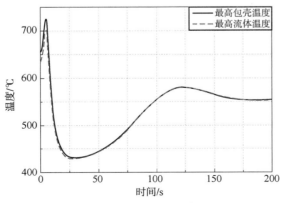

图 7.30　一回路主泵转速随时间变化和 IHX 二次侧流量随时间变化曲线

为稳定，包壳及流体最高温度达峰值后开始稳步下降。整个过程中包壳、流体最高温度分别为 725 ℃、706 ℃，出现在停堆最初的几秒内。自然循环阶段，包壳、冷却剂最高温度分别为 661 ℃、660.5 ℃，分别发生在 1 464 s、1 465 s。

图 7.31　包壳、流体最高温度

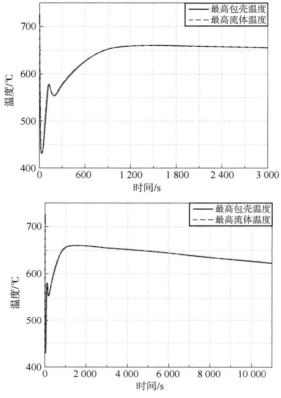

图 7.31　包壳、流体最高温度（续）

　　由图 7.32 可看出，堆芯平均出口温度变化趋势与包壳、流体最高温度趋势接近。在停堆初期几秒内出现第一个高峰 564 ℃；在一二泵都停止惰转稍有延迟的约 170 s 时出现第二个小峰值 496 ℃；在 1 400 s 时出现第三峰值 577 ℃，之

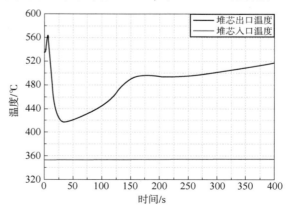

图 7.32　堆芯平均出口温度

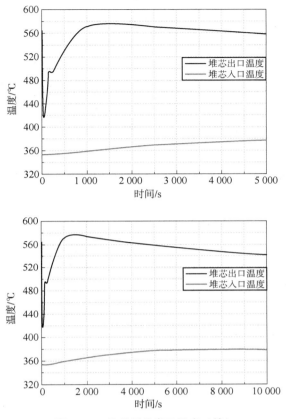

图 7.32　堆芯平均出口温度（续）

后开始稳步下降。整个过程中，堆芯出口最高温度约 577 ℃，出现在停堆约 1 400 s 时。堆芯进口温度停泵后稳步上升，约 8 200 s 达到峰值 379 ℃，之后开始逐步下降。

由图 7.33 可看到，700 s 后，功率流量比小于 1，且逐步下降。本计算末，堆芯功率约 1%，对应堆芯盒内加盒间自然循环流量共计 2.1%，功率流量比为 0.48。同时可看出，余热排出系统起作用后，堆芯盒间流量相对稳定，且流量可观。

这里需要注意一下，堆芯中盒间、盒内流相互配合共同维持着堆芯热工状况，但两者的作用效果稍有不同：盒间流可以拉平组件间的温度差，即显著地降低温度峰值，但对于从堆芯将热量带出到热池的效果则差于盒内流。这是因为同样的流量，盒间钠流的出口温度会稍低于盒内流出口钠温，导致盒间流的钠流温升会稍低于盒内钠流的温升，即导致盒间钠流带出的热量会稍低。

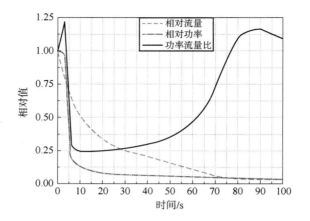

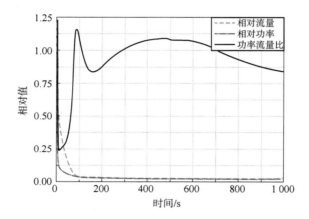

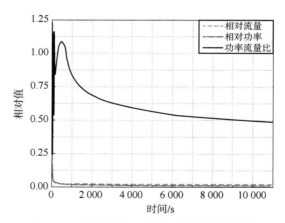

图 7.33　相对功率、流量和功率流量比曲线

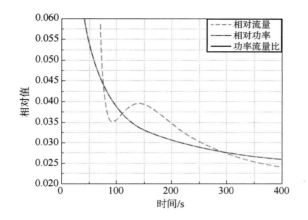

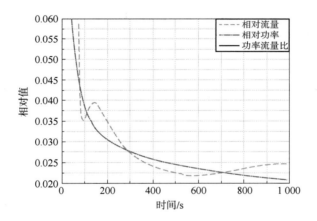

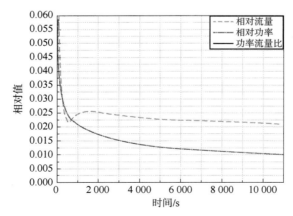

图 7.33　相对功率、流量和功率流量比曲线（续）

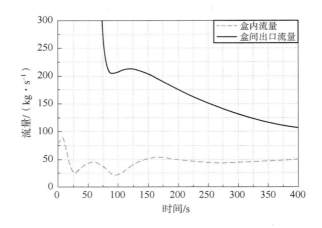

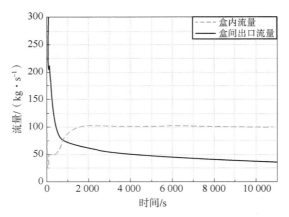

图 7.33　相对功率、流量和功率流量比曲线（续）

图 7.34 所示为堆芯功率及排热功率变化曲线。可以看出 IHX 二次侧功率随二回路泵惰转停止后降至零；风门开启，余热排出回路自然循环建立后，堆内余热基本由 DHX 排出。因计算做了保守假设，因此计算的堆容器散热、停泵后 IHX 二回路侧冷钠热惯性对排出余热基本没贡献。

由图 7.35 可见，整个瞬态过程中，液面以下主容器壁最高温度为 474 ℃，发生在 5 650 s。

由图 7.36 可见，芯块第一峰值出现在停堆初期，约 2 230 ℃；第二峰值出现在一二泵均停止的 120 s，约 686 ℃；在 1 380 s 出现第三峰值，约 784 ℃，之后开始缓慢下降。

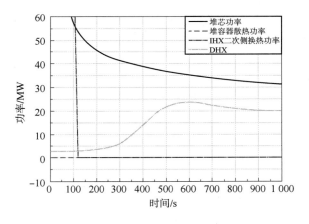

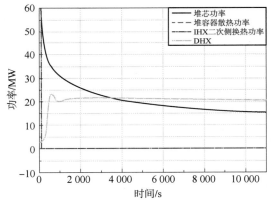

图 7.34　堆芯功率及排热功率

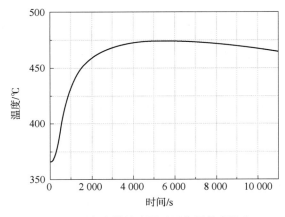

图 7.35　主容器壁液面以下位置最高温度

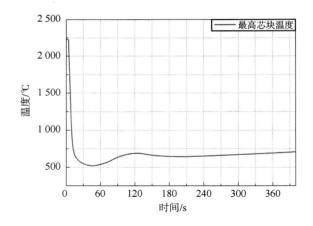

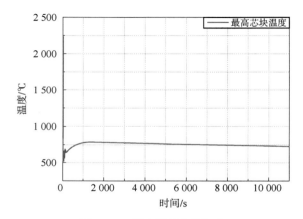

图 7.36　最高燃料芯块温度

计算表明，在目前计算条件下，在计算的 0～11 000 s 余热排出期间（在后期，各典型位置温度已处于稳定单调下降趋势），所有 DHX 均投入使用，整个事故阶段包壳最高温度与冷却剂最高温度分别为 725 ℃、706 ℃，自然循环阶段包壳和冷却剂的最高温度分别 661 ℃、660.5 ℃。

（四）结论

基于以上分析，全场断电事故过程中的最高包壳温度为 725 ℃，冷却剂最高温度为 706 ℃。包壳温度未超过 900 ℃，冷却剂温度不高于 940 ℃，不会造成超过限值的放射性释放，未超过 DEC - A 验收准则的要求。

基于堆芯自然循环和非能动的事故余热排出系统设计，该快堆的全场断电事故可以得到缓解，满足相关验收准则。

|7.4　部分实堆自然循环试验研究|

　　池式钠冷快堆的堆本体内部，部件繁多、结构复杂、尺寸跨度大，同时从紧急停堆到长期余热排出过程中，物理现象非常复杂。这种现象能被精确的、全面的理论模拟的难度很大（一般系统程序均采取对关键参数做保守处理的方法），因此人们对实堆自然循环的模拟是慎之又慎。但出于对池式快堆自然循环能力这一重要安全特性的研究及验证的需求，以及对相关计算程序的验证需求，人们又希望有机会对实堆自然循环热工水力状态有直观的、定量的认识，最终提升研究者们对快堆自然循环现象的认识，并提高快堆设计能力。因此，少数国家在某些反应堆寿期末时进行了自然循环试验，如法国的 Phenix 反应堆、美国的 EBR – Ⅱ 反应堆；极少数经验非常丰富的国家，主要是俄罗斯在新建堆如 BN – 600、BN – 800 反应堆上，进行自然循环试验。

　　目前世界范围内，已开展的池式钠冷快堆的实堆自然循环试验，除证明了这些堆本身具有足够的自然循环能力，可以保证反应堆的安全外，还可以说证实了池式钠冷快堆的自然循环能力。即表明了，在合理设计的前提下，池式钠冷快堆在紧急停堆后，依靠自然循环足以带出堆芯余热，保证反应堆内各处温度不超过设计限值。尤其是 Phenix、BN – 600 反应堆的自然循环试验中均有证实，甚至在紧急停堆并且没有有效热阱的情况下，仅靠钠池的热惰性以及热损失，反应堆通过自然循环就能够有效地冷却反应堆。

　　现简要说明法国的 Phenix、俄罗斯的 BN – 600 和 BN – 800 反应堆的自然循环试验及结果分析。美国的 EBR – Ⅱ 反应堆相对来说，与我国快堆设计路线差别较大，此处不再赘述，如读者感兴趣可以自行查阅文献[19]。

7.4.1　法 Phenix 反应堆自然循环试验

（一）试验目的

　　Phenix 反应堆即凤凰反应堆，是一座池式钠冷快堆，于 2009 年退役。在其退役之前进行了一系列的寿期末的终止性试验，其中包括了反应堆自然循环试验。实施这一系列试验的目的在于提高法国以及其合作国家对钠冷快堆的设计、研究等各方面的分析能力，并给快堆中子动力学、热工水力学等方面的分析方法以及分析程序的验证（V&V）提供数据支持。

凤凰堆的自然循环试验，为研究人员提供了一个绝佳机会，使人们可以详细地分析自然循环期间池式钠冷快堆堆本体内的热工水力现象。通过这次试验，研究人员对池式堆堆容器内，短期的自然循环建立期间以及长期的自然循环稳定运行期间的热工水力现象进行了深入研究；同时，试验数据被用于池式堆相关计算程序的计算验证。通过程序计算结果与试验结果的偏差原因分析，对程序做针对性的改进，最终减少程序计算误差，即提高程序计算的准确性。

（二）凤凰堆简介

凤凰堆是一座池式钠冷快堆，热功率为 563 MW，电功率为 250 MW，其主热传输系统共有三条环路。凤凰堆于 1973 年投入运行，并于 2009 年退役。1993 年，凤凰堆一条环路的蒸汽发生器发生了泄漏导致该处发生钠水反应。在该事故之后，为了保证反应堆的安全运行，凤凰堆开始降功率运行，即仅两条环路运行，此时堆的热功率降为 345 MW，电功率降为 142 MW（事故环路上，由于中间热交换器不进行热交换，因此用了两个仿制的中间热交换器做了替代）。

反应堆堆芯由数百根六角形组件组成，组件的对边距为 127 mm，总长为 4.3 m。每根燃料组件包含了 217 根燃料棒，芯块采用了 MOX 燃料。堆芯由 54 盒内燃料区组件、56 盒外燃料区组件、86 盒转换区组件、212 盒钢反射层组件、765 盒 B_4C 屏蔽组件以及 297 盒径向钢屏蔽组件构成。反应堆功率由 6 根控制棒控制，共包含了 2 套驱动机构。1996 年后出于反应堆安全方面的考虑，堆芯的中心位置被一根额外的控制棒组件所替代。

凤凰堆的二回路的每条环路都储存着 140 吨液态钠，由主管道、一个机械钠泵、一个缓冲罐以及一些辅助系统组成。额定工况下，二回路系统每条环路流量为 690 kg/s，蒸汽发生器入口钠温为 520 ℃，出口钠温为 320 ℃。

凤凰堆的反应堆参数如表 7.5 所示。

表 7.5 凤凰堆参数表

参数	563 MW 工况 1974—1993	350 MW 工况 1993—2009
热功率/MW	563	345
总电功率/MW	250	142
净电功率/MW	233	129
堆芯中心线中子通量/$(n \cdot cm^{-2} \cdot s^{-1})$	7×10^{15}	4.5×10^{15}

参数	563 MW 工况 1974—1993	350 MW 工况 1993—2009
堆芯出口钠温/℃	560	530
堆芯入口钠温/℃	400	385
蒸汽发生器入口钠温/℃	550	525
过热器出口蒸汽温度/℃	521	490
汽轮机高压气缸压力($\times 10^5$ Pa)	163	140

(三) 凤凰堆余热排出方式简介

紧急停堆后,凤凰堆的余热排出由两种方式配合进行。一是在一回路安全壳容器外侧焊接着的最终应急冷却系统,其目的是保持堆坑混凝土处于室温状态,并且可以保证在常规冷却系统失效时的余热排出;另一方式由二回路上的蒸汽发生器上的保护罩及其烟囱来配合完成。凤凰堆二回路上的蒸汽发生器放置在一个保护罩中,其作用是接收泄漏的钠和钠水反应的产物。同时,保护罩的上侧设有烟囱,下侧开有一系列的孔,因此在保护罩内可以形成空气的自然循环。在失去厂外电的情况下,蒸汽发生器失去给水时,打开蒸汽发生器保护罩内的风门,即可通过保护罩内空气的自然循环带走反应堆的余热。

(四) 为试验设置了专门的测量系统

凤凰堆在进行自然循环试验时,为获得更多的试验数据,除了堆内标准的测量系统外,还布置了四套专门的测量系统。

标准测量系统测量的参数包括:一二回路泵转速、二回路各个环路质量流量、一回路泵出口温度(即堆芯入口温度)、燃料组件的出口温度、中间热交换器和蒸汽发生器各自一二次侧的出入口温度、堆容器壁温。

这里需要注意的是,法式堆与俄 BN 系列堆的燃料组件出口温度测量的热电偶布置不同,这源于两者组件抓取方式的不同。法式堆组件为内抓式,因此组件出口设置为敞开式,然后在每盒燃料组件出口顶端上部 100 mm 处布置温度测点;BN 系列组件为外抓式,每盒燃料组件的操作头底部径向布置有 6 个出口,顶端布置一个出口。然后在部分相邻两盒或三盒组件之间、在组件顶端以上 100 mm 高度处布置温度测点。BN 系列堆型燃料组件出口温度测量没有覆盖所有燃料组件，例如 CEFR 覆盖了约 60% 的燃料组件。从此次也可以看出，在俄罗斯，快堆技术成熟度已经相当高了。

专门设置的四套测量温度的测量装置，其中两套布置在热池，两套布置在冷池，如图 7.37 所示。

（1）热池的两套测量装置，一套布置在堆芯径向边缘，其从热池向下一直延伸到堆芯盒间区域；另一套布置在堆芯上部结构和堆芯边缘的中间区域，其从热钠池液面一直延伸至堆芯出口。

（2）冷池的两套测量装置，一套沿着中间热交换器布置，用于测量冷池在竖直方向上的温度分布；另一套布置在事故环路上仿制的中间热交换器的下侧，用于冷池下部竖直方向上的温度分布测量。

上式测量装置所使用热电偶直径为 1 cm，直接与周围的钠接触，测量所处位置的钠温。

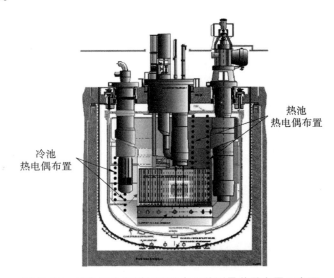

图 7.37　凤凰堆自然循环试验专门的测量装置布置示意图

（五）试验实施过程

凤凰堆自然循环试验开展于 2009 年 6 月 22 日至 23 日。

试验开始之前：

从 6 月 12 日至 6 月 18 日，反应堆在 350 MW 额定功率下运行了 6 天；而后从 6 月 21 日至 6 月 22 日，反应堆又在额定功率运行了大约 1 天；6 月 22 日 15 时，反应堆功率从 350 WM 手动降低至 120 MW；6 月 22 日 19：15 时，反应堆自然循环试验正式开始。

试验开始时反应堆初始状态为：

堆功率 120 WM 稳定运行，堆芯入口温度为 360 ℃，出口温度为 432 ℃；三台一回路钠泵以 350 r/min 的转速稳定运转；二回路中，事故环路钠泵没有投入运行，另两条环路中的钠泵以 390 r/min 的转速稳定运转。

试验步骤如下：

（1）试验以手动切除两台蒸汽发生器给水为起始点，即取为基准时间 t_0，由于蒸汽发生器失给水，因此中间热交换器一次侧和二次侧入口的钠的温差逐渐降低。

（2）458 s 后，中间热交换器一次侧和二次侧入口温差低于 15 ℃，达到了停堆准则规定的限值，停堆信号被触发，反应堆紧急停堆。

（3）紧急停堆 8 s 后，三台一次钠泵被手动停运，其转速依靠自然惰转逐渐降为零。

（4）由于紧急停堆，两台运行的二次钠泵的转速在大约 1 min 内自动地降低至 110 r/min。

（5）一回路自然循环开始建立，并且逐渐发展。

根据以上试验步骤可以看出，凤凰堆自然循环试验基本分为两个阶段进行。

阶段 1：二回路内，除二回路管道壁面散热以及蒸汽发生器保护罩壁面散热之外，无其他有效的热阱。此阶段持续大概 3 h。

阶段 2：通过开启蒸汽发生器保护罩底部以及顶部的风门，使得保护罩内形成有效的空气自然循环，从而给二回路提供了有效的热阱。此阶段大概 4 h。

在阶段 2 末蒸汽发生器保护罩风门关闭之后，凤凰堆自然循环试验终止。

试验各阶段的详细描述如表 7.6 所示。

表 7.6　凤凰堆自然循环试验事件序列

时间/s	动作
0	切断 1 号蒸汽发生器和 3 号蒸汽发生器的给水；一回路泵以及二回路泵无变化
458	紧急停堆；1 号二回路泵和 3 号二回路泵在 1 min 内转速自动降为 110 r/min
466	3 台一次钠泵停运；阶段 1 开始
4 080	二回路泵转速降至 100 r/min（备用电机驱动）
10 320	打开蒸汽发生器保护罩风门，蒸汽发生器通过空气冷却；阶段 2 开始
24 000	蒸汽发生器保护罩风门关闭；试验结束

（六）试验结果分析

1. 试验初期

蒸汽发生器失给水之后，由于二回路失热阱，在大约 300 s 内，中间热交换器二次侧入口温度由 307 ℃ 上升到 420 ℃，如图 7.38 所示。同一时期，堆芯入口温度在大约 280 s 的时间里由 360 ℃ 上升到 400 ℃，如图 7.39 所示。

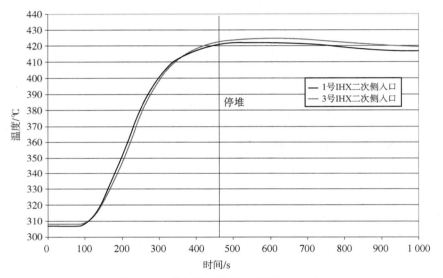

图 7.38　中间热交换器二次侧入口温度

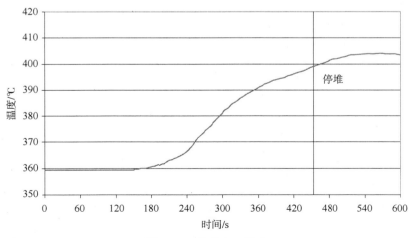

图 7.39　堆芯入口温度

堆芯功率随时间的变化如图 7.40 所示。从图中可以看出，堆芯功率在紧急停堆之前急剧下降，其原因是堆芯入口温度不断上升，而堆芯总体的温度反应性反馈为负。温度负反应性反馈效应是钠冷快堆的主要安全特征之一。

通过本次试验，钠冷快堆的温度负反应性反馈效应得到了有效验证。凤凰堆的温度反应性反馈效应主要包括多普勒效应、栅板联箱膨胀效应以及控制棒膨胀效应。紧急停堆之前，堆芯入口温度不断上升，导致栅板联箱不断膨胀，因此栅板联箱膨胀效应在这个阶段提供了一个显著的负反应性反馈。然而紧急停堆之后，反应堆功率迅速下降，导致堆芯入口温度上升趋于平稳，此时栅板联箱的膨胀效应的作用变得微乎其微。

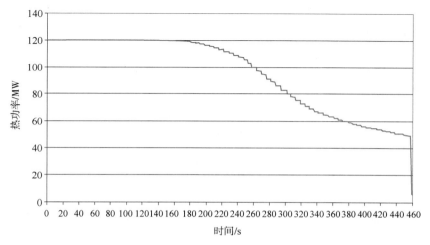

图 7.40　堆芯功率

试验中，堆芯出口温度是由每盒燃料组件上方 100 mm 处的温度测点测得的。但在自然循环条件时，由该温度测点得到的组件出口温度很难推出全堆芯的出口温度。原因主要有三个方面：每盒组件的流量均是未知的、盒间流在自然循环期间作用明显、堆芯出口区域的热工水力现象十分复杂。然而为了评估堆芯出口温度，通过简单的算术平均给出了以下温度随时间的变化关系：最热组件出口温度、第一圈组件平均出口温度、内燃料区组件平均出口温度、全堆芯平均出口温度。

由于试验给出的堆芯平均出口温度是通过简单算术平均得出，并未考虑每盒组件的流量，因此试验给出的堆芯出口温度结果可能与实际情况会稍有偏差。

堆芯出口温度随时间变化如图 7.41 所示。由图可以得出，在紧急停堆之后的大约 1 min 内，内燃料区组件的平均出口温度由 438 ℃ 降低到 410 ℃，随后在大约 3 min 内上升到了 448 ℃，此时自然循环开始建立。紧急停堆后大约

5 min，堆芯出口温度不再继续升高，这代表自然循环已经建立，堆芯内形成了有效的自然循环流动。

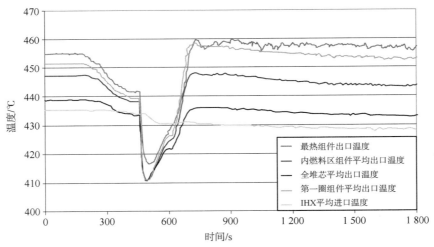

图 7.41　堆芯出口温度

2. 整个试验期间

对于整个试验期间，将从堆芯功率、堆芯入口温度、堆芯出口温度三个参数的变化进行分析说明。

整个试验过程中，堆芯衰变功率随时间的变化如图 7.42 所示。紧急停堆时刻，堆芯衰变功率约为 6 MWth；随后，停堆后 0.5 h，对应 3 MWth；停堆后 1.5 h，对应 2.5 MWth；停堆后 4 h，对应 2 MWth；试验结束时，堆芯功率为 1.8 MWth。

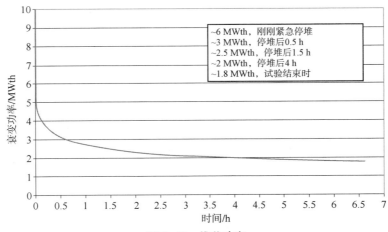

图 7.42　堆芯功率

自然循环期间，堆芯入口温度的测量也是一个难点。反应堆运行期间，为了测量堆芯入口温度，在每台一次泵的吸入腔内均安装了热电偶。在强迫循环下，这些热电偶能够准确测得泵吸入腔温度，从而推出堆芯入口温度。然而在自然循环期间，泵吸入腔内的流动并不充分，热电偶所在区域可能会被泵吸入腔之外的冷池内的钠所影响，导致测出的堆芯入口温度与实际情况有所偏差。因此，将试验中，泵吸入腔热电偶所测得的温度与冷池内中间热交换器替代物下的测温装置在同一高度热电偶所测得的温度，表示在同一个坐标系中进行对比，如图 7.43 所示。

理论上，在整个自然循环试验内，堆芯入口温度应该分为四个阶段：

（1）切断蒸汽发生器给水之后，由于蒸汽发生器失给水导致丧失热阱，堆芯入口温度急剧上升。

（2）由于紧急停堆，堆芯入口温度急剧下降。

（3）蒸汽发生器保护罩风门未开启之前，由于没有有效的热阱并且热池中的热钠不断进入冷池，在冷池的热惰性以及二回路管道散热的条件下，堆芯入口温度缓慢上升。

（4）由于打开蒸汽发生器保护罩风门而形成了有效的热阱，随后堆芯入口温度相应地以较快速度下降。

由图 7.43 可以得出，冷池内中间热交换器替代物下的测温装置测得的堆芯入口温度更加符合实际情况，因此选择该测温装置在泵吸入腔所在高度热电偶测得的温度作为整个反应堆芯入口温度。

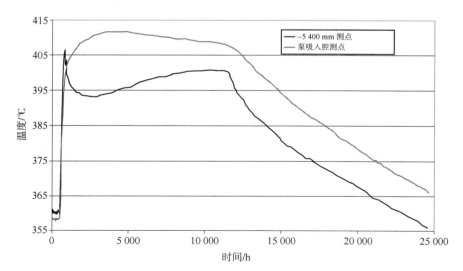

图 7.43　不同位置的测点反映的堆芯入口温度

整个试验期间，堆芯出口温度如图7.44所示。与入口温度类似，堆芯出口温度变化也分为四个阶段，不同之处在于堆芯出口温度从第三阶段就开始下降。打开蒸汽发生器保护罩风门之后，下降速率显著增加。

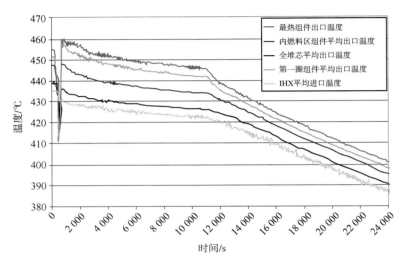

图 7.44　堆芯出口温度

（七）试验分析结论

试验如预期一样，进展十分顺利。通过该试验实施及试验数据分析，可得出如下一些分析结论：

（1）通过本次试验，验证了凤凰堆的自然循环能力。即证实了，在紧急停堆并且没有有效热阱的情况下，仅靠钠池的热惰性以及热损失，凤凰堆通过自然循环能够有效地冷却反应堆堆芯。而在二回路获得有效热阱之后，自然循环变得更加有效（总体冷却速率大约为 10 ℃/h）。

（2）通过本次试验，也可以说是验证了池式钠冷快堆的自然循环能力。即表明了，在合理设计的前提下，池式钠冷快堆在紧急停堆后，依靠自然循环足以带出堆芯余热，保证反应堆内各处温度不超过设计限值。

（3）钠冷快堆一个重要的安全特征，即由堆芯温度升高引起的负反应性效应，在试验中得到了很好的验证。

（4）试验虽无法测得自然循环期间的堆芯总流量，但通过试验数据处理，推测得到堆芯流量是额定流量的 2% ~ 3%。

（5）自然循环期间热工流体现象非常复杂，适用于强迫循环的测量装置不一定适用于自然循环。如该试验中，堆芯入口温度以及堆芯出口温度均无法从标准测量系统中的测点温度准确得出。所以，必须意识到测点得出的测量数据和其应该代表的实际温度之间存在偏差，要合理分析，不要被测量数据所误导。

（6）试验还得出了一些值得人们深入探讨的热工水力现象，包括：试验初期，在热冲击之后的自然循环表现，以及中子反馈系数；热池和冷池中的热分层现象；自然循环期间堆芯上部结构与堆芯出口之间的热分层以及冷却剂回流对堆芯出口温度测量的扰动等。

（7）通过本次试验获得的大量的热工水力数据，可以用于（且已被用于）系统分析程序的验证工作。

凤凰堆自然循环试验已被整理成国际基准例题，用于众多系统程序的验证工作。如美国阿贡实验室的 SAS4A/SASSYS–1 程序、俄罗斯联邦科学中心的 GRIF 程序、法国 CEA 的 CATHARE 程序、日本福井大学的 NETFLOW ++程序、印度甘地原子能研究中心的 DYANA–P 程序、韩国原子能研究院的 MARS–LMR 程序，以及瑞士保罗研究院的 TRACE 程序等。我国中国原子能科学研究院自主开发的 ERAC 程序也有采用该基准例题进行验证。

7.4.2　俄 BN–600 反应堆自然循环试验

俄方在核电厂设计中，没有为 BN–600 紧急停堆后的反应堆回路提供自然循环设计（延寿后，在二回路添加了余热排出系统）。为了研究和确定 BN–600 反应堆自然循环的稳定性、定量特性以及设备故障期间提高紧急停堆冷却可靠性水平的潜在用途，俄方早期对 BN–600 的自然循环能力进行了实堆试验测试。

从有关文献中可看出，BN–600 自然循环试验的最终热阱为三回路给水。由三回路给水维持蒸汽发生器钠侧出口温度，使二回路维持一定温差，形成二回路自然循环；二回路的自然循环为一回路提供冷阱，在一回路内形成稳定的自然循环。这里注意，这种设计是不同于 CEFR 堆内余热排出的设计的。

俄方在 BN–600 上进行了多次自然循环试验。试验由低功率到高功率、由单环路到多环路、二回路温差由低到高，依次进行。初始试验是在堆芯稍微加热情况下进行的，最后一次试验则是在 50% 额定功率下事故保护动作后直接过渡到自然循环。下面将依次简要分析说明。

第一次试验，是在低功率下进行的，即在 $2.65\% P_n$、$25\% G_n$ 的情况下进行的。一回路和二回路（英文资料显示"in the loops"，俄文资料显示"两个回路",作者考虑应是指一回路和二回路)初始加热温升为 16 ℃。此次试验由于 SG 给水流量没有维持住 SG 出口钠温,SG 出口钠温下降,因此二回路没有建立稳定的自然循环流量。但非常重要的是:该试验下,一回路却建立了稳定的自然循环——在一、二回路主循环泵切断之后约 5 min,一回路在 $1\% P_n$ 水平下,形成了稳定的冷却剂自然循环,流量为 $(2\% \sim 2.5\%) G_n$。

通过此次试验,俄方将当时的程序计算结果与 BN-600 上获得的试验数据进行了比较分析,明确了流量接近自然循环水平时 BN-600 的堆芯水力学特性,随后对程序采用的计算方法进行了验证和修改。由于堆芯水力学特性具有不确定性,因此,对于较大的 Re 值,堆芯阻力与流量使用线性平方关系式,而在小流量范围内,堆芯阻力与流量则应使用线性关系。计算中对于 $Re \leqslant 5\,500$ 和 $Re \leqslant 2\,300$ 的小流量范围采用线性关系进行计算,结果发现在 $Re \leqslant 2\,300$ 时使用线性关系,计算结果和试验结果具有一致性,符合很好。

第二次试验,在一条热移除环路进行,其二回路钠初始加热温升为 170 ℃。试验中,该条环路的二回路建立了稳定的自然循环流量,大小达到了停泵前的 15%。应该是出于上次试验二回路没有建立自然循环的考虑,此次试验是用来测试二回路的自然循环能力。

之后的再次试验,为了模拟接近真实的条件,在一回路和二回路中的钠最初加热温升约 120 ℃。随后进行了向自然循环过渡的试验,同时后续将反应堆功率保持在额定值的 $1\% \sim 2\%$。试验中,一、二回路建立了稳定的自然循环:一回路中自然循环流量约为 $3\% G_n$,二回路中约为 $6\% G_n$。

最后进行的是 $50\% P_n$ 的紧急停堆试验,初始反应堆加热温升 140 ℃,反应堆的所有三个回路都在运行。根据一回路泵电动机的切断信号,自动生成快速动作堆芯的信号。一回路泵惰走开始后 0.5 s 开始降低功率。试验过程中,部分参数曲线如图 7.45 所示。

其中图 7.45(a)中所给出的计算结果和试验数据符合很好。这是因为计算时,已经明确了当冷却剂流量接近自然循环水平时的堆芯水力学特性,已根据试验结果校正了计算方法。

通过 BN-600 的一系列自然循环试验表明,当 BN 系列堆型初始温差满足一定条件时,堆本体内产生了稳定的自然循环。对于 BN-600 反应堆,在 1% 功率水平下,自然循环流量为 $(2\% \sim 2.5\%) G_n$,可保证反应堆的安全。甚至在二回路没有建立自然循环情况下,仅靠钠池的热惰性以及热损失,即可形成稳定的足够的自然循环流量,带出堆芯余热,保证反应堆的安全(这点与凤凰堆的自然循环试验结论非常一致)。

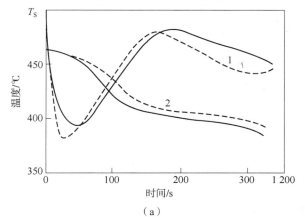

（a）

（1—堆芯出口温度；2—中间热交换器入口温度；

实线—试验值，虚线—计算值）

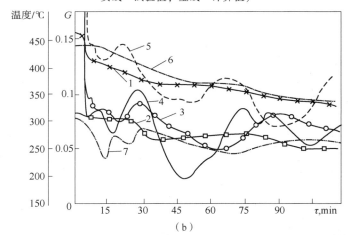

（b）

图 7.45 BN−600 50% P_n 紧急停堆过渡到自然循环工况下的参数变化

（1，2—IHX 进出口温度；3，4，5—二回路相对流量；6，7—SG 进出口温度）

（a）部分温度曲线；（b）部分曲线

7.4.3 俄 BN−800 反应堆自然循环试验

BN−800 的设计采用了将余热排出系统布置在二回路的紧急余热排出方式。具体布置如 7.2.3 节中的图 7.13 中红线回路所示，即布置了与蒸汽发生器并列设置的空冷器。当事故紧急停堆后，BN−800 堆芯余热的最终热阱将从蒸汽发生器二次侧的给水变为与其并联的空冷器二次侧的大气。

有文献显示，俄方在 BN−800 "动力启动" 阶段，实施了 BN−800 一、二回路自然循环技术特性试验。试验确认了 BN−800 一、二回路中的自然循

快堆热工水力学

环能力。

部分试验结果如图 7.46 所示。图中，横坐标为时间，纵坐标为温度；四条曲线分别为典型位置的温度曲线。

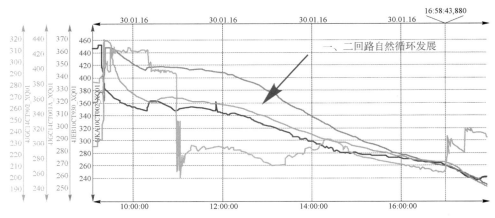

图 7.46　BN-800 反应堆自然循环试验部分试验结果（附彩图）

图中纵坐标相关的四条温度曲线信息如表 7.7 所示，横坐标相关的反应堆动作信息及特点如表 7.8 所示。

表 7.7　图 7.46 中四条温度曲线信息

	描述	单位	最小值	最大值
红色	0~650 ℃，反应堆出口钠温	℃	223.512	463.512
绿色	0~650 ℃，泵旁路压头钠温（推测应指旁路流量计内的钠温，即一定程度上代表堆芯入口温度）	℃	250	370
蓝色	0~650 ℃，空冷器入口钠温	℃	240	440
黄色	0~650 ℃，空冷器出口钠温	℃	190	320

表 7.8　图 7.46 中反应堆动作信息及特点

09:18	来自事故余热排出系统的事故保护（虽不知道具体动作，但可确定动作后：堆内强迫循环、IHX 二次侧强迫循环）
10:15	切除一回路泵（动作后：堆内自然循环，IHX 二次侧强迫循环）
11:00	切除事故余热排出系统的电磁泵（动作后：堆内自然循环，IHX 二次侧自然循环）
17:00	接入事故余热排出系统的电磁泵（动作后：堆内自然循环，IHX 二次侧恢复强迫循环）

从上述反应堆动作信息及特点分析中可以看出，实堆经验丰富的俄方在进行 BN‒800 自然循环试验时，仍是慎之又慎，试验采取了逐步过渡方式，共经历了四个阶段，依次为：

（1）事故保护后，先是一回路、IHX 二次侧均为强迫循环，运行将近 1 h。

（2）切除一回路泵，在 IHX 二次侧强迫循环帮助下，使一回路尽快建立足够强的自然循环，运行 45 min。此阶段，一回路为自然循环，IHX 二次侧为强迫循环。

（3）切除 CAPX 回路的电磁泵，即使 IHX 二次侧也为自然循环，运行 6 h。此阶段，一回路、IHX 二次侧均为自然循环。

（4）接入 CAPX 电磁泵，使 IHX 二次侧恢复强迫循环。此阶段，一回路自然循环，IHX 二次侧为强迫循环。

图 7.46 中，从 11：00 到 17：00 的 6 个小时之间，一回路、IHX 二次侧均为自然循环工况。从中可看出，自然循环工况下，典型位置的温度呈明显下降趋势，表明反应堆具有足够的自然循环能力来带出堆芯余热，保证反应堆的安全。

参考文献

［1］［英］A. M. 贾德. 快堆工程引论［M］. 阎凤文，译. 北京：原子能出版社，1991.

［2］Han J W, Eoh J H, Kim S O. Comparison of Various Design Parameters' Effects on the Early‒stage Cooling Performance in a Sodium‒cooled Fast Reactor［J］. Annals of Nuclear Energy, 2012, 40（1）：65‒71.

［3］Han J W, Lee T H, Eoh J H, et al. Investigation into the Effects of a Coastdown Flow on the Characteristics of Early Stage Cooling of the Reactor Pool in KALIMER‒600［J］. Annals of Nuclear Energy, 2009, 36（9）：1325‒1332.

［4］Natesan K, Velusamy K, Selvaraj P, et al. Significance of Coast Down Time on Safety and Availability of a Pool Type Fast Breeder Reactor［J］. Nuclear Engineering and Design, 2015, 286（5）：77‒88.

［5］International Atomic Energy Agency. Fast Reactor Database, 2006 Update［R］. IAEA‒Tecdoc‒1531. IAEA, Vienna, 2006.

［6］Padmakumar G. Experimental Studies for SGDHR System of PFBR［C/OL］. International Conference on Fast Reactors and Related Fuel Cycles：Safe Technologies and Sustainable Scenarios（FR13）. Presentations. 2013. http：//www. iaea. org/NuclearPower/Downloadable/Meetings/2013/2013‒03‒04‒03‒07‒CF‒NPTD/T7. 1/T7. 1. padmakumar. pdf.

［7］Mente V M, Pandey G K, Banerjee I, et al. Experimental Studies in Water for

Safety Grade Decay Heat Removal of Prototype Fast Breeder Reactor [J]. Annals of Nuclear Energy, 2014, 65 (3): 114 – 121.

[8] Zaryugin D, Poplavskii V, Rachkov V, et al. Computational and Experimental Validation of the Planned Emergency Heat – Removal System for BN – 1200 [J]. Atomic Energy, 2014, 116 (4): 271 – 277.

[9] Vasilyev B A, Shepelev S F, Bylov I A, et al. Requirements and Approaches to BN – 1200 Safety Provision [C/OL]. Fourth Joint IAEA – GIF Technical Meeting/Workshop on Safety of Sodium – Cooled Fast Reactors. 2014. https://www. iaea. org/NuclearPower/Downloadable/Meetings/2014/2014 – 06 – 10 – 06 – 11 – TM – NPTD/11. bylov. pdf.

[10] Pakholkov V V, Anfimov A M, Baluev D E, et al. Integrated R&D to Validate Innovative Emergency Heat Removal System for BN – 1200 Reactor [C]// International Conference on Fast Reactors and Related Fuel Cycles: Next Generation Nuclear Systems for Sustainable Development (FR17), 2017.

[11] Aubert F, Baude B, Gauthé P, et al. Implementation of Probabilistic Assessments to Support the ASTRID Decay Heat Removal Systems Design Process [J]. Nuclear Engineering and Design, 2018, 340: 405 – 413.

[12] International Atomic Energy Agency. Specialists Meeting on Evaluation of Decay Heat Removal by Natural Convection [C]. IWGFR/88. IAEA, Oarai Engineering Center, PNC, Japan, 1993.

[13] 俞冀阳, 贾宝山. 反应堆热工水力学 [M]. 2 版. 北京: 清华大学出版社, 2011.

[14] [俄] 伊·叶·伊杰尔奇克. 流体阻力手册 [M]. 华绍曾, 杨学宁, 译. 国防工业出版社, 1992.

[15] 郭玉君, 张金玲. 反应堆系统冷却剂泵流量特性计算模型 [J]. 核科学与工程, 1995, 15 (3): 6.

[16] Series I T. Benchmark Analysis on the Natural Circulation Test Performed During the PHENIX End – of – Life Experiments [R]. Vienna, Austria: International Atomic Energy Agency (IAEA), 2013.

[17] Kuznetsov I A. Accidents and Transients in Fast Breeder Reactors [D]. Monterey Institute of International Studies, 2002.

[18] Головной блок нового поколения БН – 800 Особенности ввода в эксплуатацию, Докладчик: директор Сидоров Иван Иванович, 2016г.

[19] IAEA. Benchmark Analysis of EBR – II Shutdown Heat Removal Tests [M]. Vienna, Austria : International Atomic Energy Agency (IAEA), 2017.

第 8 章

钠冷快堆相关热工水力试验

|8.1　概述|

由于理论计算存在一定的偏差，为了确保钠冷快堆热工水力设计的准确性从而确保其安全，需要进行钠冷快堆热工水力试验，通过试验验证并固化反应堆热工水力设计。

钠冷快堆热工水力试验主要分为两大类：单体试验和整体试验。其中单体试验包括组件单体水力特性试验和传热特性试验、一回路节流件水力特性试验和堆芯出口区域热工水力特性试验等，整体试验包括全堆芯流量分配试验、一回路水力特性验证试验、一回路自然循环能力验证试验和中间热交换器气体夹带验证试验等。

对于任一钠冷快堆，均需要通过组件和一回路节流件单体水力特性试验用以确定组件节流装置和一回路节流件的最终结构，因此这两类单体试验是必不可少的。组件棒束区水力特性试验和传热特性试验用以确定棒束区摩擦阻力系数和对流换热系数，从而支撑堆芯热工水力设计。在钠冷快堆发展的早期，进行了大量的棒束区水力特性试验和传热特性试验并且获得了大量试验数据，为钠冷快堆设计提供了基础。

国际上开展的棒束区水力特性试验情况如表 8.1 所示。由于钠和水的流动性质较为相似，因此为了降低成本与风险，可以以水为工质进行试验。

表 8.1　钠冷快堆棒束区水力特性试验情况

序号	研究者	年份	介质	棒数目	燃料棒直径 D/mm	绕丝直径 D_w/mm	P/D	W/D	H/D
1	ISPRA	2011	水	12	8	2.4	1.3	1.3	18.75
2	ESTHAIR	2010	空气	19	16	3.84	1.24	1.24	21.88
3	Choi	2003	水	271	7.4	1.4	1.2	1.2	24.84
4	Chun1	2001	水	19	8	2	1.256	1.265	25
5	Chun2b	2001	水	19	8	2	1.255	1.268	37.5
6	Chun3b	2001	水	19	8	1.4	1.18	1.176	25
7	Chun4b	2001	水	19	8	1.4	1.178	1.18	37.5
8	Chengb	1984	水	37	15.04	2.26	1.154	1.164	13.4
9	Efthimiadis	1983	水	19	18.92	4.6	1.245	1.245	35.2
10	Burns	1980	水	37	12.72	1.91	1.156	1.177	21
11	Chiu1	1979	水	61	12.73	0.8	1.067	1.069	8
12	Chiu2	1979	水	61	12.73	0.8	1.067	1.069	4
13	Marten11	1982	水	37	15.98	0.66	1.041	1.041	8.38
14	Marten12	1982	水	37	15.98	0.66	1.041	1.041	12.6
15	Marten13	1982	水	37	15.98	0.66	1.041	1.041	17.01
16	Marten21	1982	水	37	15.51	1.12	1.072	1.072	8.34
17	Marten22	1982	水	37	15.51	1.12	1.072	1.072	12.54
18	Marten23	1982	水	37	15.51	1.12	1.072	1.072	16.68
19	Marten31	1982	水	37	15.11	1.53	1.101	1.101	8.31
20	Marten32	1982	水	37	15.11	1.53	1.101	1.101	12.31
21	Marten33	1982	水	37	15.11	1.53	1.101	1.101	16.61
22	Carelli	1981	水	61	12.7	0.635	1.05	1.05	20
23	Spencer	1980	水	217	5.84	1.42	1.252	1.242	51.74
24	Itoh1	1981	水	91	6.3	1.27	1.216	1.216	15.03
25	Itoh2	1981	水	91	6.3	1.27	1.216	1.216	22.54
26	Itoh3	1981	水	91	6.3	1.27	1.216	1.216	32.22
27	Itoh4	1981	水	91	6.3	1.27	1.216	1.216	45.08
28	Itoh5	1981	水	127	5.5	0.9	1.176	1.178	38
29	Itoh6	1981	水	127	5.5	0.9	1.176	1.178	53.27
30	Itoh7	1981	水	169	6.5	1.32	1.214	1.214	47.39
31	Engelb	1979	水/钠	61	12.85	0.94	1.082	1.08	7.78
32	Hoffmann1	1973	钠	61	6	1.9	1.317	1.317	16.67
33	Hoffmann2	1973	钠	61	6	1.9	1.317	1.317	33.33
34	Hoffmann3	1973	钠	61	6	1.9	1.317	1.317	50
35	Wakasugi1	1971	水	91	6.3	1.2	1.221	1.221	14.29

续表

序号	研究者	年份	介质	棒数目	燃料棒直径 D/mm	绕丝直径 D_w/mm	P/D	W/D	H/D
36	Wakasugi2	1971	水	91	6.3	1.2	1.221	1.221	20.63
37	Wakasugi3	1971	水	91	6.3	1.2	1.221	1.221	30.16
38	Wakasugi4	1971	水	91	6.3	1.2	1.221	1.221	41.27
39	Okamoto	1970	水/钠	91	6.3	1.39	1.221	1.221	40.48
40	Davidson	1971	水	217	6.39	1.808	1.283	1.283	48
41	Reihman1	1969	水	37	6.756	0.406	1.079	1.1	22.56
42	Reihman2	1969	水	37	6.756	0.406	1.079	1.1	45.11
43	Reihman3	1969	水	37	6.35	0.762	1.148	1.171	12
44	Reihman4	1969	水	37	6.35	0.762	1.148	1.171	24
45	Reihman5	1969	水	37	6.35	0.762	1.148	1.171	48
46	Reihman6	1969	水	37	6.096	1.016	1.196	1.22	50
47	Reihman7	1969	水	37	5.994	1.08	1.215	1.24	50.85
48	Reihman8	1969	水	37	6.35	2.012	1.376	1.434	24
49	Reihman9	1969	水	37	6.35	2.012	1.376	1.434	48
50	Reihman10	1969	水	217	6.35	0.762	1.135	1.143	48
51	Reihman11	1969	水	37	7.62	0.914	1.15	1.178	40
52	Reihman12	1969	水	19	6.35	0.762	1.156	1.184	48
53	Reihman13	1969	水	37	6.35	0.762	1.148	1.171	96
54	Reihman14	1969	水	37	4.978	0.597	1.145	1.158	61.22
55	Baumann1	1968	水	61	6	1	1.167	1.167	16.7
56	Baumann2	1968	水	61	6	1	1.167	1.167	25
57	Baumann3	1968	水	19	6.62	1.5	1.227	1.227	15.1
58	Baumann4	1968	水	19	6.62	1.5	1.227	1.227	22.7
59	Rehme11d	1967	水	61	12	1.5	1.125	1.125	8.33
60	Rehme12d	1967	水	61	12	1.5	1.125	1.125	12.5
61	Rehme13d	1967	水	61	12	1.5	1.125	1.125	16.67
62	Rehme14d	1967	水	61	12	1.5	1.125	1.125	25
63	Rehme15d	1967	水	61	12	1.5	1.125	1.125	50
64	Rehme21c	1967	水	37	12	2.8	1.233	1.233	8.33
65	Rehme22c	1967	水	37	12	2.8	1.233	1.233	12.5
66	Rehme23c	1967	水	37	12	2.8	1.233	1.233	16.67
67	Rehme24c	1967	水	37	12	2.8	1.233	1.233	25
68	Rehme25c	1967	水	37	12	2.8	1.233	1.233	50
69	Rehme31c	1967	水	37	12	3.3	1.275	1.275	8.33
70	Rehme32c	1967	水	37	12	3.3	1.275	1.275	12.5
71	Rehme33c	1967	水	37	12	3.3	1.275	1.275	16.67

续表

序号	研究者	年份	介质	棒数目	燃料棒直径 D/mm	绕丝直径 D_w/mm	P/D	W/D	H/D
72	Rehme34c	1967	水	37	12	3.3	1.275	1.275	25
73	Rehme35c	1967	水	37	12	3.3	1.275	1.275	50
74	Rehme41b	1967	水	19	12	4.1	1.343	1.343	8.33
75	Rehme42c	1967	水	37	12	4.1	1.343	1.343	12.5
76	Rehme43c	1967	水	37	12	4.1	1.343	1.343	16.67
77	Rehme44c	1967	水	37	12	4.1	1.343	1.343	25
78	Rehme45c	1967	水	37	12	4.1	1.343	1.343	50
79	Rehme51c	1967	水	37	12	5	1.417	1.417	8.33
80	Rehme52c	1967	水	37	12	5	1.417	1.417	12.5
81	Rehme53c	1967	水	37	12	5	1.417	1.417	16.67
82	Rehme54c	1967	水	37	12	5	1.417	1.417	25
83	Rehme55c	1967	水	37	12	5	1.417	1.417	50

对于钠冷快堆棒束区传热特性试验，考虑到钠和水的传热特性的巨大差异，只能以钠或者其他低普朗特数的液体为工质进行试验。国际上开展的棒束区水力特性试验情况如表 8.2 所示。除了表中的试验以外，俄罗斯也进行了大量的钠的传热特性试验，用以验证其子通道计算程序 MIF。

表 8.2 钠冷快堆棒束区传热特性试验情况

序号	研究者	年份	介质	棒数目	棒直径 D /mm	P/D	排列
1	Mareska and Dwyer	1964	水银	13	13	1.75	三角形
2	Borishanski et al.	1969	未知	7	22	1.1/1.3 /1.4/1.5	三角形
3	Graber and Rieger	1972	44%Na- 56%K	31	12	1.25/1.6 /1.95	三角形
4	Zhukov et al.	2002	22%Na- 78%K	25	12	1.25/1.28 /1.34/1.46	四边形

钠冷快堆整体热工水力试验中的全堆芯流量分配试验和一回路水力特性验证试验用以验证反应堆热工设计，提高反应堆热工水力设计精度，因此并不是每个反应堆都进行了所有的整体试验。

对于一回路自然循环能力验证试验，由于一回路自然循环设计关系到反应堆的安全性，因此有较多的钠冷快堆开展了该试验。国际上开展的一回路自然循环能力相关试验情况如表 8.3 所示。

表 8.3　快堆一回路自然循环相关的试验简介

序号	堆型	国家	台架名	年代	介质	台架特点	部分研究内容或结论
1	EFR	欧洲	KIWA	1989	水/空气	1:10,整套余热排出系统,堆容器为简化的 2D 模型	研究事故余热排出系统二、三回路的特性,着重于空冷器排热能力和调节性能
2	Phenix	法	COLTEMP	1990	钠		6 MW,余热排出系统在主回路的自然循环模拟
3	SPX	法	TANAGRA	1991	钠	1:3,90°,热钠池	研究热钠池自然循环,并验证水试验和 CFD 计算程序
			JANUS	1989	钠		理解自然循环模式,管道热分层,验证以钠为工质的计算程序
			HIPPO	1991	水	0.48	堆芯和热钠池模型,提出应研究盒内流对堆芯温度的影响效应
4	SPX-2	法	GODOM2	1990	水	SPX-2 热腔室 90° 水模型。组成部分有:栅板联箱,堆芯有套管制棒的中心测量柱,一台 IHX,2 台 DHX	研究了反应堆余热排出系统一回路内的自然对流时堆芯与 DHX 流的相互关系。通过冷液流引入 DHX 一些局部点来模拟 DHX 流。研究表明,从 DHX 出来的冷钠流能进入中心测量柱底部,并与外圈燃料组件相互作用
5	SNR-2 EFR	德	RAMONA	1992	水	1:20 仿制 SNR-2 的几何结构,以超凤凰构思为基础的三维水模型,由啲有机玻璃制成。有 4 条环路,4 台 DHX。堆芯最大功率为 75 MW,由 9 个加热棒和一根中央释热棒单独释热,这些环和棒都单独释热,因此可沿堆芯径向设置一个释热梯度。在模型各部件和堆芯上方空间中沿测量横梁安装了约 350 副热电偶。速度、流量用激光多普勒风速仪和感应传感器进行测量。该模型结构简单,部件易于使用和更换、测量机构灵活,工作可靠	在 RAMONA 上,进行了 100 多个稳态、瞬态试验,研究了在稳态工况及各种几何参数(浸没型 DHX 和堆芯出口测量柱的结构等)和运行参数(堆功率、堆出口流量等)和流动工况,沿一、二回路泵通流的流动工况(堆芯释热,沿一、二回路循环)下强迫循环对流向自然循环工况过渡过渡工况下的热工水力学,研究了 DHX 对流过渡工况下的运行行为等

续表

序号	堆型	国家	台架名	年代	介质	台架特点	部分研究内容或结论
5	SNR－2 EFR	德	NEPTUN	1995	水	1:5 仿制 SNR－2 的几何结构，包括堆芯、DHX，以及部分 IHX，泵。有 6 条环路，钢制作，360°。堆芯最大功率为 1 600 MW，由 19 根棒束组成，棒直径为 8.5 mm，六角形排列，相对格距 $s/d = 1.12$，棒束装在 337 个内径为 50 mm 的圆形保护管中，另外还有 312 个反射层组件和屏蔽组件。棒束分为 6 组，每组单独释热。套管与套管之间的间隙填有循环水，这是 NEPTUN 台架与 RAMONA 的主要区别之一。该装置的特点是与反应堆堆芯的几何结构极为相似，这就可以对堆芯进行详细的热工水力研究。堆束间间隙内的冷却剂流动用一些流量计进行测量，温度用安装在模型各部件和冷却剂容积中最重要的测量横梁上的 1 300 副热电偶进行测量。堆芯内的冷却剂流速用激光测速法测量。随着模型比例的加大，该模型更加接近反应堆的复杂几何结构	在 RAMONA，NEPTUN 模型上，所做的研究最重要的参数和特性如下。 （1）稳态工况： —堆芯功率：RAMONA 为 1～8 kW，NEPTUN 为 133～264 kW； —堆芯出口测量柱采用了可穿透、不可穿透两种结构； —大多数试验采用 4 台 DHX 或 2 台相邻 DHX 失效； —反应堆容器内液位减低到 IHX 和 DHX 进口标高以下（试验情况），以及主要循环环路断开。 （2）瞬态工况： —堆芯功率在 5 s 内降到剩余释热水平； —堆芯内流速按泵惰转 10 s 的规律降低； —约经历 240 s 后，DHX 二回路流速降低。 —可改变没有泵惰转，IHX 的停用时间，功率根据 DHX 负荷下降的水平，DHX 启动的滞后时间等。研究了 DHX 两条环路发生事故的情况。 在自然循环建立期间，通过盒间流路能带出 40% 的堆芯热量

续表

序号	堆型	国家	台架名	年代	介质	台架特点	部分研究内容或结论
6	DFBR	日		1990	水	1:8	自循环环期间，在热池发现热分层现象，并利用模拟理论原理将试验数据（温度梯度与密度差）加以整理应用到了 DFBR
		日			水	两个 180°台架，比例为 1:6,1:20,池式堆容器	研究装置功率和尺寸的影响。结果表明:1:6 比例的模型无量纲温度与热功率无关
		日			水		验证自然循环的模拟条件。结果表明，该装置上功率超过 1 kW，无量纲温度相似
		日	TRIF		水	平面模型	验证盒间流流场
		日	CCTL－CFR	1998	钠	平面模型，带上腔室和堆芯盒间；3 盒组件模拟件，上腔室	稳态自然循环工况下盒间流传热效应研究。盒内自然对堆芯的冷却效应研究。研究表明从上腔室进入盒间的冷流对堆芯冷却可以起到不小作用。同时获得了温度分界层限摆动的性状
		日	PLANDTL－DHX	1999/2000	钠	7 盒组件模拟件，上腔室、DHX、中间热交换器	
7	PFBR	印	SAMRAT		水	1:4 的堆本体模型	堆本体内的热工水力研究，为方程序验证获得试验数据。(1)DHX 冷却堆芯能力:能有效移除热量，保证温度低于限值，但余热排出通道的建立需要时间。(2)对堆芯出口温度的研究结果:共计 6 类试验的热池温差近似相当；建立稳态自然排热能力与其他排热方式相同等；反射层＋储存阱的反向流相对能力与其他排热方式相同等；盒间温度可起到重要作用。(3)对盒间温度的研究结果:盒间温度相当，表明盒间流流传热与正常传热相当；所有试验条件下，未加盒间区域内盒间温度梯度几乎相同。总之:可获得稳态自然循环，所有预设的排热都在起作用;盒间流可能起到显著作用

续表

序号	堆型	国家	台架名	年代	介质	台架特点	部分研究内容或结论
7	PFBR	印	IWF SLAB		水	平面模型,组件 1:1,仅模拟了燃料组件和反射层组件的活性段	演示盒间流作用,为程序验证获得数据。研究表明:根据 PIV 测量结果显示,盒间流余热排出贡献占到 25%
			SADHANA		钠/钠/空气	功率比为 1:22,热钠池、中间回路和空气回路	模拟整个回路的传热特性,设备测试
8	CEFR	中/俄		2000	水	1:5 的堆容器	稳态自然循环研究表明: (1)证明了 DHX 的非能动事故冷却能力的有效性,且自然循环工况下可用一台 DHX 排热。 (2)发现了盒内有效的换热路线。 ①DHX 出口一盒间一组件尾部密封处的节流装置一压力联箱一盒内一上腔室一DHX; ②DHX 出口一泵模拟体支承箱上的孔一泵模拟体吸入口冷腔室一压力联箱一盒内一上腔室一DHX。 (3)最终的稳态自然循环工况参数与工况历史、特征以及过渡速度无关。 (4)发现多处稳定热分层区域,如冷腔室上部、压力联箱顶部、上腔室外围的下部,并有回流和滞止区域。 (5)堆容器冷却时存在明显反向回流。 强迫循环工况研究表明: (1)模型计算与试验参数吻合很好。 (2)发现明显和稳定的热分层,区域与自然循环期间类似。 (3)在分层和回流边界上存在大的温度梯度和温度振荡

快堆热工水力学

续表

序号	堆型	国家	台架名	年代	介质	台架特点	部分研究内容或结论
9	BN-800/1200	俄	SARKh	2011	水	组件模拟件比例为高度 1:5,横向 1:9,盒对边距 20 mm	进行热分层研究: (1)得到了上部腔室的流型与 Fr 数之间的定性关系。 (2)紧急停堆后,在侧向屏蔽区发现了稳定的热分层
10	BN-1200	俄	V-200	2014 左右	水	整体,1:10,一回路由两个环路组成,每个环路包含 2 台 IHX,1 台泵,也包括了反应堆容器、堆芯、旋塞、热屏蔽、电离室等所有主要部件,还设置了覆盖多层钢盖套筒缝隙的部件。二回路是封闭回路,含有一台泵,充满去离子水,用来排出 IHX 和 DHX 的热量	研究了强迫循环情况和稳定自然循环情况下热池中冷却剂的分层过程。针对不同应急冷却情形,对出现冷却剂时冷却剂的温度和运动进行了研究。与强迫循环时相比,燃料组件头出来的冷却剂温度升高,热池周围区域冷却温度升高。试验研究证实了应急排热系统的高效性。标准情况中余热在安全运行限制内排出,即使有 3 个 DHX 失效时也有足够余量进行自我保护。即使有 3 个 DHX 失效,反应堆设备温度仍旧在允许限值以内。V-200 后续试验研究能够为 TISEI 台架确定必须考虑的关键因素

续表

序号	堆型	国家	台架名	年代	介质	台架特点	部分研究内容或结论
10	BN－1200	俄	TISEI	2014左右	水	台架与实际反应堆外部回路、设备高度几何相似,比例为 1:5,总高度为 21 m。冷却率为不大于 350 kW,模拟堆芯的额定功率为不大于 70 kW。包含 1 个 80°的一回路、一个中间回路和一个用来冷却 IHX 和空冷器的回路	BN－1200 DHRS 的有效性由在 TISEI 台架上进行的一系列试验确定,DHRS 参数和运行条件则由程序计算确保。TISEI 台架用于研究反应堆水力过程,模拟反应堆和应急排热系统环路中的热工水力过程、稳定和不稳定冷却过程。用于验证在 TISEI 台架完成一系列验证试验后,针对 BN－1200 应急排热系统的有效性可以得到最终结论。对验证程序的描述:这些试验数据使得在 BN－1200 尽可能接近的条件下验证计算程序(系统程序 BURAN,GRIF)成为可能,并且,通过与之前在反应堆和钠台架上进行的验证一起,使得验证在紧急排热系统开发过程中采用的决策成为了可能。BN－1200 DHRS 设计除上述系统程序外,还采用了三维 CFD 程序 FLOWSION

国际上对中间热交换器气体夹带的研究较多。英国、法国、德国联合设计了 OREILLETTE 试验台架和 COLCHIX 试验台架，法国建造了 BANGA 试验装置，印度针对 PFBR 建造了相应气体夹带试验装置，日本针对 DFBR 建造了相应气体夹带试验装置。

|8.2 单体热工水力特性验证试验|

8.2.1 组件单体水力特性、传热特性试验

（一）组件单体水力特性试验

组件单体水力特性试验的目的是根据流量分配设计的结果，确定各类组件管脚节流件的最终尺寸，使每个流量区组件的额定压降和额定流量相匹配。如果某一流量区分配的流量大于流量分配设计值，由于堆芯的总流量是一定的，因此会导致其余流量区分配的流量小于设计值，这样有可能导致该流量区之外的某一个流量区组件温度超过设计限值；反之如果某一个流量区分配的流量小于流量分配的设计值，则有可能导致该流量区组件温度超过设计限值。因此，反应堆运行时需要保证各个流量区的流量与设计值相符。由于理论计算的结果不确定性太大，因此只有通过组件单体水力特性试验才能最终确定符合设计精度的管脚节流件尺寸。

以钠冷快堆为例，在实际运行中采用液态金属钠作为冷却剂，充分考虑到堆外单体试验的经济性与安全性，单体试验一般采用去离子水作为试验工质。高温水的黏度和钠的黏度接近，因此用水代替钠进行水力特性试验是可行的。试验前需要通过相似性分析，确定试验工质温度，进而充分模拟液态金属钠的流动状况，确保试验工作的正确与可靠。根据相似性理论和水力学试验原理及本试验的实际情况，试验需满足以下相似条件：

（1）几何相似。试验模拟件与组件原型 1:1 几何相似，且加工精度也应与设计施工图纸要求保持一致。

（2）动力相似。定常流动在几何相似的前提下，模型试验对应的雷诺准则数应与原型对应的雷诺准则数相同，这样模型得出的阻力系数就与原型相同。在试验时，需保证雷诺数范围覆盖原型中的雷诺数范围。

（3）边界条件相似。边界条件相似是本试验在模型设计和试验段设计中

需要考虑的重点问题，由于堆内组件的边界条件、流动状态均十分复杂，因此要完全模拟其边界条件存在很大难度。经理论分析，模拟件本身结构是产生流动阻力的最主要来源，边界条件对流动阻力所产生的影响有限，因此试验过程中需对边界条件进行合理简化。

根据相似理论，流动阻力系数是关于雷诺数的函数，因此当试验模型的雷诺数与组件原型的雷诺数相等时，则认为试验工质水与实际工质钠对应的阻力系数相等。因此，通过水力特性试验，确定组件模拟件对应的水力特性曲线以及阻力系数函数关系，则间接获得了真实组件的阻力特性，并可以利用由水力试验获得的阻力系数经验关系式相应地计算堆内实际运行时的压力损失。

快堆在实际运行中，液态金属钠由组件底部管脚开孔处进入组件内部，流经组件内部燃料棒并最终由顶部操作头流出，伴随着带走燃料释热，因此整个流动过程中温度变化剧烈，流动工质所对应的密度、动力黏度等物性参数也随之发生变化。对于快堆组件，管脚段和棒束段压降占整盒组件的 99% 以上，因此只需要准确研究管脚段和棒束段压降即可。然而，管脚段与棒束段在实际运行中温度存在较大差异，因此由温度变化对组件压降的影响不容忽视，在试验中必须合理确定试验温度并评估温度与组件压降的影响。

为节约试验成本，试验条件下一般无法模拟加热变温过程，水力特性试验均在恒温条件下进行，试验工质在整个流动过程中不存在明显温度差异。因此，组件单体水力特性试验时需要在两个水温下分别进行，以分别模拟管脚段和棒束段钠温，并进行温度折算，最终反推实际组件的水力特性。

组件单体水力特性试验段示意图如图 8.1 所示。试验段主要需要测量的参数包括水温、组件入口和出口之间的压差、通过组件的流量。

对于燃料组件而言，组件棒束区阻力占整盒组件的一半以上，因此棒束区阻力特性对组件压降影响起决定性作用。组件棒束区阻力和流速的关系如下：

$$\Delta P = f \frac{l}{d_e} \frac{\rho V^2}{2} \tag{8.1}$$

式中，ΔP 为棒束区压降（Pa）；f 为摩擦阻力系数；l 为棒束区长度（m）；d_e 为棒束区水力直径（m）；ρ 为流体密度（kg/m³）；V 为流体流速（m/s）。

其中摩擦阻力系数需要通过棒束区阻力特性试验得出。S. K. Chen 等人对国际上已有的快堆组件棒束区阻力关系式进行了对比，发现 CTS 模型计算精度较高，且计算方法较为简单。CTS 模型表达式如下：

层流关系式（$Re_b < Re_L$）

$$f_{Lam} = \frac{C_{fLam}}{Re_b} \tag{8.2}$$

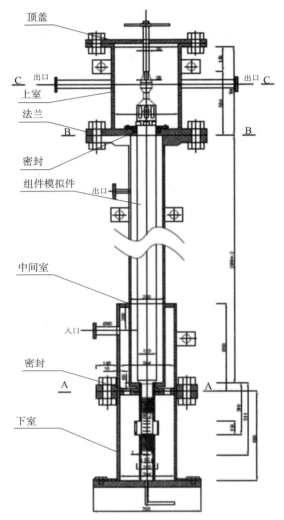

图 8.1 组件单体水力特性试验段示意图

紊流关系式（$Re_b > Re_T$）

$$f_{Tur} = \frac{C_{fTur}}{Re_b^{0.18}} \qquad (8.3)$$

过渡区关系式（$Re_L < Re_b < Re_T$）

$$f_{Tran} = f_{Lam}(1 - \psi)^{\frac{1}{3}} + f_{Tur}\psi^{\frac{1}{3}} \qquad (8.4)$$

其中

$$Re_L = 300 \times 10^{1.7(\frac{P}{D} - 1.0)} \qquad (8.5)$$

$$Re_T = 10\,000 \times 10^{0.7(\frac{P}{D} - 1.0)} \qquad (8.6)$$

$$\psi = \frac{\lg\left(\dfrac{Re}{Re_{\mathrm{L}}}\right)}{\lg\left(\dfrac{Re_{\mathrm{T}}}{Re_{\mathrm{L}o}}\right)} = \frac{\lg(Re_{\mathrm{b}}) - \left(\dfrac{1.7P}{D} + 0.78\right)}{2.52 - \dfrac{P}{D}} \tag{8.7}$$

$$C_{\mathrm{fLam}} = \left[-974.6 + 1\,612.0\left(\frac{P}{D}\right) - 598.5\left(\frac{P}{D}\right)^2\right] \times \left(\frac{H}{D}\right)^{0.06 - 0.085\left(\frac{P}{D}\right)} \tag{8.8}$$

$$C_{\mathrm{fTur}} = \left[0.806\,3 - 0.902\,2\lg\left(\frac{H}{D}\right) + 0.352\,6\left(\lg\left(\frac{H}{D}\right)\right)^2\right] \times \left(\frac{P}{D}\right)^{9.7}\left(\frac{H}{D}\right)^{1.78 - 2.0\left(\frac{P}{D}\right)} \tag{8.9}$$

式中，C_{f} 为摩擦阻力因子；Re_{b} 为棒束区平均雷诺数；P 为燃料棒栅距（m）；D 为燃料棒外径（m）；H 为绕丝螺距（m）；下角标 Lam 代表层流，Tur 代表湍流，Tran 代表过渡区。

CTS 模型的适用条件：$19 \leqslant Nr \leqslant 217$，$1.0 \leqslant P/D \leqslant 1.42$，$8 \leqslant H/D \leqslant 50$，$50 \leqslant Re_{\mathrm{b}} \leqslant 10^6$。

（二）组件传热特性试验

组件传热特性试验的目的是得出棒束区的传热特性，为燃料棒包壳、芯块温度计算提供依据。

冷快堆的冷却剂一般为液态金属，在进行快堆组件传热特性试验之前，首先需要考虑由于热导率相差很大而引起的液态金属和普通流体之间的差别。为此，引入一个英雄对流传热性质的重要无量纲参数——普朗特（Prandtl）数，其表达形式如下：

$$Pr = \frac{c_p \mu}{k} = \frac{\nu}{\alpha} \tag{8.10}$$

式中，c_p 为比热 [J/(kg·K)]；μ 为动力黏度（Pa·s）；k 为热导率[W/(m·K)]；ν 为运动黏度（μ/ρ），与流体内动量传递有关（m^2/s）；α 为热扩散率[$k/(\rho c_p)$]，与热传导引起的传热率有关（m^2/s）。

对于 Pr 数为 1 的情况，ν 和 α 相等并且传热机理和传热率与动量传递机理和速率相似。对于包括水在内的多数流体，Pr 数在 1 到 10 之间。对于气体，Pr 一般约为 0.7。然而，液态金属的 Pr 数很小，通常在 0.01 到 0.001 范围内。这意味着在液态金属里，导热机理比动量传递机理更占支配地位。

因此液态金属的传热机理和水有着很大的差别。因此，进行组件传热特性试验时不能使用水工质而只能使用原工质，这大大增加了组件传热特性试验的成本及危险性。

液态金属对流传热关系式通常以 Nusselt 数对 Peclet 数的关系形式出现。对于管子和棒束有[3]：

$$Nu = \frac{h D_e}{k} \tag{8.11}$$

$$Pe = RePr = \frac{\rho V D_e c_p}{k} \tag{8.12}$$

式中，Nu 为努塞尔数；Pe 为贝克莱数；h 为流体与固体壁面之间的对流换热系数[W/(m²·K)]；D_e 为流道的水力直径（m）；V 为流速（m/s]。

通过快堆组件传热特性试验可以得出组件内冷却剂温度和包壳外表面温度之间的关系，从而得出 Nu 数和 Pe 数之间的关系，即对流换热系数与流体状态之间的关系。国际上对液态金属的传热特性进行了较多试验，覆盖的 Pe 数范围也较广，下面列举一些传热特性试验的研究结果。

1. WEST 关系式

Westinghouse 的 Kazami 和 Carelli 在研究 CRBRP 的过程中给出的 WEST 关系式。在 $1.05 \leqslant P/D \leqslant 1.15$，$150 \leqslant Pe \leqslant 1\,000$ 时：

$$Nu = \left[-16.15 + 24.96 \frac{P}{D} - 8.55 \left(\frac{P}{D} \right)^2 \right] Pe^{0.3} \tag{8.13}$$

$Pe \leqslant 150$ 时：

$$Nu = 4.496 \left[-16.15 + 24.96 \frac{P}{D} - 8.55 \left(\frac{P}{D} \right)^2 \right] \tag{8.14}$$

$P/D > 1.15$ 时：

$$Nu = 4.0 + 0.16 \left(\frac{P}{D} \right)^{5.0} + 0.33 \left(\frac{P}{D} \right)^{3.8} \left(\frac{Pe}{100} \right)^{0.86} \tag{8.15}$$

该式的适用条件为 $1.15 \leqslant P/D \leqslant 1.30$，$10 \leqslant Pe \leqslant 5\,000$。

2. Subbotin 关系式

对三角排列棒束，Subbotin 推荐

$$Nu = 0.58 \left[\frac{2\sqrt{3}}{\pi} \left(\frac{P}{D} \right)^2 - 1 \right]^{0.55} Pe^{0.45} \tag{8.16}$$

适用范围：$80 < Pe < 4\,000$；$1.1 \leqslant P/D \leqslant 1.5$。

3. Borishanskii 关系式

Borishanskii 是基于 7 根管束，分别在 $P/D = 1.1$、1.3、1.4 和 1.5 下开展了液体金属纳的传热试验，得到了 230 个 Nu 与 Pe 间的试验关系，并拟合了如下关系式

$$Nu = \begin{cases} Nu_1\,, & Pe < 200 \\ Nu_1 + Nu_2\,, & Pe \geqslant 200 \end{cases} \tag{8.17}$$

$$Nu_1 = 24.15 \lg\left[-8.12 + 12.75\left(\frac{P}{D}\right) - 3.65\left(\frac{P}{D}\right)^2 \right] \tag{8.18}$$

$$Nu_2 = 0.017\,4\left[1 - e^{-6\left(\frac{P}{D}-1\right)} \right](Pe - 200)^{0.9} \tag{8.19}$$

适用范围：$30 < Pe < 5\,000$；$1.1 \leqslant P/D \leqslant 1.5$。

4. Zhukov 关系式

$$Nu = \frac{7.55P}{D} - \frac{14}{(P/D)^5} + 0.007 Pe^{0.64 + \frac{0.246P}{D}} \tag{8.20}$$

5. Mikityuk 关系式

Mikityuk 在 2009 年对以前的传热关系式进行了分析对比，拟合了如下关系式：

$$Nu = 0.047\left[1 - e^{-3.8\left(\frac{P}{D}-1\right)} \right](Pe^{0.77} + 250) \tag{8.21}$$

适用范围：$30 < Pe < 5\,000$；$1.1 \leqslant P/D \leqslant 1.95$。

同时，Mikityuk 通过对比得出，此关系式的拟合精度最好（平均绝对误差为 -0.1，均方根误差为 1.9），其次是 Ushakov 关系式（平均绝对误差为 -0.7，均方根误差为 2.2）和 Gräber 关系式（平均绝对误差为 -1.2，均方根误差为 2.3）。

6. Ushakov 关系式

$$Nu = \frac{7.55P}{D} - \frac{20}{(P/D)^{13}} + \frac{0.041}{(P/D)^2} Pe^{0.56 + \frac{0.19P}{D}} \tag{8.22}$$

7. Gräber 关系式

$$Nu = 0.25 + \frac{6.2P}{D} + \left(\frac{0.032P}{D} - 0.007\right) Pe^{0.8 - \frac{0.024P}{D}} \tag{8.23}$$

8.2.2　一回路节流件水力特性试验

一回路节流件是调节一回路主辅流量分配的主要部件，决定着反应堆堆芯及堆内各设备部件的安全。目前没有精确的理论计算方法来准确地获得节流件的水力特性，必须通过试验来评估节流件能达到的节流效果，确定节流板的形状和大小，使节流件在设计流量下满足设计压降。根据相似性理论和水力学试验原理及实际情况，本试验需满足以下相似条件：

（1）几何相似。指试验模型与原型几何相似，在结构上对应成比例，而且加工要求也与设计施工图册中的要求相同。由于试验组件是依照图纸进行加工的，因此此项准则完全满足，并且是1:1几何相似。

（2）动力相似。由相似原理可知，对于定常流动情况，动力相似为雷诺准则，即在几何相似的前提下，试验工况下的雷诺准则数与原型的雷诺准则数相同，这时两者的欧拉准则数必然相同（阻力系数在本质上就是欧拉准则数）。

由上可知，根据相似理论，在几何相似的前提下，试验中的雷诺数与原型中的雷诺数相同时，那么两者的阻力系数相等。因此，可以通过试验测得组件的阻力特性关系式，并保证试验时的雷诺数范围能覆盖组件在实际运行条件下的雷诺数范围，即可确定组件的阻力特性，并根据试验得到的经验关系式计算在实际堆内运行情况下的组件的压力损失。

（3）边界条件相似。边界条件主要是节流件中水流进出口条件。堆内实际工况下，反应堆功率长期趋于稳定，因此通过节流件的流体前后流动状态也趋于稳定。试验中为满足这一条件，采用"前十后五"取压的准则。节流件前后试验段分别延长至10倍与5倍管道直径距离测量进出口压差，为保证取压点不受流体运动影响，采用同一水平高度环形四点取压。

（一）主容器冷却系统入口节流件（简称 C1 节流件）

首先通过对 C1 类节流件模拟件进行试验前的预计算，确定模拟件尺寸结构与第一次加工设计图。再通过试验测量该节流件与设计目标误差大小，若不满足误差范围则修改设计图纸再加工，直到保证试验值与设计值误差小于 2%。

C1 类节流件试验总计 50 组工况，流量范围为 10% ~ 120%，对于每一个流量分区，确保组件棒束中的 Re 在水中的值与在钠中的值相等，即满足阻力系数相等，这样能使得更准确地将水的试验用于钠中。试验中以水替代钠作为工质，需要保证体积流量不变，即 $V_水 = V_{Na}$。

经过相似性分析计算，钠与水作为工质的压降可以用如下公式进行换算：

$$\Delta P_{C1-水} = \Delta P_{C1-Na} \times \frac{\rho_{Na358}}{\rho_{水84}} \tag{8.24}$$

试验过程中，首先将回路中流体加热到试验温度，再通过调节泵的运行工况，保证水的体积流量等于钠平均密度下的体积流量。稳定运行 2 ~ 3 min，由控制系统记录当前工况下测量数据。最后选取每一个工况下稳定数据中的 60 组数据取平均值。同温度试验总计进行 3 次，取 3 次试验的平均值确定为试验最终数据。若所测压降与计算出的水的额定压降误差在允许范围内，则认为节流件设计符合要求，否则需进行加工再试验。

在试验段上下过渡段靠近中间节流件位置根据"前十后五"的方式设置引压管，差压变送器两端通过引压管连接，引压管采用同一水平高度环形四点取压，保证仪器测量压降不受流体在管道内的运动分布影响。试验中，节流件试验段垂直安装，流体由底部入口管道流入，依次经过下过渡段、节流件、上过渡段再流向回路中。

最后根据试验结果获得节流件的流量与压降的关系。

（二）主容器冷却系统出口节流件（简称 C2 节流件）

首先通过对 C2 类节流件模拟件进行试验前的预计算，确定模拟件尺寸结构与第一次加工设计图。再通过试验测量该节流件与设计目标误差大小，若不满足误差范围则修改设计图纸再加工，直到保证试验值与设计值误差小于 2%。

C2 类节流件试验总计 50 组工况，流量范围为 10% ~ 120%，对于每一个流量分区，确保组件棒束中的 Re 在水中的值与在钠中的值相等，即满足阻力系数相等，这样能更准确地将水的试验用于钠中。试验中以水替代钠作为工质，需要保证体积流量不变，即 $V_水 = V_{Na}$。

经过相似性分析计算，钠与水作为工质的压降可以用如下公式进行换算：

$$\Delta P_{C2-水} = \Delta P_{C2-Na} \times \frac{\rho_{Na400}}{\rho_水} \tag{8.25}$$

试验过程中，首先将回路中流体加热到试验温度，再通过调节泵的运行工况，保证水的体积流量等于钠平均密度下的体积流量。稳定运行 2 ~ 3 min，由控制系统记录当前工况下测量数据。最后选取每一个工况下稳定数据中的 60 组数据取平均值。同温度试验总计进行 3 次，取 3 次试验的平均值确定为试验最终数据。若所测压降与计算出的水的额定压降误差在允许范围内，则认为节流件设计符合要求，否则需进行加工再试验。

最后根据试验结果获得节流件流量（kg/s）与压降（kPa）的关系。

（三）泵支承冷却系统节流件（简称 C3 节流件）

首先通过对 C3 类节流件模拟件进行试验前的预计算，确定模拟件尺寸结构与第一次加工设计图。再通过试验测量该节流件与设计目标误差大小，若不满足误差范围则修改设计图纸再加工，直到保证试验值与设计值误差小于 2%。

C3 类节流件试验总计 50 组工况，流量范围为 10% ~ 120%，对于每一个流量分区，确保组件棒束中的 Re 在水中的值与在钠中的值相等，即满足阻力系数相等，这样能更准确地将水的试验用于钠中。试验中以水替代钠作为工质，需要保证体积流量不变，即 $V_水 = V_{Na}$。

经过相似性分析计算，钠与水作为工质的压降可以用如下公式进行换算：

$$\Delta P_{C3-水} = \Delta P_{C3-Na} \times \frac{\rho_{Na358}}{\rho_水} \tag{8.26}$$

试验过程中，首先将回路中流体加热到试验温度，再通过调节泵的运行工况，保证水的体积流量等于钠平均密度下的体积流量。稳定运行 2 ~ 3 min，由控制系统记录当前工况下测量数据。最后选取每一个工况下稳定数据中的 60 组数据取平均值。同温度试验总计进行 3 次，取 3 次试验的平均值确定为试验最终数据。若所测压降与计算出的水的额定压降误差在允许范围内，则认为节流件设计符合要求，否则需进行加工再试验。

最后根据试验结果获得节流件流量（kg/s）与压降（kPa）的关系。

（四）电离室冷却系统节流件（简称 C4 节流件）

首先通过对 C4 类节流件模拟件进行试验前的预计算，确定模拟件尺寸结构与第一次加工设计图。再通过试验测量该节流件与设计目标误差大小，若不满足误差范围则修改设计图纸再加工，直到保证试验值与设计值误差小于 2%。

C4 类节流件试验总计 50 组工况，流量范围为 10% ~ 120%，对于每一个流量分区，确保组件棒束中的 Re 在水中的值与在钠中的值相等，即满足阻力系数相等，这样能更准确地将水的试验用于钠中。试验中以水替代钠作为工质，需要保证体积流量不变，即 $V_水 = V_{Na}$。

经过相似性分析计算，钠与水作为工质的压降可以用如下公式进行换算：

$$\Delta P_{C4-水} = \Delta P_{C4-Na} \times \frac{\rho_{Na358}}{\rho_水} \tag{8.27}$$

试验过程中，首先将回路中流体加热到试验温度，再通过调节泵的运行工况，保证水的体积流量等于钠平均密度下的体积流量。稳定运行 2 ~ 3 min，由控制系统记录当前工况下测量数据。最后选取每一个工况下稳定数据中的 60 组数据取平均值。同温度试验总计进行 3 次，取 3 次试验的平均值确定为试验最终数据。所测压降与计算出的水的额定压降误差在允许范围内，认为节流件设计符合要求，否则需进行加工再试验。

最后根据试验结果获得节流件流量（kg/s）与压降（kPa）的关系。

8.2.3 堆芯出口区域热工水力特性试验

对于反应堆堆芯出口区域，一个重要的安全要求是保证堆芯出口温度测量值的准确性与代表性。测温热电偶位于燃料组件上方，用于监测堆芯出口温度，也可用于检测出口温度的异常升高。这些热电偶在防止因流动堵塞而引发的反应堆事故中起着关键作用。此外，测温热电偶还可用于分析瞬态过程中的组件出口温度。

由于出口区域的热电偶是遵循堆芯热工水力特性的唯一温度测量手段，因此，确保在所有运行条件下，热电偶测量值为有效的组件出口温度是非常重要的。热电偶通常位于堆芯出口水平面上方几厘米处，安装在某种特殊装置上，测量的温度对组件上部区域的局部热工水力特性十分敏感。从组件顶部到热电偶的轴向距离和径向偏移也会影响测量精度。在正常运行工况时，堆芯出口钠的流动受到堆芯结构的影响，来自堆芯外部区域较冷的钠可能会影响燃料组件出口处的温度测量。另一种干扰效应出现在控制棒组件附近，由于控制棒组件出口钠的温度较低，此部分钠可能会降低周围燃料组件测温热电偶的测量值。

此外，堆芯出口区域温度波动导致的热疲劳问题，也是关注的重点。堆芯不同组件出口温度存在差异，不同温度的钠在组件出口区域混合，可能会产生高振幅的温度波动，其频率范围可能相当大，因此，在组件操作头、测温热电偶等相关结构上，可能会面临热疲劳风险。

因此，需要进行精确的热工水力分析试验，以确定堆芯出口温度测量的可靠性，优化堆芯出口区域的局部几何特征，减少或避免相关的干扰效应。而堆芯出口区域的局部热工水力特性可能受到堆芯和堆芯上部设备结构之间的整体复杂流动的影响，故热工水力分析应涵盖整个堆芯上部区域。

从试验的角度来看，堆芯出口区域的热工水力特性，可以通过水介质下的缩比模型进行模拟。在设计水台架试验时主要面临两个问题：相似条件和试验比例尺。相似条件主要包括几何相似（比例尺与几何形状）、动力相似（准则数）、边界条件相似。

Grewal 等人针对堆芯出口区域试验的相似标准，给出了如下建议：对于堆芯出口区域的高雷诺数湍流，即使水的普朗特数远高于钠的普朗特数，也可以利用水来模拟流体的湍流搅混，因此，水模型可以用来验证堆芯出口温度测量的可靠性，但是水不能正确模拟钠与结构部件的换热。而为了评估特定结构的热疲劳风险，水模型可提供流体中温度波动幅度和频率范围等信息。水模型的比例尺必须足够高，以便能够详细描述部件特征，如组件操作头、热电偶及其支承结构等，且水试验必须在足够高的雷诺数下进行，遵循雷诺数相似准则，以模拟与反应堆相同的流动状态，一般可采用 1:5 或 1:3 的比例尺。为保证试验的经济性，可采用扇形区域模拟堆芯出口区域的热工水力特性，减少对供水设施的大流量需求。如果最终需要得到设备结构上的温度波动情况，则需要钠

快堆热工水力学

试验来考虑钠热扩散系数带来的影响。

Tenchine 等人针对堆芯出口处出现的不同温度流体的混合射流现象，建立了两个相同的试验段，一个在空气中称为 AIRJECO，另一个在钠中称为 NAJE-CO，其基本配置为两个不同温度下的同轴射流，如图 8.2 所示。其目的是比较二者温度场，特别是出口区域的温度波动。试验结果如图 8.3 所示，结果表明，空气试验可以预测堆芯出口区域平均温度的变化和钠介质下的温度波动强度，试验前提是雷诺数足够高。

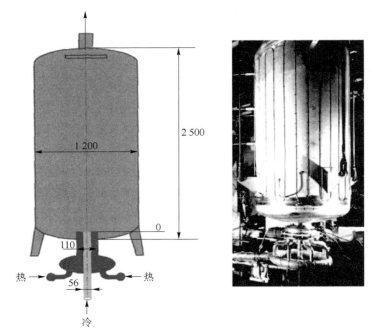

图 8.2　AIRJECO 与 NAJECO 试验台架

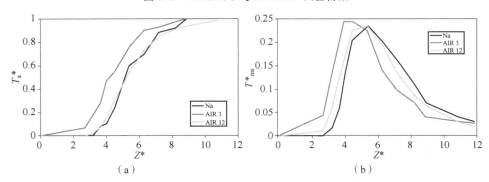

（a）　　　　　　　　　　　　（b）

图 8.3　试验结果比较

（a）平均温度对比；（b）温度波动对比

由于钠的高热扩散系数在与设备换热中起着重要作用，因此评估温度波动从流体到设备结构的传递需要钠的试验数据。Kimura 等人建立了一套如图 8.4 所示的钠试验台架（JAEA），并将试验测得的平均温度和温度波动与使用 TRIOU 代码的 CFD 计算结果进行比较，结果如图 8.5 所示。Kimura 等人分析了温度脉动的振幅和频率特性，其数值结果与试验结果吻合较好。

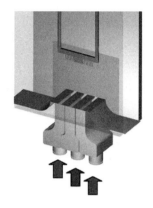

图 8.4 JAEA 试验台架

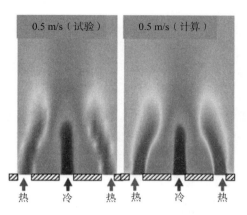

0.5 m/s（试验） 0.5 m/s（计算）

热 冷 热 热 冷 热

图 8.5 试验结果与数值计算结果对比

|8.3 整体性验证试验|

8.3.1 全堆芯流量分配试验

（一）验证试验目的

全堆芯流量分配试验的主要目的是掌握不同流量台阶下全堆芯流量分配的情况。试验通过设置合适的边界条件，模拟整个堆芯的流量分配过程；通过布置合理的测点，测量每盒组件的流量，以及堆芯的进出口压差等关键性参数；最终通过合理的数据处理方法，获得各个流量台阶下，全堆芯流量分配不均匀因子，并反馈给堆芯热工设计，评估热工设计裕度。

通过全堆芯流量分配验证试验，能够保证反应堆堆芯各组件的流量设计达到安全性与经济性的综合指标要求；掌握强迫流动冷却组件的流量分配技术，保证堆芯组件能够分配到合适的冷却剂流量，保证反应堆的安全性；研究自然分流冷却组件所需的流量，从而为外围组件分配合适的漏流量，提高反应堆的经济性；最终确定各类组件的节流件装置的几何尺寸，验证组件的流体力学设计和结构设计，为反应堆堆芯的施工提供试验依据。

在流量分配设计过程中，假设堆芯入口平面（栅板联箱）和堆芯出口平面均为等压面，即堆芯各个通道的压降都相等。然而，在实堆上，堆芯入口平面或堆芯出口平面的压力不可能完全相等，因此堆芯各个通道的压降必然存在一定的偏差。同时，对于带有小栅板联箱的快堆堆芯，小栅板联箱也会造成一定的流量分配不均匀性。综上，即使进行了组件单体水力特性试验，保证了各流量区组件的额定设计流量和额定设计压降相匹配，实堆上各组件的流量分配必然与流量分配设计之间存在偏差，并且该偏差无法用理论计算得出。如果组件实际流量与流量分配设计值之间的偏差过大，则可能导致组件无法被有效冷却，影响堆芯的安全。因此，对于快堆，需要进行全堆芯流量分配试验，获得全堆芯流量分配不均匀因子，用以支撑堆芯热工水力设计，评价快堆堆芯的安全。

（二）试验原理

快堆在实际运行中采用液态金属钠作为冷却剂，充分考虑到堆外单体试验的经济性与安全性，全堆芯流量分配试验可以采用去离子水作为试验工质。因此，需要相似性分析，确定试验工质温度，进而充分模拟液态金属钠的流动状况，确保试验工作的正确与可靠。根据相似性理论和水力学试验原理及本试验的实际情况，本试验需满足以下相似条件：

（1）几何相似。试验模拟件与组件原型1:1几何相似，且加工精度也应与设计施工图纸要求保持一致。

（2）动力相似。定常流动在几何相似的前提下，模型试验对应的雷诺准则数应与原型对应的雷诺准则数相同。在试验时，需保证雷诺数范围覆盖原型中的雷诺数范围。

（3）边界条件相似。边界条件相似是本试验在模型设计和试验段设计中需要考虑的重点问题。对于钠冷快堆，冷却剂钠通过一次钠泵加压进入大栅板联箱，经过大栅板联箱的一级分配之后，从小栅板联箱管脚开孔处进入小栅板联箱，经过小栅板联箱的二级分配之后，进入各类组件并对组件进行冷却。进入组件的钠对组件进行冷却之后，从组件操作头开孔处流出并进入内热池。内热池空间广阔，但在堆芯之上安装有中心测量柱；由于从组件流出的钠的流速较大，因此，有一部分钠会向上流动冲击中心测量柱并发生转向。在堆芯上部外围安装有一圈围板，其作用是限制组件的径向变形，同时，堆芯围板也会影响组件出口处钠的流动状态。总之，堆芯的边界条件、流动状态均十分复杂。在整体试验中，为了充分模拟堆芯的进、出口边界条件，对大栅板联箱、小栅板联箱、中心测量柱以及堆芯围板均进行了模拟。

根据相似理论，流动阻力系数是以雷诺数为自变量的函数，因此当试验模型的雷诺数与组件原型的雷诺数相等时，则认为试验所用的水工质与实际钠工质对应阻力系数相等。

因此，对于全堆芯流量分配试验而言，要求保证试验部件在以水作为工质时的雷诺数 Re 与以钠作为工质时的雷诺数 Re 相等，使得试验部件在水中及液态钠中保持流速与运动黏度相同，进而充分模拟快堆实际工况中钠的流动状况与阻力特性，使得水力试验结果可以应用于快堆的各项设计、验证工作中。对于反应堆而言，堆芯内的钠在流动的过程中会被加热导致其温度上升。然而综合考虑试验成本以及技术难度等因素，对于全堆芯流量分配试验，并不在组件模拟件上设置加热装置，因此整体试验内的水是恒温的。但是考虑到转换区组件、控制棒组件的绝大部分压降（95% 以上）发生在其管脚之上，同时燃料组件也有一半以上的压降发生在其管脚之上，因此，决定调整试验段内的水温使其能够模拟组件管脚处的钠的黏度。

各类组件管脚处的钠温均为 358 ℃。根据 $\nu_{水} = \nu_{Na}$，得到试验组件对应水温为 85 ℃。为保证雷诺数相等，即

$$Re = \frac{V_{Na} l_{Na}}{\nu_{Na}} = \frac{V_{水} l_{水}}{\nu_{水}} \tag{8.28}$$

同时，

$$l_{Na} = l_{水}, \nu_{Na} = \nu_{水} \tag{8.29}$$

所以，

$$V_{Na} = V_{水} \tag{8.30}$$

$$Q_{水} = A V_{水} = A V_{Na} = Q_{Na} \tag{8.31}$$

因此，通过组件所要求的水体积流量应等于组件平均温度下钠的体积流量。对于整体试验，其额定的水的体积流量为试验段内所有组件在管脚处的钠的体积流量之和。

（三）试验回路

试验回路由主循环系统、稳压系统、冷却系统、电气系统、仪器仪表系统、控制及数据采集系统、控制室系统等若干分支系统组成，主要系统设置如下。

1. 主循环系统

试验装置的主循环系统设置 4 台相互并联的主循环泵，4 台主循环泵的控制方式设计为独立控制，4 台主循环泵之间既可以实现独立运行，也可以任意组合同时运行。

2. 稳压系统

稳压系统配置了 4 台稳压器以满足试验装置对于系统稳压和稳流的功能需求。

在试验装置各循环泵的出口设置稳压器，以增加主循环泵出口流动的稳定性，降低由于流体流动导致的试验装置管道内的压力波动。

3. 冷却系统

根据试验装置调节需求，装置设置 2 台冷却器，设置每台冷却器的冷却功率为 5.0 MW。考虑不同研究工况的可调节性，2 台冷却器分别配套 2 套对应的二次循环冷却支路。

4. 辅助系统

辅助系统配置有电气系统、控制系统及仪器仪表系统等。

试验需要测量以下参数：

（1）所有组件模拟件流量：包括各个流量台阶下流经燃料组件模拟件、转换区组件模拟件和控制棒组件的流量。

（2）试验回路总流量：测量各个流量台阶下全堆芯流量分配整体试验回路的总流量，即流经全堆芯流量分配试验段的总流量。

（3）试验回路水温：测量各个流量台阶下全堆芯流量分配试验回路进出口水温。

（4）试验段压差：测量各个流量台阶下全堆芯流量分配试验回路进出口压差。

为了消除偶然误差，需要在每个流量台阶之下采集多组数据，同时进行多次重复性试验。

（四）试验数据处理

测得所有组件流量之后，通过下式得出每盒组件流量分配值与理论值之间的偏差（即流量分配不均匀因子）：

$$\delta_Q = \frac{Q_{测量} - Q_{理论}}{Q_{理论}} \times 100\% \qquad (8.32)$$

式中，δ_Q 代表流量分配不均匀因子。通过上式可以获得各个流量台阶下，全堆芯所有组件的流量分配不均匀因子，并反馈给堆芯热工设计，评估热工设计裕度。

8.3.2　快堆一回路水力特性验证试验

（一）试验目的

快堆一回路水力特性验证试验主要分为两部分，其一为验证主辅流量分配满足设计要求，其二为测量钠池流场。

池式快堆一回路内包含众多系统和部件，如堆芯及其各类屏蔽、两台主泵、四台中间热交换器、四台独立热交换器、泵支承冷却系统、主容器冷却系统、电离室冷却系统等，这些系统和部件均布置在一个封闭的容器内。在反应堆设计过程中，需要给堆芯及各个设备分配足够的流量。一回路各系统虽经过单个系统的试验，但安装在一起形成整个完整的系统后，其试验条件可能与单个系统试验时的情况存在差异，导致各系统的冷却流量、压降与钠液位等参数出现差异。如无整体试验，为消除偏差，必须留出足够大的余量。开展一回路整体水力特性试验可以充分验证主系统与各子系统之间的流量分配情况，确保一回路整体设计的合理性。

池式快堆一回路结构复杂、设备众多，必然导致流道呈现出不同的形式和特点，例如堆芯搅混区流体的多点汇流、热池内的上升区、中间热交换器的进出口区域以及冷池主流道和泵腔室区。如果设计合理，并且合理布置热工参数测点，则能真实反映反应堆的运行参数，确保监测、保护的有效、可靠，保证堆的安全。验证试验是确认相关设计合理的重要手段。

（二）试验原理

快堆在实际运行中采用液态金属钠作为冷却剂，充分考虑到堆外单体试验的经济性与安全性，整体试验采用去离子水作为试验工质。因此通过相似性分析，确定试验工质温度，进而充分模拟液态金属钠的流动状况，以确保试验工作的正确与可靠。根据相似性理论和水力学试验原理及本试验的实际情况，本试验需满足以下相似条件：

（1）几何相似。试验模拟件与原型1:1几何相似，且加工精度也应与设计施工图纸要求保持一致，试验模型与真堆几何相似。

（2）动力相似。定常流动在几何相似的前提下，模型试验对应的雷诺准则数应与原型对应的雷诺准则数相同。在试验时，需保证雷诺数范围覆盖原型中的雷诺数范围。

（3）边界条件相似。边界条件相似是本试验在模型设计和试验段设计中需要考虑的重点问题。对于快堆，冷却剂钠通过一次钠泵加压进入主管道及大栅板联箱，经过大栅板联箱的一级分配之后，从小栅板联箱管脚开孔处进入小栅板联箱，经过小栅板联箱的二级分配之后，进入各类组件并对组件进行冷却。进入组件的钠对组件进行冷却之后，从组件操作头开孔处流出并进入内热池。内热池空间广阔，但在堆芯之上安装有中心测量柱；由于从组件流出的液态钠，流速较大，因此，有一部分钠会向上流动，冲击中心测量柱并发生转向，经过生物屏蔽柱进入外热池，再通过中间热交换器进入冷池，返回泵吸入口。总之，一回路的边界条件、流动状态均十分复杂。在整体试验中，为了充分模拟一回路边界条件，对堆内支承、中间热交换器、独立热交换器、大栅板联箱、小栅板联箱、中心测量柱、主管道及生物屏蔽柱等堆内构件均进行了模拟。

根据相似理论，流动阻力系数是以雷诺数为自变量的函数，因此当试验模型的雷诺数与原型的雷诺数相等时，则认为试验所用的水工质与实际钠工质对应阻力系数相等。

因此，对于整体试验而言，要求保证试验部件在以水作为工质时的雷诺数 Re 与以钠作为工质时的雷诺数 Re 相等，使得试验部件在水中及液态钠中保持流速与运动黏度相同，进而充分模拟快堆实际工况中钠的流动状况与阻力特性，使得水力试验结果可以应用于快堆的各项设计、验证工作中。对于快堆，堆芯内的钠，在流动的过程中会被加热导致其温度上升。然而综合考虑试验成本以及技术难度等因素，对于整体试验，并不在组件模拟件上设置加热装置，因此整体试验内的水是恒温的。考虑到一回路流道绝大部分压降（95%以上）发生在组件管脚和各辅助流道节流件之上，同时燃料组件也有一半以上的压降发生在其管脚之上，因此，决定调整试验段内的水温使其能够模拟组件管脚处的钠的黏度。

$$Re = \frac{V_{Na}l_{Na}}{\nu_{Na}} = \frac{V_水 l_水}{\nu_水} \tag{8.33}$$

同时，

$$l_{Na} = l_水, \nu_{Na} = \nu_水 \tag{8.34}$$

所以，

$$V_{Na} = V_水 \tag{8.35}$$

$$Q_{水} = AV_{水} = AV_{Na} = Q_{Na} \tag{8.36}$$

对于整体试验，其额定的水的体积流量为试验段内通过堆芯及各辅助流道的钠的体积流量之和。

（三）试验回路

验证试验系统主要由主循环系统、给水与净化系统、补气系统、冷却系统、测量系统等部分组成。

1．主循环系统

主循环系统为快堆一回路水力特性试验提供所需的循环流量，并且保证循环水的水温满足试验要求。

2．给水与净化系统

超纯水设备可以对给水水源进行净化、去离子，使出水电阻率可控制在 15 MΩ·cm 以上，pH < 7，满足试验的要求，并用于试验前期及试验过程中向整个试验装置和试验模型补水。

3．补气系统

补气系统为试验装置中的稳压器提供覆盖气体空间。

4．冷却系统

冷却系统用来为试验模型达到和维持稳定的温度工况。

5．测量系统

测量系统主要包括两部分：流场测量系统及流量测量系统。

（1）流场测量系统。

流场测量区域一般包括堆芯出口区（区域1）、内热池区（区域2）及外热池区（区域3），如图 8.6 所示。可使用摄像机、流速仪等设备进行测量。

（2）流量测量系统。

一回路水力特性验证试验的整体试验不仅对内、外热池流场进行测量，还对堆芯、主容器冷却系统、电离室冷却系统和泵支承冷却系统进行辅助流道流量测量。通过对比节流件单体试验和整体试验测量到的辅助流道流量数据，验证节流件设计精确性及一回路主、辅冷却系统流量分配精确性，可使用流量计进行测量。

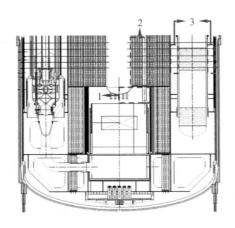

图 8.6　流场测量区域示意图

①主容器冷却系统流量测量。

主容器冷却系统设有入口节流件和出口节流件，通过节流件调节主容器冷却系统压降和流量。在试验中，只需选取若干入口节流件或出口节流件安装流量计，来测量主容器冷却系统流量，进而推算出主容器冷却系统流量，流量计安装位置要尽量满足"前十后五"原则，保证测量准确性。

②电离室冷却系统流量测量。

电离室冷却系统一般包括进口节流件、供钠管及电离室通道，并通过节流件调节主容器冷却系统压降和流量。其中供钠管结构简单且内部无遮挡物，在试验中可作为安装流量计备选位置之一，流量计安装位置要尽量满足"前十后五"原则，保证测量准确性。

③泵支承冷却系统流量测量。

泵支承冷却系统一般包括节流件、泵支承梁、上升通道及下降通道等，并通过节流件调节主容器冷却系统压降和流量。其中泵支承梁结构简单且内部无遮挡物，在试验中可作为安装流量计备选位置之一，流量计安装位置要尽量满足"前十后五"原则，保证测量准确性。

试验前，自来水通过去离子水设备进行净化，纯净水进入高位水箱储存；试验时，高位水箱的水进入电加热器进行加热，后经多个离心泵升压后流经不同量程的流量计，最后保持恒定温度和恒定流量进入试验段，然后返回高位水箱。试验流量测量精度为 ±0.01 kg/s，温度测量精度为 ±1 ℃，压力测量精度为 ±1 kPa。

（四）数据处理方法

在快堆一回路水力特性试验台架上，将回路流量调节到 100% 额定流量，

达到试验状态后，获取 100% 流量台阶下热池区的流场，测量 100% 额定试验
工况下主容器冷却系统、电离室冷却系统、泵支承冷却系统辅助流道流量。为
了消除偶然误差，在每个流量台阶之下采集了多组数据，同时进行了多次重复
性试验。

测量获得的数据处理按照如下步骤进行：

（1）去除数据中波动幅度大于 10% 的数据点，去除损坏的涡轮流量计测
量的数据点。

（2）通过求平均值得出试验工况之下试验段进、出口水温，试验段总流
量，节流件流量，热池流速等参数。

（3）将节流件流量与理论计算得出的流量值进行对比，得出其偏差。

（4）将各热池测量点位置的流速结果导出，并处理成速度云图。

（五）试验验收准则

（1）内热池及外热池的流场，测量精度为 ±2%。

（2）主容器冷却系统、电离室冷却系统及泵支承冷却系统流量，流量测
量精度应为 ±0.5%。

（3）试验回路总流量：测量 100% 流量台阶下一回路水力特性验证试验整
体试验回路的总流量，即流经一回路整体试验段的总流量，流量测量精度应为
±0.5%。

（4）试验回路水温：测量 100% 流量台阶下一回路水力特性验证试验回路
进出口水温，精度为 0.1 ℃。

（5）一回路主辅流量分配与设计值偏差应不超过 10%。

8.3.3　一回路自然循环能力验证试验

在 7.2.5 节，说明了一回路自然循环设计的总体思路。在一回路自然循环
设计完成之后，需要进行设计的验证——工程试验验证，即需要采用针对性的
试验，来验证设计是否符合预期。当试验结果不符合预期时，需要根据试验反
馈结果，提出设计改进方向，并经分析，在有必要时调整试验方案，以验证新
的改进后的设计，直至得到可靠的可安全排出余热的结论。

（一）试验验证目的及验收准则

一回路自然循环能力验证试验属于工程试验验证范畴，其首要目的是验证
堆内余热导出的有效性，包括流道布置的有效性及余热排出能力设计的有效
性。其他用途还有，提供针对性的试验数据，用于设计时采用的程序验证，以

及余热排出相关设备的验证，同时用于发现并研究其他设计中需要注意但未被注意到的热工流体力学现象等。

余热导出的有效性通过设计初步完成之后的工程试验验证来完成，余热排出系统涉及的具体参数及运行条件通过设计计算程序来确保，这是国际通行做法。如俄 BN－1200 余热排出能力设计的有效性最终结论，由 OKBM 在水台架 V－200、TISEI 上进行的一系列稳态及瞬态试验得出；法系印度快堆 PFBR 余热排出系统堆内余热排出能力的建立验证，通过在水台架 SAMRAT 及 IWF SLAB 上的一系列试验得出；我国的 CEFR 的余热排出的有效性，由俄方在俄境内搭建的 CAPX 水台架上的相关试验来验证。

试验验收准则由自然循环设计遵循的工况分类的验收准则决定，同时与试验目的相对应。现举例说明，以供参考。

假如以"全厂断电工况紧急停堆后不发生堆芯熔化"作为 DHRS 的验收准则或是设计目标，则对应试验验收准则一般有以下几条。

（1）试验具有实堆代表性。

这一条是工程试验验证的基础，也是试验设计、验收的关键。实堆代表性包含两方面内容，一是指试验台架的设计，包括结构、关键物理现象等能代表实堆情况。物理现象这里指热工水力状况。二是指具体实施的试验工况设计能代表典型的实堆工况。实堆代表性，依赖对快堆堆内、堆外自然循环现象的深刻认识及对相关相似准则的详细分析。如果试验不具备实堆代表性，则设计验证无从谈起。

（2）试验过程稳定，具有可重复性。即试验具有重复性，且数据稳定。

（3）验证堆内通过自然循环排出余热能力足够。具体可对应设定为台架内的水温度不超过某一对应限值。

如堆内自然循环能力验证试验选取的验证工况为较典型的全厂断电工况，而该工况设计温度限值为不发生堆芯熔化，则保守可取为堆芯内冷却剂钠不发生沸腾。因此，用于堆内自然循环能力验证试验的堆内余热排出能力限值可取为实堆堆芯内钠温不超过沸点。

（4）确认池内主要自然循环路径，并给出影响自然循环能力的敏感参数。

针对一回路系统设计的主要自然循环流道，监测各流道的流量变化情况，验证堆内自然循环流道布置的有效性。有效性指前期设计的各自然循环流道是存在的，设计流道内冷却剂流动方向、流量是符合预期的，或者对于余热排出的结论至少是保守的。

（5）可给出用于验证设计阶段所应用程序必需的、足够的稳态和瞬态数据。

（6）其他。如有针对关键现象、设备等的相关验证目的，则需要提出针对性的验收准则。另外，在试验实施中，发现有在设计时未考虑到但需注意到的热工水力现象，需及时进行必要的分析，以改进设计。

（二）快堆堆内自然循环相关试验概况

由于钠冷快堆堆本体内自然循环的复杂性及其对于排出堆芯余热能力的重要性，俄罗斯、法国、日本等国家建立了大量试验台架用于堆内自然循环的研究，主要目的是对余热排出工况下堆本体内的热工水力过程及余热排出能力进行研究，并获得大量试验数据用于程序验证。另外，有些试验还用于部件的性能验证，如空冷器等。

我国建立了用于大型钠冷快堆一回路自然循环能力验证试验水台架及堆芯自然循环热工特性机理性钠试验台架。目前台架试验数据尚在分析整理中，主要分析结果尚未纳入本书。

目前，国际自然循环相关试验内容大致涉及以下几方面。

1. 局部现象或基础性研究

（1）堆芯组件传热机理研究：主要研究降温工况下堆芯组件盒内自然对流排热机理，包括组件与组件间的传热、组件内流量的再分配、组件内流向的反转、组件盒间的自然对流等。

（2）腔室热工水力学研究：主要是热分层现象的研究，在水和钠台架上均有进行。尤其是日本在相同模型比例的水、钠台架上分别做了热分层试验，并都观测到了具有清晰界限的热分层及分层界面摆动的特性。

（3）堆芯与腔室热工水力相互作用研究：在 DHX 投入期间，从 DHX 而来的冷钠流经堆芯外围组件上部的出口区域，并在某些条件下进入一些外围组件的盒内或盒间。它不仅对结构材料有影响，如温度脉动等，同时对影响堆芯余热排出的堆芯内部自然循环的形成有着重要作用。

2. 堆本体整体余热排出能力研究

（1）建立整套事故余热排出回路，研究系统排热能力及二、三回路的特性，着重于空冷器的排热能力和调节性能、设备考验等。

（2）试验台架只包含堆容器部分，研究稳态和过渡条件下堆容器内的热工水力学，确定容器内自然循环流道设计、盒间与盒内余热排出能力，用于堆的余热排出能力设计的工程试验验证等。

快堆热工水力学

3. 试验设计相关研究

包含不同模型比例、水与钠模拟适用性研究等。例如日本在相同比例的水、钠台架上分别做了热分层试验，以研究用水模拟钠分层的适用性。

现将国际上各类与快堆一回路自然循环相关试验的台架（见图 8.7 ~ 图 8.11）特点、试验研究情况等简单信息列于表 8.4。

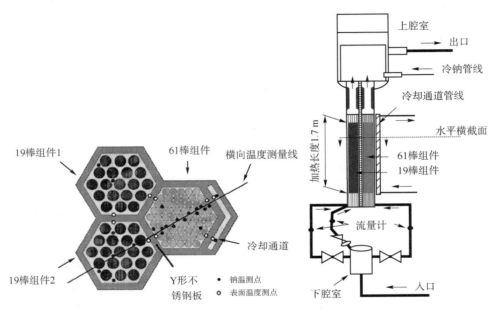

图 8.7　日本 CCTL – CFR 钠台架

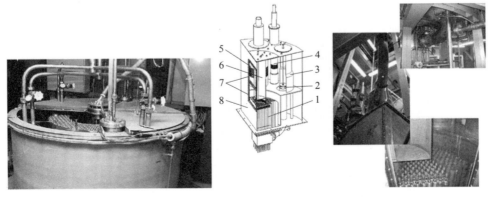

图 8.8　俄 V –200、TISEI 水台架（用于 BN –1200 余热排出设计验证）

1—堆芯；2—操作阀；3—泵支承；4、5—AHX 和 IHX；6—旋塞套筒；7—透明窗；8—外壳

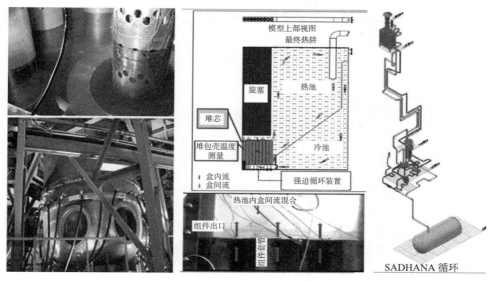

图 8.9　印度 SAMRAT 水、IWF SLAB 水、SADHANA 钠台架
（用于 PFBR 堆的余热排出能力验证）

图 8.10　俄中 CAPX 水台架（用于 CEFR 堆内余热排出能力验证）

（三）试验工质选择

因为水、钠均为牛顿液体，因此，采用水模拟钠工质的流体力学过程是合适的。而因水、钠两者的 Pr 数具有量级之差别，因此用水模拟钠工质的热工水力学特性，尤其是自然循环特性，似乎并不合适。但限于一回路结构尤其是堆芯结构非常复杂，自然循环特性影响因素又较多，同时试验还需具有一定的可测量性等，采用钠工质进行试验具体操作起来难度巨大。因此，早期各国研究者进行了采用水工

图 8.11　水台架（用于大型快堆堆内余热排出能力验证）

质代替钠工质进行一回路自然循环能力试验的大量研究方法。

根据研究结果，采用水作为工质，进行一回路自然循环能力整体性的试验验证，并在必要时，对局部如堆芯组件内无法用水工质进行传热特性模拟的特定位置，补充以钠试验数据进行校核，成为目前国际通行做法。

采用水作为工质的钠堆自然循环能力验证试验，需要进行更为慎重的相似准则分析，使试验具备实堆代表性，同时便于将试验结果可靠地反推应用到实堆上去。

（四）试验验证过程

一回路自然循环能力验证试验的一般过程如下。

（1）识别关键物理现象，梳理相似准则，确定模化原则。

基于设计数据，在对余热排出过程中自然循环热工水力现象深刻认识的基础上，识别关键物理现象，梳理需要涉及的相似准则。随后针对要模拟的关键现象，分析各相似准则的权重，确定合理、保守的模化原则，保证台架设计具有实堆代表性。对关键现象模拟结果有影响，但又无法同时满足模拟的相似准则，必须对其影响进行评估，并在结果分析时对结果进行修正。如无法采用结果修正的方法，则应确保其在试验设计中的取值对于试验结果至少是保守的。

（2）台架、实施方案设计。

利用已确定的模化原则，将实堆数据转化为水台架数据，进行现实可行的台架、试验实施方案的设计。台架、实施方案设计需保证具有实堆代表性，其次需在数量、质量上满足后期程序验证的需求。

表 8.4　部分与快堆一回路自然循环相关的试验简介

序号	堆	国家	台架名	年代	介质	台架特点	部分研究内容或结论
1	EFR	欧洲	KIWA	1989	水/空气	1:10,整套余热排出系统,堆容器为简化的 2D 模型	研究事故余热排出系统二、三回路的特性,着重于空冷器的排热能力和调节性能
2	Phenix	法	COLTEMP	1990	钠		6 MW,余热排出系统在主回路的自然循环模拟
3	SPX	法	TANAGRA	1991	钠	1:3,90°,模拟范围为热钠池	研究热钠池自然循环,并验证水试验和 CFD 计算程序
			JANUS	1989	钠		理解自然循环模式,管道热分层,验证以钠为工质的计算程序
			HIPPO	1991	水	0.48	堆芯和热钠池模型,提出应研究盒间流对堆芯温度的影响效应
4	SPX - 2	法	GODOM2	1990	水	SPX - 2 热腔室 90° 水模型。组成部分有:栅板联箱,堆芯,有控制棒的中心测量柱,一台 IHX,2 台 DHX	研究了反应堆余热排出系统一回路内自然对流时堆芯与 DHX 流的相互关系。通过冷液流入 DHX 一些局部点来模拟冷钠 DHX 流。研究表明,从 DHX 出来的冷钠流能进入中心测量柱底部,并与外圈燃料组件相互作用
5	SNR - 2 EFR	德	RAMONA	1992	水	1:20 仿制 SNR - 2 的几何结构,以超凤凰构思为基础的三维水模型,由耐热有机玻璃制成。有 4 条环路,4 台调节流量的泵的系,5 台 IHX,4 台 DHX。堆芯最大功率为 75 MW,由 9 个加热环和一根中央释热棒形成的 8 个环形流道组成。这些环和棒单独释热,因此可沿堆芯径向设置一个释热纵度。在模型各部件和堆芯上方空间中沿测量横架安装了约 350 副热电偶。速度、流量用激光多普勒风速仪和感应型传感器进行测量。该模型结构简单,部件易于使用和更换,测量机构灵活,工作可靠	在 RAMONA 上,进行了 100 多个稳态、瞬态试验,研究了在稳态及各种几何参数(浸没型 DHX 和堆芯出口测量柱的结构等)和运行参数(堆芯释热,沿一、二回路系统的流动工况和流动条件)下强迫循环对流向自然循环对流过渡工况下的热工水力学,研究了 DHX 的运行行为等

续表

序号	堆型	国家	台架名	年代	介质	台架特点	部分研究内容或结论
5	SNR-2 EFR	德	NEPTUN	1995	水	1:5 仿制 SNR-2 的几何结构,包括堆芯、DHX,以及部分 IHX 泵。有 6 条环路,钢制作,360°。堆芯最大功率为 1 600 MW,由 19 根棒束组成,棒直径为8.5 mm,六角形排列,相对格距 s/d = 1.12,棒束装在 337 个内径 50mm 的圆形保护管中,另外还有 312 个反射层组件和屏蔽组件。棒束分为 6 组,每组单独释热。套管与套管之间的同隙填有循环水,这是 NEPTUN 台架与 RAMONA 的主要区别之一。 该装置的特点是与反应堆堆芯的几何结构极为相似,这就可以对堆芯与上腔室之间的相互作用,及棒束束间同隙内的流动进行详细的热工水力研究。 堆芯内的冷却剂流量用一些流量计进行测量,而速度用激光测速法测量,温度用安装在模型各部件和冷却剂容积中最重要的测量横架上的 1 300 副热电偶进行测量。 随着模型比例的加大,该模型更加接近反应堆堆容器内结构几何结构	在 RAMONA、NEPTUN 模型上,所做的研究最重要的参数和特性如下: (1)稳态工况: 一堆芯功率:RAMONA 为 1~8 kW,NEPTUN 为 133~264 kW; 一堆芯出口测量柱采用了可穿透,不可穿透结构; 一大多数试验采用 4 台 DHX 或 2 台相邻 DHX 失效; 一反应堆容器内液位减低到 IHX 和 DHX 进口标高以下(试验情况),及主要循环环路断开。 (2)瞬态工况: 一堆芯功率在 5 s 内降到剩余释热水平; 一堆芯内流速按泵惰转 10 s 的规律降低; 一约经历 240 s 后,DHX 二回路流速降低。 可改变的还有泵惰转、IHX 的停用时间、功率根据 DHX 负荷下降的水平、DHX 启动的滞后时间等。研究了 DHX 两条环路建立期间,通过盒间流能带出 40% 的堆芯热量 在自然循环建立期间,通过盒间流能带出 40% 的堆芯热量

续表

序号	堆型	国家	台架名	年代	介质	台架特点	部分研究内容或结论
6	DFBR	日		1990	水	1:8	自然循环期间，在热池发现热分层现象，并利用模拟理论原理将试验数据（温度梯度与密度差）加以整理应用到丁 DFBR
		日			水	两个 180° 台架，比例为 1:6,1:20,池式堆容器	研究装置功率和尺寸的影响。结果表明，1:6 比例的模型无量纲温度与热功率无关
		日			水	平面模型	验证自然循环的模拟条件。结果表明，该装置上功率超过 1 kW，无量纲温度相似
		日	TRIF		水	平面模型，带上腔室和堆芯盒间	验证盒间流流场
		日	CCTL‑CFR	1998	钠	3 盒组件模拟件，上腔室	稳态自然循环工况下盒间流传热效应研究与盒间盒内传热对堆芯的冷却效应研究。研究表明从上腔室进入盒间的冷流对堆芯冷却可以起到较小作用。同时获得了温度分层界限摆动的性状
		日	PLANDTL‑DHX	1999/2000	钠	7 盒组件模拟件，上腔室，DHX，中间热交换器	
7	PFBR	印	SAMRAT		水	1:4 的堆本体模型	堆本体内的热工水力研究，为程序验证获得试验数据。 (1) DHX 冷却堆芯能力：能有效移除热量，保证温度低于限值，但余热排出通道的建立需要时间。 (2) 对堆芯出口温度的研究结果：建立稳态自然循环所需时间相等；反池温差近似相等；储存阱的反向流或堆芯其他排热能力方式相同相当；盒间流可起到重要作用。 (3) 对盒间温度的研究结果：盒间温度只有微小升高，表明盒间流或正常传热与盒间温度相近，未加热区域内盒间温度梯度几乎相同。 总之，可获得稳态自然循环，所有预设的排热都在起作用

序号	堆型	国家	台架名	年代	介质	台架特点	部分研究内容或结论
7	PFBR	印	IWF SLAB		水	平面模型,组件1:1,仅模拟了燃料组件和反射层组件的活性段	演示盒间流作用,为程序验证获得数据。研究表明:根据PIV测量结果显示,盒间流余热排出贡献占到25%
			SADHANA		钠/钠/空气	功率比和1:22,热钠池、中间回路和空气回路	模拟整个回路的传热特性、设备测试。
8	CEFR	中/俄		2000	水	1:5的堆容器,见8.3.3节	稳态自然循环研究表明: (1)证明了DHX的非能动事故冷却能力的有效性,且自然循环工况下可用一台DHX排热。 (2)发现了盒内有效的换热路线。 ①DHX出口—盒间—组件尾部密封处的节流装置—压力联箱—盒内—上腔室—DHX; ②DHX出口—压力联箱支承箱上的孔—泵模拟体吸入口冷腔室—压力联箱—盒内—上腔室—DHX。 (3)最终的稳态自然循环工况历史,特征以及过渡速度速度无关。 (4)发现多处稳定热分层区域,如冷腔室上部、压力联箱顶部、上腔室外围的下部,并有回流和滞止区域。 (5)堆容器冷却时存在明显反向流。 强迫循环工况研究表明: (1)模型计算与试验参数吻合很好。 (2)发现明显和稳定的热分层,区域与自然循环周期间类似。 (3)在分层和回路间流动边界上存在大的温度梯度和温度振荡
9	BN-800/1200	俄	SARKh	2011	水	组件模拟件比例为高度1:5,横向1:9,盒对边距20 mm	进行热分层研究: (1)得到了上部腔室的流型与Fr数之间的定性关系。 (2)紧急停堆后,在侧向屏蔽区发现了稳定的热分层

续表

序号	堆型	国家	台架名	年代	介质	台架特点	部分研究内容或结论
10	BN-1200	俄	V-200	2014左右	水	整体,1:10,一回路由两个环路组成,每个环路包含2台IHX,1台泵,也包括了反应堆容器、堆芯、旋塞、热屏蔽、联箱、电离室等所有主要部件,还设置了覆盖多层钢套筒缝隙的部件。二回路是封闭回路,含有一台泵,充满去离子水,用来排出IHX和DHX的热量。	研究了强迫循环情况自然循环稳定和稳定自然循环情况下热池中冷却剂的分层过程。 针对不同应急冷却情形,对自然循环停止时冷却剂温度和运动进行了研究。与强迫循环时相比,热池周围区域冷却剂温度降低,燃料组件头出来的冷却剂温度升高。 试验研究证实了应急排热系统的高效性。标准情况也有足够热余量进行自我保护。即使有3个DHX失效时,反应堆设备温度仍旧在允许限值以内。 V-200后续试验研究能够为TISEI台架确定能够的关键因素。
			TISEI	2014左右	水	台架与实际堆外部回路,比例为1:5,总高度21 m。模拟堆芯的额定功率为不大于350 kW,冷却情况下不大于70 kW。包含1个80°的一回路,一个中间回路和一个用来冷却IHX和空冷器的回路	BN-1200 DHRS的有效性由在TISEI台架上进行的一系列试验确定,DHRS参数和运行条件则由程序计算确保。 TISEI台架用于研究反应堆和应急排热系统环路中的热工水力过程。用于验证在TISEI台架额定运行后,稳定和不稳定试验验证。针对BN-1200应急排热系统的有效性可以得到最终结论。对验证程序的描述:这些试验计算数据使得在与BN-1200尽可能接近的条件下描述(系统程序BURAN、GRIF)成为可能,并且,通过验证与之前在反应堆和钠台架上进行的验证一起,使得验证在紧急排热系统开发过程中采用的决策成为可能。 BN-1200 DHRS设计除上述系统程序外,还采用了三维CFD程序FLOWSION

续表

序号	堆型	国家	台架名	年代	介质	台架特点	部分研究内容或结论
11	CFR600	中	一回路自然循环能力验证台架	2019	水	包含堆本体内主要部件,与实体1:5几何相似,360°区域	用于一回路自然循环能力验证,验证包括自然循环能力。结果表明,自然循环流道主要为主流道及主容器冷却系统反向流道,排热能力验证结论尚在分析中。用于设计用程序 ERAC 的验证。通过基于 ERAC 的水程序 ERAC—W 进行,已初步验证
		中	堆芯/组件自然循环热工特性机理性研究	2019	钠	堆芯模拟组件试验段有四个完整和四个半盒37棒或19棒燃料模拟组件,五个完整和两个半盒7棒模拟组件,其中第2区第1,2层为燃料/B类区组件,以及四盒完整和四个半盒结构模拟组件。试验段截面各模拟组件布置成径向跨越发生生和结构3个区域模式,以模拟自然循环,再在径向的堆芯内部自然循环,试验段径向包括3~5层燃料组件,1~3层径向B类区组件和3层钢屏蔽或储存及其他结构组件。37棒组件元件直径为7 mm,节距为8.6 mm,盒间距为4 mm,加热段长度为1 000 mm	对堆芯及组件内自然循环工况下的热工特性进行了机理性研究,研究内容包括: (1)钠堆池内循环驱动力与循环回路分布热源和分布冷源布置的关系; (2)棒束阻力测量的全新方法; (3)棒束阻力主要影响规律及其与传热的关系; (4)组件和盒间径向传热规律及其对流动的相互作用关系; (5)盒间流动规律及其对堆芯散热的影响

（3）按计划进行试验。

此阶段注意试验本身数据的可用性，即试验数据本身应稳定，且重复试验的数据具有一致性；试验数据大小及趋势符合逻辑，没有系统性误差等。

（4）进行数据分析。

试验操作完成之后，进行数据分析。首先，分析水台架上的物理现象，同时分析其是否符合预期。其次，利用模化原则将水台架试验数据反推到实堆，进行试验结果评价及设计优化方向分析。再次，根据试验结果，检验需验证的设计程序的相关计算模型是否符合预期，必要时进行针对性的试验模拟。

（5）试验结果反馈。

如验证结果为设计不能有效导出热量，则可根据试验结果，分析可行的设计改进方向，进行敏感性试验研究，对设计改进方向给出反馈。随后在设计改进后，进行针对性的验证试验，进行结果评价，直到获得能有效导出热量的满意结果。

（6）试验结论。

对试验进行总结，给出试验结论及优化建议等。

（五）试验相似准则的确定

在进行试验方案制定时，需要根据需要模拟的关键现象来确定相似准则。

通常传统的自然对流研究都与边界层有关，例如对于不同冷却剂，要找到 Nu、Pr、Gr 数等的关系。用水模拟钠工质的流体力学过程没有特别之处，因为水和钠都是牛顿液体。而用水模拟钠工质的热工水力学，因两者 Pr 数有数量级之差，尤其自然对流工况更具复杂性，目前尚处于初始发展阶段，需要特别注意。

文献[20]对自然循环排出余热的模拟问题做了概述，文献[21]对相关相似准则的一般概念做了介绍，有需要的读者可以自行查阅。本书会列出部分相似准则相关的关键性结论。

因事故余热排出期间堆内热工水力过程非常复杂，水台架不可能严格地模拟所有的热工流体过程。依据前几章节所述的紧急停堆后堆内物理现象的具体分析以及国际上已做过的相关理论分析和试验研究表明，要实现台架与反应堆之间该现象较好的模拟，需要重点遵守的关键相似准则有 4 个，分别为理查森准则数 Ri、欧拉准则数 Eu、释热有关的 N 准则数、时均准则数 H_0。其他准则则应在分析的基础上给出相应的结果修正。

$$Ri = \frac{g\beta\Delta TL}{u^2} \tag{8.37}$$

$$Eu = \frac{\xi}{2} \tag{8.38}$$

$$N = \frac{Q}{\rho c u\, L^2 \Delta T} \tag{8.39}$$

$$H_0 = \frac{\tau u}{L} \tag{8.40}$$

式中，各字母均为通用表达方式，如 ΔT、L、u 分别对应特征温差、长度、速度，Q、τ 为功率、时间等。

对于常规试验常用的 Re、Pe 准则数并不在重点关注范围内，主要是因为在该现象的模拟中，它们具有相当的局限性，其重要程序低于上述 4 个准则。如在模拟台架和反应堆 Eu 相等时，Re、Pe 准则数的影响局限在速度和温度的二阶导数有相当大值时的区域内。同时有试验数据表明，随着加热功率的上升，可观察到无量纲温度随功率，也即随 Pe 和 Re 准则数的大致自模性。

同时，根据相关的准则分析可以得到以下一些初步结论，列在此处供参考。

（1）广泛的国际实践和分析表明，用水进行钠冷快堆紧急停堆后堆内自然循环特性研究是可行的。此时水模型的主要试验应集中在确定稳定自然对流时的温度场，以及向纯自然对流发展的瞬态过渡过程中的温度场。

（2）应特别注意模拟反应堆的上部钠池容器、部件、热交换器、泵腔、堆芯和屏蔽等。

（3）在模拟堆芯和热交换器时，很难做到严格的几何模拟和准则模拟。此时可采用"黑匣子"原理进行模拟。即一种在模拟时，排除了边界条件，强化处理方程，用"黑匣子"代替堆芯和热交换器的模拟方法。在黑匣子内，处在其中的冷却剂容积内的释热和吸热都是均匀的，而阻力系数与在真实部件中的一样，外部轮廓的几何特性保持不变。黑匣子热容的影响在快速过渡过程中特别重要，但此时不予考虑，因为只有在反应堆关闭后的最初瞬间才会发生快速的非稳态过程。而该过程被准确模拟的方法目前仍在研究中。

（4）调节输入电功率应具有最大限度的可能性，并容许模仿从冷却剂正常速度过渡到自然循环工况。

（5）连同"黑匣子"在内的一回路部件的水力阻力系数应与反应堆内的相同。

（6）堆芯模型和热交换器模型的进、出口应安置最详细的温度测量点。

（7）当一些准则达到一定值时，温度差对于 *Pe*、*Re* 准则是自模的。这个结论日本研究者在稳定自然对流情况时进行了测量。这也证明了当向自然对流过渡时，可以用稳态工况的相似理论方法模拟瞬态过程（准稳态效应）。

（8）热损失不可能模拟，建议在试验中把热损失减到最小。

（六）验证试验后的数据处理

根据一回路自然循环能力设计的总体思路及验证试验目的，可以看出验证试验数据处理主要从两方面开展，一为根据梳理的相似准则，对关键参数，将试验数据直接反推至实堆数据。二为进行数据处理，用于设计程序的针对性试验数据的验证。

1. 用于反推到实堆数据

在试验设计阶段，有一重要的关键步骤是：利用已确定的模化原则，将实堆数据转化为水台架数据，进行现实可行的台架、试验实施方案的设计。在试验结束后，利用得到的试验数据反推实堆数据，是实堆数据转化为水台架数据的相反过程，利用已确定的相似准则进行反推即可。同时注意，需要对没有准确模拟却对结果有影响的相似准则进行针对性的结果修正。

2. 用于设计程序的修正

反应堆的自然循环设计阶段所用的程序，必须经过针对试验装置上的测量结果的检验或验证后，才能可靠地用于特定的反应堆设计。

由于设计程序一般是针对钠工质及实堆典型结构和关键物理现象进行开发的，与水台架模拟装置及其物理现象等是有差异的。因此即使针对性很强的水试验装置的试验数据也不能直接用于钠程序的验证。笔者认为，一般可以采用两种方法进行，分别为采用相似准则的方法和通过基于钠版程序的水版程序做桥梁的方法。但不管采用哪种方法，必须保证关键参数的计算结果是保守的。

采用相似准则做桥梁验证方法的实施，必须基于试验模拟装置针对性较强的情况，即试验模拟台架及试验物理现象的模拟必须具有较高的实堆代表性。在此前提下，将台架模拟工况的初始条件、过程条件及试验结果等数据，根据相似准则折算成实堆钠数据，然后进行计算对比。

利用水版程序对钠版程序的验证，一般验证目的为验证设计程序的流程框架。一般的验证分为三步，具体为：第一步，针对自然循环能力验证试验的水台架，在原钠版程序基础上开发水程序；第二步，利用水试验数据验证水程序；第三步，视水程序验证情况修正原钠版程序。

在钠版程序基础上开发水版程序应遵循的原则为：核心模型和数值方法不变，以保证程序验证的可靠性。修改范围，只能局限于由于工质变化引起的物性差异所带来的物性模型的改变、试验模拟件相对于实堆部件的简化所导致的建模调整。这些修改是有限的并且针对水台架是必需的。

（七）CEFR 堆内自然循环能力验证试验简介

本节简要介绍在俄罗斯进行的 CEFR 堆内自然循环能力验证试验。

CEFR 事故余热排出系统的热工设计，采用俄方 RUBIN、GRIF 程序计算完成。该程序的中间回路、空气回路模块，已被俄方已有试验台架的试验结果和反应堆上的运行经验所验证。而对于 CEFR 事故余热排出系统的一回路没有进行台架试验，因这部分的热工水力现象比较复杂，根据我国核安全法规 HAF102 "核电厂设计安全规定" 的 3.10 节 "余热向最终热阱的输送" 中规定 "……为实现系统的可靠性，必须恰当地选经过考验的部件……"。遵照上述规定，CEFR 事故余热排出系统在完成基础试验研究和系统的稳态及瞬态计算分析后，在俄罗斯物理动力研究院进行了工程试验验证。

1. 试验目的

在水力台架上对 CEFR 采用的事故余热排出系统进行试验，主要目的为验证该系统的工作能力，即事故下的排热能力。主要从以下两方面进行。

（1）取得试验数据，将试验结果按照相似准则近似估算到反应堆原型参数，检验反应堆事故余热排出系统设计的可靠性。

（2）取得试验数据，将试验结果用于检验计算程序，并在必要时对程序进行修正。然后，利用修正后的程序对 CEFR 事故余热排出能力进行计算，检验设计的可靠性。

2. 试验方案及实施

（1）试验范围。

该水力试验台架（CAPX）模拟装置范围主要包括：堆芯、热钠池、主热传输系统一回路（有中间热交换器和主循环泵）、中间回路（有独立热交换器、空气热交换器和连接管道）和空气回路。具体包含有以下部件：

①主容器及其内部相关设备模拟体，包含带组件模拟件的压力腔；带盖子

的壳体（主容器模拟件）；中间热交换器 4 个；独立热交换器 2 个；主泵模拟体 2 个；中心柱体；堆内屏蔽；支承板，该板带热屏蔽、中间热交换器支承和主泵支承、成型围桶、吸入管道、有止回阀的压力管道、堆内电离室冷却管线模拟体和主容器冷却管线模拟体。

②设置在容器模拟件外的相关模拟件冷却剂供给部分，包含泵模拟体、泵支承模拟体、堆内电离室冷却管线、主容器冷却管线等相关冷却剂供给设备。

③主回路中间热交换器二次侧模拟部分，包括有阀门的管道、冷热管网水混合器和仪表等。

④事故冷却的中间回路模拟部分，包括冷、热管网水混合器及其阀门和空冷器等。

（2）试验的代表性。

CEFR 堆内自然循环试验的代表性，是由模型和 CEFR 真实反应堆几何形状的相似性、适合的相似准则两方面来保证的。

因事故余热排出期间堆内热工水力过程非常复杂，水台架不可能严格地模拟所有热工流体过程。依据物理现象的具体分析，采用 4 个最重要的相似准则来实现台架模型与反应堆之间的模拟，而其他准则则在分析的基础上给出相应的结果修正。遵守的 4 个准则分别为理查森准则数 Ri、欧拉准则数 Eu、释热相关的准则数 N、时均准则数 H_0。

在几何相似为 1:5 的基础上，基于以上相似准则得到的转换比例系数为：

——功率比值：$Q_{0P}/Q_{0M} = 126$；

——流量比值：$G_P/G_M = 83.1$；

——温差比值：$D_{t_P}/D_{t_M} = 5$；

——速度比值：$V_P/V_M = 3.4$；

——时间比值：$\tau_P/\tau_M = 1.28$。

其中，下标 P 表示反应堆参数，M 表示试验模型参数。

（3）关键部件——堆芯的模拟。

①台架堆芯模型的横截面和高度与实堆比例为 1:5，由六角形模拟组件构成。单个模拟组件与实堆组件具有几何相似性，其模型比例高度为 1:5，横向为 1:3。通过横向比例的调整，将加热组件总数由 81 盒（包含低释热的控制棒组件）减少到了 37 盒。同时，组件间间隙与实堆比例约 1:1，即为 1.5 mm。该尺寸是在经过需求、工艺、测量等一系列慎重考虑后选取的。

②模拟组件设计的可模拟组件及组件间的水力特性。其结构按照欧拉模拟

准则设计，并模拟组件径向的热分布规律。模拟组件的流量控制由可更换的流量孔板进行调节。

值得一提的是，模型介质为水，它在横截面上的传热，尤其是在模拟应急降温过程时向组件间冷却剂的传热能力比钠低得多，因此，在设计时设计了两部分的加热元件：内部加热元件，采用了一根加热元件代替原型组件的全部释热件；外部加热元件，将其置于两层管壁之内的空间中，以保证向组件内及组件间表面的传热。试验时，可根据需要，自由组合启动内、外部加热元件。不过，试验结果表明，在实施瞬态工况时，改变内、外加热器之间的功率分配时，盒内和盒间隙通道之间的传热很快地（以分计算的时间）且平稳地重新进行分配，即表明在事故冷却过程中，用内、外加热器产生剩余功率的方法对冷却剂温度状态的影响是不重要的。

（4）试验实施。

根据试验需求，试验中需要先通过等温试验（不投入加热器）获得堆模型的一回路水力特性，再利用部分功率水平下相应试验数据，通过比较研究水加热的影响，进而针对实堆事故余热排出期间堆芯释热、流量等特点进行试验，对余热排出期间一回路热工水力特性进行整体性研究。

试验顺序以及试验目的依次为：

①等温工况（不投入加热器），模型一回路总流量分别对应实堆额定流量（G_n）水平的 100% 和 64% 时的强迫流动试验。

该试验目的为获取反应堆模型的一回路水力阻力特性。

②模拟组件电功率对应实堆额定功率（P_n）水平的 19.4% 时，模型一回路总流量分别为 100% G_n 和 64% G_n 时的强迫流动试验。

该试验的目的是，获取部分功率水平时不同流量下反应堆模拟体的一回路热工水力特性。通过比较绝热和非绝热的速度场，研究水加热对于模拟体中的流场、速度场、气体捕获、旋涡产生等的影响。

③等温工况（不投入加热器），模型一回路总流量对应实堆 19.4% G_n 时进行强迫流动试验。

该试验与①工况相似，但流量减小了。该试验目的是获得更小流量下反应堆模型的一回路水力阻力特性。

④组件模拟件加热功率对应实堆 19.4% P_n，模型一回路总流量对应实堆 19.4% G_n 时进行强迫流动试验。

该试验的目的是，比较绝热和非绝热工况，研究水加热对反应堆模拟体水流的结构和速度场的影响。

⑤冷却工况，按照反应堆剩余功率衰减规律，把组件模拟件电加热功率对应实堆从 $19.4\% P_n$ 降到 $1.6\% P_n$ 的试验。

该试验的目的是，以事故保护按所有蒸汽发生器给水中断信号动作来获取反应堆模拟体一回路热工水力特性。

⑥冷却工况，按照反应堆剩余工况曲线规律件将模拟件电加热功率对应实堆从 $1.6\% P_n$ 降到 $0.6\% P_n$ 水平的试验。

该试验与⑤工况相似，但功率降低了。该试验的目的是，与初始状态相比不降低一回路流量的重复工况，即在一回路强迫循环下进行冷却工况的研究。

⑦事故排热工况，电加热工况由零加大到最大可能值，每次以 0.5 kW 为一个阶跃，每个阶跃持续时间以达到平衡稳态为准。最大可能加热功率水平由模拟加热组件壁面附件的水开始沸腾来确定。

该试验的目的为获得大量数据，以便进行程序验证和利用相似准则将试验结果换算到实堆数据，并完成对实堆数据的近似评价。

3. 试验关键结果

通过水台架上的试验，明确了自然循环工况下的主要路径，不同部位、结构部件间的热工流体特性。在考虑这些因素后，进行了实堆自然循环特性的计算分析。

（1）依据试验数据直接反推实堆数据。

在此方面，从两个角度进行了论证。

①直接依据水试验数据推出。

试验中关键的三个工况试验结果如表 8.5 所示。从中可看到两个自然循环工况下的盒内出口温度都低于强迫循环对应工况，表明对应的自然循环工况可以成功导出相应剩余余热。即证明了 CEFR 事故余热排出系统设计的有效性，同时，可得出结论，在自然循环工况时，可以仅用一台 DHX 即可排出堆芯剩余余热。

表 8.5　三个典型工况下试验结果对比

对应实堆工况情况	强迫循环 额定功率 19.4% （功率流量比 1:1）	自然循环 剩余功率 1.6% 1 台 DHX 投入运行	自然循环 剩余功率 3.5% 2 台 DHX 投入运行
盒内出口水温度/℃	83.6	62.8	73.8

②依据相似准则反推到反应堆的数据。

通过折算，确定了事故工况下燃料组件盒内、盒间隙流量及温度分布情况。计算表明，在预计的自然循环准稳态工况（功率为额定功率的 1.4% 和 2%）下，中心燃料棒的最高包壳温度不超过约 630 ℃，即比额定工况下的温度低很多。

从以上两个角度，均可得出 CEFR 事故余热排出系统设计是有效的验证结论。

（2）验证设计程序后的计算结论。

CEFR 堆内自然循环设计采用了从俄方引进的 RUBIN、GRIF 程序。在验证试验完成后，利用试验数据修正了 RUBIN、GRIF 程序，随后对原设计进行了校正计算。利用水试验数据对钠程序的验证，均采用了通过基于原钠版程序的水版程序进行。

利用验证后的 RUBIN、GRIF 程序，对 CEFR 事故余热排出系统进行瞬态分析，结果表明该系统满足其设计功能。判断该系统满足设计功能的依据是以下 4 个温度没有超过相关温度设计限值：堆芯冷却剂出口最高温度、燃料棒包壳最高温度、热钠池内最高钠温、堆容器最高壁温。

（3）试验其他一些发现。

除上述证明了 CEFR DHX 排出堆芯余热的有效性外，试验中还有一些发现，现说明如下。

稳态的自然循环试验中还有如下发现：

① 试验还发现了有效的盒内换热路线，一是：DHX 出口—盒间—组件尾部密封处的节流装置—压力联箱—盒内—上腔室—DHX；另一条为：DHX 出口—泵模拟体支承箱上的孔—泵模拟体吸入口冷腔室—压力联箱—盒内—上腔室—DHX。这两条路径分别对应实堆上的堆芯球锥密封处的漏流通道、由泵支承冷却系统出口处的两类开孔形成的冷热钠池之间的漏流通道。

② 自然循环工况最终的稳态参数与工况历史、特征以及从强迫循环到自然循环过渡的速度无关。

③ 发现了多处稳定热分层区域，如冷腔室上部、压力联箱顶部等；在上腔室外围的下部和沿提升机围壁高度区域除有明显的温度分层外，还有回流和滞止区域。这是由于堆芯冷却剂出口和外围区组件，即储存井的组件的冷却剂出口之间存在很大的温差造成的。

④ 堆容器冷却时存在明显反向流。

⑤ 在释热状况受外界干扰时，如部分外围加热组件与中心加热组件之间

在几秒钟内快速地改变加热分配，堆芯出口冷却剂的温度场非常快（几分钟）地重新建立。

强迫循环工况的研究还表明：

① 模型计算与试验参数吻合很好。

② 发现了明显的、稳定的热分层，与自然循环期间类似。

③ 在分层和回流边界上存在大的温度梯度和温度振荡。

4. 试验结论

通过 CAPX 水台架的模拟试验及分析研究，证明了设计的 CEFR 一回路自然循环能力是足够的，可以保证燃料组件包壳温度在考虑了设计不确定性之后仍不超过正常条件下的温度值。

同时，采用 CAPX 水台架数据，并考虑台架中出现的比较重要的热工水力现象校核 RUBIN、GRIF 程序后，对 CEFR 余热排出进行瞬态分析，仍得到了如上述试验数据分析相同的结论。

试验除得出 CEFR 自然循环设计的有效性外，还在试验和计算研究基础上，提出了改善 CEFR 反应堆热腔室的热工水力特性的建议。

8.3.4　中间热交换器气体夹带验证试验

液态金属钠导热性能强，可作为池式快堆一回路冷却剂，但钠与空气会发生剧烈化学反应，因此，为适应反应堆的各种瞬态条件下，钠因其热膨胀或收缩而产生的体积变化，将一回路钠与周围环境隔离，在池式钠冷快堆的钠自由液面上充有惰性气体氩气。

在反应堆运行过程中，氩气有可能通过钠自由液面进入一回路系统。氩气气泡进入中间热交换器后，覆盖在换热管表面，会使中间热交换器的换热效率大大降低。另外，若主循环泵中存在大量氩气气泡，会引发泵的气蚀等恶劣流动效应，降低主循环泵运行寿命，影响一回路循环。但最严重的后果是当氩气进入堆芯后，会引发反应性振荡，大量气泡的存在也会影响堆芯内的传热，严重危害反应堆运行安全。因此，研究中间热交换器气体夹带现象，进行相关试验，解决气体夹带带来的危害，是池式钠冷快堆设计中必不可少的环节。

气体夹带的主要机制分为两类：一类是由于热交换器与主泵等贯穿设备的布置与一回路冷却剂流动的共同影响，钠池自由液面容易产生波动，形成表面环流或旋涡，进而导致覆盖气体氩气从自由液面夹带进入一回路系统，夹带的氩气有可能沿中间热交换器入口窗进入冷池和堆芯；另一类是氩气由于温度效应向钠中溶解。但 Winterton 等人通过研究发现，通过不同溶解途径夹带的气体量非常小，不会导致反应堆出现运行问题。因此，主要关注的途径是自由液面的物理夹带现象。中间热交换器气体夹带机制如图 8.12 所示。

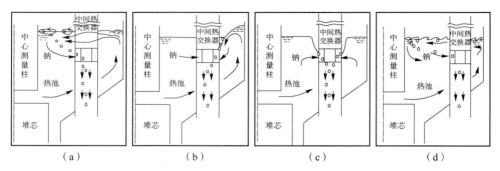

图 8.12　IHX 气体夹带机制示意

（a）涡流致使气体夹带；（b）液体坠落引起的气体夹带；

（c）排水型气体夹带；（d）剪切诱导的气体夹带

　　为验证特定反应堆堆本体中中间热交换器等设备布置的合理性，探究气体夹带机制与风险，需建立一套相关试验模型，进行中间热交换器气体夹带验证试验。

　　为保证试验的经济性与可行性，考虑到水试验对试验台架的制造与搭建要求较低，试验方法与参数测量等技术都较为成熟，国内外气体夹带相关试验多采用水为模拟介质。但是，由于水与液态钠在物性上存在一定的差异，利用水作为试验介质时应进行相似准则的分析研究，建立符合试验条件的相似理论和分析手段。

　　根据相似理论和国外机理试验结果分析，自由液面气体夹带的模型试验应遵循以下相似准则：

　　（1）几何相似，即模型与原型相应尺寸之比为一常数。

　　研究人员曾针对日本示范快堆（DFBR）容器中自由液面的流动，试验研究了比例和流体性质对于气体夹带起始点的影响，使用 1:10、1:6、1:3、1:1.6 的 IHX 几何尺寸缩比模型进行了水力试验。试验结果表明，当几何尺寸缩比大于 1:3 时，就可以反映出实际运行情况，并将具体参数推广到反应堆真实运行工况中。

　　（2）边界条件相似，即各部件（尤其是上腔室中的部件）外形必须与原型相似。

　　（3）初始条件相似。

（4）动力相似。

Baum 等人曾对"Bath – tub"式涡流夹带进行了试验研究，提出了预测气体夹带起始点的试验关联式，结果表明涡流夹带起始点与雷诺数（Re）、弗劳德数（Fr）和韦伯数（We）相关。

上述准则数的具体表达式如下：

$$We = \frac{\rho L u^2}{\sigma} \tag{8.41}$$

$$Re = \frac{\rho u L}{\mu} \tag{8.42}$$

$$Fr = \frac{u^2}{gL} \tag{8.43}$$

各准则数的物理意义分别是，韦伯数 We 是表征惯性力与表面张力之比的无量纲准则数；雷诺数 Re 是表征惯性力与黏性力之比的无量纲准则数；弗劳德数 Fr 是表征惯性力与重力之比的无量纲准则数。这些准则数代表了在气体夹带试验的物理过程中，表面张力、黏滞力以及重力对于气体夹带过程的影响。

韦伯数 We 表征了惯性力与表面张力之比，在反应堆实际运行工况下，表面张力相对来说很小，流动对于液面的扰动更为明显，尤其是对于自由液面表面波动剧烈的工况，表面张力可以忽略不计。Shiraishi 等人曾对涡流引起的气体夹带进行基础研究，采用表面活性剂研究了表面张力对气体夹带的影响，结果表明，表面张力的作用并不明显。

雷诺数 Re 表征了惯性力与液体黏滞力之比，该无量纲准则数对气体夹带试验过程中工质流动以及自由液面旋涡行为有一定的影响，在雷诺数 Re 较大或者速度变化较小的情况下，雷诺数 Re 的影响同样有限。

弗劳德数 Fr 表征了惯性力与重力之比，是气体夹带试验过程中的主要外力体现。该模拟准则数对气体夹带试验的影响较大。国际上相关试验也大多选择遵循弗劳德数相似准则，例如印度原型快增殖堆（PFBR）1:4 气体夹带试验台架、欧洲 OREILLETTE 试验台架、COLCHIX 试验台架和 HIPPO 试验台架等。

以下通过具体实例介绍气体夹带研究的试验方法。

日本紧凑型钠冷快堆（JSFR）的设计阶段，为了针对可能出现的气体夹带现象，研究人员采用一个比例为 1:10 的上腔室全扇形模型和一个比例为 1:1.8 的 90°扇形模型进行了两个水力试验。试验模型如图 8.13 所示。

反应堆中的所有主要部件都安装在 1:10 比例模型中。反应堆系统有两个冷却系统回路。每个回路有一个热管段（H/L）和两个冷管段（C/Ls）。热管

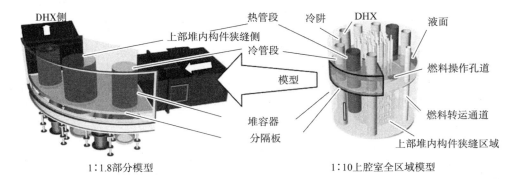

DHX侧
热管段　冷阱　DHX　液面
上部堆内构件狭缝侧
冷管段
模型
堆容器
分隔板
燃料操作孔道
燃料转运通道
上部堆内构件狭缝区域
1:1.8部分模型
1:10上腔室全区域模型

图 8.13　试验台架示意图

段插入上静压箱的中间，冷管段穿过上静压箱并与下静压箱相连。用于排出衰变热的两个冷阱和浸入式热交换器安装在上集气室中。此外，在 UIS 狭缝（上增压室的上部内部结构，由穿孔板和控制棒导管组成）前设置燃料输送导管。在目前的反应堆设计中，设计了两套水平板浸入自由表面以下来降低气体夹带水平。在 1:10 比例模型中，为了简化试验条件，只设置了一套浸入水平板。根据试验观测，显示流体在 UIS 狭缝前有向上的流动，在浸入水平板以上的区域沿热管段向下流动，而向下流动是气体夹带的关键因素之一。为详细研究上腔室气体夹带产生机制，建造了一个 1:1.8 比例的模型，该模型在圆周方向上以热管段为中心，在垂直方向上位于浸入水平板上方区域。1:1.8 比例模型中的边界条件是根据 1:10 比例上静压箱模型测量的速度确定的。在 1:10 比例模型中，假设弗劳德数相似，测量局部速度。这些测量结果外推到反应堆条件下，然后应用于 1:1.8 比例模型。

试验观测结果如图 8.14 所示，结果表明存在两种类型的气体夹带现象：一种气体夹带出现在冷管周围流动的尾流区域，是由反应堆容器中较大的水平速度引起的；另一类气体夹带出现在热管和反应堆容器壁面之间的区域，当冷却剂水平面较低并且向下速度较大时出现。通过详细测量瞬态流动速度场得到了这两块区域处气体夹带的机理，并在比例为 1:1.8 的模型中观察到极端速度条件下也会出现气体夹带。另外，提出了在自由液面下安装大型水平板的方式来防止自由液面流速过高，并且限制热管段中的气体夹带。

中国原子能科学研究院开展了快堆中间热交换器气体夹带验证试验，试验系统是依据快堆堆本体设计参数及运行参数建立的，用于验证试验模型在各运行工况下（40%、60%、80%、100%、120% 额定流量），是否会发生气体夹带现象。从而为快堆的热工流体设计与结构布置设计提供试验依据和理论指导。

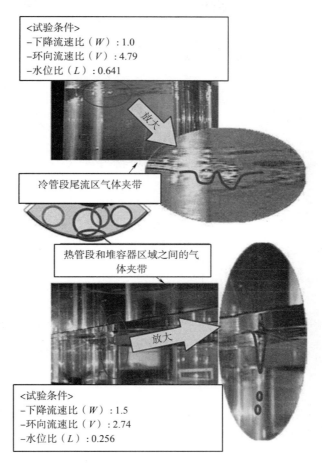

<试验条件>
–下降流速比（W）：1.0
–环向流速比（V）：4.79
–水位比（L）：0.641

放大

冷管段尾流区气体夹带

热管段和堆容器区域之间的气体夹带

放大

<试验条件>
–下降流速比（W）：1.5
–环向流速比（V）：2.74
–水位比（L）：0.256

图 8.14　试验观测结果示意

依据验证试验需求，建立如图 8.15～图 8.17 所示的中间热交换器气体夹带验证试验系统。

验证试验系统主要由主循环系统、补水系统、补气系统、加热及冷却系统、摄像系统等部分组成。

（1）主循环系统。主循环系统为气体夹带试验提供所需的循环流量。同时能将夹带进入系统并且进入回路系统中的气体去除，从而确保没有气体进入循环泵，避免循环泵受到损坏。

（2）补水系统。为维持试验装置中工质水的体积，需通过补水系统中的补水加压泵向主回路循环系统内补水。系统的功能主要是试验前期向整个试验装置进行充水和在试验装置运行过程中向试验装置补水。

（3）补气系统。补气系统用来为试验模型补充自由液面覆盖气体。

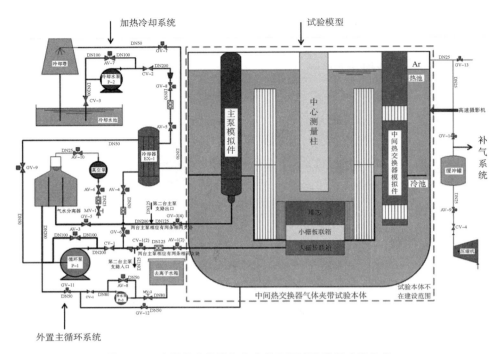

图 8.15　中间热交换器气体夹带验证试验装置功能组成

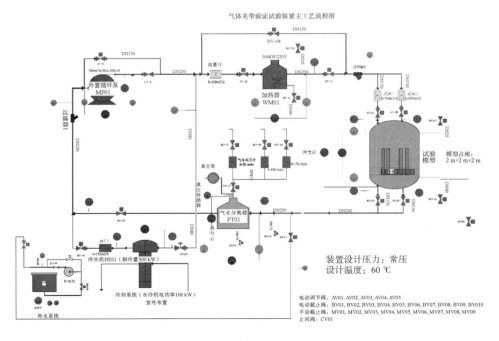

图 8.16　中间热交换器气体夹带验证试验系统流程图

图 8.17　中间热交换器气体夹带验证试验系统立体图

（4）加热及冷却系统。加热及冷却系统用来为试验模型达到和维持稳定的温度工况。

（5）摄像系统。摄像系统用来观测试验模型中自由液面至中间热交换器入口气体夹带现象。

中间热交换器气体夹带验证试验模型是用于开展快堆堆本体内贯穿自由液面的重要设备（中间热交换器）的气体夹带研究，验证快堆的设计在各运行工况下是否会有气体夹带现象发生。模型设计主要依据快堆堆本体的结构设计参数。典型快堆结构示意如图 8.18 所示。

如图 8.19 所示，气体夹带验证试验模型由堆容器模拟件、堆芯模拟件（大、小栅板联箱，组件模拟件）、中间热交换器模拟件、主泵模拟件、独立热交换器模拟件、中心测量柱模拟件、堆本体支承等部分组成。

外置循环泵提供流量驱动，将冷却剂打入主泵模拟件，冷却剂由主泵模拟件出口流出，经过一回路管道进入堆芯模拟件，再由堆芯模拟件出口流入堆本体热池内，经过堆内屏蔽柱流入中间热交换器入口，经过中间热交换器并从其一次侧出口流出进入堆本体冷池，再由置于冷池内的主泵模拟件入口吸出流向外置循环泵。

通过上述试验得到了气体夹带发生临界条件判定公式，并针对大型快堆中间热交换器布置进行气体夹带风险分析，得到不同布置方案下，气体夹带发生的临界液位深度。

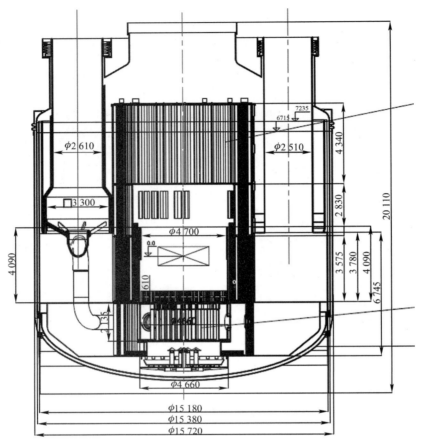

图 8.18　大型快堆结构示意图

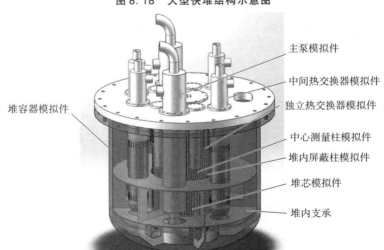

图 8.19　可视化试验模型示意图

参考文献

［1］ Cheng S K , Todreas N E , Nguyen N T. Evaluation of Existing Correlations for the Prediction of Pressure Drop in Wire – wrapped Hexagonal Array Pin Bundles ［J］. Nuclear Engineering and Design, 2014, 267 （2）: 109 – 131.

［2］ 李玉柱，贺五洲. 工程流体力学 （上册）［M］. 北京: 清华大学出版社，2006.

［3］ 杨氏铭，陶文铨. 传热学 ［M］. 北京: 高等教育出版社, 2006.

［4］ Kazami M S, Carelli M D. Heat Transfer Correlation for Analysis of CRBRP Assemblies ［R］. Westinghouse Report CRBRP – ARD – 0034, 1976.

［5］ Subbotin V I, Ushakov P A, Kirillov P A, et al. Heat Transfer in Elements of Reactors with a Liquid Metal Coolant ［C］// Proceedings of the 3rd International Conference on Peaceful Use of Nuclear Energy, 1965.

［6］ Borishanskii V M, Gotorsky M A, Firsova E V. Heat Transfer to Liquid Metal Flowing Longitudinally in Wetted Bundles of Rods ［J］. Atomic Energy, 1969, 27 （6）: 549 – 552.

［7］ Zhukov A V, Kuzina Y A, Sorokin A P, et al. An Experimental Study of Heat Transfer in the Core of a BREST – OD – 300 Reactor with Lead Cooling on Models ［J］. Thermal Engineering, 2002 （3）: 175 – 184.

［8］ Mikityuk K. Heat Transfer to Liquid Metal: Review of Data and Correlations for Tube Bundles ［J］. Nuclear Engineering and Design, 2009, 239 （4）: 680 – 687.

［9］ Ushakov P A, Zhukov A V, Matyukhin M M. Heat Transfer to Liquid Metals in Regular Arrays of Fuel Elements ［J］. High Temperature , 1977, 15: 868 – 873.

［10］ Gräber V H, Rieger M. Experimentelle Untersuchung des Wärmeübergangs an Flüssigmetalle （NaK） in Parallel Durchströmten Rohrbündeln bei Konstanter und Exponentieller Wärmeflussdichteverteilung ［J］. Atomkernenergie （ATKE）, 1972, 19 （1）: 23 – 40.

［11］ Kim J B, Lee H Y, Kim S H, et al. Protection of KALIMER Upper Internal Stnicture against Thermal Striping Loads ［C］// SMIRT – 15. 1999.

［12］ Grewal S, Gluekler E. Water Simulation of Sodium Reactors ［J］. Chemical Engineering Communications, 1982, 17 （1 – 6）: 343 – 360.

［13］ Tenchine D, Moro J P. Experimental and Numerical Study of Coaxial Jets ［C］//Eighth International Topical Meeting on Nuclear Reactor Thermal – hydraulics, 1997.

［14］ Tenchine D, Moro J P. Experimental and Computational Study of Turbulent

Mixing Jets for Nuclear Reactors Applications ［C］//Dincer I, Yardim F. Recent Advances in Transport Phenomena. Paris (France): International Symposium on Transport Phenomena, 2000.

［15］ Kimura N, Miyakoshi H, Kamide H. Experimental Investigation on Transfer Characteristics of Temperature Fluctuation from Liquid Sodium to Wall in Parallel Triple – jet ［J］. International Journal of Heat & Mass Transfer, 2007, 50 (9/10): 2024 – 2036.

［16］ Padmakumar G, Vinod V, Pandey G K, et al. Experimental Studies for a Safety Grade Decay Removal System for the Prototype Fast Breeder Reactor ［C］//Fast Reactors and Related Fuel Cycles: Safe Technologies and Sustainable Scenarios (FR13). V. 2. Proceedings of an International Conference, 2015.

［17］ Padmakumar G. Experimental Studies for SGDHR System of PFBR ［C/OL］. International Conference on Fast Reactors and Related Fuel Cycles: Safe Technologies and Sustainable Scenarios (FR13). 2013. http://www. iaea. org/ NuclearPower/Downloadable/Meetings/2013/2013 – 03 – 04 – 03 – 07 – CF – NPTD/T7. 1/T7. 1. padmakumar. pdf.

［18］ Zaryugin D G, Poplavskii V M, Rachkov V I, et al. Computational and Experimental Validation of the Planned Emergency Heat – Removal System for BN – 1200 ［J］. Atomic Energy, 2014, 116 (4): 271 – 277.

［19］ Vasilyev B A, Shepelev S F, Bylov I A, et al. Requirements and Approaches to BN – 1200 Safety Provision ［C/OL］. Fourth Joint IAEA – GIF Technical Meeting/ Workshop on Safety of Sodium – Cooled Fast Reactors. 2014. https://www. iaea. org/NuclearPower/Downloadable/Meetings/2014/2014 – 06 – 10 – 06 – 11 – TM – NPTD/11. bylov. pdf.

［20］ International Atomic Energy Agency. Specialists Meeting on Evaluation of Decay Heat Removal by Natural Convection ［C］. IWGFR/88. IAEA, Oarai Engineering Center, PNC, Japan, 1993.

［21］ Iara Y, Kamide H, Ohshina H, et al. Strategy of Experimental Studies in PNC on Natural Convection Decay Heat Removal ［J］. Specialists Meeting on Evaluation of Decay Heat Removal by Natural Convection, 1993: 37 – 50.

［22］ Eguchi Y, Yamamoto K, Funada T, et al. Experimental and Computational Study on Prediction of Natural Circulation in Top – entry Loop – type FBR ［J］. Specialists Meeting on Evaluation of Decay Heat Removal by Natural Convection, 1993: 86 – 96.

［23］ Eguchi Y, Takeda H, Koga T, et al. Quantitative Prediction of Natural

Circulation in an LMFR with a Similarity Law and a Water Test ［J］. Nuclear Engineering and Design, 1997, 178 (3): 295 – 307.

［24］ Takeda H, Koga T, Study on Similarity Rule for Natural Circluiationg Water Test of LMFBR ［J］. Specialists Meeting on Evaluation of Decay Heat Removal by Natural Convection, 1993: 58 – 66.

［25］ Winterton R. Cover – gas Bubbles in Recirculating Sodium Primary Coolant ［J］. Nuclear Engineering and Design, 1972, 22 (2): 262 – 271.

［26］ Eguchi Y, Tanaka N. Experimental Study on Scale Effect on Gas Entrainment at Free Surface ［J］. Nuclear Engineering and Design, 1994, 146 (1 – 3): 363 – 371.

［27］ Baum M R, Cook M E. Gas Entrainment at the Free Surface of a Liquid: Entrainment Inception at a Vortex with an Unstable Gas Core ［J］. Nuclear Engineering and Design, 1974, 32 (2): 239 – 245.

［28］ Shiraishi T, Watakabe H, Nemoto K. Fundamental Study on Gas Entrainment due to a Vortex ［J］. JSME/ASME Joint International Conference on Nuclear Engineering, 1990: 577 – 582.

［29］ Banerjee I, Sundararajan T, Sangras R, et al. Development of Gas Entrainment Mitigation Devices for PFBR Hot Pool ［J］. Nuclear Engineering and Design, 2013, 258 (2): 258 – 265.

［30］ Tenchine D. Some Thermal Hydraulic Challenges in Sodium Cooled Fast Reactors ［J］. Nuclear Engineering and Design, 2010, 240 (5): 1195 – 1217.

［31］ Kimura N, Ezure T, Tobita A, et al. Experimental Study on Gas Entrainment at Free Surface in Reactor Vessel of a Compact Sodium – cooled Fast Reactor ［J］. Journal of Nuclear Science and Technology, 2008, 45 (10): 1053 – 1062.

第 9 章

主热传输系统热工水力设计与分析

|9.1 概述|

    池式钠冷快堆的能量传输和转换一般采用钠 – 钠 – 水的三回路方案，分别为主热传输一回路系统、主热传输二回路系统以及蒸汽动力转换系统。结合型号要求每个回路将设置若干并联的环路，堆芯区域产生的核裂变能量通过一回路系统钠传递给二回路钠，经由蒸汽发生器将三回路给水转化为过热蒸汽，最终推动汽轮发电机组产生电能，图9.1为典型池式钠冷快堆的系统原理图。

    堆芯区域由燃料组件、控制棒组件、转换区组件及各类屏蔽组件构成，核裂变反应即发生在此区域，是整个核电厂的能量来源。一回路系统为池式钠系统，主要设备包括一回路主泵、中间热交换器（IHX）壳侧、堆内换料设备、双层反应堆容器及堆内构件等。一回路冷却剂钠被分隔为冷池和热池两大区域，所有主设备一体化布置于反应堆容器中，亦即采用池式一体化布置方案。一回路的能量传输过程为：在一回路主泵的驱动下，冷池的冷钠流经堆芯区域被加热后进入热池，通过中间热交换器壳侧并将热量传递给二回路钠，之后被冷却的一回路钠回到冷池中。

    二回路主冷却系统为回路式钠系统，主要设备包括中间热交换器二次侧、二回路主泵、钠分配器、蒸汽发生器及钠缓冲罐等。二回路的能量传输过程为：在二回路主泵的驱动下，二回路冷端的冷却剂钠进入中间热交换器管侧吸收一回路热量后温度升高，通过二回路热端管道进入蒸汽发生器（或可分为

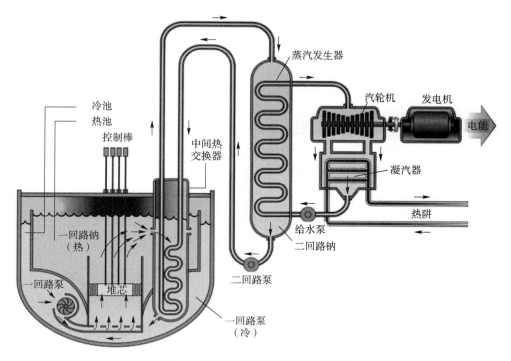

图 9.1　典型池式钠冷快堆系统原理图

蒸发器和过热器两个模块）壳侧并将三回路给水加热为高温高压的过热蒸汽，之后经冷端管道返回二回路主泵。

蒸汽动力转换系统为水/蒸汽系统，主要设备包括给水泵、汽轮机、发电机、凝汽器、凝结水泵、除氧器、加热器等。蒸汽动力转换系统的能量传输过程为：在给水泵的升压驱动下，三回路水进入蒸汽发生器管侧吸收二回路热量后转化为高温高压的过热蒸汽，之后推动汽轮机带动发电机产生电能，做功后的乏蒸汽被流经凝汽器管侧的循环水冷却后转化为凝结水，通过凝结水泵、加热器及除氧器进行升温升压，最终返回给水泵。循环水系统内的循环水在循环水泵的驱动下流过凝汽器管侧将系统乏热带走，并通过空冷塔将热量排放到海水或大气等最终热阱中。

钠冷快堆的主要安全系统包括保证安全停堆的停堆保护系统、应对正常热阱丧失情况下反应堆余热导出的事故余热排出系统、应对反应堆容器（包括主容器和保护容器）内压超标的反应堆容器超压保护系统及应对钠水反应事故的蒸汽发生器事故保护系统等。

|9.2 主热传输系统热工水力原理|

9.2.1 主热传输一回路系统

（一） 主热传输一回路系统简介

池式钠冷快堆主热传输一回路系统采用一体化布置，所有设备和构件都安装在堆容器内。堆容器内中包含的主要设备和构件包括：堆芯及各类组件、堆内构件、一回路主循环泵、一回路压力管（主管道）、中间热交换器、独立热交换器、换料设备、控制棒驱动机构以及测量装置等。

典型钠冷快堆堆本体示意图如图 9.2 所示，堆容器内充有液态金属钠，起到冷却堆芯和传输热量的作用。由堆容器上部及上部构件形成的钠池区域称为热钠池，由堆容器下部及下部构件形成的区域称为冷钠池。一回路主泵、压力管、中间热交换器一次侧、堆芯通道以及冷、热钠池构成了主热传输一回路系统的流道。

主热传输一回路系统的功能是：将反应堆堆芯产生的热量带出，并通过 IHX 一次侧传递给二次侧（即主热传输二回路系统）。

反应堆处于正常运行工况下，一回路主泵将冷池内的钠加压后经压力管打入大栅板联箱，经小栅板联箱流量分配后进入堆芯，被堆芯加热后的高温钠经过热池流入 IHX 一次侧，被二次侧主热传输二回路系统中的冷钠冷却后流入冷池，构成主热传输一回路系统介质的循环流动。

（二） 主热传输一回路系统重要现象分析

池式钠冷快堆一回路系统采用池式结构、一体化布置方案，因此，相对于回路式系统具有特殊的重要现象。

1. 钠池热分层现象

由于池式钠冷快堆热钠池在正常和异常工况下均存在温度分布。钠冷快堆发生事故停堆后，通过堆芯的钠流量按近似指数关系迅速减少，同时堆芯出口钠温急剧下降。出口腔室中，已有的高温钠停留在较高位置，低温、低速的钠流没有足够惯性冲入较高位置与其充分搅混，只能进入腔室底部，因而发生热

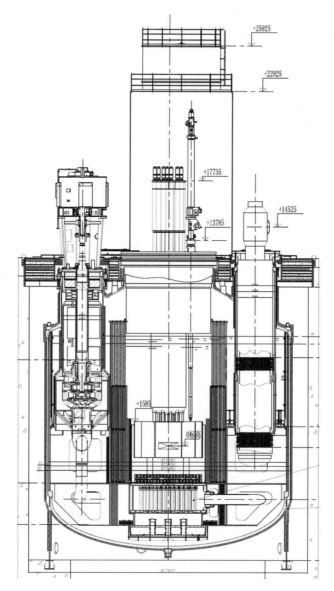

图 9.2　典型池式钠冷快堆堆本体示意图

分层现象。出口腔室内热分层现象将形成温度的显著分布，热分层的发生将使临近结构产生明显的热应力及热疲劳机械损坏，这对堆容器和堆内构件的力学状态是不利的。同时还将影响停堆后余热排出系统的运行。因此，详细了解这种热分层现象对快堆的优化设计及安全运行非常重要。

由于热分层现象是典型的三维效应，一般采用三维计算流体力学工具进行分析。系统程序囿于计算效率等因素的限制，一般采用零维或一维模型进行分析，近些年也发展了适用于系统分析程序的基于射流/羽流钠池热分层现象分析模型。

2. IHX 一次侧倒流现象

当两环路一回路泵均正常运行时，两环路液态钠均从 IHX 一次侧入口窗进入 IHX，从 IHX 一次侧出口窗流入冷池，两环路处于对称的运行状态。

当一个环路的主泵停运时，由于该环路失去强迫动力，大栅板联箱中的高压钠将从停运泵环路的压力管倒流进入该环路冷池，由于该环路冷池压力的升高，将会使冷池中的钠进入 IHX 一次侧出口窗，进而向上流动，从入口窗流出并进入热池，形成 IHX 的反流现象。IHX 反流将会形成温度的剧烈变化，在 IHX 一次侧入口窗处和 IHX 支承上形成较大的热应力，对设备和构件的结构设计和力学评价带来较大难度。

3. 主管道断裂喷放现象

由于一回路压力管在寿期内存在破裂的风险，而当一回路中的一根压力管断裂时，由于大量流量从破裂口喷出进入冷池，因此，堆芯在短时内失去较多流量，对堆芯安全造成巨大影响。由于主管道断裂事故发生时，一回路系统的流网与正常运行流网不同，且回路中的阻力特性发生了巨大变化，因此需建立专门的模型进行分析。

4. 一回路主泵惰转现象

当一回路主泵失去动力或者一回路主泵的辅助系统不能正常运行时，一回路主泵将会在飞轮的惯性下出现惰转现象。一回路主泵的惰转特性曲线是进行该类事故分析的重要输入，而在电厂初步设计阶段，主泵设计尚未全面展开，无法获取泵的详细设计参数和回路系统的阻力特性，因此，在该阶段进行安全分析工作时，就需要一种相对准确的泵惰转特性曲线。

5. 一回路自然循环流动现象

当两台一回路主泵均失去动力并最终停运时，一回路系统失去正常排热途径，需依靠一回路钠池自然循环和事故余热排出系统排出堆芯剩余发热。一回路系统过渡至自然循环一般分为三个阶段：第一阶段是主泵惰转初期，强迫流动占据主要优势阶段；第二阶段是主泵惰转后期，处于自然循环建立的过渡阶段；第三阶段是完全自然循环流动阶段。一回路系统的自然循环流动包括一二回路泵停运初期通过 IHX、压力管等主回路的自然循环，通过 DHX 冷流体下沉形成的自然循环，主容器冷却系统反向流动形成的自然循环等。

由于池式快堆中的热分层对自然循环影响较大，因此，系统程序较难分析出自然循环特性，一般采用专门的自然循环程序进行分析。

9.2.2　主热传输二回路系统

（一）主热传输二回路系统简介

主热传输二回路系统的功能主要是将一回路主冷却系统中钠的热量通过中间热交换器传给二回路主冷却系统的液态金属钠，再由二回路系统中的蒸汽发生器传给三回路（水/蒸汽）系统，以提供过热蒸汽推动汽轮机发电。

二回路系统除了进行热传输的功能外，还具有如下的安全功能：

（1）在反应堆事故工况下为堆芯提供冷却条件，确保堆芯的安全。

（2）二回路主冷却系统的压力设计成高于一回路主冷却系统的压力，以防止中间热交换器换热管破裂时，放射性物质不可控地释放到主容器外。

（3）隔离带放射性的一回路主冷却系统与三回路（水/蒸汽）系统。

（4）在蒸汽发生器中发生钠水反应事故时，防止反应产物进入一回路主冷却系统中。

二回路主冷却系统包括两个并联的环路，这两个环路的组成完全相同，而彼此又相互独立。每个环路包括两台中间热交换器的管侧、一台钠分配器、八台蒸汽发生器、一个钠缓冲罐、一台二回路钠循环泵、钠阀门、管件、管道和用于运行的热工测量等检测仪表等。每台蒸汽发生器由蒸发器和过热器两个模块组成。

二回路钠循环泵唧出的液态钠沿管道进入两台中间热交换器的中心垂直下降管，在中间热交换器的下封头转向向上，并进入中间热交换器的换热管管束中，钠在换热管中自下向上流动将一回路钠的热量载出，然后经钠分配器和管道进入过热器的入口。钠在过热器的壳程自下向上流动并与换热管束中的蒸汽进行热量交换，在过热器的上部经连接管道进入蒸发器，钠冷却剂在蒸发器中自上向下流动并与换热管束内的给水进行热交换，在蒸发器的下部流出经过管道进入钠缓冲罐，然后经管道返回到二回路钠循环泵的入口，完成一个循环过程。

二回路钠循环泵采用液压静力轴承，自泵出口引出高压钠进入液压静力轴承，这股钠流在泵的钠腔中释放，为了平衡缓冲罐和泵腔中的钠液面，在泵腔和钠缓冲罐间接一个溢流管，使得二个液面平衡，同时要在泵腔和缓冲罐钠液面之上给定恒定的氩气压力。二回路主冷却系统流程示意图如图 9.3 所示。

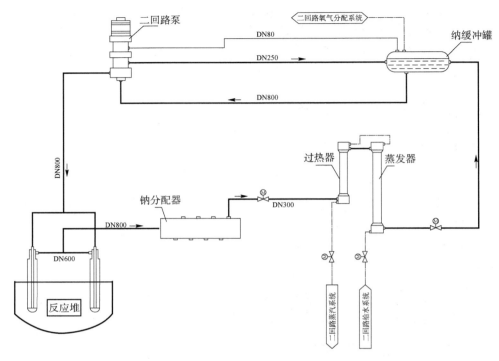

图 9.3　典型池式钠冷快堆二回路系统工艺流程示意图

（二）主热传输二回路系统主要设备和部件

1．中间热交换器

图 9.4　中间热交换器
结构示意图

IHX 是衔接一回路主冷却系统和二回路主冷却系统间的热传输设备，负责将一回路主冷却系统的热量传递给二回路主冷却系统。IHX 还是防止放射性钠外溢的一道屏障，因此，采用二次侧运行压力高于一次侧运行压力的方法，在出现传热管破裂的情况下允许无放射性的二回路钠向主容器泄漏，防止发生带放射性的一回路钠外溢。

中间热交换器采用国际上通用的池式快堆装置中典型的垂直放置管壳式换热器，由管子系统、压力腔室、溢流腔室、中心管、屏蔽块和安全罩等组成，中间热交换器的结构示意图如图 9.4 所示。中间热交换器放在反应堆的支承套筒内，支座安装在支承套筒的装配环上。

壳侧为 IHX 的一次侧，管侧为 IHX 的二次侧，一、二次侧液态钠逆向流动换热。

从堆芯出来的一回路钠冷却剂，经过中间热交换器支承套筒和入口栅格上的孔而流入中间热交换器换热管壳程空间，在此处，将它的热量传递给二回路的冷却剂。然后，它经过出口栅格从中间热交换器出来，进入主容器的冷却通道，最后进入一回路钠循环泵的吸入口。

二回路的钠冷却剂沿中间热交换器的中心管进入下封头，从那里进入管程系统的换热管。沿管程系统的换热管使通过的二回路冷却剂得到加热，然后，离开换热管而集中到中间热交换器的溢流腔室。经过二回路冷却剂的出口接管出来，并沿管系进入钠分配器。

2. 钠分配器

快堆一般采用多模块 SG 并联运行的方式，因此，从 IHX 流出的热钠需经过分配流入 SG。

钠分配器的主要功能是将来自二回路主管道的液态钠均匀分配到各组 SG 模块。钠分配器结构示意图如图 9.5 所示，总体呈长圆筒形，一端与二回路主管道相接，另一端由椭圆封头封闭，其支管分为两组等数量交错排列在筒体的两侧，每个支路与 SG 相连，起到液态钠流量分配的功能。

图 9.5　钠分配器外观结构示意图

3. 蒸汽发生器

蒸汽发生器 SG 是热传输系统介质钠和动力转换系统介质水/蒸汽之间的实体屏障，是快堆中避免发生钠-水反应的实体边界，对反应堆的安全运行具有重要意义。SG 的传热功能是利用二回路钠传输的热量在 SG 中将给水加热，产生给定参数的过热蒸汽，供给汽轮发电机转换为电能。

快堆一般采用模块式 SG 的布置方案，每环路设有多台 SG，每台 SG 包含一个蒸发器模块和一个过热器模块，结构示意图如图 9.6 所示。其中，液态钠在壳程流动，水/蒸汽在管程流动，两种工质逆流传热。两模块均为立式布置。蒸发器和过热器结构相似，均由壳体、传热管、膨胀节、上管板、下管板以及流量分配罩（钠腔室、水/蒸汽腔室等）等部件组成，主要区别在于尺寸大小及传热管数量不同。在正常运行工况下，给水经蒸发器加热成微过热蒸汽，微过热蒸汽进入过热器被继续加热至高温蒸汽。

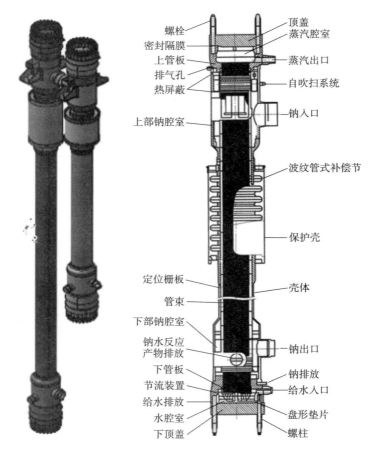

图 9.6　蒸汽发生器结构示意图

4. 钠缓冲罐

　　为了补偿二回路主冷却系统中钠的体积变化，在每一条环路中设置一个钠缓冲罐并布置在蒸汽发生器和二回路主循环泵之间的冷段上。由钠缓冲罐中钠液位和二回路主循环泵腔中钠液位的变动来补偿钠温度的变化。

　　钠缓冲罐采用卧式布置，共有多个入口接管，以接收在 SG 中被冷却的冷态钠，在钠缓冲罐中搅混后经过一个出口通过管道连接到 IHX 二次侧入口。

5．二回路主循环泵

二回路主冷却系统依靠二回路主循环泵提供的压头驱动液态钠流动以实现二回路主冷却系统的强迫循环。二回路主循环泵的形式为离心、立式、单级、单吸，自由液位。二回路主循环泵的结构示意图如图 9.7 所示。

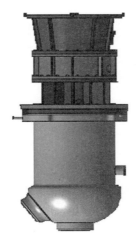

图 9.7　二回路主循环泵的结构示意图

6．管　道

二回路主冷却系统的连接管道主要由以下几部分组成。

（1）热管段：从 IHX 出口到钠分配器以及钠分配器到 SG 入口之间的管道称为热管段，该段管道的规格为 DN800 和 DN300，工作温度为 505 ℃。

（2）冷管段：从 SG 出口到钠缓冲罐入口、钠缓冲罐出口到泵入口以及泵出口到 IHX 入口的管道称为冷管段，该段管道的规格分为 DN800 和 DN300，工作温度为 308 ℃。

（3）钠溢流管：二回路主泵和钠缓冲罐钠腔之间的接管，管道规格为 DN250。

（4）气腔连接管：钠缓冲罐气腔与二回路主泵气腔之间的管道，管道规格为 DN80。

（5）其他管道：包括 SG 事故排放管道、SG 供水管道以及 SG 清洗管道等。

二回路设备和管道的布置必须具有适当的倾斜度，以保证靠重力实现系统钠的完全排放。二回路的设备高度需保证二回路泵停运后系统具有一定的自然循环能力。二回路主冷却系统主管道轴侧示意图如图 9.8 所示。

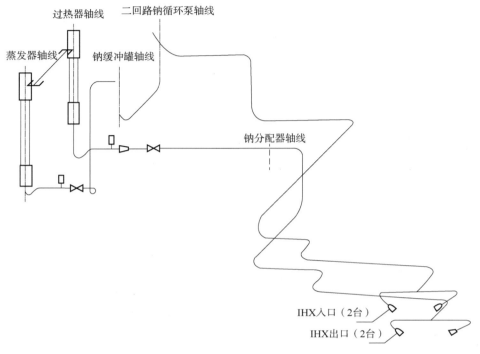

图 9.8 二回路主冷却系统主管道轴侧示意图

7. 阀门

为了对二回路流量进行调节，在每台 SG 出口设置了调节阀。同时，为了保证 SG 发生钠水反应时能够快速隔离故障的 SG，在每台 SG 钠侧进出口都设置了截止阀、水侧进出口设置了快速隔离阀，钠侧和水侧的阀门分别能够快速关闭。

8. 主热传输二回路系统重要现象分析

（1）单相/两相界面滑移现象。

单相水在蒸汽发生器传热管内被加热至两相状态，继续被加热至高温过热蒸汽以推动汽轮机发电。传热管内存在过冷水、核态沸腾传热区、膜态沸腾传热区以及单相蒸汽传热区等传热区域，当电厂发生瞬态事件时，传热管内各传热区界面将发生移动，传统的固定网格算法较难满足此时的界面变化情况。

（2）水汽两相换热。

主热传输二回路系统中的蒸汽发生器采用直流直管式，过冷水进入蒸汽发生器后被加热至水汽两相直至产生过热蒸汽。因此，在 SG 传热管内存在水汽两相与传热管的换热现象。两相换热在世界范围内都是具有较大难度的热工水力问题。

（3）二回路自然循环流动现象。

钠冷快堆主热传输二回路系统主循环泵一般不接应急电，当发生厂用电母线失电事件时，二回路主泵将停运。由于二回路系统采用回路式的布置方案，而且二回路系统中的主要设备存在较大的高差，在温度分布的作用下，将形成较大的自然循环压头，形成较为显著的自然循环流量，该流量对 IHX 的冷却将是可观的。根据 CEFR 设计经验，CEFR 二回路系统的自然循环流量能达到 10% 额定流量。

9.2.3　蒸汽动力转换系统

蒸汽动力转换系统是将快堆产生的热能转换为电能的系统，蒸汽发生器将高温钠的热能转换为蒸汽热能，产生高温高压蒸汽，再将蒸汽引入汽轮机膨胀做功，将热能转换为机械能，最后拖动发电机工作，最终转换为对外供应的电能。该系统包括汽轮机、再热器、汽水分离器、发电机、凝汽器、冷却塔、循环水泵、凝结水泵、低压加热器、除氧器、给水泵高压加热器以及相关的管路及阀门等设备与元件。

由于蒸汽动力转换系统结构复杂、几何尺寸庞大，包含的设备与元件众多，以下对主要子系统的热工水力原理进行简要介绍。

1. 汽轮机

快堆一般产生高压高过热度蒸汽，汽轮机型式一般为单轴、中间再热、三缸四排汽凝汽式汽轮机，由一个单流高压缸和两个双流式低压缸组成，汽轮机的转速为全转速。机组两侧布置有汽水分离再热器，汽水分离再热器采用卧式布置，通过高压排汽管道和低压进汽管道分别与高压缸和低压缸连接。

2. 主蒸汽管线系统

主蒸汽管线系统是将蒸汽发生器产生的蒸汽输送至汽轮机，主蒸汽管线由两个环路蒸汽发生器产生的过热蒸汽经两根主蒸汽管线导入布置在汽轮机厂房内的主蒸汽联箱，主蒸汽联箱上包括两根至汽轮机高压缸主汽阀的进汽管道、从联箱两端引出的两根汽轮机旁路蒸汽母管、向汽轮机轴封系统的供汽管、向辅助蒸汽系统的供汽管道以及低点疏水罐等。

主蒸汽管线系统同时承担以下功能：

（1）在蒸汽发生器模块汽工况下，当过热器未投运时，接收启动和停堆冷却系统来的蒸汽，并将这部分蒸汽通过汽轮机旁路系统输送至凝汽器。

（2）当反应堆与汽轮机功率不匹配时，将主蒸汽输送至汽轮机旁路系统。

（3）当汽轮发电机组在低负荷运行时，将主蒸汽输送至辅助蒸汽系统，为各用户提供辅助蒸汽。

（4）当汽轮发电机组在低负荷运行且汽轮机轴封系统不能达到自密封时，将主蒸汽输送至汽轮机轴封系统。

（5）当汽轮机甩负荷时，通过辅助蒸汽系统为除氧器提供加热蒸汽，确保主给水温度和含氧量满足蒸汽发生器的要求。

（6）当两个环路中的任一台蒸汽发生器切除时，利用主蒸汽联箱平衡两个蒸汽发生器环路的主蒸汽压力和温度，满足汽轮机对进入汽轮机主汽门的蒸汽压力和温度偏差的要求。

3. 汽轮机旁路系统

汽轮机旁路系统在机组启动和停运、汽轮机甩负荷至厂用电运行、汽轮机跳闸等工况下，可将过量的主蒸汽排至凝汽器，为反应堆提供一个人为负荷，平衡反应堆与汽轮机之间的功率差，从而保证反应堆安全运行。在机组启动过程中的水－汽工况转换之后和停运过程中的汽－水工况转换之前的过热器未投运阶段，将启动和停堆冷却系统中的启动扩容器不能消纳的蒸汽排到凝汽器，维持蒸发器出口蒸汽压力在要求的范围内。

4. 凝结水抽取系统

凝结水抽取系统是汽轮机热力系统的一个主要组成部分，它主要指介于汽轮机凝汽器和低压给水加热器之间的系统，凝结水抽取系统设置凝结水泵，正常运行时两用一备。当任何一台运行泵发生故障时，备用泵自动启动投入运行。凝泵进口管道上设置电动隔离阀、滤网及波形膨胀节，出口管道上设置逆止阀和电动隔离阀。凝结水泵从凝汽器热阱吸水，升压经过轴封冷却器后，将凝结水送入低压给水加热器系统。此外，在轴封冷却器和凝结水精处理单元后设有凝结水泵再循环管道，在启动和低负荷时保证凝结水泵通过最小流量运行，防止凝结水泵汽蚀，同时也保证足够的凝结水流经轴封冷却器。

5. 低压给水加热器系统

低压给水加热器系统的功能是在凝结水进入除氧器之前，利用汽轮机的抽汽对凝结水进行加热，从而提高机组热力循环的效率，并使进入除氧器的凝结水达到规定的温度。快堆蒸汽动力转换系统一般设置 5 级低压加热器。第 1、2 级低压加热器组合在一个共同的壳体内，组成"复合式加热器"，两台复合式加热器并列布置于凝汽器的喉部，为双列设置；第 3、4、5 级加热器采用单列布置。

此外，低压给水加热器系统还承担以下功能：

（1）将低压加热器壳侧不凝结气体排向凝汽器。

（2）将 1、2 级低压加热器壳侧的疏水排至下一级加热器、凝汽器，保证加热器处于正常水位。

（3）将 3、4、5 级低压加热器壳侧的疏水排至低压加热器疏水回收系统。

（4）抽汽管道疏水排至凝汽器或汽机房废液收集系统。

6. 低压给水加热器疏水回收系统

低压给水加热器疏水回收系统的主要功能是接收上级加热器的正常疏水并将疏水排放至下一级低加（低压加热器）或低加疏水箱、凝汽器。

7. 主给水除氧器系统

主给水除氧器系统是排除给水中所含的氧和其他不凝结气体，以最大限度减小蒸汽发生器、汽轮机及热力系统中的辅助设备和管道的腐蚀。正常运行工况下，除氧器利用汽轮机抽汽对主给水进行加热，可以提高机组的效率。该系统接受低压给水加热系统供给的初步升温的给水，经本系统加热除氧后送往电动给水泵，再经高压给水加热器加热到所要求温度后，送往核岛蒸汽发生器。

8. 电动主给水泵系统

电动主给水泵系统是将除氧器中满足蒸汽发生器温度、含氧量要求的给水升压，经过高压加热器向蒸汽发生器提供所需给水。电动给水泵组一般由串联的前置泵、电动机、液力调速装置和压力级泵组成。

来自除氧器的给水经下降管、入口电动隔离阀、临时滤网后进入前置泵，从前置泵出口经出口流量孔板、永久滤网后进入压力级泵，再经逆止阀、电动隔离阀后送到高压给水加热器。压力级泵与出口逆止阀之间，设有小流量保护系统，当泵的流量低于某一设定值时，小流量保护系统即投入运行。电动给水泵组设有暖泵系统，暖泵水源取自运行泵组的中压给水管道。

9. 高压给水加热器系统

高压给水加热器系统利用汽轮机高压缸的抽汽加热高压给水，在满足核岛对主给水温度要求的前提下，提高机组运行经济性。

10. 主给水管线系统

主给水管线系统的功能是控制向蒸汽发生器输送的给水流量，保证蒸汽发生器三回路侧的供水量满足一、二回路的要求。经高压加热器加热的给水或通过高加旁路的给水汇入给水联箱，从联箱上引出两条分支管道，分别将主给水输送至核岛两个环路的蒸汽发生器。每条管道上设有文丘里流量计以测量输送至蒸汽发生器的给水流量，设有主给水调节阀组调节两个环路的供水流量。

11. 启动给水系统

启动给水系统在机组正常启动、停运过程中的低流量运行时，向蒸汽发生器提供满足温度、水质要求的给水，带走反应堆内产生的热量。

12. 凝汽器抽真空系统

凝汽器抽真空系统在机组启动初期将凝汽器汽侧空间以及附属管道和设备中的空气抽出以达到汽轮机启动要求；机组在正常运行中除去凝汽器空气区积聚的非凝结气体，保证凝汽器的真空度，以提高汽轮机组效率。凝汽器抽真空系统设置有 3 台水环式真空泵。在机组正常运行时，2 台真空泵运行，维持凝汽器的真空度。在机组启动、低负荷或瞬态运行时，3 台真空泵同时运行，可以有效缩短建立真空时间。

13. 辅助蒸汽系统

辅助蒸汽系统蒸汽由辅助锅炉或主蒸汽管线系统、汽轮机抽汽、启动和停堆冷却系统提供，分配到除氧器、汽轮机轴封系统、设备清洗系统等。

14. 汽轮机厂房开式冷却水系统

汽轮机厂房开式冷却水系统为闭式冷却水系统的热交换器、凝汽器抽真空系统的热交换器提供冷却水，将闭式冷却水系统中各个用户以及真空泵密封水热交换器的散热量最终排至海水中。

15. 汽轮机厂房闭式冷却水系统

汽轮机厂房闭式冷却水系统为汽轮机设备冷却器、发电机设备冷却器、给水泵设备冷却器等辅助设备的冷却器提供冷却水，带走辅助设备排出的热量，并通过本系统的管式热交换器将这些热量排至开式冷却水系统的海水中。此外，汽轮机厂房闭式冷却水系统还向循环水泵房提供冷却水。

16. 汽机房循环水系统

汽机房循环水系统是采用海水做水源的直流供水系统，为凝汽器、汽轮机厂房开式冷却水系统提供冷却水。

17. 汽水分离再热器系统

为了保护低压缸，减少对低压缸叶片的刷蚀，提高系统热经济性，在高压缸和低压缸之间设置了两台汽水分离再热器。其主要作用是将湿度较大的高压缸排汽经分离段除去水分，然后进入位于分离段上方的一级再热器、二级再热器接受再热，使蒸汽在流入低压缸之前，温度得到提高。

18. 汽轮机轴封系统

汽轮机轴封系统是保证转子轴端及高压主汽调节阀阀杆的密封性能，防止蒸汽泄漏到空气中，造成工质损失，影响机组经济性，并防止空气通过转子轴端和阀杆进入低压缸内。

|9.3　主热传输系统热工水力分析方法|

9.3.1　主热传输系统热工水力理论方法

钠冷快堆电厂系统瞬态分析的主要技术工具为系统分析程序，系统分析程序将电厂主热传输系统中的各个系统或部件抽象为物理数学模型，通过耦合求解这些数学物理模型得到电厂在各类稳态或者瞬态工况下的主要参数（典型参数如反应堆功率、堆芯进出口温度、二回路冷热段温度以及各回路流量压力等），从而定量表征电厂的稳态和瞬态特征[8]。

（一）堆芯模型

1. 堆芯物理模型

堆芯物理技术模型旨在模拟各类瞬态过程中反应堆功率的变化。反应堆的功率包括两部分，一部分是裂变功率，即裂变过程产生的功率，一般计算中近似认为每次裂变将释放出 200 MeV 的能量；另一部分是衰变功率，即裂变产物或者锕系核素衰变产生的功率。裂变功率和衰变热的产生关系如图9.9所示。

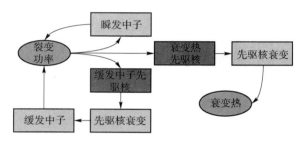

图9.9 反应堆裂变功率和衰变热产生过程示意图

系统程序模型中反应堆裂变功率一般采用点堆模型进行模拟。点堆模型不考虑堆芯空间效用，是一个集总参数的模型，被广泛地用在核电厂系统分析程序中。

点堆模型的具体模型如下，

$$\frac{\mathrm{d}N(t)}{\mathrm{d}t} = \frac{\rho(t) - \beta}{\Lambda}N(t) + \sum_{i=1}^{M} \lambda_i C_i(t) \tag{9.1}$$

$$\frac{\mathrm{d}C_i(t)}{\mathrm{d}t} = \frac{\beta_i}{\Lambda}N(t) - \lambda_i C_i(t) \quad (i = 1, \cdots, M) \tag{9.2}$$

式中，$N(t)$ 表示中子数密度（m^{-3}）；$\rho(t)$ 表示反应性（pcm）；Λ 表示中子代时间（s）；β 表示有效缓发中子份额，为无量纲数；M 表示缓发中子组数；λ_i 表示第 i 组缓发中子先驱核衰变常数（s^{-1}）；$C_i(t)$ 表示第 i 组缓发中子先驱核的数密度（m^{-3}）；β_i 表示第 i 组缓发中子先驱核的有效缓发中子份额，为无量纲数。

衰变热计算模型如下：

$$\frac{\mathrm{d}H_j(t)}{\mathrm{d}t} = E_j \phi(t) - \lambda_j H_j(t) \tag{9.3}$$

式中，$\phi(t)$ 为裂变功率密度（$\mathrm{W/m^3}$）；λ_j 为第 j 种裂变产物或者锕系核数的衰变常数（s^{-1}）；E_j 为无量纲常数，表示各核素对应的功率份额；$\lambda_j H_j(t)$ 即为

第 j 种裂变产物或锕系核 t 时刻的衰变功率密度（W/m^3）。

反应堆运行时，瞬态过程中反应堆功率的变化会使堆内各种材料的温度发生变化，这些变化将引起反应性的变化，反过来影响反应堆的功率，这就是通常所说的反应性反馈。计算反应堆功率时必须考虑反应性反馈。通常在快堆瞬态分析中主要考虑以下几种反应性反馈效应：

（1）堆芯轴向和径向膨胀反馈。

（2）多普勒反馈。

（3）冷却剂温度反馈。

（4）组件弯曲反馈。

其中，堆芯轴向膨胀反馈主要是燃料在瞬态过程中由于温度变化引起体积变化导致的反应性引入。堆芯径向膨胀主要由栅板联箱的膨胀引起，而栅板联箱的膨胀主要由堆芯入口钠温决定，因此，径向膨胀反馈主要是由堆芯入口钠温的变化导致的反应性引入。多普勒反馈主要是由燃料原子核共振吸收的多普勒效应所导致的反应性引入。冷却剂温度反馈是由冷却剂温度变化引起密度变化，进而影响堆芯中子能谱所导致的反应性引入。组件弯曲反馈是由组件沿着轴向发生弯曲形变而导致的反应性引入。各类反应性反馈的计算中近似认为各类反应性反馈相互独立，且与堆芯材料或堆芯特征温度的变化成正比，比例系数即为反应性反馈系数。反应性反馈系数一般通过堆芯核设计软件计算不同堆芯状态下堆芯有效增殖因子的变化求得，求得反应性反馈系数后，反应性反馈可采用下式计算：

$$\rho_{fb}(t) = \alpha_{fa}(T_f - T_f(0)) + \alpha_{fr}(T_{in} - T_{in}(0)) + \alpha_{fD}\ln\left(\frac{T_f}{T_f(0)}\right) +$$

$$\alpha_c(T_c - T_c(0)) + \alpha_b(T_{out} - T_{in}) \tag{9.4}$$

式中，$\rho_{fb}(t)$ 为外加反应性；T_f 为燃料平均温度（℃）；$T_f(0)$ 为燃料初始平均温度（℃）；T_{in} 为平均堆芯入口温度（℃），$T_{in}(0)$ 为平均初始堆芯入口温度（℃）；α_{fa} 为平均堆芯轴向膨胀反馈系数；α_{fr} 为平均堆芯径向膨胀反馈系数；α_{fD} 为平均燃料 Doppler 反馈系数；T_c 为平均冷却剂温度（℃）；$T_c(0)$ 为冷却剂初始平均温度（℃）；α_c 为平均冷却剂温度反馈系数；T_{out} 为堆芯出口平均温度（℃）；α_b 为平均燃料弯曲反应性反馈系数。

2. 堆芯热工模型

堆芯热工模块用于获取堆芯区域冷却剂、包壳及燃料的温度分布与瞬态响应特性，为了兼顾计算精度与计算速度，系统分析程序的堆芯热工模块一般采用多个互相独立的并联单通道模型，轴向和径向控制体划分示意图如图 9.10 所示。

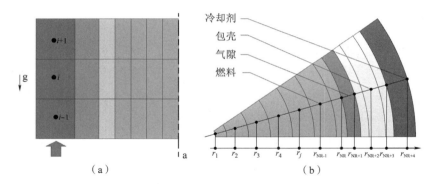

图 9.10 堆芯通道轴向和径向控制体示意图

（a）轴向控制体；（b）径向控制体

通道的流体换热控制方程如下：

$$A\frac{\partial(\rho c_p T)}{\partial t}+\frac{\partial(wc_p T)}{\partial z}=A(q_{cd}+q_z+q_e) \tag{9.5}$$

式中，A 为流道截面积（m^2）；ρ 为流体密度（kg/m^3）；T 为温度（℃）；w 为流体质量流量（kg/s）；c_p 为流体定压比热［$J/(kg \cdot K)$］；t 为时间（s）；z 为轴向高度（m）；q_{cd} 为流体与包壳换热项（W/m^3），q_z 为轴向导热项（W/m^3）；q_e 为其他换热项（W/m^3）。

每个通道包含一根燃料棒作为热源，其温度分布通过求解导热方程得出，芯块中心孔处采用绝热边界条件，芯块与包壳的间隙传热采用等效传热系数，包壳外壁采用对流换热边界条件，燃料棒的温度分布采用如下方程求解：

$$\rho c_p \frac{\partial T}{\partial t}=\frac{1}{r}\frac{\partial}{\partial r}\left(kr\frac{\partial T}{\partial r}\right)+\frac{\partial}{\partial z}\left(k\frac{\partial T}{\partial z}\right)+q_v \tag{9.6}$$

式中，r 为径向距离（m）；k 为燃料热导率［$W/(m \cdot K)$］；q_v 为燃料体积释热率（W/m^3）。

堆芯热工模块沿流动方向求解轴向各层节点温度，流体部分采用一阶迎风格式，燃料棒采用追赶法求解本层径向温度分布。

（二）主热传输一回路系统模型

对于反应堆系统瞬态分析而言，一回路系统一般处理为一维模型，属于典型的流网系统，分析过程中首先求解各流道的流量，为堆芯、钠池、中间热交换器等区域的流动换热模块提供输入，之后分别求解各区域的换热过程。典型池式钠冷快堆一回路控制体划分示意如图9.11所示。

一回路复杂的流道构成了典型的流网系统，可采用特征线方法进行求解：

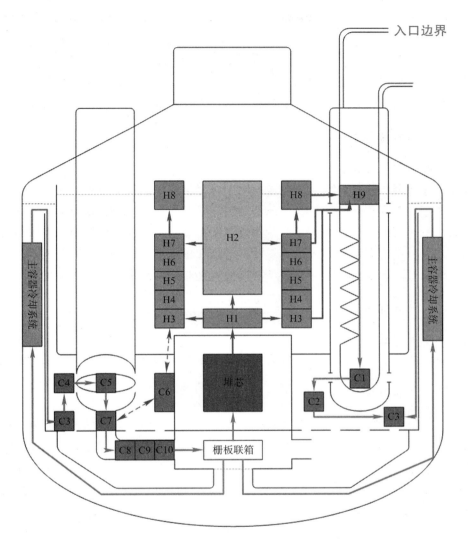

图 9.11　典型池式钠冷快堆一回路控制体划分示意图

$$C^{+}:\begin{cases} \dfrac{\mathrm{d}x}{\mathrm{d}t} = a \\[3mm] \dfrac{1}{A}\dfrac{\mathrm{d}w}{\mathrm{d}t} + \dfrac{1}{a}\dfrac{\mathrm{d}p}{\mathrm{d}t} + \rho g \sin\alpha + \dfrac{f}{2\rho A^{2} D_{e}} w\,|\,w\,| = 0 \end{cases} \tag{9.7}$$

$$C^{-}:\begin{cases} \dfrac{\mathrm{d}x}{\mathrm{d}t} = -a \\[3mm] \dfrac{1}{A}\dfrac{\mathrm{d}w}{\mathrm{d}t} - \dfrac{1}{a}\dfrac{\mathrm{d}p}{\mathrm{d}t} + \rho g \sin\alpha + \dfrac{f}{2\rho A^{2} D_{e}} w\,|\,w\,| = 0 \end{cases} \tag{9.8}$$

式中，$dx/dt = \pm a$ 为网格和时间步长需满足的关系式；t 为时间（s）；x 为流动扰动传播距离（m）；a 为压力波波速（m/s）；w 为质量流量（kg/s）；A 为流道截面积（m^2）；p 为压力（Pa）；ρ 为流体密度（kg/m^3）；g 为重力加速度（m/s^2）；f 为摩擦阻力系数；$\sin \alpha$ 为管道水力坡度；D_e 为水力直径（m）。

流网系统由管道和设备共同组成，其中方程式（9.7）~式（9.8）用于求解可视为管道的流道，例如堆芯流道，对于不宜处理为流道的设备，一般将其等效为流量和压力具有特定函数关系的流网节点设备，例如钠池和泵等，不同设备节点可反应自身的特征参数，例如泵可模拟不同转速下扬程和流量的关系。

对于流网管道节点，在方程式（9.7）~式（9.8）两侧同乘 $adt = dx$ 并积分，可得如下差分格式：

$$\begin{cases} C^+ : \dfrac{a}{A}(w_P - w_A) + (p_P - p_A) + \rho g \Delta x \sin \alpha + \dfrac{f \Delta x}{2 \rho D A^2} w_A |w_A| = 0 \\ C^- : \dfrac{a}{A}(w_P - w_B) - (p_P - p_B) + \rho g \Delta x \sin \alpha + \dfrac{f \Delta x}{2 \rho D A^2} w_B |w_B| = 0 \end{cases} \tag{9.9}$$

式中，下标 P、A、B 分别代表当前、上游及下游节点，对 w 积分时以 w_A 和 w_B 作为近似中值。

对于钠池设备节点，因其属于带有气腔的液体容器，分析时需要考虑液位变化对气体压力和自由液面高度的影响，为便于说明原理，以一进两出的容器为例进行介绍，如图 9.12 所示，实际的进出口数量由用户在输入卡定义。

根据上下游节点的压力及钠池节点流量平衡原理，结合气腔压力与体积的关系，可得如下关系式：

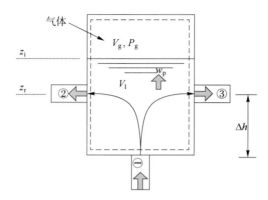

图 9.12　钠池流动求解模型示意图

$$
\begin{cases}
P_1 - \rho g \Delta h = C_1 - B_1 w_1 \\
P_2 = C_2 + B_2 w_2 \\
P_3 = C_3 + B_3 w_3 \\
P_1 - \rho g \Delta h = P_2 = P_3 = P_1 \\
P_1 = P_g + \rho_1 g \left(z'_i + \Delta z_i - z_r \right) \\
w_1 = w_2 + w_3 + w_p \\
P_g V_g^\gamma = \text{const}
\end{cases}
\tag{9.10}
$$

式中，$C_1 \sim C_3$、$B_1 \sim B_3$ 均为接口处管道参数，为已知量；下标 1～3 表示进出口位置，l 表示液体，g 表示气体；V_g 为气腔体积（m^3）；z 为液面标高（m），下标 i 表示液面，r 表示出口管中心，上标 $'$ 表示上一时程；Δz_i 为液面高度增量（m）；Δh 为进出口高度差（m）；w_p 表示钠池净增质量流量（kg/s）。此方程组共有 11 个未知数：$P_1 \sim P_3$，P_g，P_1，$w_1 \sim w_3$，w_p，V_g，Δz_i，而方程只有 9 个，利用液位与体积之间的相互关系，可补充如下方程组：

$$
\begin{cases}
\Delta z_i = \dfrac{\Delta V_1}{A_{surf}} \\[2mm]
\Delta V_1 = \dfrac{\Delta m_1}{\rho_1} - \dfrac{\Delta m_1}{\rho_1^2} \Delta \rho_1 \\[2mm]
\Delta m_1 = w'_p \Delta t \\[2mm]
\Delta V_g = - \Delta V_1 \\[2mm]
V_g = V'_g + \Delta V_g
\end{cases}
\tag{9.11}
$$

式中，ΔV_1 和 ΔV_g 分别为液体和气体体积增量（m^3）；A_{surf} 为液面面积（m^2）；Δm_1 为液体质量增量（kg）；ρ_1 和 $\Delta \rho_1$ 分别为液体密度及增量（kg/m^3），通过换热模块提供；w'_p 和 V'_g 为上一时程变量，已知。利用式（9.11）可求得 V_g 和 Δz_i，代入式（9.10）即可求得所有变量。

堆芯与中间热交换器的换热分别在堆芯热工模块和二回路系统模块中完成，一回路钠池换热模块主要用于获取钠池的平均温度，可采用点模型或分区点模型：

$$
M_i c_p \frac{\partial T}{\partial t} = \sum_{j=1}^{N_i} w_j c_p \left(T_j - T_i \right) - \varphi
\tag{9.12}
$$

式中，M_i 为控制体质量（kg）；c_p 为流体定压比热 $[J/(kg \cdot K)]$；T 为温度（℃）；φ 为控制体热源（W）；i 为第 i 个计算控制体或钠池；j 为第 i 个控制体的第 j 个入口；N_i 为第 i 个控制体的入口控制体总数。分区点模型在获得钠池平均温度的同时还可模拟钠池不同区域间的热量交换。基于钠池内各区域的流动换热特征，给出了如图 9.11 所示的钠池控制体划分方式：H1 ~ H9 代表热池控制体，其中 H2 代表中心测量柱周围流体，H3 ~ H7 为热池主体部分，H8 为热池上部区域，H9 为 IHX 一次侧入口窗；C1 ~ C10 为冷池控制体，其中 C1 ~ C4 为冷池主体部分，C5 为一回路泵，C6 为冷热池换热的中间控制体，C7 ~ C10 为一回路压力管。

（三）主热传输二回路系统模型

1. 中间热交换器模型

钠冷快堆中的中间热交换器（IHX）壳侧流体为一回路高温冷却剂，二次侧为二回路载热剂，两侧流体逆向流动换热。IHX 的两侧流体和传热管壁的温度分布计算控制方程如式（9.13）~式（9.15），网格划分示意图如图9.13所示。

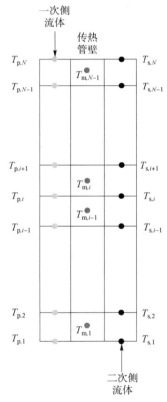

图9.13 中间热交换器节点划分示意图

一次侧流体能量方程：

$$\rho_{\mathrm{p}} C_{p\mathrm{p}} \frac{\partial T_{\mathrm{p}}}{\partial t} + G_{\mathrm{p}} C_{p\mathrm{p}} \frac{\partial T_{\mathrm{p}}}{\partial x} = -\frac{U_{\mathrm{p}}}{A_{\mathrm{p}}} k_{\mathrm{p}} \left(T_{\mathrm{m}}^{n+1} - T_{\mathrm{p}}^{n+1} \right) \qquad (9.13)$$

二次侧流体能量方程：

$$\rho_s C_{ps} \frac{\partial T_s}{\partial t} + G_s C_{ps} \frac{\partial T_s}{\partial x} = -\frac{U_s}{A_s} k_{s,i} (T_m - T_s) \tag{9.14}$$

管壁传热方程：

$$\rho_m C_m \frac{\partial T_{m,i}^{n+1}}{\partial t} = -\frac{U_p}{A_m} k_p (T_m - T_p) - \frac{U_s}{A_m} k_{s,k} (T_m - T_s) \tag{9.15}$$

式中，ρ 为流体密度（kg/m³）；C_p 为定压比热[J/(kg·℃)]；T 为温度（℃）；t 为时间（s）；G 为流体质量流速[kg/(m²·s)]；U 为加热周长（m）；A 为流通截面积（m²）；k 为传热系数[W/(m²·℃)]；下标 p 表示壳程（一次侧）流体；下标 s 表示管程（二次侧）流体；下标 m 表示管壁。

2. 蒸汽发生器模型

钠冷快堆采用一次通过式直流蒸汽发生器（SG）以将给水从过冷态加热至两相，并最终获取高温高压的过热蒸汽。瞬态过程中，随着边界条件的变化，相界面将会发生移动。为了描述瞬态过程中 SG 的热工特性，避免固定网格模型容易出现的结果阶跃和计算不稳定的缺点，采用传热区边界在瞬态过程中可以移动的滑移网格模型，如图 9.14 所示。

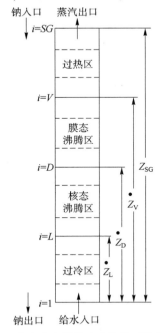

图 9.14　蒸汽发生器滑移网格模型简化示意图

基于莱布尼兹（Leibnitz）理论将包含时间项的微分方程表示如下：

$$\int_{Z_i}^{Z_{i+1}} \frac{\partial f}{\partial t} dz = \frac{d}{dt} \int_{Z_i}^{Z_{i+1}} f dz - f_{i+1} \cdot \frac{dZ_{i+1}}{dt} + f_i \cdot \frac{dZ_i}{dt} \tag{9.16}$$

式中，f 可为 ρ、ρH；$f_i = f(Z_i, t)$；Z_i 为第 i 控制体与给水入口的距离（m）。

式（9.16）的等号右边第一项可表达成下式：

$$\frac{d}{dt} \int_{Z_i}^{Z_{i+1}} f dz = \frac{d}{dt} [\bar{f}_i \cdot (Z_{i+1} - Z_i)] \tag{9.17}$$

式中，$\bar{f}_i$ 为第 i 控制体 f_i 的平均值。为避免跷跷板（See-saw）效应，文中取控制体出口参数作为该控制体的定性参数。

可得：

$$\int_{Z_i}^{Z_{i+1}} \frac{\partial f}{\partial t} dz = \frac{d\bar{f}_i}{dt} \Delta Z_i + \bar{f}_i \cdot \left(\frac{dZ_{i+1}}{dt} - \frac{dZ_i}{dt} \right) - f_{i+1} \cdot \frac{dZ_{i+1}}{dt} + f_i \cdot \frac{dZ_i}{dt} \tag{9.18}$$

据此可得到两侧流体及管壁中含时间项方程的积分形式：

$$\int_{Z_i}^{Z_{i+1}} \frac{\partial f}{\partial t} dz = \begin{cases} \dfrac{df_{i+1}}{dt} \Delta Z_i - \dfrac{dZ_i}{dt} \Delta f_i & \text{（水/蒸汽侧）} \\[3mm] \dfrac{df_i}{dt} \Delta Z_i - \dfrac{dZ_{i+1}}{dt} \Delta f_i & \text{（钠侧）} \\[3mm] \dfrac{1}{2} \left[\left(\dfrac{df_i}{dt} + \dfrac{df_{i+1}}{dt} \right) \Delta Z_i - \left(\dfrac{dZ_{i+1}}{dt} + \dfrac{dZ_i}{dt} \right) \Delta f_i \right] & \text{（管壁）} \end{cases} \tag{9.19}$$

3. 钠分配器模型

大型池式钠冷快堆一般采用多模块 SG 的布置方案。多模块 SG 由同一台钠分配器供钠，SG 出口钠汇合于钠缓冲罐，故多台 SG 的钠通道为典型的并联设备通道，可简化成 N 条一维并联通道进行流量求解。典型的并联通道示意图如图 9.15 所示。

由于通道间不存在搅混，采用一维流动模型求解各通道流量，其基本方程如下。

质量守恒方程：

$$\frac{\partial W_t}{\partial t} = \sum_{i=1}^{N} \frac{\partial W_i}{\partial t} \tag{9.20}$$

动量守恒方程：

$$\frac{\partial G_i}{\partial t} + \frac{\partial}{\partial x} \left(\frac{G_i^2}{\rho_i} \right) = -\frac{\partial P}{\partial x} - \int_{U_e} \tau_f dU_e - \rho_i g \tag{9.21}$$

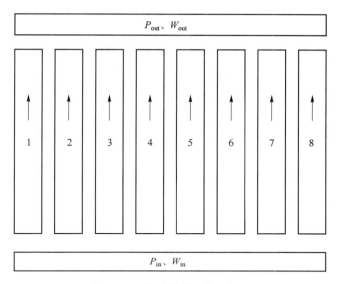

图 9.15　典型并联通道示意图

4. 钠容器模型

钠缓冲罐和钠管道可采用容器模型进行热工计算。容器模型中的焓值变化考虑其延迟效应：

$$M \frac{\mathrm{d}H}{\mathrm{d}t} = W(H_{\text{in}} - H) \tag{9.22}$$

式中，M 为流体质量（kg）；W 为流体流量（kg/s）；H 为管道或缓冲罐中介质的焓值（kJ/kg）；H_{in} 为流体进入容器时的焓值（kJ/kg）。

5. 系统流量计算模型

回路中载热剂的流动是依靠泵提供的强迫循环压头驱动的。回路的流量求解可根据回路流动特性和泵的四象限曲线进行确定。

根据动量方程，可得：

$$\oint \frac{\partial W}{\partial t} \cdot \frac{\mathrm{d}Z}{A} = -\oint \frac{\partial P}{\partial Z} \cdot \frac{\mathrm{d}Z}{A} - \oint \frac{\partial}{\partial Z}\left(\frac{W^2}{\rho A}\right) \cdot \frac{\mathrm{d}Z}{A} - \oint \frac{fW|W|}{2D_e \rho A^2} \cdot \frac{\mathrm{d}Z}{A} - \oint \rho g \mathrm{d}Z - F_{\text{loc}} W^2 \tag{9.23}$$

式中，Z 为回路各节点标高（m）；A 为回路各节点流通截面积（m²）；F_{loc} 为总的局部阻力损失系数。

由于回路封闭，并考虑泵压头和回路自然循环压头，则式（9.23）可简

化为

$$\frac{\partial W}{\partial t} \oint \frac{\mathrm{d}Z}{A} = B + \Delta P_{\text{pump}} - W \mid W \mid (F_{\text{loc}} \mathrm{d}Z + F_{\text{loc}}) \tag{9.24}$$

式中，B 为自然循环压头（Pa）；ΔP_{pump} 为循环驱动压头（Pa）。

（四）蒸汽动力转换系统模型

蒸汽动力转换系统是将主热传输二回路系统产生的高温高压蒸汽引入汽轮机膨胀做功，将热能转换为机械能，并最终转换为电能。该系统包括汽轮机、凝汽器、再热器、汽水分离器、发电机、循环水泵、凝结水泵、低压加热器、除氧器、高压加热器以及相关的管路及阀门等设备与部件。蒸汽动力转换系统动态模型可计算模拟该系统启动与停机、正常运行，以及各类瞬态工况下的动态过程，确定系统主要节点的工质流量及其热力特性参数，获得其功率、热耗率、汽耗率等指标，分析其热经济性及安全性。

1. 汽轮机模型

汽轮机模型包括汽轮机暖机模型、冲转模型、发电模型及停机模型，其核心是汽轮机工质的能量平衡及本体金属的热平衡。

（1）暖机模型。

在暖机过程中，汽轮机各缸在蒸汽的加热下温度逐渐升高，有：

$$\frac{\mathrm{d}(C_m M_{\text{turbine}} T_{\text{turbine}})}{\mathrm{d}t} = \alpha A_{\text{turbine}} \times (T_s - T_{\text{turbine}}) \tag{9.25}$$

式中，C_m 为汽轮机缸体金属比热 [J/(kg·K)]；M_{turbine} 为汽轮机缸体金属质量（kg）；T_{turbine} 为汽轮机缸体平均温度（℃）；α 为汽轮机缸体表面换热系数 [W/(m²·K)]；A_{turbine} 为汽轮机换热面积（m²）；T_s 为蒸汽平均温度（℃）。

（2）冲转及停机模型。

在冲转及停机过程中，汽轮机不发电，由此有：

$$\frac{\mathrm{d}(K_{\text{turbine}} n_{\text{turbine}}^2)}{\mathrm{d}t} = W_{\text{turbine}} - W_m \tag{9.26}$$

其中，K_{turbine} 是和汽轮发电机转子转动惯量 I_{turbine} 有关的常数，其计算公式为：

$$K_{\text{turbine}} = \frac{1}{2} I_{\text{turbine}} \left(\frac{2\pi}{60}\right)^2 = \frac{\pi^2}{1\,800} M_{\text{turbine}} r^2 \tag{9.27}$$

式中，M_{turbine} 为汽轮机转子总质量（kg）；r 为汽轮机转子当量半径（m）；n_{turbine} 为汽轮机转速（rpm）；W_{turbine} 为汽轮机的做功（W）；W_m 为汽轮机机械损失（W）。

（3）发电模型。

在发电状态下，汽轮机转速不变，因此有：

$$N_d = W_{turbine} - W_m - W_g \qquad (9.28)$$

式中，N_d 为发电机输出功率（W）；W_g 为发电机损失（W）。

2. 加热器模型

蒸汽动力转换系统中的加热器类型较多，主要包括高压回热型加热器、低压回热型加热器等。加热器内物理过程为壳侧蒸汽凝结放热，管侧给水被加热升温。每种加热器内均含有蒸汽凝结段，其中高压加热器带有蒸汽冷却段，高压加热器和低压加热器带有疏水冷却段。对于蒸汽冷却段，其壳侧为过热蒸汽放热冷却，蒸汽始终保持过热状态，但过热度下降，给水被加热升温；对于疏水冷却段，其壳侧和管侧均为单相水强制对流换热；而凝结段壳侧为凝结换热，蒸汽凝结放出潜热并传递给给水，其温度保持不变并等于加热器压力下的饱和温度。不同加热器的结构形式基本相同，主要因为其加热蒸汽参数高低不同而从强度方面做了不同的考虑。因此，在进行数学模型分析时，是对其进行通用性的分析，加热器模型可参考 SG 模型，在仿真研究时根据参数不同而具体处理。加热器的模型示意图如图 9.16 所示。

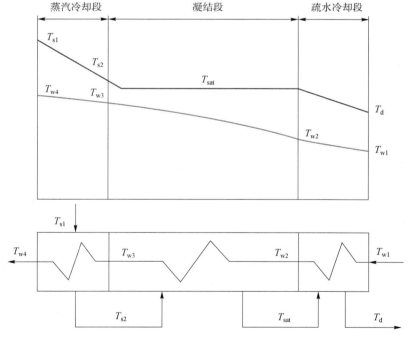

图 9.16　加热器模型示意图

3. 除氧器模型

除氧器由除氧头和储水箱组成，除氧器中的水以维持饱和状态降低氧的溶解度来达到去除氧的目的。除氧器为滑压运行方式，即内部压力随机组负荷的变化而变化，在瞬态模型中主要考虑给水流量、温度和蒸汽压力对除氧器出口水温的影响。

除氧头内质量、能量和空间方程分别如下：

$$\frac{\mathrm{d}(V_s\rho_s + V_q\rho_q)}{\mathrm{d}\tau} = D_{jq} + D_{js} - D_{gs} \tag{9.29}$$

$$\frac{\mathrm{d}(V_s\rho_s h_s + V_q\rho_q h_q + M_{tyx}C_m t_m)}{\mathrm{d}\tau} = D_{jq}h_{jq} + D_{js}h_{js} - D_{gs}h_{gs} \tag{9.30}$$

$$V_s + V_q = V_t \tag{9.31}$$

式中，V 为体积（m^3）；τ 为时间（s）；D 为流量（kg/s）；h 为焓（J/kg）；M 为质量（kg）；下标 s 表示气态流体；下标 q 表示液态流体；下标 t 表示总流体；下标 j 表示入口；下标 g 表示出口。

除氧器物理模型示意图如图 9.17 所示。

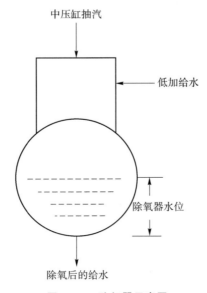

中压缸抽汽

低加给水

除氧器水位

除氧后的给水

图 9.17　除氧器示意图

4. 汽水分离器模型

在核电机组中，一般设置汽水分离再热器将蒸汽和水分离，并将蒸汽进行再热，以提高汽轮机组安全性和内效率。建立汽水分离器模型时可以考虑分离器内部和疏水两个部分，如图 9.18 所示。汽水分离器的模拟采用集总参数法进行。

出口蒸汽干度见式（9.32）：

$$X_o = \frac{M_{in}X_{in}}{M_{in}X_{in} + M_{in}(1-X_{in})(1-\eta)}$$

（9.32）

式中，X 为蒸汽干度；η 为分离效率；下标 in 表示进口；下标 o 表示出口。

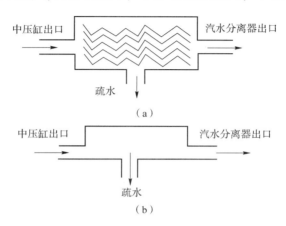

图 9.18　汽水分离器模型

（a）波纹板式汽水分离器结构；（b）汽水分离器的模型简化

5. 凝汽器模型

凝汽器本质上是管壳式换热器，壳侧为水和蒸汽，管侧为冷却水。对两侧分别列出质量、动量和能量守恒方程并联立求解，即可得到凝汽器的进出口参数。

凝汽器出口水和循环冷却水出口温度分别见式（9.33）和式（9.34）：

$$\frac{d(M_w h_w)}{dt} = G_c h_{cw} + G_{dspl}h_{spl} + G_1 h_1 - G_{cp}h_w$$

（9.33）

$$M_{cw}C_w \frac{d((T_{w,in}+T_{w,out})/2)}{dt} = Q_c - G_w C_w(T_{w,out}-T_{w,in})$$

（9.34）

式中，Q 为吸热量（W）；下标 cw 表示凝结水；下标 spl 表示补水；下标 1 表示循环冷却水；下标 w 表示热阱水；in 表示入口；out 表示出口。

9.3.2　钠冷快堆主热传输系统分析软件简介

（一）SSC - L/SSC - P

IANUS 程序曾用于分析 FFTF 的安全分析工作，DEMO 程序曾用于 CRBRP 的安全分析工作，这些程序中都进行了很多简化假设，考虑到以上程序功能的不足，20 世纪 70 年代，作为超级系统程序（SSC）开发项目的一部分，美国布鲁克海文国家实验室（BNL）和橡树岭国家实验室的能源科学与技术软件中心共同开发了 SSC－L 程序。SSC－L 的主要目标是为 LMFBR 开发一个先进的系统瞬态程序，可以预测异常情况和事故工况下的核电厂行为。SSC－L 需要模拟的两个主要事故为：主回路中主管道断裂事故和缺乏强迫泵动力的长期排余热。另外，SSC－L 还可以模拟许多其他预计运行事件，如控制棒弹出带来的紧急停堆。20 世纪 80 年代，为了对池式液态金属冷却快堆进行安全分析，美国 BNL 又开发了 SSC－P 程序。

（二）SAS4A/SASSYS－1

SASSYS－1 程序是美国阿贡（Argonne）国家实验室开发的液态金属冷却反应堆的设计基准事故和超设计基准事故确定性系统分析程序。SAS4A 程序则是美国 Argonne 国家实验室开发的液态金属冷却反应堆严重事故分析程序。由于这两个程序的大部分堆芯和冷却剂回路的热工水力模型是一致的，因此这两个程序作为一个完整的程序包，称为 SAS4A/SASSYS－1 程序，是美国能源部先进反应堆概念项目（Advanced Reactor Concepts Program）的重要安全性能评估和概念设计的重要工具。

SAS4A/SASSYS－1 程序的物理模型比较全面，包含堆芯热工水力模型、钠回路热工水力模型、辅助设备回路热工水力模型、有反馈的堆芯中子动力学模型和多相流模型等。从系统的分析能力来说，可模拟包括主回路、二回路、水蒸汽回路和余热导出回路构成的系统或它们子集构成的系统，建模自由度较高。同时包含丰富的控制调节能力，可模拟多种类型的核电站瞬态过程。从堆芯分析的能力来说，可模拟详细的单根棒、多通道热工水力的堆芯模型、详细的冷却剂沸腾模型、详细的燃料元件机械动力模型、详细的燃料与包壳和移位模型、带反馈的电费动力学模型、空间动力学模型和两种燃料模型。

SAS4A/SASSYS－1 程序可用于分析失流事故、超功率事故及严重事故的分析，同时也可全面模拟反应堆系统的瞬态响应能力和过程。SAS4A/SASSYS－1 程序被广泛地用于快堆事故的分析中，包括美国、德国、日本、法国、意大利和俄罗斯等国家。分析过的电厂包括 FFTF、CRBRP、SNR－300、MONJU、EBR－Ⅱ、IFR、PRISM 和 SAFR 等。

（三）SAM

系统分析模块（SAM）是美国阿贡国家实验室开发的一款先进系统分析工具，由美国能源部的核能高级建模与仿真（NEAMS）计划支持。SAM 开发的宗旨是为了促进物理建模、数值方法和软件工程的进步，以增强用户体验和反应堆瞬态分析的可用性。为了更好地开发代码，SAM 利用面向对象的应用程序框架（MOOSE）及其底层网格和有限元库（libMesh）以及线性和非线性求解器（PETSc），利用现代先进的软件环境和数值方法。

SAM 专注于对先进反应堆概念进行建模分析，如钠冷快堆、铅冷快堆、氟盐冷却高温反应堆和熔盐堆。这些先进堆概念与轻水反应堆的区别主要在于它们使用单相、低压、高温和低普朗特数冷却剂。SAM 开发之初其重点主要集中在钠冷快堆系统中的传热和单相流体动力学响应的建模和模拟能力。SAM 对一般回路系统和典型钠冷快堆中的流体流动和传热系统的模拟能力已得到确认和验证。

（四）OASIS

OASIS 程序是由法国 CEA 编制的一个快中子反应堆系统安全分析和仿真研究程序，它可用来模拟整个快中子堆核电厂的所有回路的质量、能量的传输，从而可用来分析池式钠冷快中子反应堆的各种一般瞬态工况及事故工况。OASIS 程序运用最新的经验和试验数据、有效的数值方法和系统、科学的模块化系统结构，通过求解快中子核反应堆所有热传输系统的质量、能量方程，模拟了池式钠冷快堆各主要回路以及各回路的所有环路的稳态和各种瞬态工况。OASIS 程序的所有物理模块均来自另外一个快中子反应堆系统模拟程序 DYN2B，DYN2B 是法国原子能委员会在 20 世纪 80 年代的快堆系统安全分析程序，它曾经用于凤凰反应堆和超凤凰反应堆的安全分析报告中，其计算的可靠性与合理性已经得到充分的验证。

在中国实验快堆工程设计中曾引进 OASIS 程序，针对实验快堆建立了动态模拟系统，并在最终安全分析报告中分析了主给水管道断裂事故和一回路主管道断裂事故。

中国原子能科学研究院还采用 OASIS 程序对 CEFR 一台一回路泵切除试验进行计算模拟分析，并用 OASIS 及堆芯子通道分析程序 COBRA 对 CEFR 单环路运行时堆内温度及流量进行了计算。核与辐射安全中心开发了基于 OASIS 的交互式安全分析系统，利用该系统分析了中国实验快堆各个功率台阶的稳态和满功率下流量阶跃瞬态，并在 OASIS 基础上引入了热分层与盒间流模型，开发了浸入式事故余热排出系统分析程序对 CEFR 的全厂断电工况进行了分析。

（五）DINROS

DINROS 是由俄罗斯开发的应用于多环路、多回路快中子反应堆装置瞬态工况分析的系统程序，它也可以用于反应堆动态特性及安全性能的研究，并已经在俄罗斯的 BN - 350、BN - 600、BP - 10 等装置或反应堆上经过了实践应用。该程序通过详细的堆芯余热模型和反应性反馈模型的分析和计算，在整个堆芯空间里求解点堆动态方程。在丰富的实践经验的基础上建立了瞬态热工流体力学模型和中间热交换器模型。为了较完善地模拟反应堆的动态特性及事故停堆系统的作用，程序运用单独的模块模拟了包括堆芯测量、信号过滤、比较放大和控制棒驱动系统在内的自动调节和事故保护系统。程序还对水 - 蒸汽回路做了简化模拟并可运用迭代逼近法近似模拟由于主蒸汽管道断裂引起的临界喷放过程[22]。

DINROS 程序由大量相互耦合的程序模块组成，现有的 DINROS 程序具有以下模块：堆芯热工水力学模块、点堆动态模块、钠池上腔室模块、一回路热工水力学模块、热交换器模块、管道热传输模块、反应堆自动调节模块和反应堆控制保护模块。

DINROS 程序在中国实验快堆的设计中被中方引进，在中国实验快堆的最终安全分析报告中得到广泛应用，主要分析的事故包括：在堆各种状态下调节棒/补偿棒非规定位移、主蒸汽管道断裂、一台一回路泵停运（包括卡轴）、外电网失电、调节棒失控提升合并无紧急停堆等。

（六）RUBIN

RUBIN 程序是俄罗斯开发的用于反应堆装置结构单元（反应堆，一、二、三回路，中间热交换器，蒸汽发生器，事故余热排出系统，中子功率调节系统和给水调节系统）的参数变化。该程序采用一维模型模拟反应堆，把流体所经过的流道划分成段，然后利用相对应的流体力学模型、传热模型对各段进行计算。RUBIN 程序包含 29 个子程序，分为堆芯中子动力学及功率反馈模块、热工水力模块数据、传输模块、输入/输出模块和材料物性计算模块五大类。由于该程序是假设装置只有一条环路，因此仅能够计算环路对称工况下的反应堆行为。中国原子能科学研究院曾开发了基于 RUBIN 和 FLUENT 的耦合程序框架，对中国实验快堆满功率运行工况和全厂断电事故进行了计算分析。

RUBIN 程序后续进行了升级，升级之后的版本为 BURAN，该程序是得到了俄罗斯安全审评方认可的安全分析软件。BURAN 程序可以计算快中子反应堆正常运行的瞬态、预计运行事件和事故工况，以及在低功率水平下进行余热导出的工况。

（七）LOOP2

LOOP2 程序是由俄罗斯物理动力研究院开发的，该程序可以模拟以钠作为冷却剂的封闭回路，以及任意结构的开放回路。LOOP2 程序考虑了与模拟蒸汽发生器程序模块连接的可能性。根据所研究工况的特性，可以使用描述蒸汽发生器的各种复杂程度的程序模块。LOOP2 程序与 CBTO 程序相似，允许模拟冷却剂温度、与冷却剂相邻的金属结构层温度和影响向周围空气散热的绝热层的温度。

LOOP2 程序可以对 CEFR 堆在全厂断电、蒸汽发生器供水中断以及发生地震等事故时，二回路从强迫流动向自然对流的过渡工况进行计算。一般情况下，该程序与 CBTO 程序一起和 GRIF、SHEAT 等程序联合求解。LOOP2 程序为模拟 CEFR 堆瞬态过程而使用的方程组是一阶微分方程组。微分方程组采用隐式差分方法求解。在计算冷却剂流量时，使用迭代过程以达到计算要求的精确度。LOOP2 程序用 FORTRAN 语言写成，使用 RMFORT 编译软件，可以在 MS – DOS 操作系统 5.0 及以上版本的 PC 机上运行。

（八）FAST

瑞士保罗谢勒研究所（Paul Scherrer Institute，PSI）针对快中子反应堆研发的堆芯与系统分析程序 FAST 是一个适用于多流体的中子物理与热工水力耦合程序。该程序中的系统程序核心采用 TRACE 程序。

（九）NETFLOW

日本原子能机构的 Mochizuki 等人开发了钠冷快堆系统分析程序 NETFLOW。NETFLOW 程序的前身是日本原子能机构开发的压力管式重水堆和轻水堆系统分析程序 ATRECS。从 1998 年开始，NETFLOW 程序经过修改，首先被用于模拟一个功率为 2 MW、浸没在钠冷快堆的热钠池中的钠冷辅助冷却系统试验装置。此后，NETFLOW 程序又先后通过了日本原子能机构的功率为 50 MW 的蒸汽发生器试验装置的试验验证、日本 MONJU 快中子原型反应堆的空气冷却器试验和汽轮机跳闸试验验证，以及日本 JOYO 实验快堆的自然循环试验验证。NETFLOW 程序能够用于模拟一次、二次钠回路和钠 – 水（汽）热交换器，而汽轮机系统和给水系统则是用边界条件表示的。Mochizuki 等人在 NETFLOW 程序的基础上，又增加了一个独立的程序 PLUS，用于模拟汽轮机系统和给水系统（包括除氧器、给水加热器、汽轮机抽汽系统等）。这两个程序构成了一个新的程序版本，称为 NETFLOW ++。在福岛核事故发生后，Mochizuki 应用 NETFLOW ++ 程序对 MONJU 原型堆进行了全厂断电事故模拟，并对事故发生后超过一个星期的长期后果进行了计算分析。

（十）Super – COPD

Super – COPD 是一维钠冷快堆瞬态分析程序，最初由日本 JAEA 开发，用于模拟整个核电站和堆芯的热工水力行为。该程序已经过 Oarai 的许多钠试验台架以及 JOYO 和 MONJU 的运行和试验数据验证，参与了 IAEA CRP 的 EBR – Ⅱ 停堆余热排出试验（SHRT）基准题的分析，采用 Super – COPD 对 MONJU 堆在 SBO 工况钠冷却剂的自然循环排出堆芯衰变热进行了计算分析，用 MONJU 堆自然循环初步试验结果对 Super – COPD 程序进行了验证。

（十一）FRENETIC

意大利都灵理工大学开发的 FRENETIC 程序是对液态金属冷却快堆堆芯的中子动力学和热工水力瞬态进行耦合模拟。该程序的中子模块根据空间中的节点离散化方法和时间上的多个离散化方法解决了具有缓发中子先驱核的多组中子扩散方程。该程序的热工水力模块使用有限元法解决每个组件中燃料和冷却剂的质量、动量和能量守恒方程。中子和热工水力求解模块通过交换两个模块之间的功率和温度分布而实现耦合。FRENETIC 程序曾参与 IAEA CRP 的 EBR – Ⅱ 停堆余热排出试验（SHRT）基准题的分析[28]。

（十二）SPECTRA

SPECTRA 是荷兰 NRG 开发的热工水力系统分析程序，专为核电站的热工水力分析而设计。主要适用于轻水反应堆（LWR）、高温反应堆（HTR）和液态金属快堆（LMFR）。该程序可用于涉及核电厂的冷却剂事故（LOCA）、运行瞬态和其他事故情景。模型包括多维多相流、非平衡热动力学、固体结构中的瞬态热传导以及具有内置蒸汽/水/不凝性气体模型的一般传热和传质包，包括自然和强制对流、冷凝和沸腾。对于液态金属反应堆的应用，流体性质和传热相关性由用户定义。具有点堆动力学模型，具有同位素转化模型已计算重要同位素的浓度。放射性粒子运输包处理裂变产物放射性链，裂变产物的释放、气溶胶输运、沉积和再悬浮。SPECTRA 程序曾参与 IAEA CRP 的 EBR – Ⅱ 停堆余热排出试验（SHRT）基准题的分析。

（十三）SAC – CFR

SAC – CFR 程序是由华北电力大学开发的用于钠冷快堆系统分析软件，软件包含稳态计算模块和瞬态计算模块。程序基于中子动力学模型、堆芯及其热钠池模型、中间热交换器模型、一回路和中间回路热量传输系统模型、三回路模型等，开发了基于 Compaq Visual Fortran（CVF）版本的稳态和瞬态计算模块。SAC - CFR 程序与中国实验快堆安全分析报告中的稳态数据进行了对比，并对日本文殊堆 45% 功率汽轮机跳闸工况进行了建模分析，初步验证了程序的正确性。

（十四）THACS

THACS 程序是由西安交通大学开发的用于钠冷快堆系统热工水力分析的一维程序，程序包含堆芯、冷池、热池、中间热交换器、泵、管道、管道连接件、蒸汽发生器和空冷器等九个部件，可用于模拟仿真反应堆在正常运行工况和一些设计基准事故下的一回路、中间回路和余热排出回路的热工水力学特性。THACS 程序曾采用 IAEA CRP 的 EBR - Ⅱ 停堆余热排出试验（SHRT）基准题进行了初步验证。

（十五）FR - Sdaso

FR - Sdaso 程序是中国原子能科学研究院研制的一个池式钠冷快堆系统瞬态热工流体力学计算程序，可用于多环路、多回路的池式钠冷快堆的计算。程序包含中子动力学模块、堆芯热工计算模块、二回路计算模块（包括蒸汽发生器、中间热交换器、钠分配器、钠缓冲罐等设备模型及管道阀门模型等）、事故余热排除系统计算模块等，适用于池式钠冷快堆的如负荷连续变化、失流及失热阱等正常工况和非正常工况的计算。

该程序可用于正常运行和运行瞬变工况分析和设计，包括启动、停堆、满功率或部分功率稳定运行及功率台阶间过渡过程；带偏差运行工况分析和设计，如失去 1 个 SG 模块后，分析全厂的响应过程，分析不同干预动作及其时间效应；非正常工况分析和设计，包括预期运行事件和事故工况的分析（如反应性引入、失热阱、失流等）。

FR - Sdaso 程序用 FORTRAN95 语言编写，可在 PC 机上运行。

｜9.4　主热传输系统热工水力设计｜

9.4.1　主热传输系统热工水力设计任务与目标

核电厂是一个热传输系统，将核裂变产生的热量传输出堆芯并最终推动汽轮机发电，其设计参数中包含若干重要的热工水力参数。主热传输系统热工水力设计将确定一套主热传输系统热工水力参数，以为主系统和主要辅助系统的配置和主要设备的选型提供依据。

9.4.2　主热传输系统参数匹配方法

根据核电厂设计的一般规律，其设计可分为电厂层、系统层和设备层，三个层次间的关系如图9.19所示[34]。

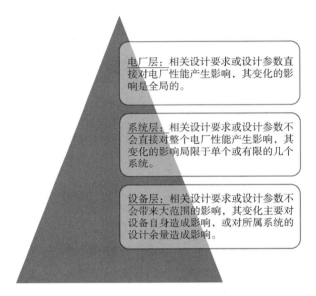

图9.19　设计层次示意图

核电厂设计中大部分设计要求和设计参数都可按照图9.19中的层次进行划分，其层次划分应按其影响的最高级确定。核电厂设计是一个不断迭代的过程，设计过程中，电厂层相关的设计要求和设计参数在设计初期就应初步确定，以为后续的设计提供设计边界。

作为一个热传输系统，整个主热传输参数在设计参数中为电厂层的参数，主热传输参数的匹配是核电厂设计初期重要的设计工作，为整个主系统和安全系统的设计提供设计边界。

在初步确定了主热传输参数的基础上，还需进一步对主热传输参数的匹配进行定量的分析研究，包括关键影响因素的识别与定量分析，为后续设计的迭代和主热传输参数的调整提供依据。

主热传输参数的影响及其主要相关实体如表 9.1 所示。主热传输参数虽然按照影响等级可以划分为电厂层，但其同时属于一、二回路等系统的设计参数，并且需要通过一些关键设备实体实现或会受到一些关键设备设计的直接影响。

表 9.1　主热传输参数影响及实体

参数	影响层次	主要相关实体
堆芯入口温度/℃	电厂层、系统层、设备层	堆芯、IHX
堆芯出口温度/℃	电厂层、系统层、设备层	堆芯、IHX
IHX 一次侧入口/℃	电厂层、系统层、设备层	堆芯、IHX
IHX 一次侧出口/℃	电厂层、系统层、设备层	堆芯、IHX
二回路冷端温度/℃	电厂层、系统层、设备层	IHX、SG
二回路热端温度/℃	电厂层、系统层、设备层	IHX、SG
给水温度/℃	电厂层、系统层、设备层	SG
主蒸汽温度/℃	电厂层、系统层、设备层	SG
主蒸汽压力/MPa	电厂层、系统层、设备层	SG

由表 9.1 可知，与主热传输参数相关的主要实体设备包括堆芯、IHX 和 SG，在匹配过程中应对其影响进行分析。

根据主热传输参数匹配的关键影响因素结合多方案对比研究方法确定匹配研究流程如图 9.20 所示。

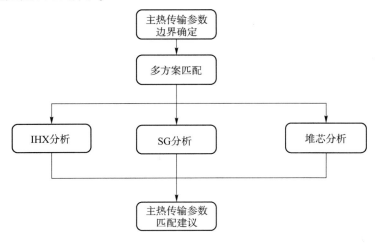

图 9.20　主热传输参数匹配研究流程

|9.5 主热传输系统典型热工水力瞬态计算实例|

9.5.1 主热传输系统瞬态的确定方法

为了确保冷却剂系统中设备和部件的结构完整性，需对各设备或部件开展疲劳分析和应力分析。冷却剂系统设计瞬态是指冷却剂系统和部件在反应堆设计寿期内经历的各类瞬态工况，这些瞬态工况的次数以及瞬态过程中的压力、温度和流量等瞬态参数，将为设备和部件的疲劳分析及应力分析提供工况载荷。

核电厂设计分析中一般会采用工程评价、参考现有清单、演绎分析和运行经验反馈等方法确定电厂的各种瞬态事件。其中工程评价法通过系统化地分析电厂系统和主要设备，确定其中会直接或者和其他失效结合后会导致放射性释放的瞬态事件。演绎分析法采用类似故障树的方法，以放射性释放为顶事件，逐步分解成不同类别的可能导致放射性释放发生的事件，从最低层的各个事件中可以选出瞬态事件。本节采用工程评价和演绎分析法确定了典型钠冷快堆的瞬态事件，并按照频率由高到低，将设计基准事故范围内的瞬态事件划分为四类，分别为正常运行瞬态（A级使用工况）、偏离正常的预期瞬态（B级使用工况）、异常瞬态（C级使用工况）和紧急瞬态（D级使用工况）。不同的瞬态可采取不同的评价准则，以确保不同类别的瞬态工况产生的风险基本相当。表9.2给出了典型池式钠冷快堆的设计瞬态清单，清单中规定了正常运行瞬态9个，偏离正常的预期瞬态23个，异常瞬态10个，紧急瞬态7个。表中瞬态次数的确定是以保守地估计反应堆在各种运行工况下引起的温度和压力变化的大小和频率为依据的。因此，瞬态次数的确定首先以事件频率为基本依据，同时为了给出保守的次数估计，还参考了其他堆型以及中国实验快堆（CEFR）瞬态清单中的次数，此外还结合CEFR的运行经验对部分瞬态的次数进行了调整。

表9.2 池式钠冷快堆设计瞬态清单

序号	事件	次数
1	正常运行瞬态	
1.1	启动 从冷态启动 从热态启动	 700 50

续表

序号	事件	次数
1.2	稳态波动	1.5×10^6
1.3	额定功率运行	750
1.4	部分功率运行	100 000
1.5	甩负荷到孤岛运行	200
1.6	计划停堆	285
1.7	换料	80
1.8	更换设备和技术检验	60
1.9	蒸汽发生器化学清洗	50
2	偏离正常的预期瞬态	
2.1	控制棒意外跌落到堆内	15
2.2	一台给水泵停运合并备用泵不能投入	10
2.3	一台一回路泵转速意外提升	10
2.4	一台二回路泵转速意外提升	10
2.5	一回路充氩气时阀门未及时关闭	50
2.6	二回路充氩气时阀门未及时关闭	100
2.7	DHRS 中间回路充氩气时阀门未及时关闭	200
2.8	主蒸汽快速隔离阀意外关闭	30
2.9	大气释放阀误开启	30
2.10	蒸汽发生器传热管小泄漏	40
2.11	失去全部负荷	30
2.12	一台中间热交换器传热管泄漏	10
2.13	一台独立热交换器传热管泄漏	10
2.14	一台空冷器传热管泄漏	10
2.15	其他	15
2.16	低功率紧急停堆	120
2.17	额定功率紧急停堆	80
2.18	一台一回路主循环泵停运	80（其中 5 次叠加失去厂外电）
2.19	一台二回路主循环泵停运	80（其中 5 次叠加失去厂外电）
2.20	失去厂外电（厂用电母线失电）	30

续表

序号	事件	次数
2.21	超功率后的紧急停堆（叠加失去厂外电源）	4
2.22	蒸汽发生器失给水	40
2.23	冷凝器真空破坏	5
3	异常瞬态	
3.1	功率运行时，事故余热排出系统误投入	5
3.2	一回路覆盖气体泄漏	4
3.3	二回路覆盖气体泄漏	5
3.4	DHRS 中间回路管道泄漏	5
3.5	DHRS 中间回路覆盖气体泄漏	5
3.6	一回路钠辅助管道泄漏	5
3.7	主给水管道小泄漏	5
3.8	主蒸汽管道小泄漏	5
3.9	二回路主管道泄漏	10
3.10	挤钠器泄漏	1
4	紧急瞬态	
4.1	蒸汽发生器一根传热管双端断裂	5
4.2	主容器泄漏（钠液面以下）	1
4.3	一回路主管道断裂	1
4.4	一台一回路主循环泵转子卡住	1
4.5	一台二回路主循环泵转子卡住	1
4.6	主蒸汽管道大泄漏	1
4.7	主给水管道大泄漏	1

9.5.2 正常运行瞬态分析

正常运行瞬态中的典型瞬态为反应堆从冷态启动。反应堆从冷态启动时，在反应堆功率达到 40% 额定功率以前，一回路和二回路流量均稳定在 50% 额定流量。反应堆功率从 40% 提升到 100% 额定功率过程中，线性提高一、二回路流量从 50% 到 100% 额定流量。初始给水流量为 5%，给水流量随反应堆功率提升按比例增加，当反应堆功率约为 7.0% 额定功率时采用降压汽化方式进行水/汽工况转换，11.9% 额定功率时投入过热器，28% 额定功率时完成给水升压操作，主蒸汽压力达到额定值 14 MPa。整个冷启动过程约需要 30 h，图 9.21 和图 9.22 分别给出了电厂冷启动过程中主要参数随时间的变化曲线。

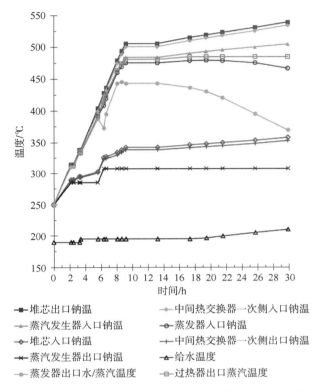

图 9.21　冷启动过程中主热传输系统主要温度参数随时间的变化

9.5.3　偏离正常的预期瞬态分析

（一）超功率瞬态

典型的超功率瞬态为调节棒失控提升事件。调节棒失控提升后，反应堆功率快速增加，当反应堆功率增加至保护整定值时将触发保护停堆，保护系统发出紧急停堆信号，控制棒下落，将堆引入并保持在次临界状态。一、二回路主循环泵分别惰转到 25% 额定转速和 30% 额定转速。反应堆堆芯余热由正常余热排出系统排出。图 9.23 给出了瞬态过程中反应堆相对功率、堆芯相对流量

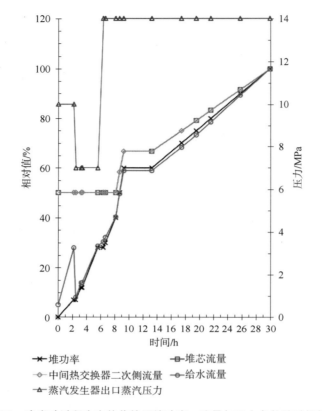

图 9.22　冷启动过程中主热传输系统功率、流量与压力参数随时间的变化

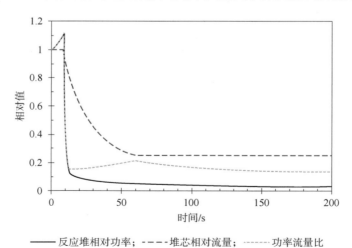

图 9.23　反应堆功率、流量及功率流量比随时间的变化

及功率流量比随时间的变化曲线。从图中可以看出反应堆功率流量比的变化可以分为四个阶段：第一阶段，调节棒失控提升，反应堆功率快速升高，堆芯流量保持不变，功率流量比快速升高；第二阶段，反应堆保护停堆，反应堆功率快速下降，一回路主循环泵惰转，一回路流量快速下降，停堆初期功率的下降速率快于流量，功率流量比快速下降；第三阶段，功率下降速率变缓，堆芯流量仍随着一回路主泵的惰转快速下降，堆芯功率流量比缓慢升高；第四阶段，功率缓慢下降，堆芯流量稳定在 25%，功率流量比缓慢下降。燃料温度的变化主要受反应堆功率变化的影响，图 9.24 给出了瞬态过程中燃料最高温度的变化曲线，燃料峰值温度约为 2 146 ℃。燃料包壳的温度变化主要受堆芯功率流量比的影响，图 9.25 给出了瞬态过程中燃料包壳最高温度的变化曲线，包壳峰值温度约为 648 ℃。反应堆一回路只在瞬态初期经历温度升高的瞬态过程，此后一回路的温度逐渐下降。由于一回路热池有大量的钠和堆内构件，因此瞬态初期的超功率过程不足以使得热池平均温度升高，保护停堆后堆芯余热及一回路的显热由主热传输系统排出，冷热池平均温度逐渐下降，图 9.26 给出了一回路冷热池平均温度在瞬态过程中的变化。

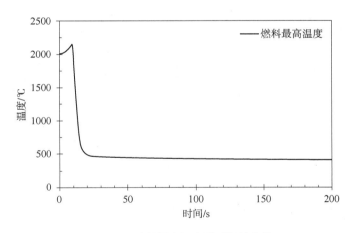

图 9.24　燃料最高温度随时间的变化

（二）失热阱瞬态

典型的失热阱瞬态为蒸汽发生器失给水事故。蒸汽发生器失给水后，反应堆正常排热途径丧失，蒸汽发生器出口钠温快速升高，当温度升至保护整定值时将触发保护停堆，保护系统发出紧急停堆信号，控制棒下落，将堆引入并保持次临界状态。在接到紧急停堆信号时，一回路主循环泵开始以自由

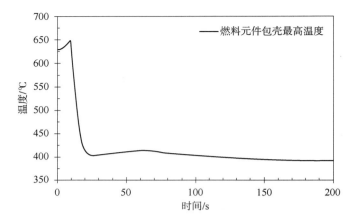

图 9.25　燃料元件包壳最高温度随时间的变化

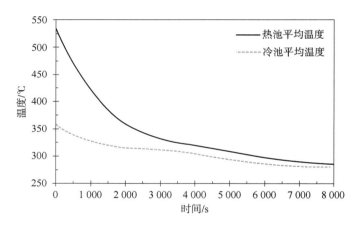

图 9.26　一回路冷热池平均温度随时间的变化

惰转的方式使转速降到低转速，二回路主循环泵惰转至停运。反应堆堆芯余热由事故余热排出系统排出。图 9.27 给出了反应堆功率和流量在瞬态过程中的变化。

　　一、二、三回路流量变化如图 9.28 所示，其中，蒸汽发生器给水在 0 s 瞬时丧失，反应堆保护停堆后，一、二回路泵开始以自然惰转方式分别降至低转速和 0 转速。

　　蒸汽发生器出口钠温高触发保护停堆后，控制棒落棒，功率快速下降，一回路主循环泵惰转导致流量下降，由于初期功率下降速率较流量下降慢，因此组件出口最高钠温和包壳最高温度出现峰值，后期功率下降速率过快，故功率

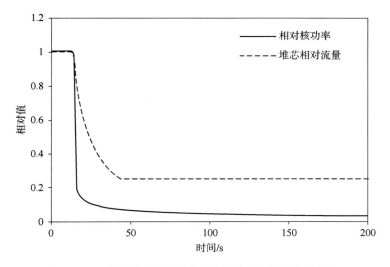

图 9.27　蒸汽发生器失给水事故核功率和堆芯流量变化

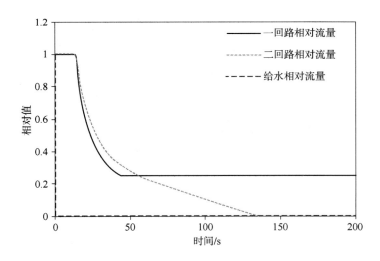

图 9.28　蒸汽发生器失给水事故一、二、三回路流量变化

流量比减小。瞬态中的包壳和元件最高温度变化分别如图 9.29 和图 9.30
所示。

　　停堆后，由于堆芯出口钠温的快速降低，热池温度开始下降；由于 IHX 失
去冷却，热钠进入冷池导致冷池温度升高。当事故余热排出系统投入后，冷热
池温度开始下降。冷热池平均温度的变化如图 9.31 所示。

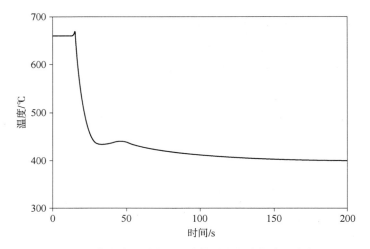

图 9.29 蒸汽发生器失给水事故燃料包壳最高温度变化

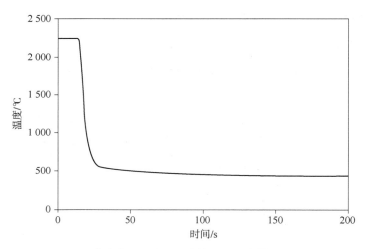

图 9.30 蒸汽发生器失给水事故燃料元件最高温度变化

9.5.4 异常瞬态分析

典型的异常瞬态选取功率运行时事故余热排出系统误投入。事故余热排出系统投入，进而导致反应堆主热传输系统温度发生变化，由于一个系列的事故余热排出系统的功率只占额定功率的约 0.8%，因此事故余热排出系统误投入后对电厂主热传输系统的影响很小，最终电厂将重新稳定在新的状态。但是该瞬态下误投入的事故余热排出系统功率将从备用功率升高至额定冷却功率，同时系统将经历一定的温度变化瞬态。图 9.32 给出了 DHX 两侧温度随时间的变化，风门开启后，DHRS 系统从备用工况过渡到额定工况，空气侧和中间回路

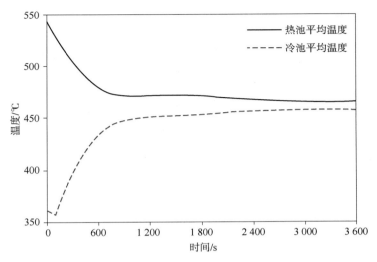

图 9.31 蒸汽发生器失给水事故冷热池平均温度变化

流量增大，DHX 一次侧出口和二次侧入口温度显著下降，二次侧出口温度也有所下降。图 9.33 给出了 AHX 两侧温度随时间的变化，DHRS 系统风门打开后，AHX 空气侧流量迅速增大，导致 AHX 空气侧出口温度快速下降，钠侧出口温度也有所下降，后续系统逐渐稳定在新的平衡状态，空气侧温度有所回升。空气侧温度变化明显比钠侧剧烈，这主要是由于空气的比热较小导致的。图 9.34 给出了事故余热排出系统功率随时间的变化，风门开启后，事故余热排出系统从备用工况转入额定冷却工况，随着系统内自然循环过程的建立，系统功率逐渐升高，最终趋于稳定，稳定后的排热功率约 11.4 MW。

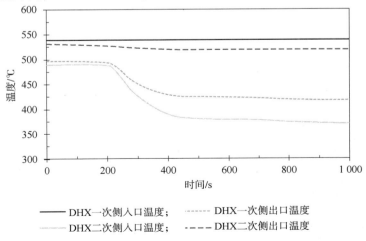

图 9.32 独立热交换器（DHX）两侧进出口温度随时间的变化

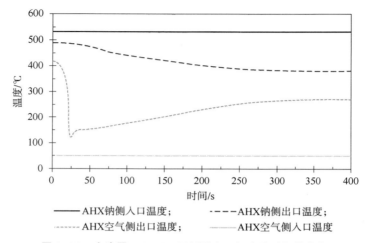

图 9.33　空冷器（AHX）两侧进出口温度随时间的变化

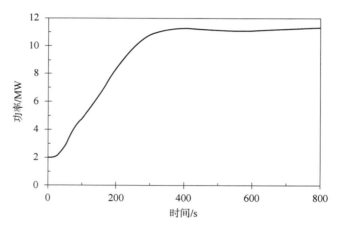

图 9.34　事故余热排出系统功率随时间的变化

9.5.5　紧急瞬态分析

（一）一回路主泵卡轴事故

　　一台一回路主循环泵转子卡住后，堆芯流量瞬时减少，堆芯燃料元件和冷却剂温度迅速升高，功率流量比迅速升高，反应堆保护停堆，若电厂失去厂外电源，则事故后的余热由事故余热排出系统排出，若电厂未失去排热能力，则堆芯余热由正常环路排出。保守考虑，本节在分析中，在停堆时刻叠加了失去厂外电源。由于发生故障的主循环泵瞬时停止转动，不仅不能提供惯性流量，且会导致正常运行环路上的主循环泵打到栅板联箱的钠在停泵环路上发生倒流，使通过堆芯的冷却剂流量严重减少，堆芯冷却剂和燃料包壳温度会出现明显峰值。

图 9.35 给出了反应堆相对功率、堆芯相对流量和一回路两个环路（其中一回路 1 环路为故障环路）的相对流量随时间的变化曲线，从图中可以看出，一台一回路主循环泵卡轴后故障环路流量迅速衰减并出现倒流，卡轴后一回路阻力特性发生变化，正常环路流量增大，由于堆芯丧失了来自正常环路的流量，因此堆芯流量迅速降低。后续触发功率流量比保护，反应堆紧急停堆，正常环路主循环泵惰转至 25% 转速，维持堆芯流量。瞬态初期堆芯失流后，冷却剂、包壳等材料的温度迅速升高，负反馈效应引入负反应性，堆芯功率略有下降，后续触发保护停堆后堆芯功率迅速下降。

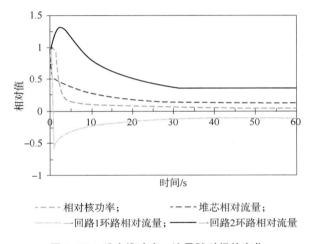

图 9.35　反应堆功率、流量随时间的变化

图 9.36 给出了燃料最高温度随时间的变化。燃料温度主要受到反应堆功率变化的影响，因此整个瞬态过程中燃料温度不断下降。图 9.37 给出了燃料元件包壳最高温度和组件出口最高钠温随时间的变化，瞬态初期，由于堆芯流量迅速衰减，所以组件出口钠温和包壳温度迅速升高，包壳峰值温度约为 804 ℃，组件出口最高钠温峰值温度约为 761 ℃。后续反应堆紧急停堆，堆芯功率迅速下降，堆芯流量下降，包壳最高温度和组件出口最高钠温趋于一致，逐渐下降。

图 9.38 给出了瞬态过程中冷热池平均温度随时间的变化。故障环路一回路主循环泵停运，正常环路一回路主循环泵事故后惰转至 25% 转速运转，因此，两个冷池出现明显的不对称工况，虽然两个冷池的平均温度都在升高，但是正常环路冷池升温速率明显快于故障环路。紧急停堆后正常环路泵惰转至 25% 转速，冷热池的钠不断搅浑，最终冷热池平均温度趋于一致，堆内余热依靠事故余热排出系统排出，冷热池平均温度缓慢下降。

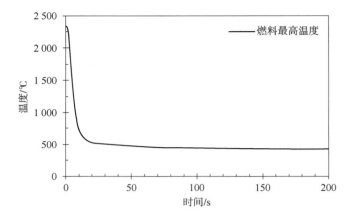

图 9.36　燃料最高温度随时间的变化

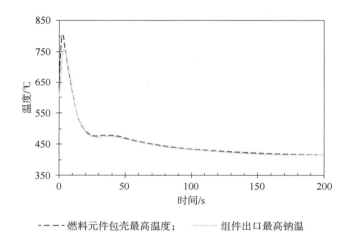

‑ ‑ ‑ ‑燃料元件包壳最高温度；　——组件出口最高钠温

图 9.37　燃料元件包壳最高温度和组件出口最高钠温随时间的变化

（二）一回路主管道断裂事故

反应堆在额定功率下运行时，由于压力管的疲劳腐蚀、小破口、焊接缺陷或其他意外情况，造成四根压力管中的一根瞬间双端断裂且断口完全错开，从而使大量冷却剂快速从两个断裂口喷放流失是本事故的主要特征。

事故发生后，由于反应堆主热传输回路失去平衡，造成两台一回路主泵的流量突增，并伴随着通过堆芯的冷却剂流量骤减，从而使反应堆出口温度急剧上升，反应堆会因"核功率与堆芯流量之比"超过整定值的保护信号而实施紧急停堆。反应堆紧急停堆信号发出后，控制棒下落，二回路主泵按照自然惰

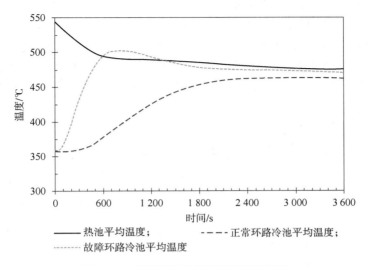

图 9.38　冷热池平均温度随时间的变化

转规律惰转至停运，考虑到应急电源的作用，一回路泵按照自然惰转规律惰转至低转速，但作为单一故障，认为供给完好环路一回路泵的应急电源失效，所以完好环路一回路泵惰转至停运。此后，堆芯保持较小的流量，堆芯剩余发热由事故余热排出系统逐渐排出。

下面采用现实分析方法对一回路主管道断裂事故进行分析。

主管道断裂事故下反应堆功率和堆芯相对流量变化如图 9.39 所示，堆芯流量急剧降低，反应堆因功率流量比高保护信号触发保护停堆。

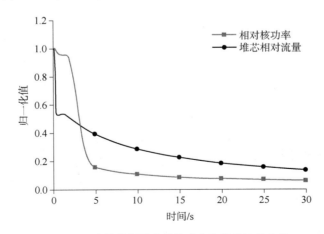

图 9.39　主管道断裂事故核功率和堆芯流量变化

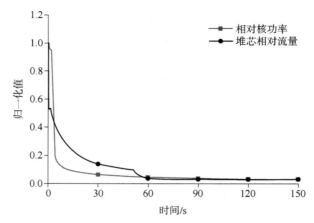

图 9.39　主管道断裂事故核功率和堆芯流量变化（续）

当发生一根压力管双端断裂时，由于泵出口和大栅板联箱压力较冷池压力高，大量一回路流量从断裂口流出，由大栅板联箱和泵出口喷放至冷池的流量变化如图 9.40 所示，两环路完好压力管的流量变化如图 9.41 所示。

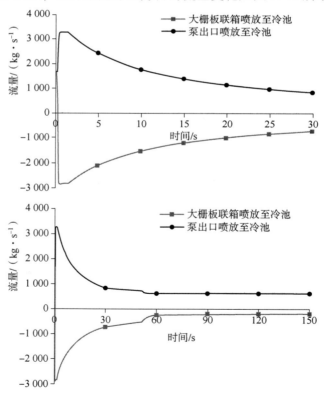

图 9.40　主管道断裂事故断裂口喷放流量变化

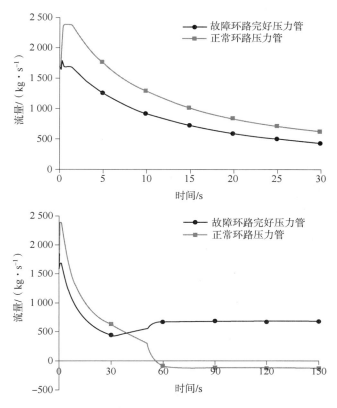

图 9.41　主管道断裂事故完好压力管流量变化

　　一根压力管断裂后，一回路系统阻力特性发生改变，并联的两个环路流量特性发生变化，故障环路一回路流量迅速降低，而完好环路流量在短时间内升高。由于故障环路冷池压力升高，将使故障环路冷池内的液态钠打入 IHX 一次侧出口窗，在 IHX 中发生倒流，从入口窗流出进入热池。在反应堆停堆后，两台一回路主泵开始惰转，通过完好压力管的流量开始下降，一回路的两环路流量变化如图 9.42 所示。在约 50 s 时，由于完好环路泵产生的压头和故障环路相当，故障环路一回路流量由负变为正。在约 55 s 时，由于完好环路一回路泵惰转至接近零转速，从故障环路完好压力管打入大栅板联箱的钠通过完好环路 IHX 倒流进入热池。

　　反应堆保护停堆后，两个环路的二回路主循环泵开始惰转，由于二回路没有应急柴油机供电，最终二回路泵停运。由于二回路系统的蒸汽发生器和 IHX 之间存在较大的高度差，因此，在泵停运后二回路系统仍存在部分自然循环流量。二回路两个环路的流量变化如图 9.43 所示。

　　图 9.44 给出了两环路 IHX 两侧进出口位置处的温度变化。对于故障环

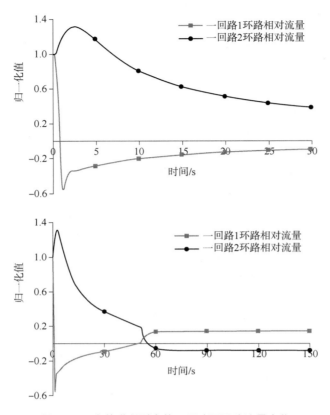

图 9.42　主管道断裂事故一回路两环路流量变化

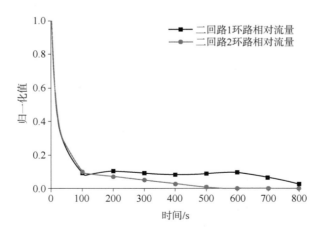

图 9.43　主管道断裂事故二回路两环路流量变化

路,压力管断裂后,一次侧流量迅速降低并最终产生反流现象,冷池内的冷钠进入 IHX 一次侧出口窗,一次侧反流后 IHX 两侧流动方向相同,两侧同向换热,故一次侧入口窗处钠温和二次侧出口温度逐渐降低。当一次侧流量恢复正向流动时,热池的热钠进入一次侧入口窗,因此,图中出现温度的阶跃现象,二次侧出口温度也逐渐升高至接近一次侧入口温度。对于完好环路,在 IHX 一次侧出现反流前,两侧仍维持逆向换热,在 IHX 一次侧反流后,两侧同向换热,但由于此时两侧流量均处于较低水平,因此,温度变化较为缓慢。

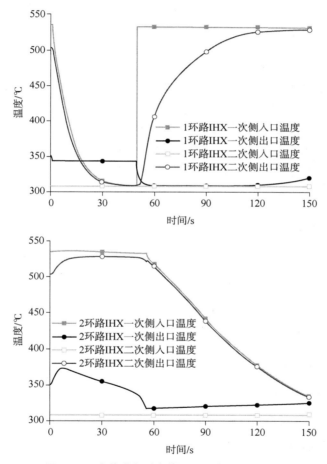

图9.44 主管道断裂事故 IHX 进出口温度变化

图9.45 给出了 SG 进出口钠温的变化,由于假设反应堆停堆时失去厂外电,给水瞬间丧失,SG 出口钠温迅速升高至接近入口钠温。对于故障环路,由于 IHX 二次侧出口温度的降低,将会导致 SG 入口钠温的降低,进而传导至 SG 出口,表现出类似的变化趋势。

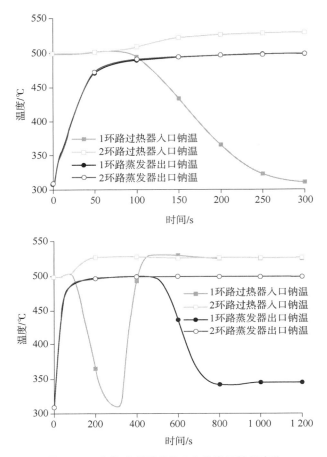

图 9.45 主管道断裂事故 SG 进出口钠温变化

事故下堆芯进出口温度的变化如图 9.46 所示，由于冷池具有较大的钠装量，在事故发生后 500 s 内，冷池平均温度基本不发生变化，但由于 IHX 排热能力降低，导致热池热钠进入冷池，因此，堆芯入口温度在 1 500 s 时升至约500 ℃。堆芯出口温度在瞬态过程中出现了三个峰值，其中，第一峰值的出现是由于事故发生后堆芯流量急剧降低，功率流量比失配；完好环路一回路主循环泵的停运导致堆芯流量与功率出现第二次失配，这形成了堆芯出口温度的第二峰值；第三峰值的出现是由于堆芯入口温度的升高抬升了堆芯出口温度。事故过程中，堆芯出口钠温最高值出现在第一峰，堆芯出口平均温度最高值为668.5 ℃，组件出口最高钠温的最大值为 779.6 ℃，也是在第一峰值。

事故下燃料包壳的最高温度变化如图 9.47 所示，包壳温度的变化趋势与堆芯出口钠温的变化趋势基本一致，包壳温度最高值 806.1 ℃ 出现在第一峰。

燃料最高温度的变化如图 9.48 所示，燃料温度在瞬态过程中均未超出额定值。

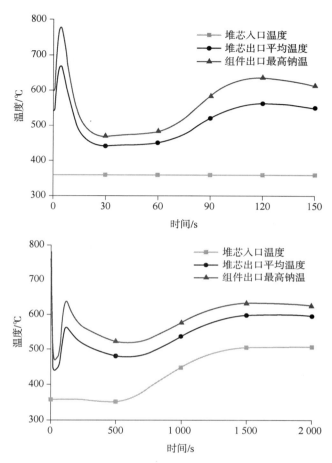

图 9.46　主管道断裂事故堆芯进出口温度变化

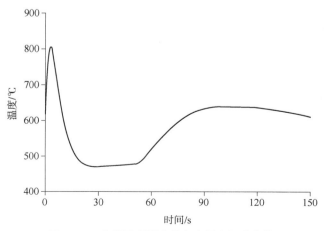

图 9.47　主管道断裂事故包壳最高温度变化

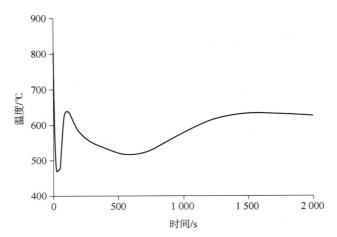

图 9.47　主管道断裂事故包壳最高温度变化（续）

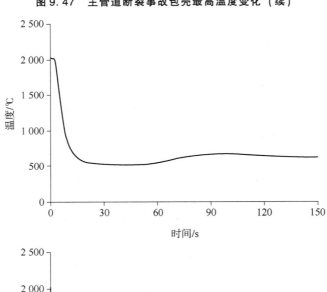

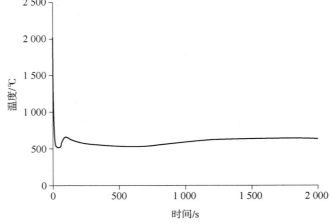

图 9.48　主管道断裂事故燃料最高温度变化

参考文献

［1］徐銤. 快堆和我国核能的可持续发展［J］. 现代电力, 2006, 23（5）: 106 – 110.

［2］Alan E W, Albert B R. Fast Breeder Reactors［M］. New York: Pergamon Press, 1981.

［3］田和春, 黄汉芳, 唐志强, 等. 中国实验快堆最终安全分析报告［R］. 北京: 中国原子能科学研究院, 2008.

［4］薛秀丽, 付陟玮, 冯预恒, 等. 日本文殊原型快堆堆芯出口腔室热分层现象数值模拟［J］. 中国原子能科学技术, 2013, 47（10）: 1766 – 1772.

［5］Sofu T, Thomas J W. Analysis of Thermal Stratification in the Upper Plenum of the MONJU Reactor Vessel［C］. 4th RCM of the IAEACRP on Benchmark Analyses of Sodium Natural Convection in the Upper Plenum of the Monju Reactor Vessel, Japan, 2012.

［6］叶尚尚. 池式钠冷快堆主热传输系统热工水力最佳估算方法研究［D］. 北京: 中国原子能科学研究院, 2020.

［7］马子云, 骆学军. 快堆主热传输系统及辅助系统［M］. 中国原子能出版社, 2011.

［8］杨红义, 齐少璞, 杨军, 等. 池式钠冷快堆主热传输系统瞬态研究［J］. 中国科学·中国科学技术科学, 2021, 47（10）: 1766 – 1772.

［9］张东辉, 任丽霞. 快堆安全分析［M］. 中国原子能出版传媒有限公司, 2011.

［10］Guppy J G. Super System Code（SSC, Rev. 0）, An Advanced Thermohydraulic Simulation Code for Transients in LMFBRs［R］. Brookhaven National Lab., Upton, NY（USA）, 1983.

［11］Madni I K, Cazzoli E G. An Advanced Thermohydraulic Simulation Code for Pool – Type LMFBRs（SSC – P CODE）［R］. Brookhaven National Lab., Upton, NY（USA）, 1981.

［12］Dunn F E, Prohammer F G. The SASSYS LMFBR Systems Analysis Code［J］. Mathematics and Computers in Simulation, 1984, 26: 23 – 26.

［13］Fanning T H, Dunn F E, Cahalan J E, et al. The SAS4A/SASSYS – 1 Safety Analysis Code System［R］. Argonne National Laboratory, 2012.

［14］Rui H. SAM Theory Manual［R］. Argonne National Laboratory（USA）, 2017.

[15] 杨红义. OASIS 程序说明书［R］. 北京：中国原子能科学研究院，2012.

[16] 杨红义. 中国实验快堆动态模拟系统的建立［J］. 中国原子能科学技术，1999，33（2）：108－113.

[17] 杨红义. OASIS 程序的开发与应用［J］. 核科学与工程，2001，21（4）：322－340.

[18] 张熙司，胡文军，李政昕，等. 中国实验快堆 1 台一回路泵切除试验计算模拟与分析［J］. 中国原子能科学技术，2015，49（增刊）：283－287.

[19] 林超，冯预恒，周志伟. CEFR 非对称运行工况的研究［J］. 中国原子能科学技术，2016，50（6）：1021－1026.

[20] 钱鸿涛，李政昕，胡文军，等. 池式钠冷快堆交互式安全分析软件开发［J］. 中国科技论文，2015，10（11）：1347－1350.

[21] 钱鸿涛，李政昕，胡文军，等. 快堆浸入式事故余热排出系统程序开发［J］. 中国科技论文，2015，10（23）：1711－2715.

[22] 任丽霞. 钠冷快堆系统分析程序的实用开发［D］. 北京：中国原子能科学研究院，2003.

[23] 中国实验快堆工程部. 中国实验快堆最终安全分析报告［R］. 北京：中国原子能科学研究院，2008.

[24] 发电机组数值模拟说明书—RUBIN 程序使用手册［R］. 杨福昌，译. 北京：中国原子能科学研究院，2000.

[25] 反应堆装置事故工况计算［R］. 杨福昌，译. 北京：中国原子能科学研究院，1996.

[26] 乔雪冬，赵勇，付陟玮. 中国实验快堆热工流体现象多维度耦合分析方法研究［J］. 核科学与工程，2012，32（3）：229－233.

[27] 乔雪冬，胡文军，冯预恒，等. 中国实验快堆全厂断电事故多维度热工耦合计算［J］. 中国原子能科学技术，2012，46（增刊）：240－245.

[28] 王晋. 示范快堆系统分析关键评价模型开发与评估［D］. 北京：中国原子能科学研究院，2019.

[29] Mochizuki H. Inter－subassembly Heat Transfer of Sodium Cooled Fast Reactors：Validation of the NETFLOW Code［J］. Nuclear Engineering and Design，2007，237：2040－2053.

[30] Mochizuki H. Development of the Plant Dynamics Analysis Code NETFLOW ++［J］. Nuclear Engineering and Design，2010，240：577－587.

［31］陆道纲，隋丹婷，任丽霞，等. 池式快堆系统分析软件稳态功能开发 ［J］. 中国原子能科学技术，2012，46（4）：422 – 428.

［32］陆道纲，隋丹婷. 池式快堆系统瞬态分析软件开发 ［J］. 中国原子能科学技术，2012，46（5）：542 – 548.

［33］ Ma Z Y, Yue N N, Zheng M Y, et al. Basic Verification of THACS for Sodium-cooled Fast Reactor System Analysis ［J］. Annals of Nuclear Energy，2015，76：1 – 11.

［34］杨晓燕. CFR1200 主热传输参数匹配研究 ［R］. 北京：中国原子能科学研究院，2019.

第 10 章

快堆热工水力数值分析及软件开发

|10.1 快堆热工水力问题的数值计算与软件开发|

10.1.1 数值计算对快堆热工水力问题求解的重要性

快堆热工水力分析主要是以反应堆流体为研究对象，对其流动、传热等特性进行分析，确定反应堆的设计参数，并对各类事件、事故的物理现象进行研究，确定相应的预防措施。反应堆流体的流动与传热过程受最基本的三大物理规律的支配，即质量守恒、动量守恒和能量守恒。由于数学上的困难，对于结构、物理现象极其复杂的核反应堆显然是无法获得其分析解的。因此，采用数值计算，同时辅以必要的试验研究，是解决快堆领域热工水力问题最通常的也是最重要的方法。

数值计算方法的核心是基于解析法的总体思路，采用各种数值微分方法，高效地求解描述热工水力现象的连续性方程、能量守恒方程、动量守恒方程等物理方程组。为了高效获得精确的热工水力方程组的结果，数值计算一般必须编制成计算机代码，以软件的形式进行计算求解。

目前，快堆热工水力求解一般采用针对快堆特定问题专门开发的专用软件，即各类快堆热工水力分析软件，它是快堆核电厂设计、安全分析、日常安全运行必备的重要工具，在核电厂所有计算分析软件中占据着重要比重。

10.1.2　快堆热工水力问题数值计算的重点领域

数值计算技术发展几十年，目前已深入快堆热工水力问题的方方面面，尤其是各类热工水力分析软件更是快堆核电厂设计和安全分析重要的、必不可少的工具。具体来讲，数值计算在快堆热工水力领域的主要应用方向可简单归纳为专门针对整个工艺系统的整体性、系统性热工水力参数的研究，以及专门针对设备或结构的热工水力状况的研究等。

数值计算技术在快堆热工领域的重点应用范围包括以下内容。

1. 堆芯热工水力分析

以堆芯组件内的热工水力状态为研究分析对象，主要用于堆芯热工水力设计及安全评价。根据堆芯组件的包壳温度、盒内速度设计限值，以及径向温度分布要求等限制条件，进行堆芯功率和流量分配设计等。该类软件主要有SUPERENERGY、COBRA 等子通道分析软件，这些软件已发展几十年，较为成熟。

2. 全厂系统瞬态分析

以主热传输系统一、二、三回路或其中某一回路中的流体为研究对象，对系统中的热工水力参数进行研究，并确定三个回路的参数匹配，确定各回路中典型位置的热工流体参数；对核电厂进行工况分析，对其正常运行状态、各类事件和事故进行分析评价，研究各种事件及事故的物理现象和相应的预防措施。这类软件，如法国的 OSIAS、PHNICS、TRIO_U，美国的 SAS4A、俄罗斯的 RUBIN、GRIF、BURAN 等。

3. 关键设备热工水力分析

以设备或结构的热工水力状态为研究分析对象，主要用于设备或结构的设计及安全评价。如针对堆容器、泵支承、钠泵、中间热交换器、蒸汽发生器、空冷器、堆顶屏蔽等设备的专用的热工水力分析软件。对于 CEFR，分别采用了俄罗斯的 A80、TROSK、TAKT 二维专用软件，进行其主容器、泵支承系统、中间和独立热交换器的热工水力设计计算评价。其中堆容器以及泵支承等堆内构件的热工流体计算一般和一回路系统一起完成，必要时再单独分析。中间热交换器、蒸汽发生器等核心过程设备是设备热工流体分析的重点和难点，尤其是其瞬态过程和涉及两相流动的问题。池式钠冷快堆的堆顶固定屏蔽是一个同时承担换热功能的非标准设备，为了保证大直径设备的温度均匀性以控制运行过程中的变形，该设备中专门设计了空气冷却通道，在设计阶段必须对其进行各种工况下的热工流体分析，以评估结构完整性和功能可行性。

4. 特殊现象热工水力分析

液态金属冷却快堆中往往还有一些非常特殊的热工流体现象，这些现象往往对设备或者结构的寿命带来重要影响，需要专门建立模型开发软件进行评估。例如钠冷快堆堆芯出口区域的温度脉动现象；池式钠冷快堆主容器冷却系统返回管出口处的温差波动问题；钠冷快堆中间回路由于截止阀快速关闭带来的"水锤"现象；池式钠冷快堆主循环泵冷却系统等。

10.1.3 快堆热工水力数值分析发展概况和特点

随着计算机软硬件技术的高速发展，尤其是 21 世纪以来超级计算机书、高速数据传输技术以及大数据存储技术的快速发展，给快堆热工水力数值分析技术的发展带来了重大的发展机遇。整体反应堆行业面临数字化转型，数字热工水力技术呼之欲出。这些发展具体呈现为以下几个特点。

（一）采用更多的三维分析

快堆热工水力数值分析，除采用上述各类针对性的热工水力专业分析软件外，随着计算机技术及数值计算的快速发展，人们也在逐步探索采用三维 CFD 软件来解决部分快堆的热工水力问题，以期获得更精细、直观化的计算结果，用于指导快堆热工设计及安全评价。这些三维软件，大部分采用商用 CFD 软件，如 FLUENT、STAR – CCM + 等。也有少部分是具有针对性的自主开发，如法国的 TRIO_U、俄罗斯的 GRIF 等。

三维 CFD 计算软件主要被用于以下几个方面：局部现象的机理性研究、系统软件无法解决的同时对关键参数有较大影响的局部三维效应的计算分析、设备或结构的热工性能评估等。如对堆芯出口区域的热脉动现象的研究，对热池搅混或热分层现象的研究，对主容器、堆顶固定屏蔽等设备的热工性能评价等。

为增强商用 CFD 软件在快堆热工领域计算的可靠性，少数国家开始开展专门有针对性的钠台架试验去验证和修正商用 CFD 软件中的部分模型。如俄罗斯专门建立了钠台架，用于研究并开发了适用于钠冷快堆的 LMS 湍流模型，并将其用在了商用 CFD 软件 FLOWVISION 中。因此，该软件对钠冷快堆计算精度较高，其温度计算误差，在自由和强迫对流模式下为 2%，瞬态模式下为 6%。随后，在采用 BN – 600 实堆数据验证后，该软件被用于 BN – 1200 的设计与安全评价中。

（二）采用更多的耦合分析

计算能力的强大使得设计人员逐步倾向于采取各种耦合计算，以避免或者减少物理或者几何边界条件带来的误差。这些耦合计算存在于多个方面和分析要素，主要的耦合趋势包括以下几个方面。

1. 专业之间的耦合

专业之间的耦合计算是一直以来反应堆相关专业追求的目标，数字化技术的发展使得专家们离这个目标越来越近了。

（1）热工专业和反应堆物理专业之间的耦合。随着反应堆物理数值计算软件的三维化和精细化，未来完全有可能在快堆堆芯中同一空间坐标、同一物理时间上求解中子输运方程和热工水力方程等。目前已经有很多在该领域的探索和成果。

（2）热工水力专业和结构力学专业的耦合。热工水力专业的分析结果——温度场、压力场等变量是结构和设备应力分析的基础，随着数字化技术的发展，采用耦合后的软件直接求解热工流体问题后，将结果自动加载到应力分析模型中即可完成结构完整性分析。热工水力和结构力学专业的耦合技术已经十分成熟，目前商业软件 ANSYS 就是通过这两个专业软件的耦合赢得了更多的市场份额。

（3）热工专业和电磁专业的耦合。电磁效应往往伴随着热量的释放和温度的变化，例如磁热效应是指绝热过程中铁磁体或顺磁体的温度随磁场强度的改变而变化的现象。在磁场作用下磁性材料所发生的温度变化，即磁性材料磁化强度的变化所伴随的温度变化。通常，在绝热条件下，磁化会导致温度上升，而去磁则使温度下降。铁磁和顺磁材料的磁热效应特别大。

未来随着工程技术的发展，会有越来越多的专业和热工水力专业直接进行耦合的数值分析。

2. 热工水力与事故分析的耦合

事故分析本身就和热工水力是密切耦合的。热工水力学是事故分析的科学技术基础，是用确定论的"语言"和科学原理描述事故发生过程并揭示事故运行序列的方法学。而事故分析一般是指基于特殊原则和约束条件下的热工水力分析计算，是一种基于"事故导向"的分析逻辑体系。

3. 不同分析维度之间的耦合

为追求对变化剧烈的局部部位的热工水力现象进行更加详细描述的效果，热工水力分析科学家们根据各自计算条件，逐步采取了同一个问题用不同维度进行耦合分析的方法。例如，对于池式钠冷快堆的堆本体，首先宏观地用"零维"方法建立一个系统化全面模型，进行总体热传输原理性分析计算，然后对堆芯、钠池等重要区域独立建立二维或者三维模型进行分析。将这些详细的二维或三维模型直接耦合到程序中的计算流程中，即可实现在各个时间步长上的强耦合计算，做到既分析全局，又可详细研究局部的效果。

在系统软件与三维 CFD 软件的耦合计算中，一般三维效应较强的冷、热钠池为三维模型，而换热器、堆芯一般为一维模型（如 TRIO_U）或者是多孔介质模型（如 GRIF）；堆外回路，包括主热传输系统和余热排出系统的二、三回路，因为回路结构，现象较为单一，则全部为一维模型。文献［2］详细介绍了印度甘地原子能研究中心为研究 PFBR 余热排出系统设计有效性而进行的耦合计算，其堆内模型采用商用 STAR – CD 建模，堆外回路为一维模型，读者可自行参考。

当然，随着计算能力的大幅度提升和计算资源的丰富，后续直接建立全三维模型进行分析的可能性很大。

4. 采用与试验相结合的分析

相较于实体试验的投资大、部分参数变更困难、实施周期长的弊端，数值计算由于其较低的成本、参数调整的灵活性、可同时进行多组计算以节约时间等优点，正在被越来越多地用于替代部分实体试验。研究者们需要先建立一套适用的、可靠的数值计算方法，才能保证之后所做计算的结果数据是可用的。一般是采用与所研究的关键物理现象一致或接近的实体试验结果对数值计算方法进行验证或修正。验证或修正的范围包括，所采用网格的形式及密度分布、边界层的处理、湍流模型及其部分系数的选取、算法的选择、边界条件的处理方法等。

例如，对钠冷快堆主容器冷却系统强迫循环工况的模拟，数值计算方法可以采用日本实施的主容器冷却系统钠台架试验数据进行验证；对于堆内紧急停堆后余热排出期间的热工水力特性的模拟计算，如 CEFR 设计采用的是 RUBIN、GRIF 软件进行的模拟计算，BN – 1200 采用的是 BURAN、GRIF、FLOWVISION 软件进行的模拟计算。而采用这些软件得出最终结论时，这些软件均已经经过了针对性的自然循环台架试验数据的验证。

|10.2　堆芯及一回路设计软件开发|

10.2.1　程序开发目标

对于池式钠冷快堆来说，反应堆热工水力设计任务是根据动力装置的总体指标，与其他有关专业设计部门共同协调确定主参数，保证满足堆功率的要求，达到既安全又经济的目标，在正常运行工况和预计运行事件下能有效带出热量，使燃料不熔化，燃料棒不烧毁；在事故工况及严重事故工况下能提供足够的冷却，保证反应堆放射性物质的释放量被限制在允许范围内，不影响公众安全。作为反应堆热工水力设计的核心部分，堆芯及一回路系统热工水力行为的研究十分重要，直接关系着整个反应堆的安全运行，而现有软件程序计算功能、计算精度、计算范围、计算速度等均受到一定限制，无法满足当前池式钠冷快堆堆芯及一回路系统热工水力设计及计算的工程需要。因此，需要针对快堆特殊的大小栅板流量分配设计以及一回路系统复杂的特殊节流网络设计并基于目前强大的计算机硬件能力和先进的数值模拟技术，研发先进、自主的堆芯及一回路热工水力设计软件，用于快堆一回路流体网络、大小栅板联箱及堆芯各组件优化设计的热工流体设计，为工程设计提供必要的工具，为堆芯和一回路安全分析提供支撑。

堆芯及一回路设计软件开发完成的堆芯及一回路热工水力设计软件既能满足堆芯、堆芯设备及一回路各部分独立热工水力设计及计算分析需要，也能满足全堆芯、堆芯设备及一回路系统耦合热工水力设计及计算分析需要。设计人员利用该软件可开展上述单独部分或全堆芯及一回路热工水力行为分析研究，从而对堆芯燃料组件布置、大小栅板联箱结构、一回路及辅助系统等工程设计给予验证与改进，最终确保堆芯热工水力设计满足快堆安全可靠的运行要求。

堆芯及一回路系统热工水力设计软件具备的功能如下。

（1）稳态条件下，根据全堆芯功率分布进行相匹配的流量分区，保证不同流量区最热组件之间冷却剂出口温度相近。

（2）精确计算钠冷快堆堆芯六角形燃料组件及转换区组件的温度场分布，包括冷却剂温度、包壳热点温度、燃料最高温度及组件盒壁的温度分布，并且考虑燃料组件之间的传热。

（3）精确分析计算全堆芯的流速分布和压降分布，包括各类组件内中心流道和边流道的流速分布及堆芯最大流速，以及分析各类组件的压紧力情况。

（4）精确分析计算具有特殊结构的组件（如控制棒组件）在不同稳态状况下的温度分布和压降分布，并扩展到其他特殊结构的六角形组件热工水力分析。

（5）分析计算事故工况下包括部分阻塞或完全阻塞、冷却剂丧失事故、冷却剂流量下降事故等，堆芯内的温度分布变化情况。

（6）稳态条件下，精确分析计算大、小栅板联箱以及堆芯组件管脚处的流量分配情况。

（7）稳态条件下，精确分析计算一回路系统的热工水力特性，包括典型位置的温度分布和流量分布情况。

10.2.2　程序模块介绍

堆芯及一回路系统热工水力设计软件由 4 个模块组成：①堆芯热工水力设计及优化模块；②栅板联箱系统流量分配及优化模块；③一回路系统流量分配及优化模块；④耦合计算模块。每个模块的求解区域如图 10.1 所示。

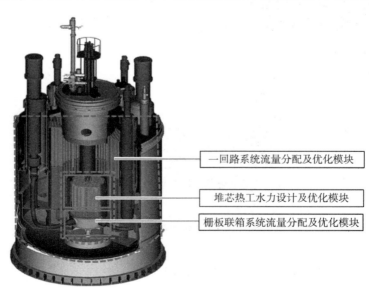

一回路系统流量分配及优化模块

堆芯热工水力设计及优化模块

栅板联箱系统流量分配及优化模块

图 10.1　三个模块的求解区域图

（一）　堆芯热工水力设计及优化模块

堆芯热工水力设计及优化模块采用子通道方法进行开发。模块主要实现堆芯流量分配功能和堆芯热工水力分析计算功能。对热工水力分析计算功能，需要实现输入堆芯布置和燃料组件的几何参数后，并能针对不同的组件类型自动划分子通道并且编号，找出相邻关系以便进行热工水力分析计算。同时，该模块将提供温度场（稳态和瞬态）和水力学（压降、流速）的计算功能。

堆芯热工水力设计及优化模块计算范围：全堆芯单组件及多组件，组件类型包括燃料组件、控制棒组件、转换区组件、硼屏蔽组件及不锈钢组件。

堆芯热工水力设计及优化模块具体研究内容主要如下。

（1）流量分区研究：在反应堆稳态运行情况下，对全堆芯进行流量分区。

（2）全堆芯温度场分布研究：分析计算全堆芯各类组件的详细温度分布，并使包壳热点温度和燃料最高温度不超限值。

（3）堆芯压降研究：分析全堆芯压降分布和流速分布情况，确保各类组件不会浮起。

（4）堆芯在堵流事故和失流事故工况下的热工水力行为研究。

堆芯热工水力设计及优化模块主要包含流量分配模块，组件子通道计算模块等，其流程如图 10.2 所示。

（二）　栅板联箱系统流量分配及优化模块

由于快堆组件数量庞大，因此该模块的计算任务十分艰巨，需要考虑的边界条件多而复杂，其结果的精确性对堆芯设计以及反应堆的安全运行至关重要，并且作为一回路系统流量分配及优化模块的计算输入，直接关系着整个钠池内典型位置的温度分布和流量分布是否与实际情况相一致。

栅板联箱系统流量分配及优化模块的计算域包括小栅板联箱、大栅板联箱以及各类组件的管脚。该模块的主要功能是精确分析计算大、小栅板联箱以及堆芯组件管脚处的流量分配情况，它是另外两个模块的基础，直接决定了堆芯和一回路热工水力分析的精确性。小栅板联箱、大栅板联箱、组件管脚结构示意图如图 10.3 所示。

栅板联箱系统流量分配及优化模块的主要研究内容如下。

（1）流量分配研究：快速分析计算大、小栅板联箱以及堆芯组件管脚处的流量分配情况。

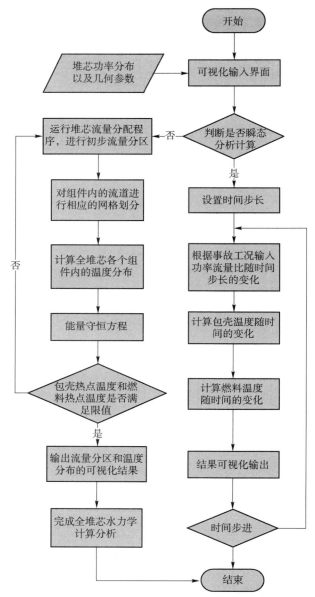

图 10.2　堆芯热工水力设计及优化模块流程图

（2）大、小栅板联箱压降研究：确定各部位压降，同时为堆芯及一回路
热工水力设计提供计算输入。

栅板联箱流量分配模块主要包含大、小栅板联箱流量分配模块等，其流程
图如图 10.4 所示。

图 10.3　小栅板联箱、大栅板联箱和组件管脚图

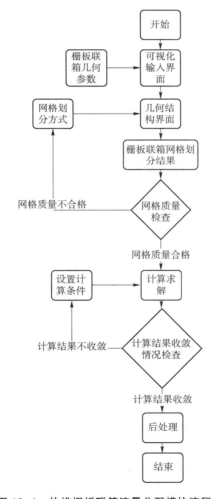

图 10.4　快堆栅板联箱流量分配模块流程图

（三） 一回路系统流量分配及优化模块

一回路系统流量分配问题，属于流体网络的一种，依靠成熟的流体网络理论，具体将流体系统中的实际结构或部件抽象为元件模型，通过图论相关理论的处理，建立流体系统网络图。根据该方法，可以抽象出流体系统的建模流程，即使用抽象出来的单元连接成一个完整的流体系统网络。流体网络法是将复杂的流路简化为由元件和节点组成的网络模型，通过分析元件特性列出基本方程，结合系统网络拓扑关系，形成非线性方程组，求解方程组以确定沿程压力、温度、流量等参数的一种数值模拟方法。该方法因能快速有效地模拟复杂流路系统而在核动力、石油化工、暖通等机械设备的设计、校核和改进中得到广泛应用。

在正常运行工况下，钠冷快堆一回路主冷却系统中的钠不会发生沸腾，因此本软件采用一维单相热工水力基本方程描述液钠冷却剂在系统中的流动。通用流体网络计算方法一般基于对整个流体系统列出质量守恒方程、动量守恒方程、能量守恒方程，然后联立求解，最后得到在整个流道内的流量、压力、温度等参数的分布。

一回路系统流量分配及优化模块的计算域包括除堆芯、大小栅板联箱的其余钠池部分，该模块主要研究额定工况下一回路的主冷却系统和辅助冷却系统的流量、典型位置的温度，包括泵支承冷却系统的流量以及进出口温度、电离室冷却系统的流量以及进出口温度、主容器冷却系统的流量以及进出口温度、中间热交换器的流量以及进出口温度，以及一次钠泵的流量以及出口温度等。

快堆池式钠冷快堆一回路流量分配模块主要包含泵支承冷却系统、电离室冷却系统、主容器冷却系统、中间热交换器、一次钠泵、热池、冷池等模块，其流程图如图 10.5 所示。

（四） 耦合计算模块

三个模块之间的逻辑关系如图 10.6 所示。

耦合计算模块根据三个模块之间的关系，通过边界交互面定义及数据交换实现上述三模块之间的耦合计算。

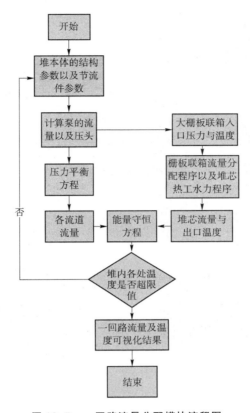

图 10.5　一回路流量分配模块流程图

图 10.6　三个模块的逻辑关系图

10.3 一回路自然循环设计软件开发

对于钠冷快堆一回路自然循环能力设计程序的开发，必须在对一回路自然循环现象深刻认识的基础上进行。程序开发，除关注常规的强迫循环时的热工水力现象外，对于堆内强迫循环向自然循环过渡过程中以及自然循环阶段的热工水力关键现象必须给予重点关注。如热池、堆芯出口区域的模拟，需要能较好地模拟该区域内的热分层现象；如冷池布置有独立热交换器时，冷池的热分层会影响独立热换器的排热能力，冷池区域内的热分层现象的准确模拟就变得尤为重要；如采用了盒间流带出堆芯组件余热，则需要有相应的适用的盒间流模块；如主容器冷却系统模块需要能模拟该系统的倒流现象等。

目前世界范围内能进行钠流快堆自然循环设计计算的系统程序少之又少，已知的有俄罗斯的 BURAN、GRIF、RUBIN（专为 CEFR 的自然循环设计而开发）、法国的 TUIO_U 等。我国中国原子能科学研究院为了对大型快堆的自然循环能力进行分析评价，开发了具有我国独立知识产权的 ERAC 程序。目前 ERAC 程序开发及初步验证已基本完成，正在等待安审当局的审查认可。

本节主要介绍适用于自然循环工况下堆内自然循环热工流体特性的特有模型，对于一些通用模型，如堆芯的并联多通道模型等，将不再赘述。

10.3.1 考虑了盒间、盒内传热的堆芯热工模型

将 DHX 置于热池的余热排出系统的设计，其重要特点是在余热排出期间，利用了盒间流的作用。在强迫循环时，盒间流作用可以忽略不计。但在自然循环期间，盒间流对降低堆芯温度起着重要作用。盒间流的作用主要体现在两个方面，一是展平了各燃料组件间的温度差，二是拉低了燃料组件内的最高温度。因此，不同于强迫循环时的堆芯计算模型，此时需考虑盒间流的作用。

考虑了堆芯燃料组件盒内、盒间钠传热之后的相关方程为：

$$\frac{\partial T_{in}}{\partial t} + w_{in}\frac{\partial T_{in}}{\partial z} = \frac{k_1 \Pi_1}{(c\rho f)_{in}}(T_{cl} - T_{in}) - \frac{k_2 \Pi_2}{(c\rho f)_{in}}(T_{in} - T_{ass}) \quad (10.1)$$

$$(c\rho f)_{\text{ass}}\frac{\mathrm{d}T_{\text{ass}}}{\mathrm{d}t} = k_2\Pi_2(T_{\text{in}} - T_{\text{ass}}) - k_3\Pi_2(T_{\text{ass}} - T_{\text{inf}}) \tag{10.2}$$

$$\frac{\partial T_{\text{inf}}}{\partial t} + w_{\text{inf}}\frac{\partial T_{\text{inf}}}{\partial z} = \frac{k_3\Pi_2}{(c\rho f)_{\text{inf}}}(T_{\text{ass}} - T_{\text{inf}}) \tag{10.3}$$

式中，c 为定压比热 [J/(kg·℃)]；ρ 为密度（kg/m³）；T 为温度（℃）；t 为时间（s）；z 为轴向坐标（m）；f 为横截面积（m²）；Π 为周长（m）；k 为传热系数 [J/(m²·℃)]；w 为冷却剂流速（m/s）；下标：in、ass、inf 分别表示盒内、组件盒、盒间隙。

除上述模拟方法外，考虑盒间盒内传热的堆芯热工模型还可以采用如下耦合方式进行：燃料组件盒内采用传统的并联多通道模型，而盒间采用二维分层模型。ERAC 程序即采用的该模拟方式，现将其简要介绍如下。

盒间流具有强烈的三维效应，一维模型无法较为准确地模拟盒间流效应，因此在 ERAC 程序中，采用了二维分层模型。其分层方式如图 10.7 所示，相邻两层组件之间的盒间为一层，如图中黑色部分为第一层，红色部分为第二层，如此依次类推。

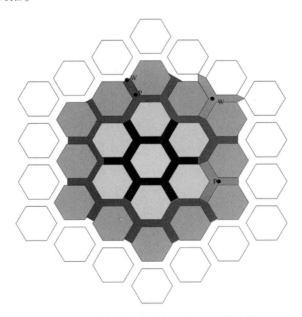

图 10.7 盒间流径向分层示意图（附彩图）

为了便于采用多层模型分析盒间流的流动换热机理，进行如下假定：

（1）因流体黏性应力所做的功远小于燃料元件的释热，故忽略不计。

快堆热工水力学

（2）因流体间轴向热传导远小于盒间与组件之间的换热，故忽略不计。

（3）因流体间的黏性应力远小于固体壁面的摩擦力，故忽略不计。

（4）忽略盒间通道轴向不均匀性，采用二维模型计算。

基于以上假设，盒间流控制方程如下：

（1）连续方程：

$$A_i \frac{\partial}{\partial t} \rho_i + \frac{\partial}{\partial z} m_i + \sum_{j \in i} w_{ij} = 0 \qquad (10.4)$$

式中，A_i 为通道 i 流通截面积（m²）；ρ_i 为通道 i 流体密度（kg/m³）；m_i 为通道 i 轴向质量流量（kg·s）；w_{ij} 为通道 i 与 j 间横向质量线流量[kg/（m·s）]。

（2）能量方程：

$$A_i \frac{\partial (ph)_i}{\partial t} + \frac{\partial m_i h_i}{\partial z} + \sum_{j \in i} h^* w_{ij} = \bar{q}_i - \sum_{j \in i} \frac{s_{ij}}{l_{ij}} K (T_i - T_j) \qquad (10.5)$$

式中，h_i 为通道 i 的流体比焓（J/kg）；h^* 为通道间横流交混的比焓（J/kg）；$\bar{q}_i$ 为通道 i 内燃料线功率（W/m）；s_{ij} 为通道 i 与 j 间隙长度（m）；l_{ij} 为通道 i 与 j 间节点间距长度（m）；T_i 为通道 i 的温度（℃）；T_j 为通道 j 的温度（℃）；K 为流体的导热率[W/（m·℃）]。

（3）轴向动量方程：

$$\frac{\partial m_i}{\partial t} + \frac{\partial m_i u_i}{\partial z} + A_i \frac{\partial p_i}{\partial z} = -g\rho_i A_i - \sum_{j \in i} u_i^* w_{ij} - \frac{1}{2} \left(\frac{f_i}{D_i} + \frac{K_s}{\Delta z} \right) \frac{m_i^2}{A_i \rho_i} \qquad (10.6)$$

式中，p_i 为通道 i 的压力（Pa）；g 为重力加速度（m/s²）；u_i 为通道 i 的轴向流速（m/s）；u_i^* 为通道 i 与 j 间横向供体流速（m/s）；f_i 为通道 i 的摩擦系数；D_i 为通道 i 的等效水力直径（m）；K_s 为局部阻力系数；Δz 为轴向控制体高度（m）。

（4）横向动量方程：

$$\frac{\partial w_{ij}}{\partial t} + \frac{\partial (v_{ij} w_{ij})}{\partial x} = \frac{s_{ij}}{l_{ij}} (p_i - p_j) - \sum_{j \in i} m_j^* v_{ij} - \frac{1}{2} \left(\frac{f_j}{D_j} + \frac{K_G}{\Delta x} \right) \frac{|w_{ij}| w_{ij}}{s_{ij} l_{ij} \rho^*} \qquad (10.7)$$

式中，s_{ij} 为通道 i 与 j 间隙长度（m）；l_{ij} 为通道 i 与 j 间交混长度（m）；K_G 为通道 i 与 j 间横流阻力系数；ρ^* 为通道 i 与 j 间横流供体密度（kg/m³）。

式（10.4）~式（10.7）共同组成盒间流控制方程组，横向流动的压降包括摩擦压降、局部阻力压降，其中变截面带来的加速压降在局部阻力压降中计算。

10.3.2　热钠池模型

一般在强迫循环运行工况下，由于泵的驱动，热池内搅混充分，温度分布较为均匀；而在自然循环工况下，热池内的钠搅混不充分，会有稳定的热分层现象发生。热分层现象对堆芯自然循环的形成有不利影响，因此程序计算需要模拟钠池的热分层现象。

传统钠池模型为单控制体混合和双层模型，单层模型虽然能够比较准确地模拟钠池的热惰性，但是其数学物理模型较为简单，不能反映多维流动换热效应，也无法满足自然循环条件下钠池分层效应的精确求解各层温度分布的需求。这时，可以采用多网格模型。

多网格模型采用类似于 relap5 中对于大空间流动换热的计算模型，控制体的划分方式如图 10.8 所示，径向不同控制体之间通过接管连接，计算流动和换热，主控制体考虑能量守恒和动量守恒，方程分接管方程和节点控制体方程。

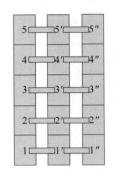

图 10.8　钠池多网格控制体划分

（1）接管控制方程。

横向动量方程：

$$\frac{\partial w_{ij}}{\partial t} = A_{ij}\frac{\partial p_{ij}}{\partial x} - \frac{f_{ij}}{2}\frac{w_{ij}\mid w_{ij}\mid}{\rho A_{ij}D_{e,ij}} \tag{10.8}$$

横向导热方程：

$$Q_{ij} = h_{jk}A_{ij}\frac{\partial T_{ij}}{\partial x} \tag{10.9}$$

（2）主控制体方程。

质量守恒方程：

$$A_i\frac{\partial}{\partial t}\rho_i + \frac{\partial}{\partial z}m_i + \sum_{j\in i} w_{ij} = 0 \tag{10.10}$$

轴向动量方程：

$$\frac{\partial \rho u_i}{\partial t} + \frac{\partial \rho u_i u_i}{\partial z} = -g\rho_i A_i - \frac{1}{2}\frac{f_i}{D_i}\frac{\rho u_i^2}{A_i} - A_i\frac{\partial p_i}{\partial z} \tag{10.11}$$

能量守恒方程：

$$\frac{\partial(\rho H)}{\partial t} + \frac{\partial}{\partial z}\left(\frac{WH}{A}\right) = \frac{Q}{A} + \frac{\partial P}{\partial t} \tag{10.12}$$

其中，能量方程的 Q 包括径向控制体的导热量、冷热钠池之间的换热量以及钠池与其他热构件之间的换热量。以上方程通过离散得到质量、流量、焓的导数方程，使用吉尔方法求解。

其中冷热钠池的换热量通过热池求解，在热池中加入隔板模型，求解隔板的等效导热系数，冷热钠池之间的换热量方程为：

$$Q_{HC} = \frac{\lambda}{\delta}(T_H - T_C) \tag{10.13}$$

10.3.3　主容器冷却系统

在部分池式快堆中，设计有专门的主容器冷却系统，其在泵驱动力不足的工况下，由于保护容器外壁面的散热，主容器冷却系统内的冷却剂可能会发生反转，形成冷却堆芯的一个自然循环流道。

如图 10.9 所示，主容器冷却系统结构、物理现象均较为复杂，涉及对流、导热、辐射换热多种传热方式。模拟建模时，可将主容器冷却系统根据流体区域的不同特点，划分为四个区域分别进行，依次为传热区、单通道区（上升通道）、双通道区（上升通道和下降通道）、径口区。其中，双通道区的上部为可变容积区，如图 10.10 所示，即此区域气液交界面会发生变化，而该液面与主容器冷却系统中冷却剂流动方向和流量有关。

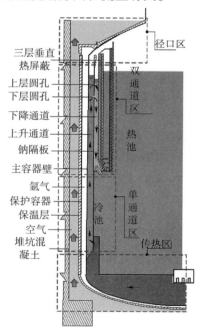

图 10.9　主容器冷却系统结构及建模区域划分

现对其中的关键模块即双通道区中的可变容积区的计算模型进行简要介绍。该模型中的顶部采用移动网格以模拟自由液面高度的变化，同时以平行通道中冷却剂密度差为驱动力，来计算自然循环工况下冷却剂流动的方向及流量。

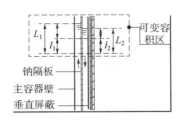

图 10.10　可变容积区结构示意图

可变容积区上升通道和下降通道中的钠，因两通道上方为恒压的氩气边界，两通道中液面高度的不同将导致其液面下方连通开孔中钠的流向不同。正常工况下，由于泵的驱动，上升通道内液面高度高于下降通道内的液面高度，因此流体流动方向为从上升通道到下降通道；而事故工况下，泵停转后驱动力消失，上升通道液面下降，同时容器壁散热使上升通道里的钠温降低，液面进一步下降。同时，下降通道内流体被热池加热而膨胀，液面相对增高，有可能会高于上升通道液面进而导致流动反转。瞬态情况下，由于上方为可压缩气体的氩气边界，因此该部分液面高度会发生变化，经过推导，可变容积区流体控制方程如下。

1. 质量守恒方程

一次侧（上升通道）：

$$\frac{\mathrm{d}m_1}{\mathrm{d}t} = W_{1,\mathrm{in}} - W_{1,\mathrm{out}} \tag{10.14}$$

上升通道中液面高度：

$$L_1 = \frac{m_1}{\rho_1 A_1} \tag{10.15}$$

二次侧（下降通道）：

$$\frac{\mathrm{d}m_2}{\mathrm{d}t} = W_{2,\mathrm{in}} - W_{2,\mathrm{out}} \tag{10.16}$$

下降通道中液面高度：

$$L_2 = \frac{m_2}{\rho_2 A_2} \tag{10.17}$$

2. 动量守恒方程

（1）一次侧（上升通道）：

由进口至开孔出口处：

$$\frac{l_1}{A_1}\frac{\mathrm{d}W_1}{\mathrm{d}t} = P_{1,\text{in}} - P_{1,\text{out}} - \Delta P_1 \tag{10.18}$$

假设氩气边界至上方开孔间液体不流动，由液面至孔处仅有重力压降，出口处压力：

$$P_{1,\text{out}} = P_0 + \rho_1 g(L_1 - l_1) \tag{10.19}$$

式中，P_0 为自由液面上方气体压力。

（2）二次侧（下降通道）：

由进口至圆形开孔出口处：

$$\frac{l_2}{A_2}\frac{\mathrm{d}W_2}{\mathrm{d}t} = P_{2,\text{in}} - P_{2,\text{out}} - \Delta P_2 \tag{10.20}$$

下降通道进口压力由自由液面处压力加上开孔上方重力压降：

$$P_{2,\text{in}} = P_0 + \rho_2 g(L_2 - l_2) \tag{10.21}$$

开孔处存在阻力压降，则

$$\Delta P_c = \frac{f_c W_c \mid W_c \mid}{2 \rho_1 A_c^{\ 2}} = P_{1,\text{out}} - P_{2,\text{in}} \tag{10.22}$$

则开孔处质量流量即为上升通道出口流量及下降通道进口流量：

$$W_c = W_{1,\text{out}} = W_{2,\text{in}} \tag{10.23}$$

3. 能量守恒方程

（1）一次侧：

考虑与外侧主容器壁及内侧钠隔板的换热：

$$A_1 \rho_1 L_1 \frac{\partial H_1}{\partial t} + W_1 L_1 \frac{\partial H_1}{\partial z} + H_1 \frac{\partial m_1}{\partial t} = h_1 U_{1\text{rv}}(T_{\text{rv}} - T_1)L_1 + h_1 U_{1\text{hs1}}(T_{\text{hs1}} - T_1)L_1$$

$$\tag{10.24}$$

（2）二次侧：

考虑与外侧钠隔板及内侧垂直屏蔽的换热：

$$A_2 \rho_2 L_2 \frac{\partial H_2}{\partial t} + W_2 L_2 \frac{\partial H_2}{\partial z} + H_2 \frac{\partial m_2}{\partial t} = h_2 U_{2\text{hs1}}(T_{\text{hs1}} - T_2)L_2 + h_2 U_{2\text{hs2}}(T_{\text{hs2}} - T_2)L_2$$

$$\tag{10.25}$$

式中，U_{1rv} 为上升通道钠流体与主容器壁接触面的湿润周长（m）；T_{rv} 为主容器壁温度（℃）；U_{1hs1} 为上升通道钠流体与钠隔板接触面的湿润周长（m）；T_{hs1} 为钠隔板温度（℃）；U_{2hs1} 为下降通道钠流体与钠隔板接触面的湿润周长（m）；U_{2hs2} 为下降通道钠流体与垂直屏蔽接触面的湿润周长（m）；T_{hs2} 为垂直屏蔽的温度（℃）。H_1、H_2 为上升通道、下降通道实际液位高度（m）；h_1、h_2 为上升通道、下降通道开孔以上的液位高度（m）；m_1、m_2 为上升通道、下降通道中控制体液体质量（kg）。

10.3.4　中间热交换器、独立热交换器模型

目前，钠冷快堆电站中应用最多的是管壳式中间换热器，其典型结构如图 10.11 所示。换热器包含多根换热管，数目多达几千甚至上万根，准确模拟其每一根管道中流体的温度分布是相当困难的，也是没有必要的。

基于钠冷快堆中间热交换器单管模型无法体现横截面上冷却剂径向导热及温度的不均匀性，可在传统的一维单管模型基础上进行改进，进行类似二维模型的模拟。即将每圈换热管道化为一层控制体，并在该层控制体内一二次侧的换热计算同一维模型，同时考虑径向各层冷却剂间的导热计算。各层间的导热距离为管道中心距离，流通面积则按照管道数目确定。计算时，动量方程采用传统的一维计算方式，径向最外层为与钠池的对流换热边界，最内层为绝热边界，其控制方程如下所示：

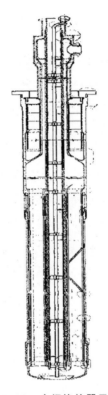

图 10.11　中间换热器示意图

$$A_f\rho_f c_{pf}\frac{\partial T_f}{\partial t}=-W_f c_{pf}\frac{\partial T_f}{\partial z}-U_f h_f(T_f-T_W)+\frac{1}{r}\frac{\partial}{\partial r}\left(k_f r\frac{\partial T_f}{\partial r}\right)\quad(10.26)$$

$$A_s\rho_s c_{ps}\frac{\partial T_s}{\partial t}=-W_s c_{ps}\frac{\partial T_s}{\partial z}+U_s h_s(T_W-T_s)\quad(10.27)$$

$$A_W\rho_W c_{pW}\frac{\partial T_W}{\partial t}=U_f h_f(T_f-T_W)-U_s h_s(T_W-T_s)\quad(10.28)$$

$$A_b\rho_b c_{pb}\frac{\partial T_b}{\partial t}=U_f h_f(T_f-T_b)-U_h h_h(T_h-T_b)\quad(10.29)$$

式中，T_f、T_s、T_W、T_b 为一次侧流体、二次侧流体、中间管壁以及套筒的温度

（K）；A_f、A_s、A_W、A_b 为一次侧流体、二次侧流体以及中间管壁的横截面积（K）；W_f、W_s 为一次侧流体、二次侧流体的质量流量（kg/s）；h_f、h_s、h_h 为一次侧流体、二次侧流体、热池与管壁的对流换热系数（W/m^2）；U_f、U_s、U_h 为一次侧流体、二次侧流体、热池与管壁的接触面的润湿周长（m）。

　　将中间换热器的一次侧流体、二次侧流体、中间管壁以及套筒分别沿着轴向及径向划分为一系列控制体，如图 10.12 所示。将上述四个方程针对每一个控制体积分，对流项采用迎风格式，可以得到每一个控制体的控制方程：

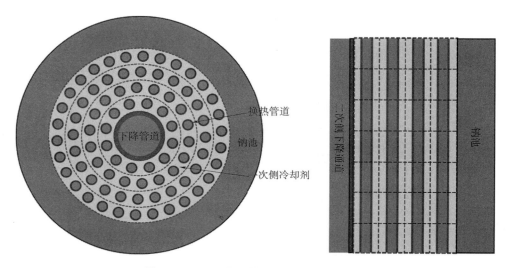

图 10.12　IHX 多层模型控制体划分示意图

$$\frac{\mathrm{d}T_f^{(i,j)}}{\mathrm{d}t} = \frac{1}{A_{pf}^{(i,j)}\rho_{pf}^{(i,j)}c_{pf}^{(i,j)}l_j} \times \left[W_f^i \left(c_{pf}^{(i,j-1)}T_f^{(i,j-1)} - c_{pf}^{(i,j)}T_f^{(i,j)} \right) + \right.$$

$$\left. U_f^{(i,j)}h_f^{(i,j)} \left(T_f^{(i,j)} - T_W^{(i,j)} \right) l_j + \frac{\Pi_{\text{left}}\overline{k}_f^{\text{left}} \left(T_f^{(i-1,j)} - T_f^{(i,j)} \right)}{\Delta r_i^{\text{left}}} + \frac{\Pi_{\text{right}}\overline{k}_f^{\text{right}} \left(T_f^{(i+1,j)} - T_f^{(i,j)} \right)}{\Delta r_i^{\text{right}}} \right]$$

$$(10.30)$$

$$\frac{\mathrm{d}T_s^{(i,j)}}{\mathrm{d}t} = \frac{W_s^i \left(c_{ps}^{(i,j-1)}T_s^{(i,j-1)} - c_{ps}^{(i,j)}T_s^{(i,j)} \right) + U_s^{(i,j)}h_s^{(i,j)} \left(T_W^{(i,j)} - T_s^{(i,j)} \right) l_j}{A_s^{(i,j)}\rho_s^{(i,j)}c_{ps}^{(i,j)}l_j}$$

$$(10.31)$$

$$\frac{\mathrm{d}T_W^{(i,j)}}{\mathrm{d}t} = \frac{U_f^{(i,j)}h_f^{(i,j)} \left(T_f^{(i,j)} - T_W^{(i,j)} \right) l_j - U_s^{(i,j)}h_s^{(i,j)} \left(T_W^{(i,j)} - T_s^{(i,j)} \right) l_j}{A_W^{(i,j)}\rho_W^{(i,j)}c_{pW}^{(i,j)}l_j} \quad (10.32)$$

$$\frac{\mathrm{d}T_{bi}}{\mathrm{d}t} = \frac{U_{fi}h_{fi}\left(T_{fi} - T_{bi} \right) l_i - U_{hi}h_{hi}\left(T_{bi} - T_{hi} \right) l_i}{A_{bi}\rho_{bi}c_{pbi}l_i} \quad (10.33)$$

式中，i、j 为径向控制体编号、轴向控制体编号；Π 为相邻两圈管道中心位置处的周长。

10.3.5　钠 – 空气热交换器模型

空冷器是余热排出的关键部件，其功能是将热量从事故余热排出系统中间回路传递到大气，一般为逆流热交换器装置。其传热过程是将换热管中由上向下流动的钠的热量传递给管外由下向上流动的空气。空冷器的换热情况直接关系到整个余热排出系统的自然循环效果及排热能力。

空冷器一般相对体积较大，这是因为空气密度远小于水，且比热仅是水的四分之一；另外因空气侧的膜传热系数很低，小于空冷器中钠侧换热系数、管壁导热系数的数量级。所以空冷器一般采用翅片管、螺旋管等以扩展表面，因此换热管的种类比较多。

（一）钠侧计算模型

为使模型简化，在建模过程中作出如下假设：简化为一维流动计算的单管模型；计算钠侧的流动特性时，钠冷却剂作为不可压缩流体来处理；将动量、能量方程耦合关系解除，动量方程通过另外一个管道模型考虑到整个系统中。

能量守恒方程：

$$\rho_i V_i \frac{\mathrm{d}h_i}{\mathrm{d}t} = W h_{i+1} - W h_i + q_i A_i \tag{10.34}$$

依据能量守恒方程，管壁的温度方程为：

$$m c_p \frac{\partial T_{\mathrm{w}}(\tau)}{\partial t} = h_1 A_1 (T_1 - T_{\mathrm{w}}) - h_2 A_2 (T_{\mathrm{w}} - T_2) \tag{10.35}$$

（二）空气侧计算模型

能量守恒方程：

$$\rho_i V_i \frac{\mathrm{d}h_i}{\mathrm{d}t} = W h_{i+1} - W h_i + q_i A_i \tag{10.36}$$

动量守恒方程：

$$p_{i+1} = p_i - \left(\frac{W^2}{\rho_{i+1} A_{i+1}} - \frac{W^2}{\rho_i A_i} \right) - \rho_i g \Delta z_i - \frac{f_i W^2 \Delta z_i}{2 \rho_i D_e A^2} - \sum_{j=1}^{n} \left(\frac{f_i W^2}{2 \rho A^2} \right)_j \tag{10.37}$$

空气侧烟囱区域的换热忽略不计，所有阻力按局部阻力计算，因此，空气侧流量计算公式：

$$\sum_{i=1}^{N} \Delta P_i + \Delta P_{\mathrm{stack}} + \Delta P_{\mathrm{o}} = 0 \tag{10.38}$$

式，ΔP_{stack} 为烟囱内压降（Pa）；ΔP_o 为空气出口到入口高度所对应的环境内压降（Pa）；ΔP_i 为传热区域第 i 个控制体压降（Pa）。

$$W^2 = \frac{-\Delta P_o - \rho_i g \Delta z_i - \Delta P_{stack}}{\left(\dfrac{1}{\rho_{i+1} A_{i+1}} - \dfrac{1}{\rho_i A_i}\right) + \dfrac{f_i \Delta z_i}{2\rho_i D_e A^2} + \displaystyle\sum_{j=1}^{n}\left(\dfrac{f_i}{2\rho A^2}\right)_j} \tag{10.39}$$

|10.4 主热传输系统热工水力分析软件开发|

主热传输系统热工水力分析软件包括堆芯物理模型、堆芯热工模型、一回路主热传输系统模型、二回路主热传输系统模型以及蒸汽动力转换系统模型，各模型的具体内容参见 9.3.1 节。

|10.5 其他热工水力分析软件|

快堆中几种过程设备工况复杂，直接影响着快堆的总体热传输功能实现，对系统安全运行和可靠性十分重要。为了对这些结构和设备进行结构完整性评价和分析，需要首先进行各种工况下的热工流体力学分析计算。这里以钠冷快堆的中间热交换器、蒸汽发生器、堆顶固定屏蔽等几个设备的热工流体分析软件和方法进行举例说明。

10.5.1 钠冷快堆中间热交换器热工水力分析软件

（一）钠-钠中间热交换器主要特性

1. 设备功能

作为主热传输系统的关键设备之一，中间热交换器主要的功能是用于实现一、二回路冷却剂的热量交换。同时，通过换热管束将一次放射性钠和二次放射性钠隔离，实现堆内冷却剂的放射性屏蔽。

2. 结构特点

中间热交换器为立式布置、管壳型、浮头式热交换器，二回路主冷却系统的钠冷却剂经同轴引入和导出。一回路主冷却系统的放射性钠从壳程通过，二回路主冷却系统的非放射性钠从管程逆向流动。其结构如图 10.13 所示。

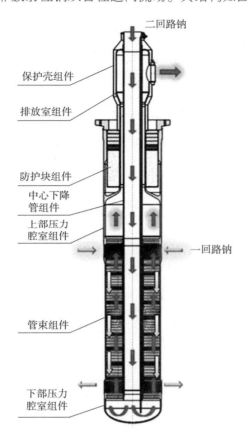

图 10.13　中间热交换器结构原理图

中间热交换器主要由管束、压力室、排放室、中心下降管、屏蔽部件和保护套组成。管束由上管板、下管板，内筒体、外筒体，传热管，拉杆，定位钢带等组成。传热管束与上、下管板以焊接、胀接结合的方式连接，沿直线管段在管束的轴向高度上安装有定位带。

中心下降管由内、外双层套管组成，其间填充氩气作为隔热层，以使中心管轴向热负荷的均匀化，防止轴向变形，提高中心管安全性。外套管在下部用迷宫式密封环和内套管相连接，而上部相应地和排放室相连接。

下部压力腔室由椭圆形封头、筒体和下管板互相焊接而构成。压力室内装有流量分配孔板，以保证冷却剂沿管束均匀分配。中心管内置有钠排放管，它用作中间热交换器二次侧的充、排钠。

排放室由外筒体、过渡段、带顶盖的三通等组成，它与上管板和中心下降管的外套管刚性连接。屏蔽部件由钢板和石墨组成，它的下部固定在热绝缘部件上。整个屏蔽部件制造成可抽出形式，配置在排放室外面。

保护套与被保护表面之间的间隙，用以防止中间热交换器二回路侧气密性遭到破坏时冷却剂钠落到反应堆厂房内，在保护套下部与过渡段相连接。在保护套内安装有两个泄漏信号器套管，后者穿过屏蔽部件和热绝缘部件。泄漏信号器装在套管内，二回路钠泄漏进入过渡段外空腔时给出钠泄漏信号。

3. 运行工况

（1）"冷"启动中间热交换器。

在反应堆功率达到 $40\%F_P$ 以前，中间热交换器一、二次侧的流量均维持在 50% 的额定流量。当反应堆功率超过 40% 之后，一、二次侧流量超前于反应堆功率水平的增加而线性增加，直至达到额定值（与反应堆额定功率相对应）。在功率提升过程中始终保持流量超前。

（2）"热"启动中间热交换器。

热启动过程中，反应堆功率在 $15\%F_P$ 以下时，一、二次侧流量维持在25% 额定流量，反应堆功率超过 $15\%F_P$ 后，一、二次侧流量随堆功率的增加而线性增加，直到额定值为止。

（3）其他事故瞬态工况。

中间热交换器除经历正常冷热启动及额定工况运行外，还需经历各种瞬态工况，主要瞬态工况如表 10.1 所示。

表 10.1 中间热交换器事故瞬态工况表

序号	工况名称	序号	工况名称
1	一台一回路主循环泵停运	4	一台一回路主循环泵转子卡住
2	失去厂外电	5	蒸汽发生器失给水
3	蒸汽发生器一根传热管双端断裂	6	一台给水泵停运

（二）中间热交换器设计程序

中间热交换器设计程序的主要功能是根据中间热交换器的设计要求确定设备换热面积以及压降。

程序的主要模型包括流体的质量守恒方程和能量守恒方程、管壁导热模型、污垢热阻模型、物性模型，以及传热关系式、压降关系式等辅助模型。

（1）管、壳侧钠的质量守恒控制方程：

$$M_{\text{tube}} = \rho \cdot N_{\text{tube}} \cdot A_{\text{tube}} \cdot w_{\text{tube}} \tag{10.40}$$

$$M_{\text{shell}} = \rho \cdot A_{\text{shell}} \cdot w_{\text{shell}} \tag{10.41}$$

式中，M_{tube}、M_{shell} 为管侧、壳侧质量流量（kg/s）；ρ 为工质钠密度（kg/m³）；A_{tube} 为单根换热管通流截面积（m²）；N_{tube} 为换热管数（根）；A_{shell} 为壳侧通流截面积（m²）；w_{tube}、w_{shell} 为管侧、壳侧工质流速（m/s）。

（2）能量守恒方程：

$$M_{\text{shell}} \cdot C_{p_{\text{shell}}} \cdot \delta T_{\text{shell}} = M_{\text{tube}} \cdot C_{p_{\text{tube}}} \cdot \delta T_{\text{tube}} = K \cdot A \cdot \Delta T \tag{10.42}$$

式中，δT_{shell}、δT_{tube} 为壳侧、管侧的进出口温差（℃）；$C_{p_{\text{shell}}}$、$C_{p_{\text{tube}}}$ 为工质定压比热[kJ/(kg·K)]；K 为换热器总体传热系数[W/(m²·K)]；A 为换热器换热面积（m²）；ΔT 为换热对数温差（℃）。

（3）采用的换热系数经验关联式为：

管侧：

$$Nu = 4.82 + 0.018\,5 \times Pe^{0.827}, 58 < Pe < 1.31 \times 10^4 \tag{10.43}$$

壳侧：

纵掠管束：

$$Nu = 6.0 + 0.006 \times Pe, 30 < Pe < 4\,000, 1.2 < \frac{P}{D} < 1.75 \tag{10.44}$$

横掠管束：

$$Nu = 4.03 + 0.228 \times Pe^{0.67} \tag{10.45}$$

在阻力计算模型中，根据换热器流通通道特性不同，将管壳侧划分为不同区域，其区域划分如下：

壳侧：入口窗，入口区域内的管段、管束，定位环，管子弯曲段，出口区域的管段、出口窗；

管侧：中心管，从中间换热器的底部中心管到管束的入口，管束，排放室，出口室，出口接管。

以上阻力计算模型参考华绍曾的实用流体阻力手册。

中间热交换器的设计计算流程图如图 10.14 所示。

（三）中间热交换器管束流致振动分析程序

中间热交换器流致振动分析程序的主要功能是进行中间热交换器是否发生

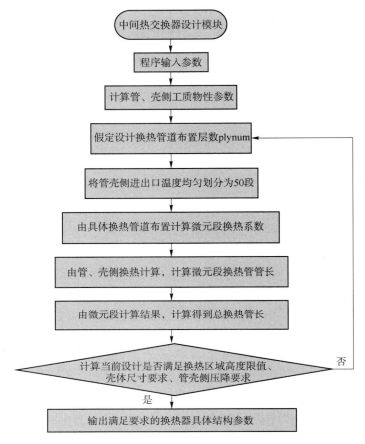

图 10.14　中间热交换器设计程序流程图

流致振动现象的分析，并能够基于流致振动的分析进行换热管束寿命的评价。

中间热交换器流致振动分析程序主要包括固有频率计算、流致振动计算校核及微动磨损和疲劳校核模块等。其中流致振动校核模块包括旋涡脱落、湍流抖振以及流弹失稳三种机理的流致振动校核分析。

固有频率计算模块的主要目的是进行管束的模态分析。根据换热管束的结构参数，计算多种跨距和结构参数的管束固有频率，固有频率的计算结果可以作为流致振动校核模块的计算输入参数。

流致振动计算模块编写的主要是进行换热管束包括旋涡脱落、湍流抖振以及流弹失稳三种机理的流致振动的计算校核。

流致振动计算模块中旋涡脱落频率采用捷克物理学家斯特罗哈尔试验得到的公式计算：

$$f_{\mathrm{v}} = S_{\mathrm{t}} \frac{V}{d_{\mathrm{o}}} \qquad (10.46)$$

式中，f_{v} 为旋涡脱落频率（Hz）；S_{t} 为斯特罗哈尔数；V 为横流速度（m/s）；d_{o} 为换热管外径（m）。

湍流抖振频率计算采用 GB151 标准中的计算公式，该式为 Owen 利用气体横向流过管束的试验结果提出计算湍流抖振主频率的经验公式：

$$f_{\mathrm{t}} = \frac{V d_{\mathrm{o}}}{l T} \left[3.05 \left(1 - \frac{d_{\mathrm{o}}}{T} \right)^{2} + 0.28 \right] \qquad (10.47)$$

式中，l 为纵向换热管中心距（m）；T 为横向换热管中心距（m）。

该公式为 Owen 利用风洞试验的结果总结而来的，Wevaer 等人认为该公式具有很高的准确性。目前没有专门利用水洞试验进行湍流抖振主频率的校核公式。对比风洞和水洞的湍流抖振力的功率谱密度结果，整体趋势相近，因此，目前标准 TEMA 和 GB151 中计算湍流抖振主频率都在使用该公式。

旋涡脱落振幅是根据振型函数和流体力函数积分获得，可由下式计算获得：

$$y_{1} = \frac{C_{\mathrm{L}} \rho_{\mathrm{o}} d_{\mathrm{o}} V^{2}}{2 \pi^{2} \delta f_{1}^{2} m} \qquad (10.48)$$

式中，C_{L} 为升力系数；ρ_{o} 为管外流体密度（kg/m³）；d_{o} 为换热管外径（m）；δ 为对数衰减率；f_{1} 为换热管基频（Hz）；m 为换热管单位长度的质量（kg/m）。

湍流抖振振幅可由下式计算获得：

$$y_{1} = \frac{C_{\mathrm{F}} \rho_{\mathrm{o}} d_{\mathrm{o}} V^{2}}{8 \pi \delta^{\frac{1}{2}} f_{1}^{\frac{3}{2}} m} \qquad (10.49)$$

式中，C_{F} 为流体力系数。

管束发生流体弹性不稳定性时的横流流速称为临界流速，计算临界速度的公式为：

$$V_{\mathrm{c}} = K_{\mathrm{c}} f_{\mathrm{n}} d_{\mathrm{o}} \delta_{\mathrm{s}}^{b} \qquad (10.50)$$

式中，δ_{s} 为质量阻尼参数，无量纲量，按下式计算：

$$\delta_{\mathrm{s}} = \frac{m \delta}{(\rho_{\mathrm{o}} d_{\mathrm{o}}^{2})} \qquad (10.51)$$

式中，d_{o} 为换热管外径（m）；f_{n} 为换热管固有频率（Hz）；K_{c} 为比例系数，与换热管的排布方式、节径比、质量阻尼参数等有关；δ 为对数衰减率，无量纲量；ρ_{o} 为壳程流体的密度（kg/m³）；b 为指数，可由表 10.2 给出。

表 10.2　不同换热管排列形式下 δ_s、K_c、b 对应值

换热管排列形式（流动角）	δ_s 的范围	K_c	b
正三角形（30°）	0.1~2	$3.58(S/d_o - 0.9)$	0.1
	>2~300	$6.53(S/d_o - 0.9)$	0.5
转角正方形（45°）	0.1~300	$3.54(S/d_o - 0.5)$	0.5
转角三角形（60°）	0.01~1	2.8	0.17
	>1~300	2.8	0.5
正方形（90°）	0.03~0.7	2.1	0.15
	>2~300	2.35	0.5

　　微动磨损和疲劳校核模块主要是进行管束的微动磨损和疲劳校核。根据输入结构参数和流致振动计算结果等，计算管束的流致振动，并且进行机理校核。其计算输入参数与计算结果可以作为评价管束寿命的重要依据。

　　目前微动磨损预测广泛应用 Archard 模型，该模型是由 Frick 于 1984 年提出，经不断改进，发展出基于 Archard 磨损方程的工作率模型。Pettigrew 等人也对该模型作为预测整齐发生管束微动磨损情况的模型，该模型中磨损体积 V 为：

$$V = \frac{KFS}{3H} \tag{10.52}$$

式中，F 为法向力（N）；S 为滑动距离（m）；H 为材料硬度；K 为无量纲的磨损系数。

　　磨损速率可由单位时间的磨损体积表示，即体积磨损率 V'，由式（10.52）变形得到：

$$V' = K_w W \tag{10.53}$$

式中，K_w 为磨损系数（m²/N 或 Pa^{-1}），一般由试验测得。

　　磨损工作率 W（磨损工作率又称法向工作率）为：

$$W = \frac{1}{t}\int F \mathrm{d}S \tag{10.54}$$

式中，F 为法向力（N）；S 为滑移距离（m）。

　　磨损工作率 W 表征了传热管和支承材料间通过动力学相互作用耗散的有效机械能，是量化微动磨损的参数。对于求取磨损工作率，Pettigrew 等人利用湍流抖振的振幅和频率得到了法向工作率为：

$$W = 16\pi^3 f^3 m l \overline{y_{max}^2} \zeta_s \tag{10.55}$$

式中，f 为湍流抖振主频率（Hz）；m 为换热管单位质量（kg/m）；$\overline{y_{max}^2}$ 为湍流抖振均方根振幅（m）；ζ_s 为支承的阻尼；l 为跨间距（m）。

中间热交换器管束流致振动分析程序流程图如图 10.15 所示。

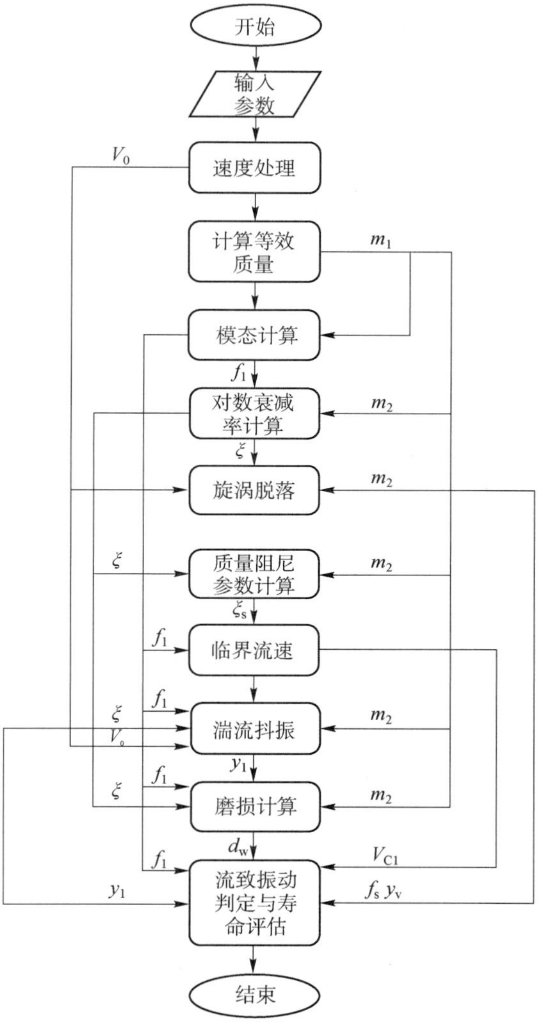

图 10.15　中间热交换器管束流致振动分析程序流程图

10.5.2　蒸汽发生器热工水力分析软件

(一) 钠水蒸汽发生器主要特性

1. 设备功能

蒸汽发生器是快堆主热传输系统的主设备之一，其主要功能是实现二回路

（液态钠载热剂）和三回路（水/蒸汽）之间的换热，使给水经过加热后，成为汽轮发电机所需的蒸汽。同时蒸汽发生器作为二回路钠与三回路水/蒸汽的隔离屏障，是避免发生钠–水反应的实体边界。

2. 结构特点

目前，我国快堆的蒸汽发生器采用模块式结构，每个模块由蒸发器和过热器组成。二回路主冷却系统的钠在壳程流动、水/蒸汽在管程流动，介质流动方向为高温钠从过热器下部进入壳程，从下往上流动，通过过热器上部和蒸发器上部壳程接管进入蒸发器壳程，从上往下流动，在蒸发器下部流出。三回路给水从蒸发器下部进入水腔室后从管程自下往上流动，从蒸发器上部蒸汽腔室流出后进入过热器上部蒸汽腔室，再沿管程自上往下流动，与钠进行逆向换热。其结构如图 10.16 所示。

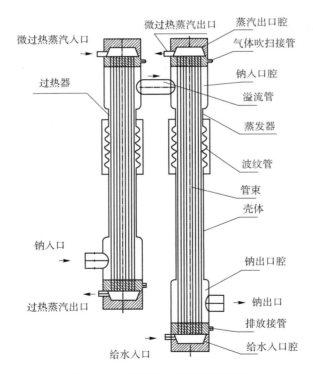

图 10.16　蒸汽发生器结构原理图

蒸汽发生器是直管立式布置固定管板式换热器，主要由壳体、换热管束、水腔室、蒸汽腔室、接管、支承等结构部件组成。

壳体：蒸发器壳体包括上部壳体、膨胀节、中间壳体和下部壳体部件。其中由于蒸发器采用直管固定管板式结构，为补偿换热管束与壳体之间的热膨胀差设置了膨胀节部件。

换热管束：蒸发器换热管采用直管形式，单层管，换热管为整根无缝钢管。沿管束轴向布置有管束支承板，用于防止流致振动的发生。换热管束设置了管束包壳，用于减少壳侧流体的旁流。换热管与管板连接接头采用胀焊连接工艺进行连接，在整个管板厚度上进行胀接。

流量分配装置：由于钠是从设备侧向接管流入和流出，为保证钠进入管束流量分配均匀，减小最大流速以防止造成流致振动超限，在管束包壳上部和下部设置了流量分配装置，以使壳侧流量均匀进入管束换热区。

水腔室和蒸汽腔室：蒸发器水腔室和蒸汽腔室基本结构相似，只是在水腔室设置了格栅板对进水进行搅混，在换热管入口设置节流装置防止在低功率工况运行时发生流动不稳定性现象。水腔室介质为过冷水，蒸发器蒸汽腔室的蒸汽为一定过热度的过热蒸汽，以保证进入过热器的蒸汽为过热蒸汽。过热器蒸汽腔室结构同蒸发器蒸汽腔室。

接管：蒸发器设置了钠进出口接管、水/蒸汽进出口接管、排钠排水接管、紧急排钠接管、溢流接管、注氢接管等。上述接管设置除了保证设备传热功能外，还考虑了排气、排液、事故监测和事故处理等功能。

3. 运行工况

（1）"冷"启动蒸汽发生器。

蒸汽发生器冷启动时的初始状态：钠温为 250 ℃，流量为 50% G_H；给水温度为 190 ℃，流量为 5% G_H，蒸发器出口压力为 10 MPa。冷启动过程中，堆功率升到 40% N_H 以前，钠流量维持 50% G_H 不变。

为使蒸汽进入过热状态，在 7% 堆功率时蒸发器出口压力由 10 MPa 降低至 7 MPa，当蒸汽过热度达到 30 ℃ 时，投入过热器并同时切断蒸汽发生器的启动系统。随后增加给水流量，并将给水温度提升至 195 ℃，当堆功率升到 28% 时，蒸汽发生器出口蒸汽温度为 415.2 ℃，蒸汽压力从 7 MPa 升高到 14 MPa，同时蒸汽发生器出口钠温度也升到额定值 308 ℃。此后，在钠流量恒定的情况下，增加给水流量，直至堆功率达到 40% N_H。

在堆功率从 40% N_H 提升至 100% N_H 过程中，相应地增加给水流量和钠流量直至达到额定状态。

（2）"热"启动蒸汽发生器。

蒸汽发生器热启动时的初始状态：钠温为 250 ℃，流量为 25% G_H；给水温度为 190 ℃，流量为 5% G_H，出口压力为 7 MPa。

热启动过程中，堆功率升到 15% N_H 以前，钠流量维持 25% G_H 不变。蒸汽出口压力在堆功率 12% N_H 以前维持 7 MPa 不变。当堆功率提升至 7.2% N_H，给水温度提升至 195 ℃，蒸汽温度达到 342.3 ℃，投入过热器并同时切断蒸汽发生器的启动系统。当堆功率达到 12% N_H，蒸汽出口压力提升至 14 MPa，同时蒸汽发生器出口钠温度也升到额定值 308 ℃。此后，在钠流量恒定的情况下，增加给水流量，直至堆功率达到 15% N_H。

在堆功率从 15% N_H 提升至 100% N_H 过程中，相应地增加给水流量和钠流量直至达到额定状态。

上述描述中的符号的含义：G_H 为钠载热剂的相对流量；N_H 为反应堆的相对额定功率。

（3）其他事故瞬态工况

蒸汽发生器除经历正常冷热启动及额定工况运行外，还需经历各种瞬态工况，主要瞬态工况如表 10.3 所示。

表 10.3　蒸汽发生器事故瞬态工况表

序号	工况名称	序号	工况名称
1	失去全部负荷	7	一台一回路主循环泵停运
2	给水流量增加	8	蒸汽发生器失给水
3	控制棒意外跌落在堆内	9	一台给水泵停运
4	切除一个蒸汽发生器模块	10	主蒸汽管道大泄漏
5	主蒸汽快速隔离阀意外关闭	11	主给水管道大泄漏
6	反应堆紧急停堆	12	蒸汽发生器一根传热管双端断裂

（二）蒸汽发生器设计程序

蒸汽发生器设计程序的主要功能是根据蒸汽发生器的设计要求确定设备换热面积以及压降。

考虑到蒸汽发生器内流体沿流道方向上热工变化显著，而同一截面内热工参数变化不大。为了保证设计计算的精度以及计算速度，设计程序采用一维单管模型，即将所有换热管的流通截面积等效为单根换热管的流通截面积。该程序的主要模型包括：流体质量守恒方程、能量守恒方程以及动量守恒方程、管壁导热模型、污垢热阻模型、物性模型以及传热关系式、压降关系式等辅助模型。蒸汽发生器设计程序为稳态热工水力计算程序，因此流体守恒方程中不包含对时间的偏导项。

1. 流体守恒方程

忽略重力、动能变化做的功，不考虑流体的体积释热并且忽略流体的轴向导热，对于两相流体及单相蒸汽，考虑可压缩性。可以得到以下方程：

质量守恒方程：

$$\frac{\partial}{\partial z}\left(\frac{W}{A}\right) = 0 \tag{10.56}$$

动量守恒方程：

$$\frac{\partial}{\partial z}\left(\frac{W^2}{\rho A^2}\right) = -\frac{\partial P}{\partial z} - \frac{fW|W|}{2D_e\rho A^2} - \rho g \tag{10.57}$$

能量守恒方程：

$$\frac{W}{A}\frac{\partial h}{\partial z} = \frac{qU}{A} \tag{10.58}$$

式中，W 为流体质量流量（kg·s）；A 为流通面积（m^2）；q 为热流密度（W/m^2）；h 为流体比焓（J/kg）；U 为加热周长（m）；D_e 为等效直径（m）；f 为摩擦阻力系数。

2. 临界热流模型

临界热流密度模型可分为偏离泡核沸腾（DNB）型和干涸（Dryout）型。前者含气率较低，传热为泡核沸腾；后者含气率高，主流一般处于环状流区域，出现液膜干涸现象。在蒸汽发生器中一般发生的是 Dryout 型，Dryout 型可选用 Biasi、Zuber 公式进行临界热流密度的计算。

Biasi 公式：

$$q_{CHF1} = 1.283 \times 10^{2n+7} D^{-n} G^{-\frac{1}{6}}\left[0.681F(P)G^{-\frac{1}{6}} - x\right] \tag{10.59}$$

$$q_{CHF2} = 4.47 \times 10^{2n+6} D^{-n} G^{-0.6} H(P)(1-x) \tag{10.60}$$

其中：

$$F(P) = 0.7249 + 0.099P \cdot \exp(-0.032P) \tag{10.61}$$

$$H(P) = -1.159 + 0.149P \cdot \exp(-0.019P) + 8.89(10+P^2)^{-1} \tag{10.62}$$

$$n = \begin{cases} 0.4, & D_e \geqslant 0.01 \\ 0.6, & D_e < 0.01 \end{cases} \tag{10.63}$$

快堆热工水力学

使用时，

$$q_{CHF} = \begin{cases} \max(q_{CHF1}, q_{CHF2}), & G \geqslant 300 \text{ kg/(m}^2 \cdot \text{s}) \\ q_{CHF2}, & G < 300 \text{ kg/(m}^2 \cdot \text{s}) \end{cases} \quad (10.64)$$

式中，压力 P 的单位是 bar，其余为国际单位制。

Biasi 公式适用于加热长度 $L_h = 0.2 \sim 6$ m；通道直径 $D = 0.003 \sim 0.0375$ m；压力 $P = 2.7 \sim 140$ bar；质量流速 $G = 100 \sim 6\,000$ kg/（m^2·s）；$1/\left(1 + \dfrac{\rho_f}{\rho_g}\right) < x < 1$。该公式适用于大流量区。

Zuber 公式：

$$q_{CHF} = 0.131 h_{fg} \rho_g^{0.5} \left[\frac{\sigma_{fg}}{g(\rho_f - \rho_g)}\right]^{0.25} \quad (10.65)$$

式中，h_{fg} 为汽化潜热（J/kg）；σ_{fg} 为表面张力（N/m）；g 为重力加速度（m/s^2）；ρ_f 为饱和水密度（kg/m^3）；ρ_g 为饱和蒸汽密度（kg/m^3）。

3. 钠侧换热系数

$$Nu = 5.0 + 0.025 Pe^{0.8} \quad (10.66)$$

该公式适用于均匀壁温的情形。

4. 水侧换热关系式

过冷水对流换热关系式，对于大流量区（$Re > 2\,500$）可以采用迪图斯-贝尔特关系式或西德-塔特公式：

$$Nu = 0.023 Re^{0.8} Pr^n \quad (10.67)$$

$$Nu = 0.023 Re^{0.8} Pr^{0.33} \left(\frac{\mu}{\mu_w}\right)^{0.14} \quad (10.68)$$

式中，μ_w 为壁面温度下的流体动力黏度。

小流量区（$Re < 2\,500$）采用科尔关系式：

$$Nu = 0.17 Re^{0.33} Pr^{0.33} \left(\frac{Pr}{Pr_w}\right)^{0.25} Gr^{0.1} \quad (10.69)$$

式中，Pr_w 为以壁面温度为定性温度的普朗特数；Gr 为格拉晓夫数。

饱和沸腾区换热关系式采用陈氏公式：

$$h = 0.023 F \left[\frac{G(1.0 - x) D_e}{\mu_f}\right]^{0.8} \left[\frac{\mu_f C_{pf}}{k_f}\right]^{0.4} \left(\frac{k_f}{D_e}\right) +$$

$$0.001\,22 S \left[\frac{k_f^{0.79} C_{pf}^{0.45} \rho_f^{0.49}}{\sigma^{0.5} \mu_f^{0.29} h_{fg}^{0.24} \rho_g^{0.24}}\right] (T_w - T_s)^{0.24} (P_w - P_s)^{0.75} \quad (10.70)$$

式中，F 为雷诺数因子；S 为泡核沸腾抑制因子；μ_f 为饱和水动力黏度（Pa·s）；k_f 为饱和水导热系数［W/（m·K）］；C_{pf} 为饱和水定压比热［J/（kg·K）］；σ

为表面张力（N/m）；h_{fg}为汽化潜热（J/kg）；T_w为壁温（K）；T_s为饱和水温度（K）；P_w为壁温对应饱和压力（Pa）；P_s为饱和水压力（Pa）。

膜态沸腾换热又称为干涸后弥散流换热，其换热机理十分复杂，膜态沸腾区域换热采用 Miropolskiy 关系式：

$$Nu = 0.021 Re^{0.8} Pr^{0.43} Y_f \tag{10.71}$$

$$Y_f = \left[1 - 0.1 \left(\frac{\rho_f}{\rho_g} - 1 \right)^{0.4} (1-x)^{0.4} \right] \left[x + \frac{\rho_f}{\rho_g}(1-x) \right]^{0.8} \tag{10.72}$$

对于单相蒸汽对流传热，大流量区（$Re > 2\,500$）采用西德 – 塔特关系式，小流量区（$Re < 2\,500$）选用西德 – 塔特关系式和麦克亚当斯关系式中的较大者。

$$\begin{cases} Nu = 0.023\, Re^{0.8} Pr^{0.33} \left(\dfrac{\mu}{\mu_w} \right)^{0.14} & Re > 2\,500 \\[4mm] h = 0.13\, k_{vf} \left[\dfrac{\rho_{vf}^2 g \beta_{vf}(T_w - T_s)}{\mu_{vf}^2} \right]^{\frac{1}{3}} \cdot \left(\dfrac{C_p \mu}{k} \right)_{vf}^{\frac{1}{3}} & Re < 2\,500 \end{cases} \tag{10.73}$$

式中，下标 vf 为在膜温度$(T_w + T_g)/2$下的蒸汽，T_g为蒸汽温度。

5. 压降计算模型

流体流动过程中的压力损失主要包括重位压降、加速压降、摩擦压降和形阻压降。其中，重位压降和加速压降容易计算，局部压降主要在于局部阻力系数的选取。摩擦压降的计算较为复杂，在此着重给出摩擦压降的计算。

单相摩擦压降的计算通常采用 Darcy 公式，即：

$$\Delta p_f = f \frac{l}{D_e} \frac{\rho V^2}{2} \tag{10.74}$$

式中，f为 Darcy 摩擦系数；l为流道长度（m）；D_e为水力直径（m）；V为流动速度（m/s）。

单相摩擦压降计算的关键在于摩擦系数f的计算，f与流型、通道类型等因素有关。

层流流动（$Re \leqslant 2\,000$）：

$$f = \frac{64}{Re} \tag{10.75}$$

紊流流动（$Re \geqslant 3\,000$）：

对于紊流区，程序中提供了两种计算方法，如下所示：

Blasius 公式：

$$f = \frac{0.316\,4}{(Re)^{0.25}} \tag{10.76}$$

在蒸汽发生器的换热计算中，由于蒸汽发生器各换热区域的温度变化很大，因此必须对蒸汽发生器进行网格划分，通过逐网格计算来模拟蒸汽发生器不同区域的传热。网格划分主要有两种模型，一种是固定网格模型，一种是移动网格模型。

固定网格模型是沿着流动方向将蒸汽发生器平均划分成若干控制体，控制体长度在计算中保持不变，根据控制体物性判断控制体所处的换热区域。移动网格模型也称为功率网格模型或移动边界模型，先划分换热区域，再对换热区域细分控制体，因此控制体的长度在计算中是变化的。考虑到程序的计算精度和速度，在设计程序中采用了移动网格模型，通过迭代求解问题参数。

该程序主要包括输入模块、输出模块、初始化模块、数值计算模块、物性模块以及辅助模块。输入模块主要负责将输入卡片中的输入参数读入，输出模块主要负责将程序的计算结果以文件形式或者屏幕输出；初始化模块的主要功能是在计算开始前，给定每个控制体的初值；数值计算模块主要实现蒸汽发生器传热及水力迭代计算；物性模块主要提供钠、水及材料的热物性计算关系式；辅助模块的主要功能是提供换热系数、流体阻力系数以及其他辅助关系式计算的子函数。

蒸汽发生器设计程序计算流程图如图 10.17 所示。

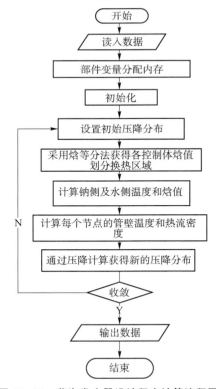

图 10.17　蒸汽发生器设计程序计算流程图

（三）蒸汽发生器瞬态热工特性分析程序

蒸汽发生器瞬态热工特性分析程序的主要功能是对于给定结构的蒸汽发生器计算不同工况下设备各位置处的热工水力参数响应，为蒸汽发生器的力学评估和结构设计提供输入，为电厂运行调控提供参考。

该程序与设计程序一样采用一维单管模型，主要模型包括：钠侧、水/蒸汽侧守恒方程，管壁导热模型，污垢热阻模型，物性模型以及传热关系式、压降关系式等辅助模型。不同之处，蒸汽发生器设计程序为瞬态热工水力计算程序，在钠侧、水/蒸汽侧守恒方程中应包含对时间的偏导项。主要的数学模型如下所示。

流体守恒方程

直流蒸汽发生器水侧考虑单相流体和两相流体两种情况，流动方向上相继出现过冷水、饱和水、汽水混合物、饱和蒸汽、过热蒸汽。两相区计算使用均相流模型。忽略重力、动能变化做的功，不考虑流体的体积释热并且忽略流体的轴向导热，对于两相流体及单相蒸汽，考虑可压缩性。

质量守恒方程：

$$\frac{\partial \rho}{\partial t} + \frac{\partial}{\partial z}\left(\frac{W}{A}\right) = 0 \tag{10.77}$$

动量守恒方程：

$$\frac{\partial}{\partial t}\left(\frac{W}{A}\right) + \frac{\partial}{\partial z}\left(\frac{W^2}{\rho A^2}\right) = -\frac{\partial P}{\partial z} - \frac{fW|W|}{2D_e \rho A^2} - \rho g \tag{10.78}$$

能量守恒方程：

$$\rho\frac{\partial h}{\partial t} + \frac{W}{A}\frac{\partial h}{\partial z} = \frac{qU}{A} + \frac{\partial P}{\partial t} \tag{10.79}$$

式中，ρ 为流体密度（kg/m³）；W 为流体质量流量（kg/s）；A 为流通面积（m²）；q 为热流密度（W/m²）；h 为流体比焓（J/kg）；U 为加热周长（m）；D_e 为等效直径（m）；f 为摩擦阻力系数。

临界热流密度计算模型、传热计算模型及压降计算模型可参考蒸汽发生器设计程序。

由于瞬态热工特性分析程序计算量较大，为了提高计算速度，采用了固定网格移动模型。将蒸汽发生器沿长度方向均分为若干个控制体，采用交错网格技术将守恒方程对每一个控制体进行积分，即可以获得每个控制体参数的控制方程，求解的变量主要有流量、焓值和压力。主控制体上用来存放压力、焓值，而动量控制体上用来存放流量。积分后采用迎风格式对积分得到的方程进行差分，则瞬态热工水力特性的求解，转化为以时间为基本参变量的非线性常微分方程组的求解。

对一些经典的常微分方程求解显式方法，如阿当姆斯（Adams）方法等，为保证数值解法稳定性，要求时间步长为最小时间常数的量级。这样即使方程组本身很简单，但由于刚性太强，计算工作量也会很大，同时当时间步长小到一定程度时，系统中那些时间常数较大的状态变量变化值将小于舍入误差，运行状态难以改变，这使得计算无法继续。因此，经典的显式方法不适应刚性微分方程组的求解。

与之相反，吉尔（Gear）算法的时间步长只受截断误差的约束，是求解刚性方程组的有效方法。吉尔算法设计了一种病态稳定策略，可做到步长与特征值乘积大时是精确的，从而很好地跟踪解的快变部分；而对两者乘积小时又是稳定的，即当特征值十分小时也不会失真。吉尔采用牛顿迭代法进行隐式求解，并相应地利用矩阵系数结构的特点用直接法解线性方程，每前进一个步长解隐式方程组所需要的工作量比较小，加快了计算速度。此外，吉尔算法能够自启动，容易实现变阶和变步长。在吉尔算法中还配备了阿当姆斯方法，当方程组的刚性不是太强时，可以使用阿当姆斯方法进行计算，以提高计算速度。蒸汽发生器瞬态热工特性分析程序选用吉尔方法求解常微分方程组。

蒸汽发生器瞬态热工特性分析程序主要包括输入模块、输出模块、初始化模块、导数计算模块、数值计算模块、物性模块、辅助模块以及耦合模块。其中除导数计算模块和数值计算模块的功能与设计程序功能不同外，其余模块的功能与蒸汽发生器设计程序相同。导数计算模块的功能是计算积分离散得到的常微分方程，数值计算模块主要是用 Gear 算法求解微分方程组。

蒸汽发生器瞬态热工特性分析程序计算流程图如图 10.18 所示。

（四）蒸汽发生器流动不稳定性分析程序

蒸汽发生器流动不稳定性分析程序具有分析给水温度、给水流量、进口节流系数、钠进口温度等参数对蒸汽发生器并联通道流动不稳定性的影响的功能。利用该程序能够进行蒸汽发生器进口节流系数的设计。

常见的稳定性分析方法，按照自变量的属性可以分为时域法和频域法两类。前者输入微小扰动后，直接求解蒸汽发生器的瞬态热工水力特性模型获得设备出口流量或温度等热工参数的动态响应，根据响应判断是否发生流动不稳定性；后者则利用"小扰动理论"，通过 Laplace 变换，将微分方程化为代数方程，从而进一步转化为频域的问题，得出的方程解，也相应地由实数域直角坐标系转化到复平面上，然后，再利用 Nyquist 判据，确定系统是否稳定以及

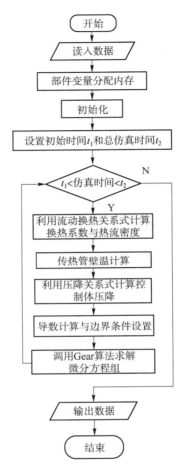

图 10.18　蒸汽发生器瞬态热工特性分析程序计算流程图

稳定性的优劣程度。

　　目前开发的快堆蒸汽发生器流动不稳定性分析程序是基于时域求解方法，其核心模型与蒸汽发生器瞬态热工特性分析程序模型一致。除此之外，该程序需增加管网模型和管道模型。管网来模拟蒸汽发生器进口口腔室模型，实现并联换热管流量分配的功能。对于蒸汽发生器出口腔室，其流通面积远大于传热管流通面积，因此建模中将其等效成大管径管道，采用管道模型对其进行模拟。

　　蒸汽发生器流动不稳定性分析程序的求解方法及主要模块与瞬态热工特性分析程序一致。

（五）蒸汽发生器流致振动分析程序

蒸汽发生器管束流致振动分析程序的主要功能是进行蒸汽发生器是否发生流致振动的分析，并能够基于流致振动的分析进行换热管束寿命的评价。该程序的主要理论模型依据是 ASME、TEMA 及 GB151 中关于流致振动分析的计算关系式。

蒸汽发生器流致振动分析程序主要包括模态计算模块、流致振动计算校核及微动磨损和疲劳校核模块等。流致振动计算校核模块包括旋涡脱落、湍流抖振以及流弹失稳三种机理流致振动现象的判定。程序计算流程图可参考图 10.15。

模态计算模块主要计算换热管的固有频率，GB151 和 TEMA 中均给出了相应的计算方法，ASME 没有直接给出。GB151 计算传热管固有频率为半经验公式，将传热管的固有频率简化为由跨数和支承条件决定，但仅适用于传热管低阶固有频率计算。传热管在所有固有频率下都会因流体流动而振动，处于最不利条件的是管子最低固有频率，因此流致振动的分析需要确定换热管的最低固有频率也称为基频。对于单跨管，TEMA 的计算方法与 GB151 方法结果一致，但对于多跨直管，TEMA 的方法是将其简化为多个单跨管，得到的单跨管最低频率即代表多跨管的固有频率。

在模态计算中需要输入换热管的等效质量。单位长度换热管的等效质量是单位长度换热管本身的质量、管内流体的质量和管外流体附加质量之和。其中，管外附加质量的计算是有效质量计算的关键。GB151 的等效质量计算方法和 TEMA 是完全一致的，均是给出了节径比和附加质量系数的关系图，只要知道管束的节径比便可查得附加质量系数，ASME 求解附加质量系数所使用的是经验公式法。

旋涡脱落模块主要进行旋涡脱落机理引发的流致振动的判定。当流体横掠换热管时，如果流动雷诺数大到一定程度，在其两侧的下游交替发生旋涡，形成周期性的旋涡尾流，致使圆管上的压力分布也呈周期性变化。正是由于这种升力的交替变化，导致圆管与流体流动方向垂直发生振动。旋涡的脱落也使流动阻力发生交替性变化，从而导致圆管在流体流动方向上的振动。圆管的振动频率与旋涡的脱落频率有关。GB151 和 TEMA 中判定旋涡脱落发生的准则是旋涡频率与换热管最低固有频率之比大于 0.5 或者旋涡脱落引发的最大振幅大于 0.02 倍的换热管外径。ASME 的旋涡脱落的判定没有使用旋涡脱落频率和振幅，而是采用折算阻尼和折算速度参数进行判定。

湍流激振模块主要进行湍流激振机理引发的流致振动的判定。为改善传热与传质效率，在换热设备中会尽可能提高流体湍流程度，管束本身也会起到湍流发生器的作用。但是湍流流体在与管束表面接触的时候，流体中的一部分动量会转换成脉动的压力，该脉动压力是随机的，在相当宽的频带范围内对管子施加随机的作用力激起管子振动，因此湍流激振在大多数情况下是无法避免的。根据 GB151 和 TEMA 所述，湍流主频的计算只在介质是气体时予以考虑。当介质为液体时则主要依据湍流抖振产生的振幅进行判定。ASME 中没有明确指出保证管束安全湍流抖振振幅应该满足的条件。GB151 和 TEMA 判定湍流抖振发生的准则是湍流抖振引发的最大振幅不大于 0.02 倍的换热管外径。

流弹不稳定性模块主要进行流体弹性不稳定诱发流致振动的判定。流体弹性不稳定作为诱发流致振动最重要的机理，造成的破坏是最严重的，因此在换热器的设计过程中必须避免发生流弹不稳定性的流速区间。在计算流弹失稳过程中主要得出临界横流速度，该值与换热管的排列形式、节径比、质量阻尼系数、流体密度以及换热管的固有频率等值均有关系。当计算得到的临界横流速度小于分析得到的最大横流速度时，则会发生流致振动，需要采取降低流速或增加折流板等措施。

磨损计算与寿命评估模块主要是计算换热管与支承板的磨损深度以进行设备的寿命评估。蒸汽发生器传热管壳侧流体流动可能会导致管子与支承板处产生微动磨损。传热管的微振磨损是由于振动引起的，蒸汽发生器中，管子与支承板之间留有间隙，管子的振动会引起与支承板的碰撞和切向滑动，这将导致传热管的局部磨损。如前所述，引起蒸汽发生器传热管振动的主要是旋涡脱落、湍流抖振、流体弹性激振。当流速超过临界值，流体弹性激振便开始，这是造成传热管大幅度振动和迅速磨损的主要原因。如果流速为亚临界流速，则湍流抖振是引起传热管长期磨损的主要原因。对于磨损的计算，GB151、TEMA 以及 ASME 标准中没有提及，其计算主要参考的是经典文献提供的公式计算磨损深度后进行寿命评估。

程序主要计算模型可以参考中间热交换器管束流致振动分析程序中相关模型或相关标准。

10.5.3　堆顶固定屏蔽温度场分析程序

池式钠冷快堆的堆顶固定屏蔽是反应堆的顶部防护盖，主要用途是为中子、γ 射线和热辐射提供屏蔽，同时它还为主容器上面的支承管和插入堆内设备提供通道、密封和支承。

以中国实验快堆为例，堆顶固定屏蔽是一个箱式金属构件，它由通风罩、屏蔽箱体、环形支承裙板及密封组件和屏蔽（环、套）块组成，如图 10.19

所示。屏蔽箱体有 8 层钢板，用于屏蔽 γ 和中子射线；有 4 层蛇纹石混凝土层，用于屏蔽中子和热辐射；还有一层矿渣棉热屏蔽层。屏蔽箱体内部设有上中下三层水平通风通道和七个进风调节阀及进风调节垂直通道，三层水平通道将屏蔽箱体分成上屏蔽块和下屏蔽块。箱体上还开有 16 种孔，包括 13 种贯穿孔和 3 种盲孔。

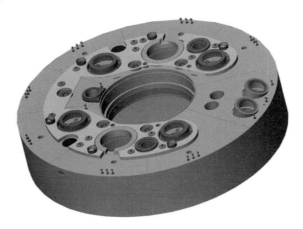

图 10.19　典型池式钠冷快堆堆顶固定屏蔽三维图

　　为了保证堆顶固定屏蔽得到均衡冷却，设计了通风罩，其中的空气一部分通过 7 个进风阀流入第二水平夹层，在第二（中层）水平夹层内以不同的流量分配给各贯穿孔与主容器内相应的支承管间的环形空腔（由于它们仅贯穿下屏蔽块而简称为半贯穿通道）。然后沿环形空腔向下汇集到第三（底层）水平通道。另一部分冷却空气直接进入中间热交换器和独立热交换器的冷却环形通道（简称全贯穿通道）。从第三水平通道、各所有贯穿通道流出的流体汇集到由固定屏蔽下板和堆容器顶部锥面组成的斜腔室内，最后由堆坑排风口排出。

　　堆顶固定屏蔽热工流体计算的目的是分析在设计工况下结构区域的温度场，校核温度的均匀性，为结构完整性和变形分析提供热工流体输入。

　　根据结构特性编制专门的传热计算程序进行分析计算，采取"局部各类通道模块＋总体二维温度场分析模块"的总体方案实施分析。首先，对不同类型的冷却通道建立不同的传热模块进行分析。划分的专门通道和模块包括：具有氩气密封环隙的通道模块；没有氩气密封环隙的通道模块；水平冷却通道和斜腔室模块；裙板模块。然后，建立整个堆顶固定屏蔽圆柱坐标的二维温度场分析模块，以此前典型通道分析的结果作为钢结构边界，分析计算固定屏蔽整体结构的温度场。

当然，随着计算能力的提高，一次性建立全三维数值模型进行热 – 流 – 固耦合一体化计算是快堆堆顶固定屏蔽热工流体设计的发展方向。

|10.6　快堆热工水力的数字化发展趋势|

21 世纪以来，信息技术发展突飞猛进，催生了第四次工业革命。以信息化、数字化、智能化为标志的新时代科学技术发展前所未有地深刻影响着工业领域各个行业的发展，核能领域自不用说。数字反应堆作为数字孪生技术在核裂变能领域的典型应用，引起了主要核能发展国家核能行业的强烈兴趣。其中的反应堆热工水力技术数字化必然成为数字反应堆技术的核心组成部分和驱动主要因素。在此大背景下，快堆热工水力学这门古老的经典反应堆专业，如何迎接数字化的机遇，成为快堆热工水力学领域科学技术人员正在思考和研究的课题。本书基于快堆热工水力学发展的过去、现在，站在如何更好地践行其功能和使命的角度，初步探讨几个领域的发展方向，希望能够给从事快堆热工水力专业的研究人员一定的启发。

需要说明的是，数字化浪潮对于反应堆技术的发展来说是一次跨越发展的机遇，但还不是颠覆反应堆技术本身的科学基础和研发使命的借口。反应堆技术当前的主要研发任务依然是提高核安全水平、降低建造成本和废物最小化等三个方向。因此，快堆热工水力数字化发展方向的梳理，仍然需要聚焦是否有利于这三大历史任务。在此基础上，本书从耦合分析、一体化分析、智能化预测、数字化试验等四个方面探讨数字化热工水力的新问题。

10.6.1　基于数字化的堆芯先进耦合分析技术

国际上针对基于数字化的堆芯先进耦合技术研究是最受关注的热点之一，多数聚焦于传统压水堆的高精度模拟，用来优化反应堆设计、延长反应堆使用寿命以提高其经济性。

（一）耦合技术研究的发展趋势

目前针对反应堆堆芯耦合技术的研究工作中，主要求解策略有弱耦合（Loose）和强耦合（Tight）两种，如图 10.20 所示。弱耦合是指将两个物理场解耦、分开求解，再通过算子分离（OS）或 Picard 迭代方式交互耦合界面数据，实现时间步长前进迭代求解。算子分离法：每个时间步内各子物理场依次求解一遍，不迭代，单向耦合，直接进入下一时间步长；属于显式方法，为保证精度，应采用小时间步长推进；优点是对已有各子物理场求解器代码改动量很小。Picard 迭代法（不动点迭代）：每个时间步内各子物理场反复迭代，直到收敛，再进入下一时间步长；属于全隐式方法，允许加大时间步长，但各子物理场不能同步更新，只有一阶收敛速度。

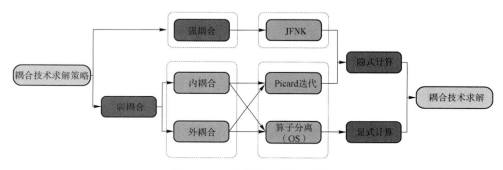

图 10.20　耦合技术求解策略图

　　与弱耦合方式相对应的强耦合是通过联立不同子物理场物理模型的偏微分方程组，并通过恰当的离散和数值方法在每个时间步长内同时求解上述偏微分方程组的所有变量，其中 Jacobian – Free Newton Krylov（JFNK）算法最有前途，但算法实现复杂；属于全隐式方法，各子物理场同步更新，理论上有局部二阶收敛速度；这使得它可以获得更准确的结果，也具有更广的应用前景。

　　目前，工程实践中使用最广、最成熟的耦合技术是基于现有成熟的，经过充分验证与确认（Verification&Validation，V&V）的中子物理和热工水力程序的算子分离（Operator Split，OS）耦合技术与不同计算精度的热工水力多尺度耦合技术。其技术难点在于网格映射算法、如何提高收敛稳定性、加速收敛等方面。

　　随着耦合算法技术和高性能计算机技术的更新，耦合技术呈现出以下发展趋势：

　　（1）多物理场耦合基于统一平台，统一框架，统一 I/O 接口。

　　（2）基于确定论的中子物理和高精度的热工水力的 Picard 迭代算法，其能够充分借鉴和利用现有程序的框架与并行计算能力，是目前工程设计中比较有优势，并适合进一步发展的耦合算法。

　　（3）基于 Newton 迭代法如 JFNK 算法的全堆芯、三维核热强耦合计算依旧受限于计算量，软件成熟度等原因还未大规模应用于实际的工程计算；但其在算法上，收敛速度上具备明显优势，是今后最有前景的核热强耦合算法。

（二）钠冷快堆堆芯耦合研究现状

针对钠冷快堆的堆芯多物理场耦合研究，目前已有的工程研究与应用多集中于弱耦合方式中的外耦合和内耦合方法，并逐步发展为采用耦合平台与统一的 I/O 接口。西方国家如美国，以阿贡国家实验室（ANL）为首，已展开相关研究，开发了 SHARP 耦合平台；并采用超级计算机大规模并行化计算，有效缩短快堆研发应用周期。国内相关研究处于起步阶段，并且由于其国防应用的特点，国外对我国在相关核工业专用软件方面封锁形势严峻。

针对钠冷快堆的耦合分析研究，主要集中在近年来美国 NEAMS 计划下的 SHARP 耦合平台和其他学者的研究。美国 SHARP 耦合平台是根据美国能源部的核能高级建模与仿真（NEAMS）计划，正在开发的三维高精度多物理场仿真平台，如图 10.21 所示。尤其针对钠冷快堆，中子物理模块包括带有相关反应截面生成的 PROTEUS 程序，用于热工水力 CFD 计算的 Nek5000 程序。SHARP 平台耦合采用 SIGMA 耦合接口实现多物理场耦合，属于弱耦合方案，未来还将通过多物理场模块实现强耦合计算。

钠冷快堆主要研究问题之一是预测中子学对钠冷快堆堆芯变形的影响。预测钠冷快堆行为至少包括三种物理现象：Diablo 预测变形，Nek5000 预测热工水力场，PROTEUS 预测中子通量和反应性变化。在 PROTEUS 模型中将每个组件中的燃料棒、燃料包壳和冷却剂采用了各向同性的假设。同样，Nek5000 使用多孔介质模型表示每个燃料组件内的流动，同时预测沿管道壁面的温度分布。利用这些信息，Diablo 预测了与这些热梯度相关的多尺度的热应变。在 Diablo 提供的变形几何形状上重复中子模拟。对于反应堆热态下的稳态计算，SHARP 反复迭代数次以得到收敛的有效增殖系数。

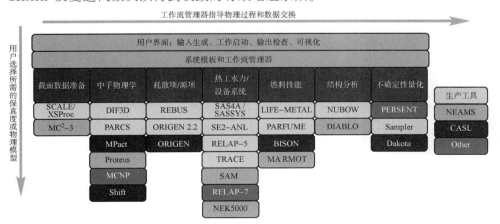

图 10.21　NEAMS 仿真工具整合平台的概念设计

    Miriam Vazquez 针对钠冷快堆开发基于 MCNPX（蒙特卡罗方法）和 COBRA（子通道模型）的堆芯耦合程序，钠的物性参数采用 JEFF3.1 的数据库。所开发程序用于欧洲快堆（CP‑ESFR）单个燃料组件内的 pin‑by‑pin 计算，也可以扩展到快堆全堆芯计算。该耦合方法对于冷却液密度变化较小的系统（例如液态金属钠）是可靠的，并且经过多次迭代后找到了耦合程序的数值解。从初始温度估计到通过热工水力计算获得的最终反应性变化均为 200 pcm。在燃料组件分析中，第一步和最后一步之间的最大功率偏差为 0.6%；而在全堆芯分析中，最大变化功率偏差为 3%。

    关于国内钠冷快堆核热耦合方向，华北电力大学的郭超博士研究了快堆三维中子物理与热工水力耦合技术，其中包括适用于快堆的稳态核热耦合技术和瞬态核热耦合技术。在稳态耦合方法中，系统分析程序和中子物理程序依次计算并且互相传递数据，通过多次迭代计算得到三维功率分布和热工水力参数。在瞬态耦合方法中，耦合形式选择一次通过式的内耦合，物理与热工水力计算不进行迭代。在时间离散方面，采用一种改进的半隐式耦合格式。中子物理程序和热工水力程序采用不同的时间步长。基于以上的核热耦合方法，开发了三维中子物理程序与快堆系统分析程序的耦合程序。利用所开发的程序对钠冷快堆 SNR‑300 控制棒失控提出事故进行计算，计算结果与参考解符合较好，验证了程序的有效性。

    钠冷快堆热工水力多尺度耦合研究中，美国伦斯勒理工学院的 F. Behafarid 采用传递耦合参数的方式，开发了基于多相流计算流体力学程序 PHASTA（直接数值模拟求解）和 NPHASE‑CMFD（雷诺时均平均 Navier‑Stokes 方程求解）的热工水力多尺度计算程序。采用程序分析了钠冷快堆发生局部冷却剂堵流事故下燃料包壳局部过热和破损状况下裂变气体的行为，以及沿通道内的气体‑熔融钠的迁移。模拟结果验证了模型的一致性和准确性，展示了多通道燃料组件中气体释放和气‑液态钠两相流的传热行为。

    关于国内钠冷快堆热工水力多尺度耦合方向，生态环境部核与辐射安全中心的乔雪冬根据中国实验快堆设计和运行经验，开发了基于 RUBIN 和 FLUENT 的耦合程序框架。对 CEFR 的热钠池进行三维结构建模，对二、三回路及事故余热排出系统进行 RUBIN 的系统计算，通过自行编译的耦合程序完成内部信息传递，对 CEFR 100% 额定功率稳定运行工况进行计算，完成了对耦合程序的初步验证。

    从以上研究可以分析出，目前基于数字化的堆芯先进耦合分析技术主要集中于堆芯物理‑热工水力耦合与热工水力多尺度耦合。其中，热工水力程序主要采用稳态和瞬态的系统分析、子通道分析与 CFD 程序。

系统分析程序与基于确定论的中子物理计算程序的耦合，可用于分析钠冷快堆反应堆系统在事故安全分析中的瞬态特性。其中，系统分析程序为中子物理程序提供冷却剂液态钠的温度、密度和燃料的温度等来更新中子反应截面，从而计算中子通量密度和热功率；而中子物理程序计算的热功率传递给系统分析程序，进一步更新堆芯热工水力参数分布。在这种耦合方案中，三维中子物理计算程序代替了系统分析一般采用的点堆中子动力学计算程序，从而使系统分析程序能够准确计算出堆芯三维的热工水力参数分布，大大提供了计算精度，并可以获得热工水力局部参数分布，从而进一步了解堆芯性能，达到改进设计的目标。

子通道分析程序、CFD 程序与中子物理计算程序的耦合，能够更精确地表达出部件尺度与局部尺度的热工水力参数分布，可达到堆芯组件内 pin‑by‑pin 尺度。由于 CFD 程序计算量与网格数的限制，目前，全堆芯 CFD 计算一般化简为多孔介质模型；而对于真实几何的 CFD 计算，一般局限于组件内栅元尺度。

钠冷快堆热工水力多尺度耦合，一般集中于系统分析程序与子通道/CFD 程序的耦合。因此，可以采用系统分析程序对钠冷快堆系统设备进行建模，而对于反应堆堆芯、钠池等局部尺度需要特别关注的部分采用子通道或 CFD 程序建模。这样，可以在考虑反应堆系统瞬态反馈的基础上，准确计算出局部尺度反应堆堆芯、钠池内的冷却剂流动、流量分配和局部温度峰值。

综上，热工水力程序与中子物理计算程序耦合，可以有效地改善热工水力程序本身的计算精度；而不同尺度热工水力程序之间的耦合，可以兼顾系统尺度的瞬态响应与局部尺度的参数精细化分布。以上基于数字化的堆芯先进耦合技术对于改进反应堆设计、安全分析，延长反应堆寿命与提高经济性上都可以发挥重要作用。

10.6.2　基于数字化的反应堆一体化分析技术

近十年来，国际上最典型的两个精细化多物理场耦合仿真平台，均针对压水堆设计，采用弱耦合方法，分别是美国的 CASL（the Consortium for Advanced Simulation of Light Water Reactors）、欧洲的 NURESIM（Nuclear Reactor Simulation）。这种采用弱耦合、外耦合方式的方案尽管对每个子物理场的程序改动量较小，但整体性不强。上节中提到目前耦合分析技术的发展趋势是基于统一的一体化平台的内耦合，即不解耦各子物理场而同时求解各子物理场的强耦合方法。目前，强耦合方案更多处于理论研究阶段，技术成熟度尚未达到工程应用水平。平台化、基于数字化的反应堆一体化分析技术则具有更好的工程应用前景，其主要代表是美国爱达荷国家实验室开发的 MOOSE（Multiphysics Object Oriented Simulation Environment，多物理场面向对象仿真环境）一体化分析平台。

核反应堆的数值模拟是寻求提高现有和未来反应堆设计的效率、安全性和可靠性的关键手段。从历史上看，整个反应堆的模拟是通过将多个现有程序组合在一起来完成的，每个程序都模拟了相关多物理场现象的一个子物理场。美国爱达荷国家实验室最新开发的 MOOSE 平台框架实现了一种一体化分析的新方法：多个特定物理场的分析程序，全部构建在同一个平台框架下，有效地耦合以创建一个整体交互连接的计算程序。这是通过灵活高效的多物理场耦合实现的，MOOSE 平台允许高性能并行计算硬件上同时交换求解各种不同的数据。

MOOSE 的体系结构允许通过 MultiApp 系统无缝集成单独开发的物理模拟工具。例如，两个不同的研究小组可能各自专注于问题的不同方面：一个涉及宏观结构的模拟，另一个涉及微观结构的演变。使用 MOOSE，可以以统一且灵活的方式开发这两个应用程序。这两个研究小组可以独立工作，专注于各自的问题。如果需要更高的求解精度，则需要耦合计算，这两个应用程序可以一起编译，并且可以使用独特的 MultiApp 和 Transfer 系统执行多尺度仿真，而无须开发其他程序来将应用程序链接在一起。如图 10.22 所示，顶层始终有一个主应用程序，而其下方是 MultiApps 的层次结构。实际上，可以嵌套任意级别的结构。所有子应用程序都分布在可用处理器上并同时执行。尽管 MultiApp 允许有效地并行计算任意级别的层次解决方案，但这些解决方案仍需要交换数据。MOOSE 内的 Transfer 系统执行此交换。

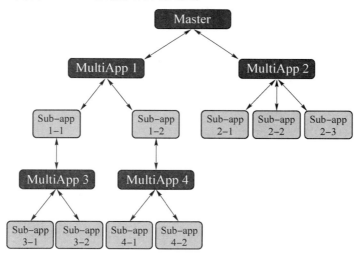

图 10.22　多物理场耦合的通用 MOOSE MultiApp 层次结构

本质上，MOOSE 解决了模型所体现的数学方程。研究人员可以将精力集中在其领域的数学模型上，剩下的交给 MOOSE。这样简单性地催生了大量建模应用程序，用于描述多尺度核燃料（BISON、Marmot）、反应堆物理（MAMMMOTH、RattleSnake）、地质学（FALCON）、地球化学（RAT）、核电站系统/安全分析中的现象（RELAP－7）和球床气冷堆反分析（Pronghorn）。

RattleSnake 是一个基于 MOOSE 的求解多群线性玻尔兹曼方程的中子输运求解程序。它可以求解瞬态和特征值原始/伴随问题，并可以采用多种数值离散方法，包括 S_N、P_N 和许多连续有限元方程。RattleSnake 已针对多个著名的基准题进行了验证。

BISON 是基于有限元的核燃料性能分析程序，适用于多种燃料类型，包括轻水反应堆和快堆燃料棒、TRISO 颗粒燃料和金属燃料棒和板状燃料。它可以求解热力学和物质扩散的全耦合方程，适用于一维球形、二维轴对称和三维几何。BISON 提供了与温度和燃耗相关的热物性、裂变产物膨胀、致密化、热和辐射蠕变、断裂以及裂变气体产生和释放的数学模型。还包含包壳材料的黏性、辐照增长以及热和辐射蠕变模型。该模型也可用于模拟气隙传热、机械接触以及裂变气体温度和份额的变化。BISON 已基本完成针对多种燃料棒试验的验证。

RELAP－7（Reactor Excursion and Leak Analysis Program，version7）是爱达荷国家实验室正在开发的基于 MOOSE 的反应堆系统安全分析程序。RELAP－7 的总体设计目标是利用计算机体系结构、软件设计、数值方法和物理模型方面三十年的进步来改进已有的系统分析程序，并将其分析能力扩展至适用于所有反应堆系统模拟场景。RELAP－7 采用稳定连续的 Galerkin 有限元公式来求解由零维"组件"（例如接管、汽轮机和泵）连接的一维"管道"中的单相和两相可压缩流体流动方程。RELAP－7 包含图形用户界面，允许用户开发简化的反应堆模型，并可以与其他基于 MOOSE 的程序一起进行概率安全分析与确定论安全分析的耦合评估研究。

图 10.23 所示的 MultiApp 系统（该图的阴影微结构部分除外）用于同时执行这些模拟过程。在该系统中，RattleSnake 充当主应用程序，并构建在 BISON 和 RELAP－7 之间来回传递信息的渠道。为了将各个求解连接在一起，如图 10.23 所示，使用 Transfer 在 MultiApps 和主程序之间传递数据。在主 RattleSnake 程序的每个时间步长中，具体计算流程如下：

（1）使用上一时间步长的燃料、包壳和冷却剂温度（分别来自 BISON 和 RELAP－7），RattleSnake 计算求解域的裂变率。

（2）RattleSnake 将燃料包壳温度传递给 RELAP－7。

（3）RELAP－7 计算更新的冷却剂温度，并将其传回 RattleSnake。RELAP－7 通常所花费的计算时间要比 BISON 和 RattleSnake 小得多，因此它采用较小的时间步长，将燃料包壳温度视为常数来实现同步。

（4）RELAP－7 将更新后的冷却剂温度场传回到 RattleSnake。

（5）RattleSnake 将裂变率和冷却剂温度传递给 BISON。

（6）BISON 计算更新的燃料和包壳温度，将它们传回 RattleSnake。

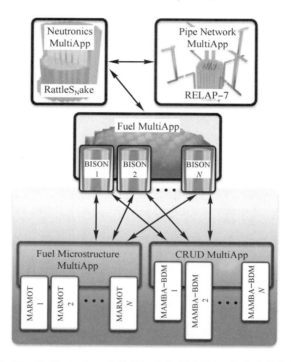

图 10.23　RattleSnake、RELAP－7 和 BISON 一体化分析流程图

　　MAMBA－BDM 是一个基于 MOOSE 的金属氧化物颗粒（CRUD）微结构模拟器，其中包含多孔介质流动、传热、沸腾和硼沉积模型。尽管 MAMBA－BDM 可以求解可溶性和沉淀硼，这两者都会导致反应堆的轴向功率偏移。这些 CRUD 沉积物形成在过冷沸腾的位置，通常在燃料棒的上部，在那里冷却剂温度最高。反应堆上部不成比例的硼吸收中子，抑制了该区域的裂变速率。其效果是将轴向功率分布向反应堆底部偏移。

　　MARMOT 是一个基于 MOOSE 的中尺度建模程序，它使用相场方法预测由于施加的载荷、温度和辐射损伤导致的微观结构和材料特性的共同演化。MARMOT 已被用于模拟空泡/气泡动力学、相分离、晶界迁移，以及微观结构对热导率等材料特性的影响。在已有的工作中，燃料温度和裂变率从 BISON

燃料模拟程序传递到 MARMOT，而 MARMOT 将热导率传返回 BISON。

在 MOOSE 一体化分析框架内可以建立耦合独立多物理场仿真的新方法，其将核燃料、反应堆物理、地质学、地球化学、系统/安全分析等子物理场集成到同一基于数字化的耦合平台中，并在许多实际问题上证明了其有效性。这种一体化分析方法，允许用户将单独的程序无缝连接在一起，指定它们是松散耦合还是完全耦合求解。"多场耦合"方法为执行工程规模的数值模拟建立了一种新方式，该模式考虑了来自较小尺度的局部信息。"框架优先"的一体化分析模型与构建单一或零散的代码相比，从长远来看更有效，代表了一种解决大规模问题的新方法。目前高效的框架和高性能的计算资源使这种一体化多场分析成为可能。

在一体化分析中的系统尺度热工水力分析程序 RELAP－7 完全颠覆了过去 RELAP－5 的设计思想，实现了概率论与确定论安全分析的耦合计算，为今后反应堆设计与安全分析提供了更有力的支撑。此外，RELAP－7 还可以实现"准三维"的热工水力计算，较其他系统分析程序能够获得更精确的三维热工水力参数分布。在 MOOSE 平台下，RELAP－7 与中子物理、燃料性能分析程序的耦合一体化分析可以更精确地模拟反应堆较长运行时间下的系统性能，从而更接近实现数字化反应堆与实体反应堆同步孪生运行的概念；而同步孪生运行的数字化反应堆又符合"数字孪生"的概念。

"数字孪生"（Digital Twin），是充分利用物理模型、传感器，更新运行历史等数据，集成多学科、多物理场、多尺度的仿真过程，在虚拟空间中完成映射，从而反映相对应的实体装备的全生命周期过程。数字孪生是能够实现物理世界与信息世界交互与融合的技术手段；通过虚实交互反馈、数据融合分析、决策迭代优化等手段，为物理实体增加或扩展新的能力。数字孪生的核心是模型和数据。从航天、航空、军备制造等工业与数字化技术角度出发，数字孪生可发展为如图 10.24 所示的五维结构图，包括物理实体、虚拟模型、服务系统、孪生数据和连接。

（1）物理实体是客观存在的，它通常由各种功能子系统（如控制子系统、动力子系统、执行子系统等）组成，并通过子系统间的协作完成特定任务。

（2）虚拟模型是物理实体忠实的数字化镜像，集成与融合了几何、物理、行为及规则 4 层模型。其中：几何模型描述尺寸、形状、装配关系等几何参数；物理模型分析应力、疲劳、变形等物理属性；行为模型响应外界驱动及扰动作用；规则模型对物理实体运行的规律/规则建模，使模型具备评估、优化、预测、评测等功能。

（3）服务系统集成了评估、控制、优化等各类信息系统，基于物理实体和虚拟模型提供智能运行、精准管控与可靠运维服务。

（4）孪生数据包括物理实体、虚拟模型、服务系统的相关数据，领域知识及其融合数据，并随着实时数据的产生被不断更新与优化。孪生数据是数字孪生运行的核心驱动。

（5）连接将以上 4 个部分进行两两连接，使其进行有效实时的数据传输，从而实现实时交互以保证各部分间的一致性与迭代优化。

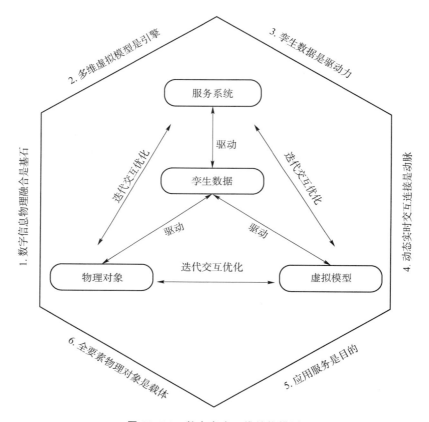

图 10.24　数字孪生五维结构模型

在核工业领域，2020 年，美国阿贡国家实验室从能源部（DOE）的先进研究项目局——能源部门（Advanced Research Projects Agency – Energy，ARPA – E）获得千万级美元支持，用于设计和开发数字孪生平台以帮助运行未来的先进反应堆。经费由智能核设施发电管理项目（Generating Electricity Managed by Intelligent Nuclear Assets，GEMINA）支持。由 GEMINA 计划资助的阿贡国家实验室的四个项目是：①自动化电厂，智能、高效和数字化（熔岩堆，SSR

APPLIED）；②先进反应堆传感器和部件的维护（MARS）；③先进反应堆创新的安全自动化运行（SAFARI）；④基于数字孪生的高温气冷堆性能和可靠性诊断。

其中①自动化电厂（经费 450 万美元）将建造熔盐堆的数字孪生和熔盐回路，阿贡实验室多年来在熔盐技术方面的经验，将帮助团队改进数字孪生的机制。团队可以使用数字孪生实时模拟熔盐堆的操作和维护策略，以替代真实物理试验。目标将熔盐堆设施的运营成本从每兆瓦时约 11 美元降至每兆瓦时 2 美元以下。

其中②MARS 项目（220 万美元）旨在通过先进的传感器和仪控系统降低核反应堆的运营和管理成本。阿贡实验室开发新的传感器，可以处理氟化盐冷却反应堆的高温和化学环境。他们还将开发使用机器学习分析传感器数据的算法，帮助实现反应堆监测的自动化。

在③项目 SAFARI（130 万美元）中，阿贡实验室将开发使用人工智能和机器学习实现先进反应堆自动化运维的技术。他们将构建一个可扩展的数字孪生体以及数字工具，以实现先进反应堆发电厂的维护、运行和监控自动化。目标是开发能够使反应堆半自主运行的技术，从而减少人员配备并提高核电厂的经济性。

美国已投入大量经费开展反应堆数字孪生研究，该技术的主要目的在于：①采用数字孪生技术进行数字化试验，部分替代真实反应堆系统的物理试验；②利用高速实时的数据传输、处理与运算技术，实现自动化的反应堆状态监测与故障预测诊断。

先进的热工水力分析程序如 RELAP – 7 等是反应堆数字孪生中的虚拟模型，而一体化分析平台如 MOOSE 等则是数字孪生中的服务系统。此外，未来一体化分析与数字孪生辅助反应堆智能运行还要基于新兴的人工智能与大数据等智能化分析技术。

10.6.3　智能化技术在热工水力领域的应用探索

人工智能是研究、开发用于模拟、延伸和扩展人的智能的理论、方法、技术及应用系统的一门新的技术科学。人工智能在智能制造、智能医疗、智能教育、智能交通、智能农业、公共安全保障、智能金融和智能家居等领域融合应用成效初显，产业发展态势蓬勃。人工智能与核工业的融合发展，首先引进推广成熟的人工智能产品及应用，其次需要顺应工业领域内人工智能应用的主要技术方向。

人工智能的基础是大数据。大数据是以容量大、类型多、存取速度快、应用价值高为主要特征的数据集合，正快速发展为对数量巨大、来源分散、格式多样的数据进行采集、存储和关联分析，从中发现新知识、创造新价值、提升新能力的新一代信息技术和服务业态。

随着反应堆向数字化方向迈进，围绕反应堆研究、设计、设备、建造、运维、退役等全生命周期多专业产生的大量数据被保存，相关数据呈现爆炸式增长趋势，形成了涵盖反应堆全生命周期的"数据宝库"。从数据分析角度来看，这类数据具备大数据的典型特征，其中蕴含着很多待开发的价值信息，但其种类繁多、格式多样、来源多样，信息分散在各个应用系统中，数据冗余度高，并且存在错误数据和有缺失的数据，需要结合数据传输、数据治理、数据挖掘等大数据技术提升数据质量，将数据仓库中的海量数据变为有运行指导价值或经济价值信息。

机器学习是人工智能的一种形式，可以定义为一种解析数据的技术，从该数据中学习，然后应用学习来做出明智的决策。机器学习在核电站的平稳运行中发现了许多应用，需要连续监测众多参数，并产生大量数据或信号。人工智能或机器学习基于数据进行训练并评估其响应以获得所需结果，如图 10.25 所示。

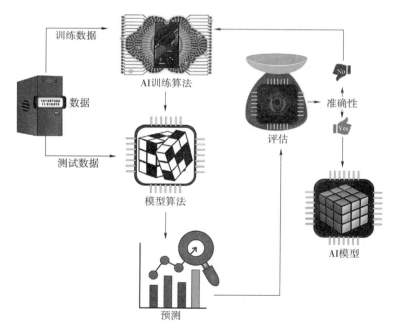

图 10.25　机器学习的典型阶段

机器学习的方法可大致分为三大类——有监督学习、无监督学习和强化学习。有监督学习的输出值被显式地用于训练模型，即使模型能在训练样本上产生目标输出，从而具备预测和分类的能力。常见的有监督学习算法有：线性回归算法、神经网络、决策树、支持向量机等。无监督学习的训练样本不包含标记信息，仅通过对输入数据的学习来揭示数据的内在性质及规律，为进一步的数据分析提供基础。此类学习任务中研究最多应用最广的是聚类，它通过计算样本或群体间的距离，来发现或划分特定的组。常见的无监督算法有：密度估计、异常检测、层次聚类、EM 算法、K – Means 算法、DBSCAN 算法等。强化学习在与环境交互中通过学习策略，使其能在给定场景的约束下将输出最大化。强化学习和有监督学习的不同在于，强化学习不需要提前标记好的"正确"策略来训练，仅需要得到当前策略得到的（延迟）回报，并通过调整策略来取得最大的期望回报。遗传算法、蚁群算法、粒子群算法等也均属于人工智能方法。

目前，针对钠冷快堆的智能化预测研究处于起步概念阶段，尚缺乏相关研究。但在目前人工智能、大数据、5G 和物联网等数字化概念下，笔者认为下一步智能化预测工作可以聚焦以下方面：

（一）基于赛博系统的先进智慧快堆核能系统关键技术研究

以"状态感知、实时分析、自主决策、精准执行、学习提升"的智慧闭环为目标，基于本体论的认知计算，实现对赛博物理系统（CPS）中人、数据和系统状态的感知、处理、决策和反馈，提升设计自动化和业务过程自组织、自学习、自适应、自优化能力，建造先进智慧快堆研发体系。

赛博物理系统 CPS（Cyber – Physical Systems），一个包含计算、网络和物理实体的复杂系统，通过 3C（Computing、Communication、Control）技术的有机融合与深度协作，通过人机交互接口实现和物理进程的交互，使赛博空间以远程、可靠、实时、安全、协作和智能化的方式操控一个物理实体。

CPS 的最终目标是实现服务的智能化，其核心在于使物理实体具有类似人的智慧，能够自主获取数据，通过分析、学习而形成知识，并通过网络实现与其他节点的通信交互，结合外界信息与自身的知识，各节点之间相互协作共同达到服务目标。CPS 实现的基础是数据的获取，智能传感器将成为未来 CPS 研究的热点问题，将充分利用计算机的计算和存储能力，结合神经网络、人工智能、深度学习等技术，使传感器具有分析、判断、学习的能力，能够对传感器的原始数据进行处理并对传感器的内部行为进行调节，使采集的数据更加有效。

CPS 将人工智能作为系统工程，可以成为未来智慧快堆核能系统的指导思想与底层架构。

（二）智能辅助运行决策系统研究

运行现场布置智能专家辅助系统，基于大数据、人工智能、三维仿真技术，实时观测运行人员操作以及反应堆运行状态。实现远程状态无人监控，核电厂管道、设备等部件的线上辅助操作，反应堆运行问题提前预警并提供专家建议，辅助运行人员完成判断以及操作，降低人因失误。

专家辅助决策模型主要包含知识库、推理机、知识管理系统（数据湖）、知识获取等 4 个部分，如图 10.26 所示。其中知识库将存储全部专家智能控制方案验证所需的反应堆设计工况基础原理和理论，以及基于直接或间接方法获得的经验积累的专门知识用于推理机快速输出已知的匹配工况决策。推理机包含产生式规则方法用于快速输出已知的匹配工况决策，另外 AI 赋能专家辅助决策模型用于非匹配工况下的快速决策生成。以模型推理为主，以规则推理为辅，通过构建决策网络、评估网络、目标决策网络和目标评估网络组成 AI 赋能专家辅助决策模型，满足对实时以及大数据量处理的需求。

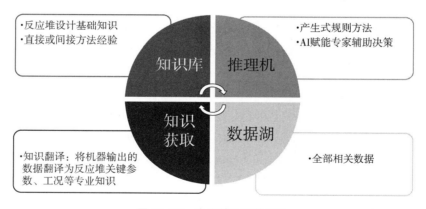

图 10.26　专家辅助决策模型

（三）智能巡检技术研究

通过图像、语音等数据采集的常规或异性设备，基于人工智能图像识别、语音识别等技术，实现核电厂的各区域自动巡检，降低人员巡检频率并主动报告正常及非正常状况，最终实现核电厂的少人或无人巡检。

核电机器人可替代人潜入核电站拍摄传递图像，让人们更真切了解核电站内部真实状况，也可在高辐射区域代替人工开展一些特殊操作。例如，中国科学院自行研制的多功能水下智能检查机器人已先后为中核、中广核等多家单位提供支持。国家 863 计划"核反应堆专用机器人技术与应用"课题在广西防城港核电基地通过验收，研发出 6 款核电智能机器人。在智能机器人设计的过程中，主要涉及以下关键技术：多传感器信息融合、导航与定位、路径规划、机器人视觉、智能控制等，其中深度神经网络都能发挥很大的作用。

（四）设备智能故障诊断方案研究

反应堆故障诊断指根据某些指标定位出现异常行为的部件，需要通过传感器获取数据，使用算法挖掘并分析数据，以便对故障进行识别或分类。

核电厂主控室的操纵员经常面临大量的信息，要求操纵员在短时间内作出决策。由于报警信号模式与系统故障之间并不是单值对应关系，当核电运行方式不同时，同一故障还可能表现出不同的报警信号，并且可能含有噪声。这些因素都给报警信号分析增加了更大的难度。目前大多数常规技术的主要缺陷是无法对含有噪声的报警模式精确分类。根据信号判别系统故障的过程可看作是一个模式识别的过程。

人工智能中的神经网络技术（见图 10.27）一个很成功的应用领域就是模式识别，与其他方法相比，具有报警速度快、鲁棒性好、易于知识获取等突出优点。将人工神经网络、数据融合和符号有向图等不同的故障诊断技术结合起来的混合方法更适合于将特定故障与其征兆关联起来，在不同事故的仿真中可以提高故障诊断效率。将神经网络技术结合 5G 网络技术、物联网设备传感器等，实现高效实时的核电厂运行数据传输与反馈，基于机器学习预测技术学习挖掘核电厂设备数据并结合智能巡检，实现对核电厂全厂区物联设备的故障预测分析，实现核电厂全生命周期的智能管理。

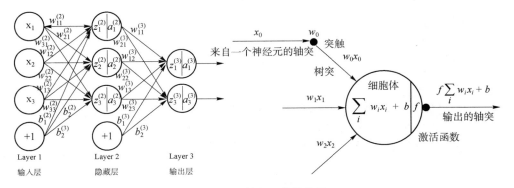

图 10.27　神经网络结构图

（五）智能化控制系统技术研究

智能化仪控设备及软件开发，提升控制系统智能化水平，基于人工智能技术，实现堆自动提升功率、稳定功率运行、跟踪负荷变化等功能，最终实现少人或无人值守。

目前，通过使用智能化技术，一些常规发电厂已经实现了少人值守，并在探索无人值守，这将有利于避免人因失误。与火电厂相比，核电厂的安全标准和要求非常高，进一步研究打造以无人监测、少人值守为目标的智慧核电运营模式，可有效提升核电运行安全水平。此外，对于未来快堆在太空、深海区域的应用，因环境特殊性需要实现无人智能运行。目前，美国正在开发适用于火星等太空环境的核反应堆，使用深度神经网络实现智能运行是其中的关键技术。

10.6.4　基于数字化的热工水力试验技术

在近百年的反应堆热工水力研发传统中，理论与试验结合一直是经典的解决方案，这更多是因为热工水力现象在特殊结构和微小尺度情况下具有较大不确定性，研究人员还不可能将各种特殊结构全部提前试验给出经验公式。但这种经典解决方案无疑是以高昂的价格成本和时间投入为代价的，因此这也是制约先进反应堆技术高效开发完成的主要因素之一。

传统反应堆热工水力试验需要大量的试验场地、经费支持；并且开展试验前试验装置建设周期长，试验进行过程中还面临经常需要调试等问题。目前，伴随着高精度数值模拟、数字孪生等技术的发展，数字化试验概念兴起，采用已验证的数字化模拟技术代替部分的实体试验，或模拟试验条件无法完成的内容，节省了经费与时间，从而加速反应堆设计。

随着数字化的进一步发展，部分国家或者研究机构已经研究并推动反应堆热工水力解决方案的革命性转变，也就是从传统的"以试验验证为主，理论计算为辅"向"以理论计算为主，试验验证为辅"进行过渡。但这种转变急需要热工水力和安全专家具有高水平的分析计算能力和方法创新魄力，也需要国家核安全监管和工程设计体系对新方法的接受度。

此处，以法国的数字化热工水力试验技术为例，钠冷快堆在法国已经有近50年的发展历史，先后有狂想曲（Rapsodie）、凤凰（Phenix）、超凤凰（Superphenix）、欧洲快堆（European Fast Reactor，EFR）核电厂。因此，法国进行了许多热力水力研究以支持钠冷快堆的设计和安全分析。近期，法国钠冷快堆的重启计划是在2006年，计划在2020年前建造首个第四代原型堆Astrid。很明显，只有在设计和建造阶段充分汲取过去的经验，并加入四代堆的设计标准，才能在如此短时间内达到工程目标。因此，法国原子能委员会（Atomic Energy Commission，CEA）决定采用数字化热工水力试验来改善钠第四代冷快堆的安全性和经济性。

（一）在流体力学领域，采用系统性理论计算，而只对特殊结构流动做局部试验

例如只做典型节流件试验，不用做流体系统特性试验。

对于钠冷快堆局部试验，主要关注的是燃料组件内部、反应堆堆芯、下腔室、上腔室、余热排出系统。

在燃料组件内部，燃料棒束上带有螺旋形的定位格架和上下方节流件，将影响组件的总压降。对于反应堆堆芯，堆芯上腔室出口处流速降低和温度演变的一些瞬态工况下，浮力可能会改变堆芯区域冷却剂流型。在堆芯出口处的冷热冲击期间（例如紧急停堆），在中间换热器顶部会发生热分层现象（对于池式反应堆）。这种热分层会在内部结构上产生热应力，必须根据温度梯度演变进行评估。对于池式反应堆，堆芯下腔室通常包括从中间换热器接收冷钠的冷池、一回路泵、位于堆芯正下方的栅格板、堆芯支承结构和冷却剂旁通通道等节流件。

基于 Phenix 和 Superphenix 试验和运行的详细数据，CEA 主持开发了子通道程序 CADET 和 CFD 程序 TRIO_R。液态金属钠在强迫、自然对流换热试验下的局部温度测量数据用来验证以上程序计算的温度场和包壳温度等。然而，在未来在试验范围外的组件内设计仍需要新的试验数据来验证。

（二）在传热学领域，采用典型近似传热结构获得数据，以支持理论计算

例如只做典型局部试验以获得复杂环境中集中热传输耦合的传热系统等特征量。

在钠冷快堆复杂的传热中，最典型的是在传热管道中发生的热混合与热分层等现象。在热钠和冷钠混合的情况下，会发生温度波动，这可能是热疲劳的根源。

热分层是管道水平部分可能发生的一个重要现象。热分层是由浮力引起的，当瞬态工况发生时，在低流速条件下会产生热冲击或冷冲击；热流体在水平管的上部流动，冷流体在下部流动。因此，不同的膨胀会导致管道弯曲，有破裂的风险。在连接到管道水平部分的弯头中，热流体和冷流体之间发生混合，并可能在管道的垂直部分传播。管道的几何结构对分层行为有重要影响，

例如，在 U 形管道中以低流速传播的热冲击可能会导致管道顶部和底部之间存在较大温差的长期热分层。在这种情况下，当热钠在上部流动时，可以有效地将冷钠阻塞在管道的下部。热分层在余热排出工况下特别重要，尤其对于自然循环流动。

对于 Superphenix 核电厂，主要通过使用水和钠试验设施来研究管道热工水力，并开发了基于数字化的数值模拟程序；对于 EFR 项目，则大量使用数字化手段来代替热工水力试验。CEA 在名为 GEVEJET 的试验设施上研究了蒸汽发生器出口处冷热钠的混合试验，如图 10.28 所示。该设施模拟了连接到蒸汽发生器出口管道的垂直部分，比例为 1:5，代表了中心区域的主要热钠流和外围区域的二次冷流。Superphenix 反应堆中的另一种混合流动热工水力试验设施是混合三通管装置，旨在降低管壁热疲劳的风险。图 10.29 中所示的钠试验设施称为 NAJET，用于测试在各种流动条件下钠在三通管的混合效率，与实际装置比例为 0.3。

图 10.28　GEVEJET 钠管道流动试验设施

图 10. 29　NAJET 钠三通管流动试验设施

在 CEA 的研究中，采用基于数字化技术的计算流体力学程序 TRIO_U 中的大涡模拟用于三通管中的混合流动问题模拟。此模型能够预估温度波动的特征，包括频率分布。图 10. 30 显示了 TRIO_U 计算的水混合三通试验，它显示了使用细化网格时通过大涡模拟获得的相当好的预测结果。基于水模型的程序验证是有力的，但不足以确保正确估计钠的温度波动，尤其是在壁处。钠的高热扩散率在边界层中起主导作用，温度波动的衰减高度依赖于钠的物性。因此，可能仍需要钠试验以在壁面流动条件下温度波动的数值预测中达到更高的可信度。

（三）对于传热与流体强耦合的问题，采用精细化高保真多尺度理论计算方法（例如钠冷快堆堆本体复杂流道自然循环问题研究）

衰变热的排出是所有类型核反应堆需要应对的主要挑战；对于钠冷快堆，基于自然循环的非能动余热排出系统是安全系统主流设计。在 Superphenix 核电厂，衰变热可以通过连接到二回路的钠 – 空气热交换器排出。浸入热钠池中并与钠 – 空气换热器相连的钠 – 钠换热器可用于直接冷却一回路。在 EFR 项目中，主要的衰变热排出策略仍然基于反应堆直接冷却（Direct Reactor Cooling，DRC）系统，热钠池中的浸没式热交换器连接到钠 – 空气热交换器；其中，三个 DRC 系统可以通过二回路的电磁泵以强迫循环方式运行，而其他三个 DRC 系统必须以自然循环方式运行。

在 DRC 系统的一次侧，浸入式热交换器和热钠池之间的相互作用是主要的热工水力问题。必须考虑对应于不同运行工况下的冷却剂流型。冷却后的钠

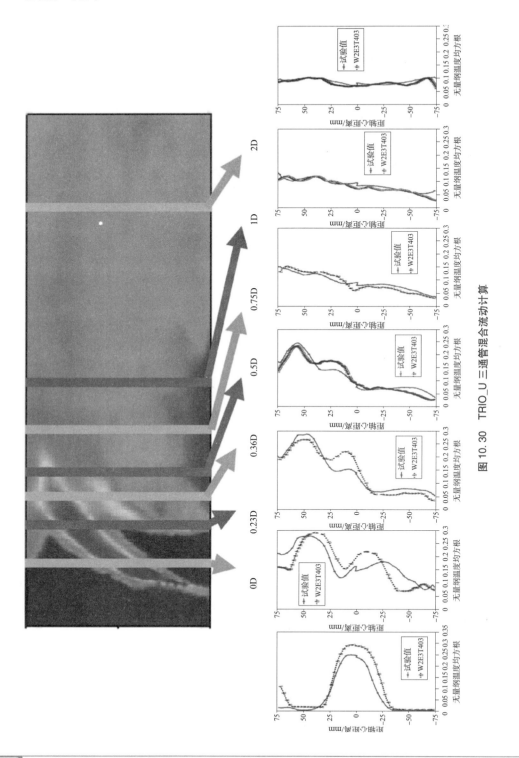

图 10.30　TRIO_U 三通管混合流动计算

可在堆芯的复杂流道内流动，并通过组件内部直接冷却堆芯。在 DRC 系统的二次侧，流态可能是电磁泵强迫循环或自然循环。在第二种情况下，主要挑战是与三次侧空气自然循环的发生直接相关的自然对流换热。

　　系统分析程序可以对余热排出系统进行第一级分析，需要对反应堆进行整体建模，包括一回路、二回路和余热排出回路。在 Superphenix 项目期间，开发了 DYN 系统分析程序；对于 EFR 原型，开发了 CATHARE 系统分析程序。由于非对称情况或局部浮力效应而出现三维现象时，系统分析程序可能会出现一些困难，非对称情况可以由一个回路上发生瞬态事件或仅使用部分余热排出系统引起。在流速降低且温度演变剧烈的余热排出工况下，浮力效应将明显影响热工水力行为。在回路中，水平管道中会发生热分层现象，它还可能在管道上引起严重的热应力。因此，需要计算流体动力学程序 TRIO_U 来计算这些三维现象。此外，另一个重要的发展是系统分析程序和 CFD 程序的动态耦合，以考虑瞬态情况下对全局系统和局部行为的三维影响。例如，在 CEA 设计计算中，CATHARE 和 TRIO_U 程序以耦合来执行计算，其中整个核电厂系统采用 CATHARE 建模，堆芯和上腔室使用 TRIO_U 建模。

　　以上即对于钠冷快堆余热排出等过程中传热与流体强耦合的问题，目前的数字化模拟趋势是采用精细化高保真的热工水力和多尺度耦合理论计算方法。

参考文献

［1］ Tenchine D，Barthel V，Bieder U，et al. Status of TRIO_U Code for Sodium Cooled Fast Reactors ［J］. Nuclear Engineering and Design，2012，242（1）：307－315.

［2］ Parthasarathy U，Sundararajan T，Balaji C，et al. Decay Heat Removal in Pool Type Fast Reactor Using Passive Systems ［J］. Nuclear Engineering and Design，2012，250（9）：480－499.

［3］ Vivek V，Sharma A K，Balaji C . A CFD Based Approach for Thermal Hydraulic Design of Main Vessel Cooling System of Pool Type Fast Reactors ［J］. Annals of Nuclear Energy，2013，57（6）：269－279.

［4］ Sofu T，Thomas J W. US DOE NEAMS Program and SHARP Multi－Physics Toolkit for High－Fidelity SFR Core Design and Analysis ［C］//International Conference on Fast Reactors and Related Fuel Cycles：Next Generation Nuclear Systems for Sustainable Development（FR17）Programme and Papers，2017.

［5］ Vazquez M，Tsige－Tamirat H，Ammirabile L，et al. Coupled Neutronics Thermal－hydraulics Analysis Using Monte Carlo and Sub－channel Codes ［J］.

Nuclear Engineering and Design, 2012, 250: 403 – 411.

[6] 郭超. 液态金属冷却快堆系统核热耦合分析技术的研究 [J]. 华北电力大学学报（北京），2017: 1 – 2.

[7] Behafarid F, Shaver D, Bolotnov I A, et al. Coupled DNS/RANS Simulation of Fission Gas Discharge during Loss – of – Flow Accident in Generation IV Sodium Fast Reactor [J]. Nuclear Technology, 2013, 181 (1): 44 – 55.

[8] 乔雪冬，胡文军，冯预恒，等. 中国实验快堆全厂断电事故多维度热工耦合计算 [J]. 中国原子能科学技术，2012, 46 (增刊): 240 – 245.

[9] Szilard R, Zhang H, Kothe D, et al. The Consortium for Advanced Simulation of Light Water Reactors [R]. Idaho National Laboratory (INL), 2011.

[10] Chauliac C, Aragonés J M, Bestion D, et al. NURESIM – A European Simulation Platform for Nuclear Reactor Safety: Multi – scale and Multi – physics Calculations, Sensitivity and Uncertainty Analysis [J]. Nuclear Engineering and Design, 2011, 241 (9): 3416 – 3426.

[11] Gaston D R, Permann C J, Peterson J W, et al. Physics – based Multiscale Coupling for Full Core Nuclear Reactor Simulation [J]. Annals of Nuclear Energy, 2015, 84: 45 – 54.

[12] Wang Y, Schunert S, Ortensi J, et al. RattleSnake: A MOOSE – Based Multiphysics Multischeme Radiation Transport Application [J]. Nuclear Technology, 2021, 207 (7): 1047 – 1072.

[13] Williamson R L, Hales J D, Novascone S R, et al. BISON: A Flexible Code for Advanced Simulation of the Performance of Multiple Nuclear Fuel Forms [J]. Nuclear Technology, 2021, 207 (7): 954 – 980.

[14] Berry R A, Peterson J W, Zhang H, et al. RELAP – 7 Theory Manual [R]. Idaho National Lab. (INL), Idaho Falls, ID (United States), 2018.

[15] Short M P, Hussey D, Kendrick B K, et al. Multiphysics Modeling of Porous CRUD Deposits in Nuclear Reactors [J]. Journal of Nuclear Materials, 2013, 443 (1): 579 – 587.

[16] 陶飞，刘蔚然，刘检华，等. 数字孪生及其应用探索 [J]. 计算机集成制造系统，2018, 24 (1): 1 – 18.

索 引

图 7.46　BN-800 反应堆自然循环试验部分试验结果

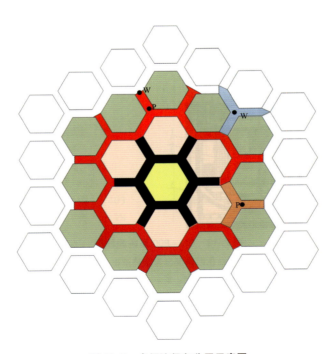

图 10.7　盒间流径向分层示意图